BGR

Bundesanstalt für Geowissenschaften und Rohstoffe

Handbuch zur Erkundung des Untergrundes von Deponien und Altlasten

Band 2

Forschungsarbeiten beauftragt. Durch die Anwendung „der Theorie" in Form eines Leitfadens auf die ehemalige Sonderabfalldeponie Münchehagen, eine der am besten untersuchten Altlasten, ist ein umfangreiches Werk entstanden, das in vielen Details Möglichkeiten mathematischer Modelle für Parameterstudien und Prognosen exemplarisch demonstriert.

Autoren und Herausgeber danken dem Bundesministerium für Bildung, Wissenschaft, Forschung und Technologie (BMBF) ebenso, wie dem Projektträger Abfallwirtschaft und Altlastensanierung im Umweltbundesamt (UBA) für die Förderung im Rahmen des Forschungsverbundvorhabens „Methoden zur Erkundung und Beschreibung des Untergrundes von Deponien und Altlasten", Kurztitel „Deponieuntergrund".

Der Dank gilt weiterhin den Revisoren Herrn Prof. Dr.-Ing. Bernhard Hoffmann (Universität Hannover), Herrn Dr. Helmuth Vierhuff (Bundesanstalt für Geowissenschaften und Rohstoffe - BGR) und Herrn Dipl.-Geol. Klaus Peter Röttgen (Niedersächsisches Landesamt für Bodenforschung - NLfB) für die gründliche Durchsicht des Manuskriptes und zahlreiche konstruktive Hinweise für die Verbesserung.

Die wissenschaftliche Redaktion des Bandes lag in den Händen von Herrn Dr. M. Schreiner (BGR). Frau Susanne Dreyer (BGR) hat durch sachkundige Erstellung von vielfach aufwendigen Abbildungen und Tabellen sowie durch ihre Hilfe bei der Erstellung der reproduktionsreifen Vorlagen zu dem vorliegenden Band beigetragen.

Ein großer Kreis weiterer Kolleginnen und Kollegen der Universität Hannover, der BGR und des NLfB hat dankenswerterweise wesentliche Unterstützung für das Handbuch geleistet.

Hannover, im November 1995

Herausgeberin, Bundesanstalt für Geowissenschaften und Rohstoffe

Vorwort der Autoren

Die sichere Deponierung von Abfällen und die wirksame Sanierung von Altlasten sind hochaktuelle Aufgaben für die Ingenieur- und Geowissenschaften, wobei die geologischen, geotechnischen und geohydrologischen Disziplinen gleichermaßen herausgefordert sind. Die rechnergestützte Prozeßsimulation gewinnt dabei zunehmend an Akzeptanz und Bedeutung, wohl wissend, daß Modelle immer nur eine Näherung natürlicher Verhältnisse sein können und gerade im schwer zugänglichen geologischen Untergrund mit deutlichen Unsicherheiten behaftet sind. Trotzdem können Modelle helfen, eine Reihe wichtiger Fragen aus der praktischen Sicht von Projektanten, Erbauern und Betreibern von Deponien zu beantworten und die Entscheidungsfindung einer Genehmigungsbehörde zu unterstützen. Daneben ist für die grundlagenorientierte Forschung das vertiefte Verständnis der unterirdisch ablaufenden physikalischen, chemischen und biologischen Prozesse sowie ihrer Wechselwirkungen nach wie vor von großem Interesse.

Die Bundesanstalt für Geowissenschaften und Rohstoffe (BGR) hatte das Institut für Strömungsmechanik der Universität Hannover Ende 1990 mit der Ausführung des Teilprojektes "Schadstoffausbreitung unter Deponien" beauftragt. Dabei konnte auf langjährige Erfahrungen auf dem Gebiet der Modellierung von Strömungs- und Transportprozessen in Kluftgrundwasserleitern und der Entwicklung von Grundwassermodellen aufgebaut werden. In den vergangenen zehn Jahren wurden am Institut für Strömungsmechanik zu dieser Thematik fünf Dissertationsschriften und eine Habilitationsschrift angefertigt.

Der vorliegende Band behandelt in erster Linie den natürlichen Untergrund von Deponien und Altlasten. Ein zentraler Begriff ist dabei die *geologische Barriere* mit ihren physikalischen (Hydraulik und Transport), chemischen und biologischen Komponenten. Ein weiterer Akzent liegt auf der klüftigen Struktur vieler Barrieregesteine mit entsprechenden Konsequenzen für ihre Strömungs- und Transportcharakteristika. Neben dem hydrogeologischen Teil umspannt die Problematik der Deponien und Altlasten allerdings die ganze Palette geologischer, geophysikalischer, geochemischer und geotechnischer Aspekte, denen eigenständige Bände gewidmet sind. Der vorliegende Band "Strömungs- und Transportmodellierung" muß deshalb im Kontext mit den anderen Bänden des Handbuchs zu Erkundung des Untergrundes von Deponien und Altlasten gesehen werden.

Die Autoren schließen sich der Danksagung der Herausgeberin an die fachbegleitenden Behörden und die Gutachter uneingeschränkt an. Weiter gilt unser Dank Frau Dreyer, Frau Dr. Wilken, Herrn Dr. Kreysing, Herrn Dr. Schreiner (alle BGR, Hannover) für die fachliche Betreuung während des Projektes sowie für die Unterstützung bei der Prüfung des Manuskripts. Für die technische Unterstützung, kritische Durchsicht des Manuskripts und die konstruktiven Anmerkungen danken wir insbesondere Christine Barlag, Ilka Fischer, Karen Krause, Elmar Brozeit (Institut für Strömungsmechanik der Universität Hannover), Herrn Prof. Diersch (Gesellschaft für Wasserwirtschaftliche Systemanalyse und Planung, Berlin) und Herrn Dipl.- Geol. J. Maier (Niedersächsisches Landesamt für Bodenforschung, Hannover).

Ganz besonders danken die Autoren jedoch ihren Familien, ohne deren Geduld, Verständnis und Entlastung von vielen kleinen täglichen Dingen der vorliegende Band nicht zustandegekommen wäre.

T. Lege, O. Kolditz, W. Zielke

Inhaltsverzeichnis

Symbolverzeichnis

B	[m]	- halber Kluftabstand
b	[m]	- halbe Kluftöffnungsweite
Cr	[1]	- Courant-Kriterium
c	$[kg\ m^{-3}]$	- Stoffkonzentration
c_R	[%]	- Stoffkonzentration am Modellrand
c_A	[%]	- Anfangskonzentration
c_a	$[kg\ kg^{-1}]$	- normierte Konzentration der sorbierten Spezies
c_D	[1]	- dimensionslose Konzentration einer chemischen Spezies
c_I, c_0	$[kg\ m^{-3}]$	- Anfangs- bzw. Einleitungskonzentration
c	$[J\ kg^{-1}\ K^{-1}]$	- spezifische Wärmekapazität bei konstantem Volumen
cp	$[J\ m^{-3}\ K^{-1}]$	- volumenbezogene Wärmekapazität
c_f	$[Pa^{-1}]$	- Kompressibilität der Porenflüssigkeit
d	[m]	- halber Quellen-Senken-Abstand
$\hat{D}$	$[m^2\ s^{-1}]$	- Tensor der hydrodynamischen Dispersion
D_m	$[m^2\ s^{-1}]$	- molekularer Diffusionskoeffizient
D^*	$[m^2\ s^{-1}]$	- effektiver Diffusionskoeffizient
D_L'	$[m^2\ s^{-1}]$	- Koeffizient der longitudinalen Dispersion
D_T'	$[m^2\ s^{-1}]$	- Koeffizient der transversalen Dispersion
D_L	$[m^2\ s^{-1}]$	- Koeffizient der longitudinalen Dispersion nach Scheidegger
D_T	$[m^2\ s^{-1}]$	- Koeffizient der transversalen Dispersion nach Scheidegger
E	[Pa]	- Kompressionsmodul
e	[1]	- Porenzahl
erfc	[1]	- komplementäre Errorfunktion
exp	[1]	- Exponentialfunktion
F	$[m^2]$	- durchströmte Fläche
Fo	[1]	- Neumann-Kriterium
g	$[m\ s^{-2}]$	- Erdbeschleunigung
h	[m]	- hydraulische Druckhöhe (Piezometerhöhe)
i	[1]	- hydraulischer Gradient
J_n	$[kg/(m^3 s^1)]$	- Substanzmassenstrom
h	[m]	- Standrohrspiegelhöhe
K	$[m^2]$	- Permeabilitätstensor
K_D	$[m^3\ kg^{-1}]$	- Verteilungskoeffizient
k_f	$[m\ s^{-1}]$	- Durchlässigkeitsbeiwert
k_{fG}	$[m\ s^{-1}]$	- Gebirgsdurchlässigkeitsbeiwert
k_{fK}	$[m\ s^{-1}]$	- Durchlässigkeitsbeiwert der Kluft
k_{fM}	$[m\ s^{-1}]$	- Durchlässigkeitsbeiwert der Matrix
n	[1]	- Porosität
n_e	[1]	- effektive (für den advektiven Transport wirksame) Porosität
M	[m]	- Aquifermächtigkeit
m	[kg]	- Masse
$\dot{m}$	$[kg\ s^{-1}]$	- Massenstrom

Pg	[1]	- Peclet-Zahl
Q	$[m^3\ s^{-1}]$	- Durchfluß
q	$[s^{-1}]$	- pro Volumeneinheit zugeführte Wassermenge
$\vec{q}$	$[m\ s^{-1}]$	- Filtergeschwindigkeit
q_0	$[m\ s^{-1}]$	- Filtergeschwindigkeit des natürlichen Grundwasserstroms
R	[1]	- Retardationskoeffizient
R	[m]	- Kluftradius
r, θ	[m]	- Radialkoordinaten
S	[1]	- Speicherkoeffizient nach Theis
S_0	$[m^{-1}]$	- spezifischer Speicherkoeffizient
$\hat{T}^*$	[1]	- Tortuosität
T	[K]	- Temperatur
T_D	[1]	- dimensionslose Temperatur
T_I, T_0	[K]	- ungestörte Anfangs- bzw. Injektionstemperatur
T_M	$[m^2\ s^{-1}]$	- Transmissivität
t	[s]	- Zeit
u	[1]	- Sprungfunktion (DIRAC-Funktion)
V_{ges}	$[m^3]$	- gesamtes Gesteinsvolumen (Matrix und Hohlräume)
V_M	$[m^3]$	- Volumen der Gesteinsmatrix (Feststoffvolumen)
$\vec{v}_a$	$[m\ s^{-1}]$	- Abstandsgeschwindigkeit
$\vec{v}_f$	$[m\ s^{-1}]$	- Filter- (Darcy-)geschwindigkeit
w	[m]	- halbe Kluftöffnungsweite
x,y,z	[m]	- Ortskoordinaten
$\vec{x}$ (x,y,z)	[m]	- Ortsvektor (karthesische Ortskoordinaten)
z (x,y)	[m]	- komplexer Ortsvektor
α_L	[m]	- longitudinale Dispersionslänge
α_T	[m]	- transversale Dispersionslänge
Γ		- Berandung des Definitionsgebiets
γ_i	[1]	- Impedanzfaktor
η	[Pa s]	- dynamische Viskosität
λ	$[a^{-1}]$	- Zerfallskonstante
$\hat{\lambda}$	$[W\ m^{-1}\ K^{-1}]$	- Wärmeleitfähigkeitstensor
ν	$[m^2\ s^{-1}]$	- kinematische Viskosität
ρ	$[kg\ m^{-3}]$	- Dichte
ρ_S	$[kg\ m^{-3}]$	- Gesamtdichte des porösen Mediums
τ	[1]	- Tortuosität

ϕ, ψ	$[m^2\,s^{-1}]$	- Geschwindigkeitspotential bzw. Stromfunktion
ϕ_D, ψ_D	[1]	- dimensionsloses Geschwindigkeitspotential bzw. dimensionslose Stromfunktion
ζ	$[m^2\,s^{-1}]$	- komplexes Strömungspotential

Exponenten, Indizes

r, w	- Materialgröße des Gesteins bzw. des Formationswassers
$'$	- Zustandsgröße der Matrix

spezielle Symbole

∇	- Nabla-Operator:	$(\partial/\partial x, \partial/\partial y)$
Δ	- Laplace-Operator:	$(\partial^2/\partial x^2, \partial^2/\partial y^2)$
*	- Skalarprodukt	

Der Band wendet sich in erster Linie an den Modellierer. Die Grundparameter der Modelle (Kap. 1–4 und Kap. 7,8) sind jedoch auch für die nicht einschlägig arbeitenden Experten, die sich mit den Modellergebnissen befassen, Konzepte entwerfen und entsprechende Aufträge vergeben, zu verstehen. Kapitel 5, 6, 9 und 10 setzen einschlägige mathematisch-physikalische Kenntnisse sowie Erfahrungen mit Modellrechnungen voraus.

Dieses Buch ist nicht dafür gedacht, dem Anfänger den Umgang mit Computerprogrammen zur Grundwassermodellierung zu erklären, denn ohne tieferes Verständnis der physikalischen Prozesse und mathematischen Werkzeuge sind in der Anwendung von Grundwassermodellen keine verläßlichen Ergebnisse mit den scheinbar simplen Programmen zu erzielen. Die Gefahr von Fehlurteilen infolge unreflektiert eingesetzter Modellsoftware ist zu groß. Weiterhin sollte auch nicht erwartet werden, daß hier verschiedene Grundwasserprogramme vorgestellt, ihre Leistungsfähigkeit miteinander verglichen und Empfehlungen für den jeweils besten Einsatz gegeben werden. Eine solche Aufgabe wäre eher der Organisation Stiftung Warentest zu stellen. Auch die schnelle Weiterentwicklung der angebotenen Modellsoftware läßt eine solche Arbeit in diesem Rahmen nicht zu. In der Praxis sollte sie aufgrund der Erfahrung des mit einer Problemstellung befaßten Modellierers durchgeführt werden.

Im Mittelpunkt der vorliegenden Arbeit steht die *geologische Barriere* und die Analyse der Behinderung des Schadstofftransports. Obwohl die vorgestellten Methoden auch auf poröse Grundwasserträger anwendbar sind, spielen geklüftete Festgesteinsuntergründe in den folgenden Kapiteln eine große Rolle; die Hälfte der Grundfläche der Bundesrepublik Deutschland besteht aus Festgestein – entsprechend viele Deponien befinden sich auf geklüftetem Felsuntergrund. Insofern wurde z. B. der Matrixdiffusion als retardierendem Transportfaktor im Kluftgestein ein breiterer Raum zugestanden. Sicher gibt es Aufgaben, wie beispielsweise die hydraulische Sanierung eines Chlor-Kohlen-Wasserstoff-Schadens in quartären Sanden, bei denen man auf andere Literatur zurückgreifen muß.

Die im Verbundvorhaben „Deponieuntergrund" gewonnenen Erfahrungen aus Anwendung und Entwicklung numerischer und analytischer Modelle fließen in den vorgestellten Leitfaden ein. Der vorliegende Band ist in 10 Kapitel gegliedert. Mit Hilfe des *tabellarischen Leitfadens* (Anhang B) wird ein standardisiertes Verfahren zur Arbeit mit Grundwassermodellen vorgeschlagen.

Nach der Einleitung wird das Problemfeld im 2. Kapitel definiert. Die grundlegenden hydraulischen Besonderheiten der *Lockergesteine* (Abschn. 2.1), welche Porengrundwasserleiter repräsentieren, werden vorgestellt. Die *Festgesteine* (Abschn. 2.2) können sowohl Poren- als auch Kluftaquifere sein. Häufig treten Mischformen auf. Die Klüfte und Störungszonen stellen oft *dominante Fließpfade* dar, über die Grundwasserkontaminationen schnell über weite Entfernungen transportiert werden können. Im Verbundvorhaben wurden Teststandorte in verschiedenen Gesteinsformationen untersucht und vorgestellt (Abschn. 2.3). Für den an speziellen Fragestellungen der Hydrogeologie interessierten Leser ist in Abschnitt 2.4 eine Auswahl deutscher und angelsächsischer Literatur zu diesem Thema aufgelistet.

Im 3. Kapitel wird ein Abriß über die Inhaltsstoffe des unterirdischen Wassers und ihren Ursprung gegeben. Dabei wird deutlich, daß bereits durch die Wechselwirkung des Grundwassers mit der Geologie des Untergrundes *geogene* Inhaltsstoffe in das Grundwasser gelangen (Abschn. 3.1). Durch die Aktivität des Menschen gelangen die *anthropogenen* Inhaltsstoffe in das unterirdische Wasser. Die Darstellung im Abschnitt 3.2 wird auf die durch Deponiesickerwässer in den Untergrund gelangten Stoffe beschränkt. Die Einflüsse des Sickerwassers auf das Grundwasserregime werden angesprochen und für ein vertiefendes Studium die umfassende Fachliteratur zitiert.

Kapitel 4 zeigt die hydraulischen Eigenschaften der Grundwassersysteme auf. Die Definitionen der fundamentalen *hydrogeologischen Begriffe* werden gegeben und in vielen Beispielen auf die Unterschiede zwischen Poren- und Kluftgrundwasserleitern eingegangen. Anhaltswerte wichtiger hydraulischer Parameter werden aufgelistet. Darüber hinaus werden Differentialgleichungen zur Berechnung von Strömungsprozessen im Grundwasser entwickelt (Abschn. 4.1). Mit dem Strömungsfeld *migrieren* die Kontaminanten. Die *Transportphänomene* und ihr Einfluß auf die Schadstoffverteilung werden im Abschnitt 4.2 herausgearbeitet und anhand von zahlreichen Abbildungen und Beispielen erläutert. Die formelmäßige Erfassung der einzelnen Transportmechanismen führt schließlich zur Aufstellung der Differentialgleichungen des Stofftransports im Grundwasser.

Das 5. Kapitel ist den klassischen analytischen Methoden für die Lösung der transportspezifischen Differentialgleichungen gewidmet. Die Systematisierung der analytisch lösbaren Aufgabenklassen erfolgt nach Transportkonzepten und Strömungstypen (Tabelle 5.4-5.6). Die Anwendbarkeit analytischer Lösungsverfahren setzt eine Reihe von Modellvereinfachungen bezüglich der Linearität sowie Dimensionalität der Differentialgleichung, der Anfangs- und Randbedingungen sowie der Modellgeometrie voraus (Tabelle 5.2). Im Rahmen des 5. Kapitels werden Fragen der *Brunnenhydraulik* (Abschn. 5.2), der sog. *dispersionsfreien Näherung* (Abschn. 5.3), des *dispersiven Transports* in homogenen (Abschn. 5.4) und geschichteten Aquiferen (Abschn. 5.5) sowie der *Matrixdiffusion* (Abschn. 5.6) behandelt. In Form von Tabellen werden die Modellannahmen, Modellgleichungen und ihre analytischen Lösungen zusammengestellt. Einerseits wurde beim Schreiben dieses Kapitels großer Wert auf die einheitliche Darstellung des mathematischen Apparates gelegt, andererseits werden viele Beispiele verwendet, um den Stoff, insbesondere für den Anwender anschaulich zu gestalten.

Die Einsatzmöglichkeiten analytischer Lösungsverfahren sind begrenzt. Die im 6. Kapitel diskutierten numerischen Methoden, wie die *Finite-Elemente-Methode* (Abschn. 6.1) und *Differenzenverfahren* (Abschn. 6.2) erlauben wesentliche Erweiterungen gegenüber den analytisch handhabbaren Aufgabenstellungen, so die

Behandlung nichtlinearer Prozesse (dichteinduzierte Konvektion, hydraulisch-thermisch-mechanische Wechselwirkungen, Mehrphasenströmung, reaktiver Transport) und komplexer räumlicher Modellgeometrien (Aquifersysteme, Kluftnetzwerke); dennoch sind analytische Lösungen unverzichtbar für die *Verifikation* (Abschn. 6.4) numerischer Modelle, also für den Nachweis, daß das physikalisch-mathematische Modell korrekt im Rechencode implementiert ist. Die diskrete Approximation einer Differentialgleichung führt unweigerlich zu Diskretisierungsfehlern. Numerische Methoden liefern immer nur eine Näherung der exakten Lösung der Differentialgleichung. Die wichtigsten Eigenschaften dieser Näherungslösung sind ihre *Stabilität und Genauigkeit* (Abschn. 6.3). Diskretisierungskriterien, deren Beachtung den Approximationsfehler so klein wie möglich halten soll, lassen sich leider nur für vereinfachte Differentialgleichungen konsequent ableiten. Hinweise für korrekte Orts- und Zeitdiskretisierungen gewinnt man wiederum aus dem Vergleich mit analytischen Vorgaben. Numerische Modelle (Diskretisierungen) können so zunächst anhand von vereinfachten, analytisch lösbaren Problemstellungen *kalibriert* werden. Für den Plausibiltätsnachweis komplexer numerischer Modelle müssen dann Konvergenztests (Netzeffekte) bzw. Ergebnisvergleiche mit anderen numerischen Verfahren oder Modellen erbracht werden (Abschn. 6.5).

Nachdem die phänomenologischen, analytischen und numerischen Grundlagen in den Kapiteln 2–6 vorgestellt wurden, wird im 7. Kapitel der *Leitfaden* zur Bearbeitung von Modellierungsaufgaben entwickelt. Dabei werden in Text- und Tabellenform *Wegweiser* von der Einordnung des Problems bis zur Ergebnisdarstellung gezeigt. Nach der Festlegung Aufgabenstellung und des Ziels der Modellierung (Abschn. 7.1) beginnt mit der *Transformation der Fragestellung* die Einordnung der Problematik (Abschn. 7.2). In Abschnitt 7.3 sind die räumlichen und zeitlichen Anforderungen an das Simulationsergebnis festzulegen, worauf unter Einsatz eines *standardisierten Auswahlverfahrens* die Datenakquisition folgt (Abschn. 7.4). Sind die verfügbaren Informationen über das Grundwassersystem zusammengetragen, wird zur *Modellbildung* übergegangen. Das Grundwassersystem ist so zu abstrahieren, daß die wesentlichen Systemeigenschaften herausgearbeitet werden (Abschn. 7.5). Darauf folgt die mathematische Beschreibung des schematisierten Modells (Abschn. 7.6). Mit einer umfangreichen *Checkliste*, in der die Leistungsmerkmale von Computerprogrammen zur Grundwassermodellierung abgefragt werden, wird Hilfestellung bei der Auswahl des anzuwendenden Rechencodes gegeben (Abschn. 7.7). Für die Modellanwendung werden Hinweise zur korrekten *Diskretisierung, Verifikation, Kalibrierung* und *Validierung* geliefert (Abschn. 7.8) und schließlich Verfahren zur Aufstellung eines Standortmodells vorgeschlagen (Abschn. 7.9).

Der in Kapitel 7 entwickelte Leitfaden wird exemplarisch bei der Modellierung des Teststandorts Münchehagen angewendet. Die im vorangegangenen Kapitel aufgestellten Tabellen werden beispielhaft ausgefüllt präsentiert und der Ablauf der

Arbeit von der Definition der Problemstellung (Abschn. 8.1) über die Datenakquisition (Abschn. 8.4) und Modellbildung unter Einschluß von analytischen Vorberechnungen bis zur Modellauswahl (Abschn. 8.7) und -anwendung (Abschn. 8.8) ausführlich erörtert. Abschließend wird die Realisierung eines Standortmodells unter besonderer Berücksichtigung der Matrixdiffusion vorgestellt (Abschn. 8.9).

Besondere Beachtung findet bei der Modellierung des Schadstofftransports im geklüfteten Tonstein der geologischen Barriere des Standorts Münchehagen das Phänomen der *Matrixdiffusion*. Die ausgearbeitete diskrete Modellierung des diffusiven Stofftransports aus dem advektiv bewegten Kluftwasser in das stagnierende Wasser der Tonsteinmatrix erlaubt den Schluß, daß bei der Definition der geologischen Barriere nicht nur hydraulische Parameter zu berücksichtigen sind. Vielmehr müssen auch physikalische (Matrixdiffusion) und chemische (Sorption) Einflußgrößen in Betracht gezogen werden.

Die umfangreiche und aktuelle *Literatursammlung* stellt eine gute Grundlage für eine tiefergehende Einarbeitung in die Hydrogeologie im allgemeinen und in die Anwendung und Entwicklung von Strömungs- und Transportmodellen im speziellen dar. Die Tabellensammlung im Anhang B läßt sich kopieren und für wiederkehrende Aufgaben als *tabellarischer* Leitfaden bei der Bearbeitung von Projekten gut anwenden.

2 Definition des Problemfeldes

In der Bundesrepublik Deutschland wird der Wasserbedarf zu über 70% aus Grundwasser bzw. angereichertem Grundwasser (ohne Uferfiltrat) gedeckt (Mattheß u. Ubell 1983; Kinzelbach 1987). In den letzten Jahren machte sich die Verunreinigung dieser wichtigen Wasserressource zunehmend bemerkbar. Als Verursacher der Kontaminationen konnte zum Teil Sickerwasser aus Altlasten festgestellt werden. Da in früherer Zeit oftmals die Anlage einer Deponie ohne Berücksichtigung möglicher Grundwassergefährdung durchgeführt wurde, ist die akute Gefährdung bestimmter Grundwasserreserven gerade durch Altlasten besonders hoch. Für die Neuanlage von Deponien werden daher in der TA[1] Siedlungsabfall (Bergs et al. 1993) Kriterien vorgegeben, die den Austritt von Schadstoffen aus dem Deponiekörper verhindern sollen. Ein wichtiger Bestandteil des Sicherheitskonzepts ist hierbei die sog. *geologische Barriere*, deren natürliche Zusammensetzung und Durchlässigkeit den Kontakt zwischen Sicker- und Grundwässern vermeiden soll.

Der Begriff „geologische Barriere" wird von Stief (1992) folgendermaßen definiert: „Als geologische Barriere wird der Bereich im natürlich anstehenden Untergrund einer Deponie bezeichnet, der aufgrund seiner Eigenschaften und Abmessungen maßgeblich die Schadstoffausbreitung behindert."

Die Gesteine im Umfeld einer Deponie werden im Hinblick auf ihre hydraulischen Eigenschaften, insbesondere die *Durchlässigkeit*, eingeteilt:

- *Aquifere* sind Gesteine, die Wasser enthalten und es weiterleiten; sie werden auch als *Grundwasserleiter* bezeichnet (z.B. Kies). Im allgemeinen lassen sich 2 Arten von Aquiferen unterscheiden: In den *Porengrundwasserleitern* bewegt sich das Grundwasser gleichmäßig durch das gesamte Gesteinsvolumen. In den *Festgesteinen*, die nach Hölting (1989) ca. 55% der Fläche Deutschlands einnehmen, erfolgt die Grundwasserbewegung zu einem großen Anteil auf dominanten Fließwegen. Die Festgesteine werden weiter in *Kluft-* und *Karstgrund-*

[1] TA – Technische Anleitung

wasserleiter unterteilt. Die Aquifere werden in den beiden folgenden Abschnitten ausführlicher behandelt.

- *Aquicluden* sind Gesteine, die zwar Wasser enthalten, es aber nicht weiterleiten (z.B. Ton).
- *Aquifugen* sind Gesteine, die weder Wasser durchlassen noch Wasser enthalten (z.B. gering geklüfteter Granit). Aquicluden und Aquifugen werden auch als *Grundwassernichtleiter* bezeichnet, da sie praktisch als undurchlässig angesehen werden können.
- *Aquitarden (Grundwasserhemmer, Grundwassergeringleiter)* sind Gesteine, die Wasser weiterleiten und es auch speichern, und so am Grundwasserhaushalt teilnehmen. Sie sind aber nicht geeignet, Brunnen zu speisen.

Die Abgrenzung der Begriffe ist regional unterschiedlich. Dabei kommt es auf die klimatischen Verhältnisse und die hydraulischen Leitfähigkeiten der anstehenden geologischen Formationen an: So wird beispielsweise eine Schicht, aus der man 500 l/d Wasser fördern kann, in der Wüste als Grundwasserleiter angesprochen. Im Flußkies eines humiden Klimabereichs wird eine solche Schicht jedoch als Aquiclude eingeordnet.

2.1 Lockergesteine (Porengrundwasserleiter)

Als *Lockergesteine* (z.B. Sand, Kies, Flußschotter) werden alle unverfestigten, losen Gemenge von Gesteins- oder Mineralbestandteilen bezeichnet. Sie kommen im norddeutschen Flachland, der Oberrheinebene oder im Alpenvorland sowie in Bach- oder Flußniederungen vor und können teilweise einen hohen Anteil an organischen Substanzen aufweisen. In der Terminologie des Bauwesens werden die Lockergesteine häufig auch als „Böden" bezeichnet. Der Begriff „Boden" wird dagegen von Geowissenschaftlern, Bodenkundlern und Agraringenieuren für die oberste Verwitterungsschicht der Erdrinde mit Blick auf die Nutzbarkeit für land- und forstwirtschaftliche Zwecke (Murawski 1992) verwendet. Er wird in dieser Arbeit nicht weiter verwendet. Einen Eindruck vom Aufbau eines Lockergesteinsaquifers vermittelt der in Abb. 2.1 dargestellte Ausschnitt.

Die für die Grundwasserbewegung wichtigsten physikalischen Eigenschaften sind:

- die *Porosität* (Hohlraumgehalt) und die damit verbundene Speicherkapazität,
- die *hydraulische Leitfähigkeit* (Durchlässigkeit, Permeabilität), die auf dem Verbindungsgrad (connectivity) der Poren untereinander beruht,
- die *Elastizität* der Gesteinsmatrix und des Gefüges, aus welcher die Änderung des Speichervermögens bei Druckbeanspruchung einer Formation resultiert,

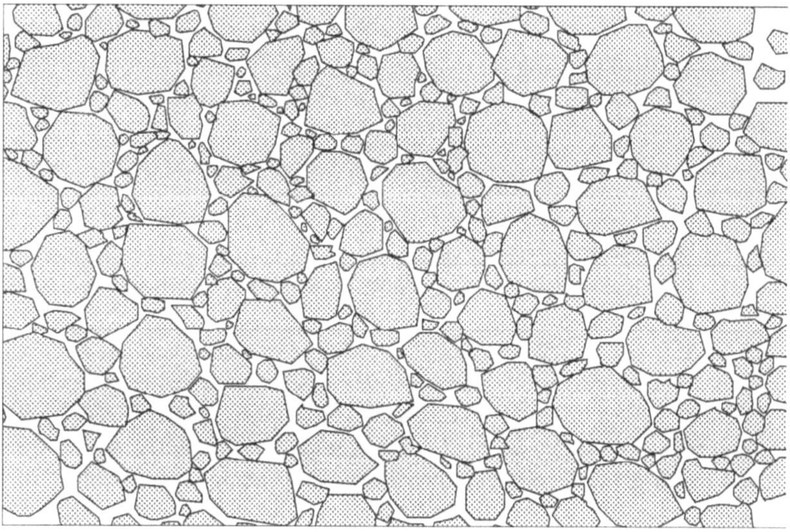

Abb. 2.1. Beispiel eines Porengrundwasserleiters. Die Zwischenräume der groben Partikel können mit feinkörnigem Material ausgefüllt sein

- die *Dispersivität* und in enger Relation dazu
- die *Tortuosität* (Verwundenheit) der Porenkanäle und
- der *Konsolidierungsgrad*, der die Lagerungsdichte und den Verfestigungsgrad eines Gesteins beschreibt.

In Lockergesteinen sind Poren die Hohlräume zwischen den einzelnen Körnern des Gesteins. Dabei berechnet sich die *Porosität n* nach:

$$n = \frac{V_{ges} - V_M}{V_{ges}}$$

wobei V_{ges} das gesamte Gesteinsvolumen und V_M das Feststoffvolumen bezeichnen. Die Porosität ist eine Größe zwischen 0 und 1. Manchmal wird die Porosität eines Gesteins auch in Prozent angegeben. Die Porosität hängt stark von der Lagerungsdichte und Korngrößenverteilung des Gesteins ab.

Einige Autoren verwenden auch die Porenzahl *e*. Sie ist definiert als:

$$e = \frac{V_{ges} - V_M}{V_M}$$

Entscheidend für die Grundwasserbewegung und die Diffusion von Substanzen im unterirdischen Wasser ist die *effektive Porosität* n_e (auch durchströmter oder hydraulisch nutzbarer Porenanteil genannt), die stets kleiner als die Gesamtporosität n ist:

$$n_e < n$$

Sie hängt vom Verbindungsgrad der Poren untereinander sowie von der Geometrie und der Öffnungsweite der Porenkanäle ab.

Der Raum, der vom Feststoff eingenommen wird, heißt *Korngerüst* bzw. Gesteinsmatrix oder nur *Matrix*.

Wie in Abb. 2.1 zu sehen ist, kann der Raum zwischen größeren Körnern mit kleinerem Material angefüllt sein. Werden bestimmte Fließgeschwindigkeiten überschritten, so können die feineren Partikel umgelagert oder fortgespült werden. Es kommt zur *inneren Erosion* des Grundwasserleiters. Der Porenraum vergrößert sich, und damit geht zumeist eine Erhöhung der Durchlässigkeit einher. Im Extremfall haben diese inneren Erosionsprozesse einen Erosionsgrundbruch zur Folge. Umgekehrt kann es durch Sedimentation von Feinmaterial in Grobporen zu einer Herabsetzung der Durchlässigkeit kommen.

Schließlich sind poröse Medien plastisch und elastisch verformbar, so daß sich bei einer Veränderung des hydrostatischen Drucks eine Veränderung des Porenvolumens ergibt. Diese Phänomene werden durch den Speicherkoeffizienten S, dessen Definition im Abschnitt 4.1.2 gegeben wird, erfaßt.

Eine ausführliche deutschsprachige Darstellung des in diesem Abschnitt angeschnittenen Problemfeldes findet sich beispielsweise bei Mattheß u. Ubell (1983), Hölting (1989) sowie Busch et al. (1993).

Soweit es um die Behandlung unverfestigter Lockersedimente (Flußkiese, Auelehm usw.) geht, ist es außerdem lohnend, zu wissen, daß die Hydrogeologie dieses Bereichs starke Überschneidungen mit dem Fachgebiet der Bodenkunde aufweist. Eine große Anzahl von Untersuchungsmethoden für Boden- und Gesteinsproben sind gleich oder sehr ähnlich. Insbesondere bezüglich der chemischen Reaktionen von Wasserinhaltsstoffen untereinander bzw. mit der Gesteinsmatrix ist es sehr empfehlenswert, sich über die Ergebnisse von Bodenkundlern zu informieren. Bekannte deutschsprachige Literatur zur Einführung in die Bodenkunde ist z.B.:

- Scheffer u. Schachtschabel (1989) Ausführliche Kapitel über Reaktions- und Adsorptionsprozesse im Bodenwasser und die Bodenwasserdynamik
- Hartge u. Horn (1989) Meßmethoden zur Bestimmung physikalischer Parameter des Bodens
- Hartge u. Horn (1991) Vertiefung hinsichtlich physikalischer Prozesse und Phänomene im Boden in anschaulicher, allgemeinverständlicher Darstellung

Zur Einarbeitung in die allgemeine Problematik können die deutschsprachigen Bücher von Thurner (1967), Busch u. Luckner (1972), Mattheß u. Ubell (1983), Hölting (1989), Richter (1989), Dyck u. Peschke (1989), Häfner et al. (1992) und Busch et al. (1993), empfohlen werden. Schneider (1988) behandelt das Thema sehr ausführlich aus Anwendersicht und widmet den geophysikalischen Methoden in der Hydrogeologie ein spezielles Kapitel. In englischer Sprache sind u. a. erschienen: Muskat (1937), Davis u. de Wiest (1966), de Wiest (1969), Bear (1972), Bear (1979), Turcotte u. Schubert (1982), Price (1985), de Marsily (1986), Barenblatt et al. (1990), Fetter (1988, 1993), Sahimi (1995) . Als Übersetzungshilfen lassen sich Pfannkuch (1990) und van der Thuin (1991) nennen. Die Aufzählung soll Anregung für vertiefendes Literaturstudium geben und erhebt keinen Anspruch auf Vollständigkeit.

2.2 Festgesteine (Kluft- und Karstgrundwasserleiter)

Gesteine, die im festen Verband vorliegen und deren Einzelkomponenten eine mineralische Bindung aufweisen, sind *Festgesteine* (z.B. Sandstein, Kalkstein, Tonstein, Basalt, Granit). Durch tektonische Beanspruchung, Abkühlungsvorgänge, Sedimentations- oder Erosionsprozesse sind Festgesteine von Rissen und Fugen durchzogen, die in der Hydrogeologie als Klüfte bezeichnet werden. Haupt- und Nebenklüfte bilden ein Netzwerk, auf dessen Bahnen, wie in Abb. 2.2 schematisch dargestellt, das Grundwasser bevorzugt fließt.

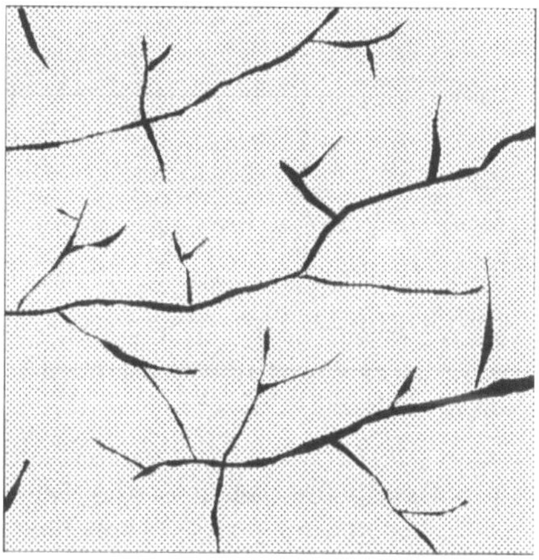

Abb. 2.2. Das Grundwasser im Festgestein bewegt sich in den Klufthohlräumen, die dominante Fließwege darstellen (vergrößerte Darstellung, Kantenlänge: ca. 0,5 cm)

Gelegentlich, z.B. in einigen Sandsteinen, bilden in einem Gestein sowohl Poren- als auch Klufthohlräume Grundwasserwegsamkeiten.

Demgegenüber stehen z.B. klüftige Tonsteine, deren Matrix zwar eine hohe Porosität und damit einen hohen Wassergehalt aufweist, die aber nahezu undurchlässig ist. Hier bewegt sich das Grundwasser fast ausschließlich in den Klüften. Ein mitgeführter Schadstoff kann aber in das Matrixwasser hineindiffundieren (Matrixdiffusion).

Die vorliegende Arbeit stellt in der beispielhaften Bearbeitung des Leitfadens (Kap. 7) eine neue Methode der numerischen Simulation der Matrixdiffusion von Schadstoffen am Beispiel des klüftigen Tonsteins vor. Daher wird im folgenden Abschnitt näher auf die Wechselwirkung zwischen Kluft- und Matrixhohlraum eingegangen. Das Material wurde einerseits gewählt, da es als geologische Barriere der ehemaligen Sonderabfalldeponie (SAD) Münchehagen bereits intensiv untersucht wurde. Andererseits ist der Tonstein aufgrund seiner geringen Permeabilität der Gesteinsmatrix ein Material, das als geologische Barriere prädestiniert ist und beispielsweise in Niedersachsen eine weite Verbreitung aufweist (Asch et al. 1991). Durch die Diagenese, die der Ton seit seiner Ablagerung durchlaufen hat, sind die meisten Tonsteinpakete mehr oder weniger geklüftet.

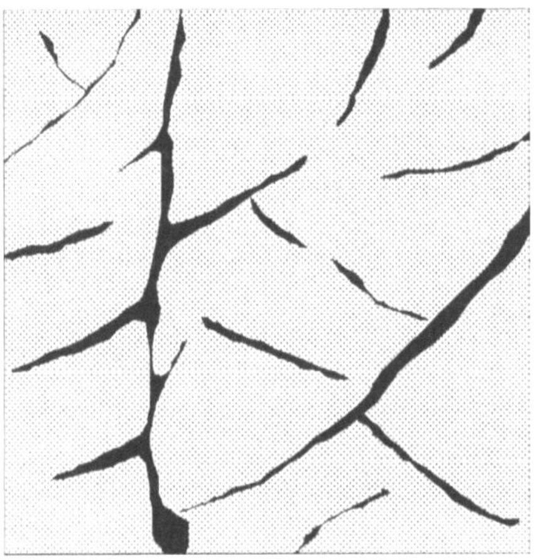

Abb. 2.3. In geologischen Zeiträumen erweitert fließendes Wasser Klüfte in Karbonatgestein zu schmalen Hohlräumen

Bei Gesteinen mit sehr geringer Porosität (z.B. Granit) befindet sich nahezu alles Grundwasser in den Klufthohlräumen. Grundwasserströmung und Schadstofftransport erfolgen nur auf den dominanten Fließwegen, die durch Klüftung und Störungszonen vorgegeben sind. Die Matrixdiffusion kann meist vernachlässigt werden (Kunstmann 1994). Treten allerdings Störungszonen mit Kluftfüllungen, wie z. B. Myloniten, Fault-Gouge (Kluftletten bzw. Verwerfungston) usw. auf, so weisen die Arbeiten von Frick et al. (1992) und Heer u. Hadermann (1994) nach, daß auch hier die Matrixdiffusion zu einer signifikanten Verzögerung der Stoffausbreitung und einem charakteristischen Tailing von Durchbruchskurven beiträgt.

Für die Bewegung von Flüssigkeiten in Festgesteinen ist die Art und Ausbildung der Klufthohlräume von großer Bedeutung. So können Trennfugen vorhanden sein, für die ein Strömungsverhalten wie zwischen planparallelen Platten angenommen werden kann. Oder es existieren Höhlungen, für welche die Gesetze der Rohrströmung anwendbar sind. Wichtig sind bei diesen Ansätzen die Wandrauhigkeiten der Klüfte (bzw. Röhren) und die Kluftöffnungsweiten, die kubisch in die Bestimmung der Klufttransmissivität („*cubic law*") eingehen.

Eine andere Art von Klüften entsteht bei tektonischer Beanspruchung: Es kommt zur Bildung von Zerrüttungs- oder Bruchzonen mit Breiten von wenigen Millimetern bis zu mehreren Metern. Sie werden auch häufig als *Störungszonen* angesprochen. Durch Zerreibungsprozesse (Mylonitisierung) sind sie mit mehr oder weniger feinen Gesteinsbruchstücken gefüllt und bilden häufig dominante Fließwege. Ist das Gestein bis zur Tonfraktion zerrieben, kann die Störungszone auch Aquicludeneigenschaften besitzen und damit Bereiche unterschiedlicher hydrologischer Regime scharf trennen.

Ausführlich beschreiben Louis (1967) und Wittke (1984) Strömungsvorgänge im geklüfteten Fels. Busch et al. (1993) sowie Mattheß u. Ubell (1983) geben ebenfalls eine umfassende Einführung. Die beiden letztgenannten Autoren und Hölting (1989) sehen es als zweckmäßig an, die Kluftströmung wie eine Filterströmung im porösen Medium zu betrachten und eine äquivalente Durchlässigkeit zu bestimmen. Transportphänomene, insbesondere solcher Stoffe, die in die Gesteinsmatrix diffundieren, können auf diese Weise allerdings nur unvollständig erklärt werden (Dörhöfer u. Maier 1992–1994; Lege u. Zielke 1994; McKay et al. 1993a–c; Maier u. Dörhöfer 1994). Wollrath u. Zielke (1990) sowie Kröhn u. Zielke (1991) setzen sich mit speziellen Fragen der Modellierung klüftiger Medien auseinander. Huber (1992) gibt eine gut verständliche Einführung in die Strömungsprozesse im klüftigen Gestein. Im Rahmen des Verbundvorhabens „Deponieuntergrund" wurde die Problematik von Wittke et al. (1992, 1993, 1994), Dörhöfer u. Maier (1992, 1993, 1994) sowie Lege u. Zielke (1992, 1993, 1994) bearbeitet.

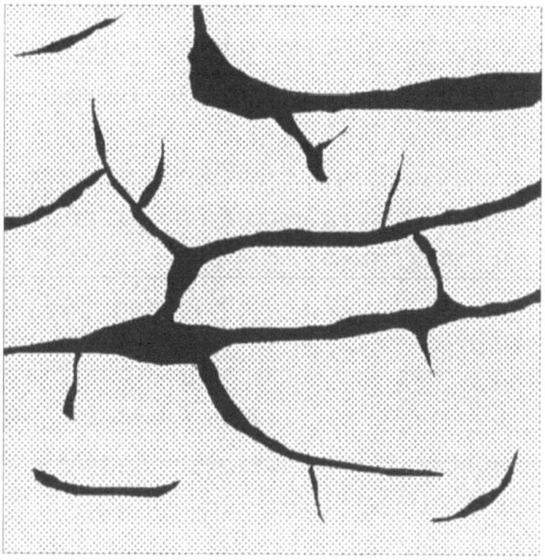

Abb. 2.4. Fortdauernde Lösung des Gestein läßt schmale Hohlräume zu Höhlen werden, die auch trockenfallen können und nicht immer, wie hier, mit Wasser gefüllt sind

Karsthohlräume sind Sonderformen der Klufthohlräume. In geologischen Zeiträumen hat in Kluftwasser lösliches Gestein alteriert. So entstanden zunächst schmale Gerinne – Abb. 2.3 zeigt diese Übergangsform – bis zu großen Karsthöhlen, die in Abb. 2.4 abgebildet sind. Die Wasserbewegung erfolgt in den Höhlen wie in oberirdischen Gerinnen, so daß man auch von Karstgerinnen spricht. So wurden aus Markierungsversuchen in den Karstgebieten der schwäbischen Alb Grundwassergeschwindigkeiten von 10–585 m/h (Hölting 1989) ermittelt. Für Karstgesteine ist daher immer eine sehr genaue Untersuchung des örtlichen Grundwassersystems notwendig. Sie sind mit herkömmlichen Grundwasserprogrammen nicht zu modellieren.

Auf Karstgrundwasserleiter wird im folgenden nicht weiter eingegangen.

2.3 Wechselwirkung zwischen Kluft und Gesteinsmatrix

Ein geklüfteter Fels zeichnet sich dadurch aus, daß sich die Gesamtporosität aus effektiver (bzw. mobiler) und immobiler Porosität zusammensetzt. Für den Transport von Schadstoffen mit der Grundwasserströmung ist nur die effektive Porosität verantwortlich. Die immobile Porosität beschreibt hingegen den Teil des Porenraumes, der mit Wasser gefüllt ist, das aufgrund der geringen Porendurchmesser oder der sackgassenartigen Ausbildung von Hohlräumen nicht am Grundwasserfluß teilnimmt. Das strömende und das unbewegte Grundwasser stehen jedoch untereinander in Kontakt. So können die im bewegten Wasser herangeführten gelösten Stoffe in das angrenzende „Totwasser" diffundieren, solange ein Konzentrationsgradient besteht. Ist die Konzentration im bewegten Wasser größer als im stagnierenden Teil, so dringt Substanz in das Totwasser ein – dreht sich das Konzentrationsgefälle um, so findet die Rückdiffusion vom immobilen Porenwasser in das strömende Wasser statt. Interessante Experimente zu dieser Problematik werden von Pfingsten (1990) und Mull u. Pfingsten (1990) mit einem schematisierten Versuchsaufbau im Labor durchgeführt.

Besonders beim geklüfteten Tonstein stellt die Matrixdiffusion einen entscheidenden Verzögerungsmechanismus bei der Ausbreitung von Kontaminationen mit dem Grundwasserstrom dar. So beträgt beispielsweise die effektive Porosität des in Münchehagen anstehenden Tonsteins weniger als 0,1% des Gebirgsvolumens, während die tonig-schluffige Gesteinsmatrix ein Porenvolumen von 10–20% aufweist. Durch die Lagerung der plattigen Tonmineralien ist die Verbindung der Hohlräume untereinander gewährleistet. Die Immobilität des darin enthaltenen Porenwassers wird durch die geringen Porenradien verursacht (Dörhöfer u. Maier 1992). Ausführlich werden die Matrixdiffusion und ihre Ursachen und Wirkungen im Abschnitt 4.2.4 dargestellt.

Die Gebirgsdurchlässigkeit wird also beim geklüfteten Tonstein wesentlich durch den Klufthohlraum bestimmt und liegt um Größenordnungen über der Matrixdurchlässigkeit. Der advektive Schadstofftransport findet nahezu ausschließlich in den Klüften statt.

2.4 Beispiele

Hier soll kurz auf 2 Fälle von Altlasten und ihren Untergrund eingegangen werden. Beide Fälle sind für das Verbundvorhaben „Deponieuntergrund" ausgewählte Teststandorte. Die genaue Problematik des jeweiligen Standorts ist in entsprechenden Veröffentlichungen der Projektleitung des Verbundvorhabens „Deponieunter-

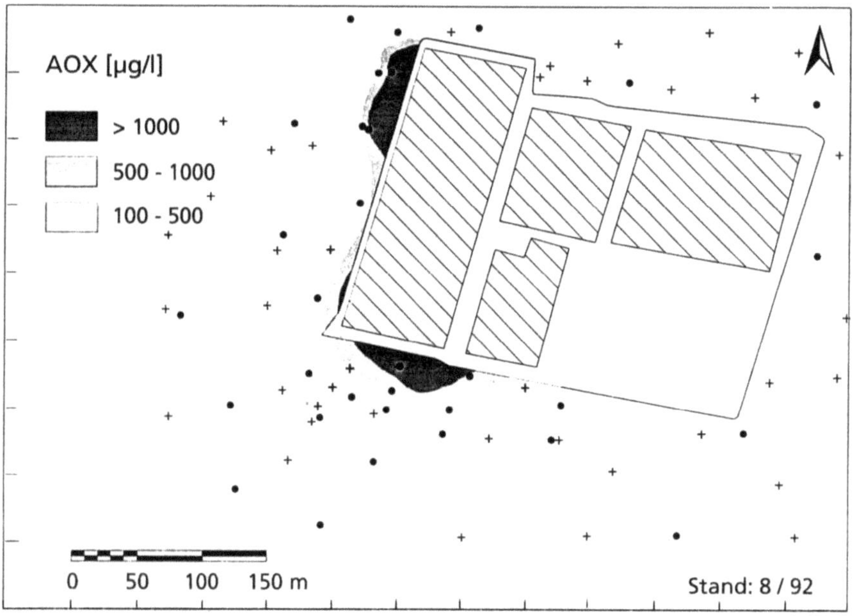

Abb. 2.5. Grundwasserkontamination im Abstrom der ehemaligen SAD Münchehagen (Aus Fritz et al. 1994)

grund", dargelegt (BGR[2] 1990–1994). Im Rahmen des Vorhabens wurden die Teststandorte sehr genau untersucht.

2.4.1 Ehemalige SAD Münchehagen/Niedersachsen

Die ehemalige SAD[3] Münchehagen ist als Polderdeponie in einem flächenhaft vorkommenden, mehr als 100 m mächtigen, schluffigen und stark geklüfteten Tonstein der Unterkreide (Valangin) – ein Kluftgrundwassergeringleiter – angelegt worden. Die quartären Sedimente, wie Geschiebelehm, Sandlöß und Schmelzwassersande bilden nur eine geringmächtige und lückenhaft verbreitete Lockerge-

[2] BGR – Bundesanstalt für Geowissenschaften und Rohstoffe, Hannover

[3] SAD – Sonderabfall-Deponie

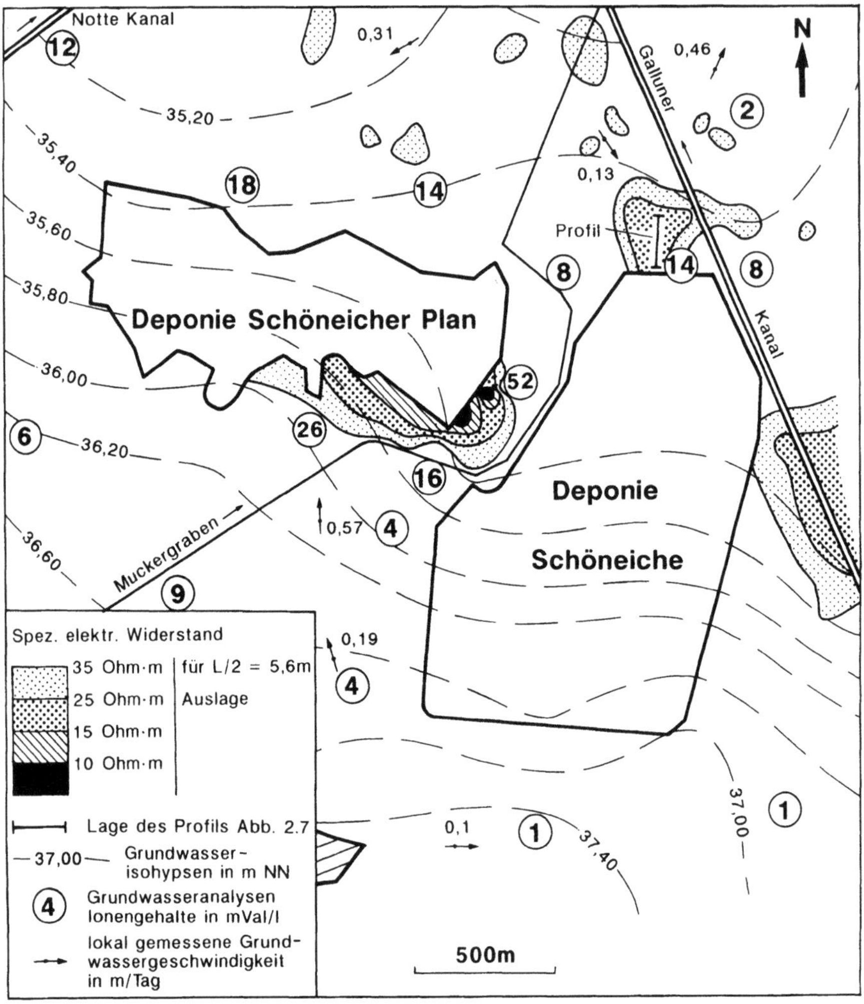

Abb. 2.6. Mögliche Grundwasserkontaminationen im Bereich von Deponien und Altlasten im Raum Schöneiche bei Berlin

steinsauflage. Die Altlast kann in 2 Bereiche gegliedert werden: die Altdeponie, die bis 1973 betrieben wurde, und die Neudeponie, GSM[4]-Deponie genannt, in die von 1977–1983 Sonderabfall eingebracht wurde. Im Bereich der Altdeponie liegt die Sohle der Einzelpolder etwa 6 m unter Gelände. Bei der jüngeren GSM-Deponie ist die Tiefe der Polder ca. 25 m (Fritz et al. 1994).

[4] GSM – Gesellschaft für Sondermüllbeseitigung Münchehagen

Die Altlast hat guten Grundwasseranschluß. Die aus Pumpversuchen festgestellte Durchlässigkeit des Tonsteins beträgt aufgrund der starken Klüftung im oberflächennahen Bereich $k_f = 10^{-5}$ m/s. Unter 15 m Teufe sinken die Werte wegen der Abnahme der Klufthäufigkeit und der Zunahme des Überlagerungsdrucks bis auf $k_f \leq 10^{-6}$ m/s ab. Daraus wurde ein weiträumiger Austrag von Schadstoffen aus der Deponie prognostiziert, der jedoch durch Messungen nicht bestätigt werden konnte.

In Abb. 2.5 ist die vergleichsweise geringe Ausdehnung der Belastung des Grundwassers mit AOX dargestellt. Dazu schreiben Fritz et al. (1994): „Die Konstruktion einer AOX-Fahne kann zur grafischen Darstellung des Austrags chlorierter Kohlenwasserstoffe mit dem Grundwasser dienen. Im vorliegenden Fall zeigt sich mit dieser Methode vor allem der Einfluß der Altdeponie." Diese geringe Schadstoffausbreitung wird auf das Phänomen der Matrixdiffusion zurückgeführt. Dabei dringt der in den Klüften transportierte Schadstoff durch Diffusionsprozesse in die Gesteinsmatrix ein (Dörhöfer u. Maier 1992, 1993, 1994; Lege u. Zielke 1994).

In dieser Arbeit dient der Standort Münchehagen als Anwendungsfall für die diskrete Simulation der Matrixdiffusion zur Abschätzung der Geschwindigkeit des Schadstoffaustrags aus einer Mülldeponie und wird in Kapitel 8 ausführlich behandelt.

Bei Dörhöfer et al. (1994) findet sich umfangreiches Material zum aktuellen Stand der Forschung an diesem Modellstandort von überregionaler Bedeutung für die geowissenschaftliche Erkundung und Beurteilung von Altlastenfragen.

2.4.2 Deponien und Altlasten im Raum Schöneiche

Die noch betriebenen Deponien Schöneiche und Schöneicher Plan liegen rund 30 km südöstlich Berlin im brandenburgischen Landkreis Dahme-Spree. Die Deponie Schöneiche wurde 1977 zur Deponierung von Hausmüll eingerichtet. Schöneicher Plan besteht etwa seit 1920 und wurde mit Hausmüll, Gewerbeabfällen, Klärschlamm, Bauschutt und Bodenaushub beschickt. Die Deponien sind nicht durch künstliche Basis- und Oberflächenabdichtungen und Sickerwasserfassungen gesichert. Nach bisherigen Untersuchungen ist das oberflächennahe Grundwasser in unmittelbarer Deponienähe bereichsweise verunreinigt. Von Altlasten und kontaminierten Standorten im Gebiet von Schöneiche gehen wahrscheinlich weitere Belastungen aus (Kühn u. Hörig 1995).

Der Untergrund besteht aus Lockergesteinen (vorwiegend Sande, Schluffe und Tone) des Quartärs und Tertiärs. Der Schichtenaufbau ist durch eiszeitliche Glazialtektonik und Erosionserscheinungen vielfach gestört und sehr inhomogen: Geringdurchlässige Einlagerungen sind örtlich unterbrochen und die Mächtigkeiten der einzelnen Porengrundwasserleiter schwanken sehr stark. Der Grundwasser-

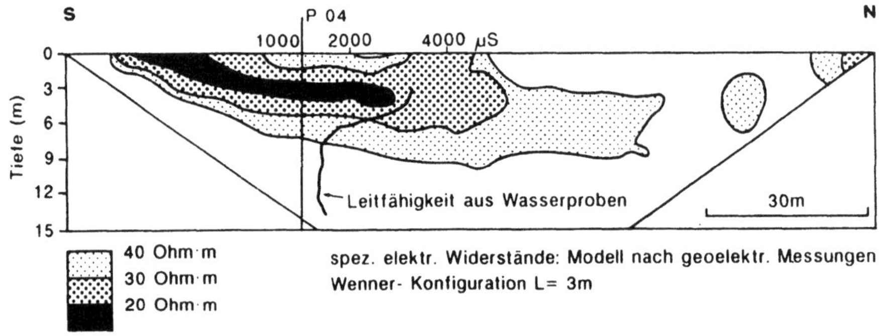

Abb. 2.7. Mögliche Schadstofffahne in Korrelation mit einer geoelektrischen Tiefensektion (Lage des Profils: s. Abb. 2.6)

spiegel weist ein geringes Gefälle von ca. 0.05% nach Norden auf (Abb. 2.6), ungefähr in Richtung auf das rund 2 km nördlich gelegene Wasserwerk. Punktweise geophysikalische Bestimmungen der Grundwassergeschwindigkeiten (Sebulke 1995) bestätigen die generell vergleichsweise geringen Fließgeschwindigkeiten. Die lokalen Fließrichtungen stimmen hier jedoch häufig nicht mit dem Potentialgefälle überein, das sich aus dem geeichten stationären Strömungsmodell ergibt, sondern werden auch von der Anisotropie und von kleinräumigen Materialheterogenitäten des Untergrundes kontrolliert (Sommer-von Jarmersted et al. 1995).

Die geoelektrischen Widerstandsmessungen und Messungen der Aufladefähigkeit durch induzierte Polarisation sowie geoelektrische Tiefensektionen (Seidel u. Niederleithinger 1993) weisen auf oberflächennah versalzene bzw. kontaminierte Grundwässer im Bereich der Deponien hin (Abb. 2.6, Abb. 2.7). Diese Befunde werden durch chemische Analysen horizontweise entnommener Grundwasserproben gestützt (Kretzer u. Niederleithinger 1995; Wippermann u. Zinner 1994).

Der scheinbare Widerspruch zwischen dem Grundwassergleichenplan und der Geometrie der Schadstoffwolke zwischen den beiden großen Deponien (Abb. 2.6) ist bemerkenswert und soll die u.U. auch in Porengrundwasserleitern keineswegs trivialen hydraulischen Phänomene beispielhaft veranschaulichen. Die scheinbar vom Nordrand der Deponie Schöneiche ausgehende Schadstoffwolke (Abb. 2.7) ist übrigens ein Ergebnis der dort gefundenen kleinen Altlast und nicht ursächlich der Deponie zuzuordnen. Im Rahmen des Forschungsverbundvorhabens „Deponieuntergrund" wurden zahlreiche hydrogeologische und geophysikalische sowie geochemische Untersuchungen durchgeführt, die den vielschichtigen geowissenschaftlichen Problemen der Standorterkundung Rechnung tragen (BGR 1992-1994, 1995).

3 Stoffe im Grundwasser

Wasser liegt in der Natur nie in chemisch reiner Form vor. Stoffe werden gelöst, transportiert und wieder ausgefällt. Der Stoffaustausch zwischen Gestein und Grundwasser beruht auf Lösungs- und Fällungsvorgängen sowie auf Ad- und Desorptionsreaktionen. Dabei lassen sich grundsätzlich 2 Herkunftsarten von Stoffen im Grundwasser unterscheiden.

Zum einen tauschen Böden und Gesteine mit dem durchfließenden Sicker- und Grundwasser organische und anorganische Stoffe aus. Am augenfälligsten ist dieser natürliche Vorgang in den Tropfsteinhöhlen verkarsteter Kalksteinformationen. Hier hat das fließende Wasser in geologischen Zeiträumen durch Lösung des Kalziumkarbonats z. T. riesige unterirdische Hohlräume geschaffen. Durch Ausfällung von gelöstem Karbonatgestein wachsen in den Hohlräumen Stalaktiten und Stalagmiten. Die aus natürlichen Vorgängen resultierende Fracht des Grundwassers nennt man *geogenen* Stoffgehalt.

Zum anderen wird durch menschliche Aktivität ein *anthropogener* Stoffeintrag verursacht, der im folgenden synonym mit den Begriffen Verschmutzung, Kontamination und Schadstoffeintrag verwendet wird. Verschmutzungsquellen sind beispielsweise undichte Kanalisationsrohre, Sickergruben, militärische Anlagen und Rüstungsaltlasten, die landwirtschaftliche Flächennutzung, Industriegelände und Halden des Bergbaus.

3.1 Geogener Stoffgehalt des Grundwassers

In diesem Abschnitt wird ein Überblick über den natürlichen Stoffgehalt des unterirdischen Wassers gegeben. Der Rahmen der vorliegenden Arbeit erlaubt es jedoch nur, diesen Themenkreis anzureißen. Für den vollständigen und detaillierten Einblick ist am Ende des Abschnitts eine kleine Literaturauswahl aufgelistet.

3.1.1 Herkunft

Im wesentlichen ist der geogene Stoffgehalt des Grundwassers von der Zusammensetzung der durchströmten Gesteinsformationen und des Speichergesteins abhängig. Für die dabei ablaufenden Lösungs- und Fällungsprozesse stellen der pH-Wert und der hydrostatische Druck die maßgeblichen Größen dar. Der pH-Wert ist in der Natur hauptsächlich abhängig vom Gehalt an gelöstem Kohlendioxid. Wichtige Einflußgrößen für den geogenen Stoffgehalt sind die Temperatur, der Gesamtlösungsinhalt und die Stoffkonzentration im Gestein.

Weitere Faktoren sind die Aufenthaltsdauer im Aquifer, der Stoffgehalt des Niederschlagswassers sowie die Reihenfolge der Kontakte zu unterschiedlichen Gesteinsformationen.

Beispielsweise haben Wässer, die in Schichten mit hohen Anteilen an Kalk ($CaCO_3$), Dolomit ($CaMg(CO_3)_2$), Anhydrit ($CaSO_4$) und Steinsalz (NaCl) vorkommen, in der Regel hohe Lösungsinhalte. Dagegen weisen Wässer aus dem silikatischen Untergrund alter Gebirge (z.B. Granit) geringe geogene Stoffinhalte auf.

Der DVWK (1993) nennt als wesentliche wasserchemisch-geochemische Prozesse für den geogenen Stoffinhalt des Grundwassers:

- Absorption von Sauerstoff und Kohlendioxid bei der Grundwasserneubildung
- Mineralienlösung
- Diffusions- und Migrationsprozesse
- Folgereaktionen gelöster Stoffe unter Beteiligung der Ionen des Wassers (Hydrolyse)
- Fällungs- und Umfällungsreaktionen
- Adsorptions- und Desorptionsprozesse
- chemische und mikrobielle Reduktions- und Oxidationsprozesse
- mikrobieller Stoffabbau und -eintrag.

3.1.2 Stoffgehalt natürlicher Grundwässer

Im wesentlichen wird der Stoffgehalt natürlicher Grundwässer von den in Ionenform gelösten Mineralien, gelösten Gasen und gelösten anorganischen und teilweise auch organischen Stoffen bestimmt. Als Hauptinhaltsstoffe lassen sich die Alkali- und Erdalkali-Kationen Natrium (Na^+), Kalium (K^+), Calzium (Ca^{2+}) und Magnesium (Mg^{2+}), die Anionen Hydrogencarbonat (HCO_3^-), Carbonat (CO_3^{2-}), Chlorid (Cl^-), Sulfat (SO_4^{2-}) und Nitrat (NO_3^-) sowie als undissoziierter Stoff die Kieselsäure (z.B. meta-Kieselsäure H_2SiO_3) unterscheiden. In Tabelle 3.1 ist eine Übersicht über die Beschaffenheit des Grundwassers in verschiedenen Gesteinsformationen zusammengestellt.

Tabelle 3.1: Geologische Formationen in Deutschland mit typischen geogenen Wasserinhaltsstoffen (zitiert aus DVWK 1988)

Formation	Geogene Inhaltstoffe (ohne Tiefenversalzung)	Verbreitungsgebiet
Quartär	$Ca^{2+}, Mg^{2+}, HCO_3^-$ Na^+, Cl^-, SO_4^{2-} Fe^{2+}, Mn^{2+}, Überschuß-CO_2	Alpenvorland, Oberrhein N-Deutschland,(Küste,Salzstöcke) lokal
Tertiär	$Na^+, Ca^{2+}, Mg^{2+}, K^+, HCO_3^-$ $Fe^{2+}, Mn^{2+}, NH_4^+, SiO_2$ CH_4, H_2S Na^+, Cl^-, SO_4^{2-} Na^+, Cl^-	 verbreitet lokal in S-Deutschland N-Deutschland (Salzstöcke) Oberrheingraben
Kreide, obere	$Ca^{2+}, Mg^{2+}, HCO_3^-, SO_4^{2-}$	Westfalen, Niedersachsen
Jura -Malm -Lias	$Ca^{2+}, HCO_3^-, Mg^{2+}$ $Ca^{2+}, Mg^{2+}, HCO_3^-$ $Na^+, K^+, SO_4^{2-}, Cl^-, F^-$ $Ca^{2+}, HCO_3^-, Fe^{2+}, Mn^{2+}, H_2S$ SO_4^{2-}	verbreitet W-Niedersachsen, S-Deutschland S-Deutschland verbreitet lokal (Rhätolias)
Trias -Keuper, mittlerer -Muschelkalk, mittlerer -Buntsandstein oberer/unterer	 $Ca^{2+}, SO_4^{2-}, HCO_3^-$ K^+, F^-, As $Ca^{2+}, Mg^{2+}, HCO_3^-, SO_4^{2-}$ Na^+, Cl^- Überschuß-CO_2 $Na^+, Cl^-, Ca^{2+}, SO_4^{2-}$	 verbreitet Franken verbreitet lokal (S-Deutschland) verbreitet Niedersachsen, N-Hessen
Perm -Zechstein	 $SO_4^{2-}, Ca^{2+}, Mg^{2+}, HCO_3^-$ Na^+, Cl^-	 verbreitet Niedersachsen (Salzstöcke), N-Hessen
Karbon Oberkarbon	Fe^{2+}, Mn^{2+}, Überschuß-CO_2 Mineralsäuren (H_2SO_4)	verbreitet Gebiete mit Kohlebergbau
Devon u. ältere Form. Mitteldevon	Fe^{2+}, Mn^{2+}, Überschuß-CO_2 HCO_3^-	verbreitet Schiefergebirge

(Quelle: DVWK, 1982)

Wässer mit einem hohen Gehalt an Erdalkali-Ionen gelten als hart. Erhöhte Anteile an Natrium bzw. Kalium sind meist in der Nähe von Salzlagerstätten anzutreffen. Aber auch silikathaltige Gesteine (Granit, Gneis) sind Quellen der Alkali-Ionen. Hydrogenkarbonate bzw. Carbonate kommen ebenso wie die Erdalkali-Ionen in Wässern aus Dolomit, Magnesit, Kalkstein, und Marmor, aber auch in Eisenspat, Zinkspat sowie Manganspat, vor. Chlorid und Sulfat findet man in versalzenem Grundwasser in Küstennähe und in der Nachbarschaft von Salzgesteinen. Da Chlorid leicht löslich und somit aus vielen Formationen im humiden Bereich ausgewaschen wird, kommt es meist nur in geringen Konzentrationen im Grundwasser vor.

Aufgrund der sehr hohen anthropogenen Verunreinigungen mit Nitrat in unseren Breiten existieren kaum Grundwässer mit natürlichem Nitratgehalt, das durch mikrobielle Abbauvorgänge (Nitrifikation) aus organischen Stickstoffverbindungen pflanzlicher oder tierischer Herkunft gebildet wurde. Silikate und Kieselsäuren haben ihren Ursprung in Gesteinen, die aus überwiegend silikatischen Mineralien bestehen (Granit, Gneis, silikatische Gesteine, Sandsteine mit hohem Quarzgehalt). Da ihre Löslichkeit im Neutralbereich gering ist, weisen Grundwässer nur geringe Silikatgehalte auf.

Als Nebenbestandteile können grundsätzlich nahezu alle Elemente des Periodensystems auftreten. Häufig trifft man auf die Spurenelemente Eisen und Mangan. Erhöhte Konzentrationen von sonstigen toxischen Schwermetallen sind im allgemeinen nur in der Nähe von Lagerstätten zu verzeichnen. Allerdings weisen z.B. Stahr et al. (1992) auf mögliche Schwermetallquellen in einigen Schichten der südwestdeutschen Schichtstufenlandschaft hin. In sauerstofffreien Grundwässern des Sandsteinkeupers und des südbayerischen Tertiärs kommt teilweise Arsen in toxischen Konzentrationen vor. Fluorid (F^-) und Ammonium (NH_4^+) sowie als gelöste Gase Sauerstoff (O_2) und Kohlendioxid (CO_2) sind zu erwähnen. Weitere bedeutsame Gase sind Schwefelwasserstoff (H_2S) und Methan (CH_4).

Granit enthält in Spuren die Ausgangselemente der 3 natürlichen Zerfallsreihen: Uran-238, Thorium-232 und Uran-235. Infolgedessen treten vor allem in Grundwässern aus granitischen Gebieten Radionuklide der 3 Zerfallsreihen auf.

Schließlich bleiben noch gelöste organische Inhaltsstoffe, die in der Regel leicht abbaubar sind. Schwerer abbaubare Substanzen wie die Huminstoffe, die Abbauprodukte pflanzlicher Biomasse sind, trifft man in oberflächennahen Grundwässern an, in deren Einzugsbereich anmoorige Bedingungen herrschen. Aber auch tiefe Wässer, die mit Braunkohlelagerstätten in Kontakt stehen, enthalten Huminstoffe. In Erdölbegleitwässern bzw. tertiären Tiefengrundwässern können natürlicherweise auch gelöste Kohlenwasserstoffe vorkommen.

Weiterführende Literatur

Ausführlichere Informationen zum Thema geogener Stoffgehalt des Grundwassers kann man zum Beispiel aus Hölting (1989), den Schriften des DVWK (1988, 1990 und 1993) und dem darin zitierten Hydrologischen Atlas der Bundesrepublik Deutschland (Keller et al. 1979) entnehmen. Voigt (1989) und Mattheß (1990) ermöglichen ebenfalls weitgehende Einblicke in die Zusammensetzung und den Ursprung des geogenen Stoffgehaltes des Grundwassers. Bei Schneider (1988) findet sich eine Einführung in die Arbeitsmethoden des Geochemikers.

3.2 Grundwasserkontamination durch Deponiesickerwässer

Grundsätzlich sind für die Betrachtung der Deponiesickerwässer zwei Fälle zu unterscheiden. Zum einen gibt es eine große Anzahl von Altlasten mit direktem Grundwasseranschluß, d.h. die (Alt-)Deponie oder ein Teil des Müllkörpers befindet sich unterhalb des Grundwasserspiegels. Damit ist das Grundwasser unmittelbar an den Auswaschungsvorgängen im Abfall beteiligt. Zum anderen sind Müllablagerungen zu betrachten, die oberhalb des Grundwasserspiegels angelegt sind. Hier ist das Niederschlagswasser und der inhärente Feuchtigkeitsgehalt des deponierten Materials an der Sickerwasserbildung beteiligt. Im zweiten Fall läßt sich das Sickerwasservolumen genauer bestimmen und kontrollieren. Zur besseren Kontrollierbarkeit der Sickerwasserbildung ist in der *TA Siedlungsabfall* (vgl. z.B.: Bergs et al. 1993) für die Neuanlage von Deponien in Deutschland ein Abstand des Deponieplanums von der höchsten zu erwartenden Grundwasseroberfläche bei gespanntem Grundwasser von einem Meter zu gewährleisten.

Als Folge des Sickerwassereintrags in einen Grundwasserleiter entwickelt sich eine Schadstoffwolke, deren Ausbreitungsdynamik sowohl von der Beschaffenheit des Untergrunds als auch von den Inhaltsstoffen des Sickerwassers abhängt. Die verschiedenen Chemikalien, die aus Deponien ausgetragen werden, beeinflussen auch die physikalischen Eigenschaften des Sickerwassers, so daß charakteristische Ausbreitungsmuster einer Schadstoffwolke entstehen können.

Des weiteren sind die chemischen Eigenschaften der Sickerwässer von Interesse, da die Komponenten mit dem Gestein des Aquifers bzw. den geogenen Inhaltsstoffen des Grundwassers reagieren können.

Die Eigenschaften einer Schadstoffwolke sind sehr stark von der Zusammensetzung des Müllkörpers, dem sie entstammen, abhängig. Sie werden durch die Sickerwasserrate, Verdünnungseffekte und den Vermischungsgrad unterschiedlicher Abfallarten wesentlich beeinflußt. So treten aus dem Bereich der Altdeponie am Standort Münchehagen hauptsächlich organische Stoffe aus. Aus dem benachbarten, neueren Deponieteil entweichen hauptsächlich anorganische Ionen. Die beiden Fahnen weisen ein ganz unterschiedliches Ausbreitungsmuster auf. Aus diesem Grund ist es problematisch, eine Verallgemeinerung für die Charakterisierung von Deponiesickerwässern zu treffen. Man wird also immer die speziellen Eigenschaften des konkreten Falles erkunden müssen. Trotzdem läßt sich z.B. aus Erhebungen in den USA ableiten, daß in mehr als 3/4 aller Fälle organische Stoffe die Hauptinhaltsstoffe von Schadstoffwolken sind (Repa u. Kufs 1985).

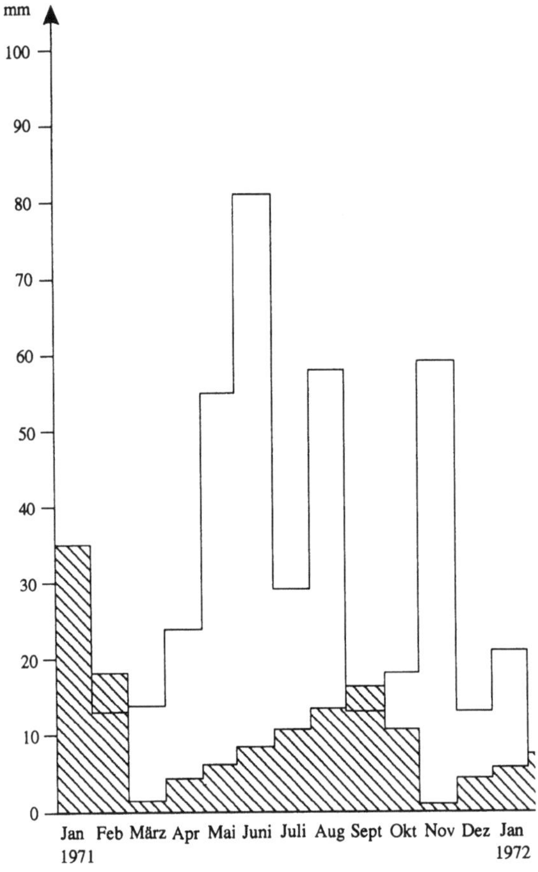

Abb. 3.1. Monatliche Niederschlagshöhe und zugehörige Sickerwassermenge über der Folienabdichtung der Deponie Weilbach. (Aus Fresenius et al. 1977)

3.2.1 Sickerwasserdynamik

Die Bewegung von Deponiesickerwässern in einem porösen bzw. geklüfteten Gestein wird durch ihre physikalischen und chemischen Eigenschaften, die in diesem Abschnitt besprochen werden, bestimmt. Dazu gehören:

- Volumen
- Dichte
- Temperatur
- Aquifergeometrie
- Löslichkeit / Mischbarkeit
- chemische Stabilität und Reaktivität.

Der letzte Punkt deutet auch auf die Möglichkeit der Änderung der Aquiferpermeabilität durch Reaktionen zwischen Sickerwasser und Gestein hin.

Volumen

Die von der Deponie ausgehende Sickerwassermenge bestimmt den Umfang und z. T. die Ausbreitungsgeschwindigkeit der resultierenden Schadstoffwolke. Größere Sickerwassermengen erzeugen größere und/oder höhere

Konzentrationen in den Schadstoffwolken. Nach Stief (in BGR 1994) hat ein geringer Sickerwasseraustrag eine langsame und leichter kontrollierbare Schadstoffausbreitung zur Folge.

Das Sickerwasservolumen hängt von einer Anzahl von Faktoren ab, von denen die *Dauer* und das jeweilige *Volumen* eines Niederschlagsereignisses den Sickerwasseranfall entscheidend bestimmen. Bei einem kurzen, heftigen Regenguß wird man beispielsweise eine hohe oberflächliche Ablaufrate beobachten, die wiederum von der Oberflächenbeschaffenheit des Müllkörpers abhängt. Mißt man die gleiche Niederschlagsmenge während eines langanhaltenden Landregens, so kann man von einer höheren Versickerungsrate ausgehen. Das Jahrestemperaturmittel bestimmt die *Evaporationsrate*, und die Vegetationsdecke bestimmt das Volumen der *Transpiration* durch die Pflanzen (Robinson u. Maris 1979; Brechtel 1984; Hütter u. Rehlinghaus 1994). Weitere Faktoren, die die Sickerwassermenge bestimmen, sind *Oberflächenneigung, Durchlässigkeit der Deponieabdeckung*, der *Wassergehalt* und die *Durchlässigkeit des Müllkörpers.*

Für die Abschätzung der Sickerwassermenge werden verschiedene Formeln vorgeschlagen. Im folgenden sind 2 häufig Berechnungsansätze zur Bestimmung des Sickerwasservolumens einer Deponie aufgeführt

- Deponie oberhalb der Grundwasseroberfläche (Cheremisinoff et al. 1984):

$$S = N - (E + T + A)$$

- Erweiterung um den Feuchtigkeitsgehalt der Deponieabdeckung und des Abfalls (Blakey 1992):

$$S = N - (E + T + A + \Delta U_A + \Delta U_M)$$

S	Sickerwassermenge
N	Niederschlag
E	Evaporation
T	Transpiration
A	Oberflächenabfluß
ΔU_A	Änderung der in der Abdeckung gespeicherten Flüssigkeit
ΔU_M	Änderung der im Müll gespeicherten Flüssigkeit

Mattheß (1990) zitiert Ehrig (1982) mit folgenden quantitativen Angaben: Für Gebiete mit Jahresniederschlägen zwischen 500 und 1050 mm fallen ca. 25% des Jahresniederschlages als Sickerwasser bei mit Kompaktoren verdichteten Deponien an. Wurde eine Verdichtung mit Raupen vorgenommen, so erhöht sich der Wert auf ca. 40%. Die Streubreite wird mit 19,9%–48,2% angegeben. Ist die Ablagerung mit bindigem Material abgedeckt, so geht der Autor von einer Reduzierung auf ca. 4,4% des Jahresniederschlagsvolumens aus.

In DVWK (1988) wird als Jahresdurchschnitt die Sickerwassermenge 0,25 bis $1{,}0 * 10^{-4}\ ls^{-1}m^{-2}$ unabhängig von der Schütthöhe angegeben und festgestellt, daß

Niederschläge auch durch sehr dichte Deckschichten in den Deponiekörper gelangen. In Fresenius et al. (1977) ist die Sickerwassermenge einer Deponie in Abhängigkeit vom monatlichen Niederschlag über mehr als 5 Jahre angegeben. In Abb. 3.1 ist ein Auszug dieser Beobachtungsreihe dargestellt.

Bei Deponien, die ganz oder teilweise im Grundwasser liegen, ist zusätzlich das lokale Fließfeld in die Berechnungen der Sickerwassermenge einzubeziehen.

Dichte

Dichteeffekte beeinflussen sehr stark die Bewegung einer Schadstoffwolke. Hat das Sickerwasser eine geringere Dichte als das Grundwasser, so bildet es eine Linse im oberen Teil des Grundwasserleiters (vgl. Abb. 3.2 unten). Bei höherer Dichte entstehen konzentrierte Sickerwasserschichten an der Basis des Aquifers (Abb. 3.2 oben), wo ihre Ausbreitung nicht nur von der Grundwasserströmungsrichtung abhängt, sondern auch von der Geometrie der Aquiferbasis. So kann sich in einer Mulde der Aquiferbasis ein Sickerwassersee bilden. In den meisten Fällen, in denen Sickerwässer mit gelösten Schadstoffen (häufig verschiedene Salze) betrachtet werden, wird man je nach Konzentration höhere oder ähnliche Dichten wie in unbelastetem Grundwasser vorfinden. Sind die Dichten gleich, wird sich die Schadstoffwolke nur aufgrund der Grundwasserfließgeschwindigkeiten verteilen.

Temperatur

Durch exotherme chemische Reaktionen in Müllkippen oder durch aerobe und anaerobe Zersetzung organischer Bestandteile kann Sickerwasser erwärmt werden. Es hat dann eine geringere Dichte als das natürliche Grundwasser und wird sich eher in der Nähe der Grundwasseroberfläche ausbreiten. Außerdem wird die Geschwindigkeit chemischer Reaktionen mit dem Aquifergestein bzw. anderer Grundwasserinhaltsstoffe erhöht. Darüberhinaus vermindert sich mit steigender Temperatur auch die Viskosität des Sickerwassers, wodurch sich die Ausbreitungsgeschwindigkeit im Vergleich zu normal temperiertem Grundwasser (ca. 10°C) erhöht.

Mischbare Flüssigkeit, hohe Dichte

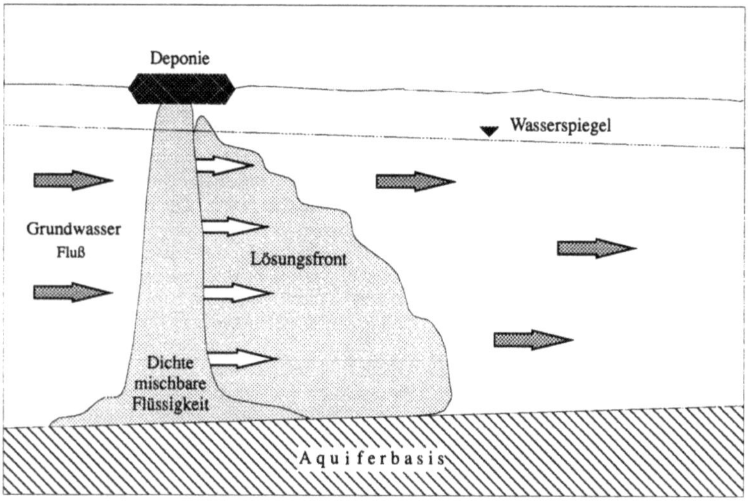

Lösliche Schadstoffe, geringe Dichte

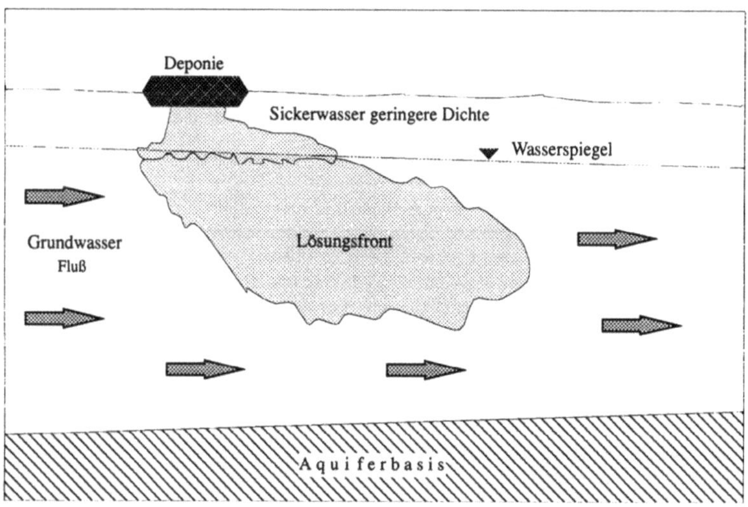

Abb. 3.2. Dichteeffekte bei der Ausbreitung einer Schadstoffwolke im Untergrund einer Deponie. (Aus Dörhöfer et al. 1993)

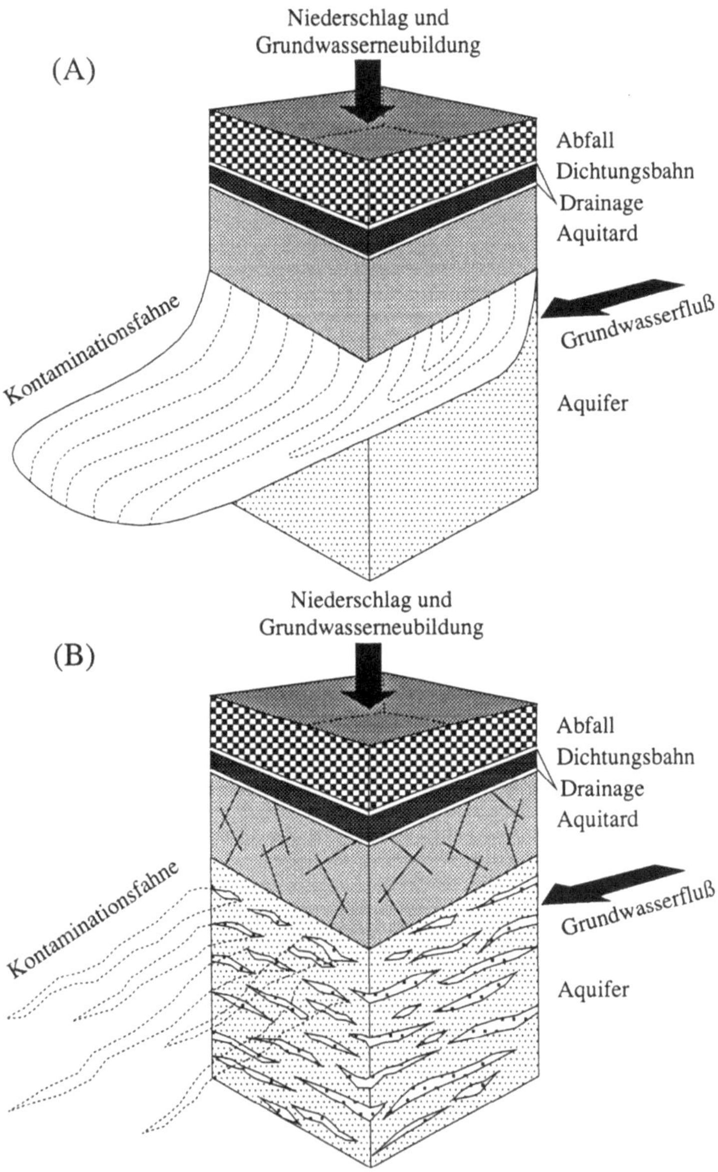

Abb. 3.3. Aufgrund heterogener Bodenbeschaffenheiten kann die Geometrie der Schadstoffwolke kompliziert sein. Hydrochemische Untersuchungen kommen daher oft zu widersprüchlichen Resultaten. (Aus Löw u. Guyonnet 1994)

Aquifergeometrie
Grobkörnige Einlagerungen in einem feinkörnigen Aquifer können zu einer Bewegung der Schadstoffwolke auf bevorzugten Fließwegen führen. Dadurch kann es vorkommen, daß in nahe beieinanderliegenden Beobachtungsbrunnen sehr unterschiedliche Konzentrationen gemessen werden können (vgl. Abb. 3.3).

Durch eine besondere Aquifergeometrie, wie in Abb. 3.4 dargestellt, kann es bei Sickerwässern mit hoher Dichte paradoxerweise zur Ausbreitung gegen die Grundwasserströmungsrichtung kommen. Die Schadstoffwolke sickert bis zur Basis des Aquifers, wo anschließend die Bewegung durch die Wirkung der Schwerkraft gegen die Strömung des Grundwassers in Einfallsrichtung der geologischen Formation erfolgt.

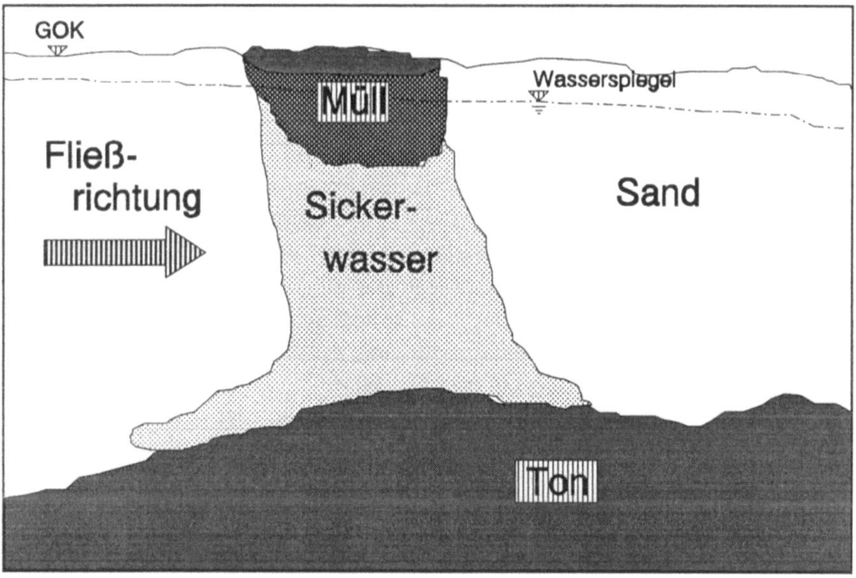

Abb. 3.4 Einfluß einer der Strömungsrichtung entgegen einfallenden Aquiferbasis. Das Sickerwasser breitet sich auch entgegengesetzt zur Strömungsrichtung aus

Geometrie der Schadstoffahne
Die Geometrie einer Schadstoffahne kann stark von natürlichen oder anthropogen verursachten Änderungen des Grundwasserfließfeldes während der Ausbreitungsphase abhängen. Sie ist nicht immer Abbild des aktuell herrschenden Strömungsregimes. Insbesondere Tiefbaumaßnahmen, die Grundwasserabsenkungen erforderlich machen, aber auch klimatische Extremsituationen (trockene, feuchte Jahre) können zu zeitlich veränderlichen Strömungsrichtungen führen.

Löslichkeit

Generell läßt sich sagen, daß gut in Wasser lösbare Stoffe dahin tendieren, eine größere, stärker dispergierende Schadstoffwolke zu erzeugen, während schwer lösliche Stoffe, wie Öle, Benzin, Benzole oder PCBs[5] kleinere und hochkonzentrierte Wolken mit einer schmalen Lösungsfront bilden. Im Fall schwer löslicher Flüssigkeiten (sogenannte *LNAPL*[6] und *DNAPL*[7]) hat man im Aquifer ein Mehrphasensystem vorliegen, dessen genaues Verhalten z. Z. das Objekt intensiver Forschung ist (z.B. Pruess u. Tsang 1990; Fabig 1992; Moritz 1992; Dunker 1993; Helmig et al. 1993; Moritz 1993; Helmig 1993; Dracos u. Stauffer 1994; Persoff u. Pruess 1995).

3.2.2 Sickerwasserzusammensetzung

Die Kombination von Stoffen in Deponiesickerwässern und ihre jeweiligen Konzentrationen variieren für verschiedene Standorte. Die bestimmenden Faktoren sind die Zusammensetzung des Abfalls, die Prozesse innerhalb des abgelagerten Materials, die Lage oberhalb des Grundwasserspiegels oder im Grundwasser und die Einwirkdauer und Menge des lösenden Wassers (Mattheß 1990). Schließlich hängt die Konzentration in der Schadstoffahne einer Abfallablagerung noch von der natürlichen Fließgeschwindigkeit des Grundwassers ab.

Die Stoffe in einer Deponie unterliegen zum einen der Alterung, die allgemein eine Verfestigung und Verringerung der Löslichkeit zur Folge hat. Zum anderen wirkt von der Oberfläche her die Verwitterung, die zu Auflockerung und Umsetzung von Stoffen in lösliche Verbindungen führt. Die beiden Prozesse bewirken eine zeitliche Änderung der Sickerwasserzusammensetzung. In DVWK (1988) werden folgende, generelle Tendenzen genannt:

- Abbaubare Verbindungen, Eisen und Calcium: Starke Abnahme im Laufe der Zeit.
- Ammonium, Gesamtstickstoff, Chlorid, Natrium: Anfangs schwach steigende Tendenz mit starkem Streubereich, bei älteren Standorten stabile bis schwach absinkende Konzentrationswerte.
- Gesamtphosphor und Schwermetalle: Geringe Konzentrationen ohne Zeitabhängigkeit.

---

[5] PCB – Polychlorierte Biphenyle

[6] LNAPL – Light Non Aqueous Phase Liquid

[7] DNAPL – Dense Non Aqueous Phase Liquid

Tabelle 3.2. Ausgewählte Parameter zur Sicherwassercharakterisierung der Altdeponie der ehemaligen SAD Münchehagen (Aus Fritz et al. 1994)

Parameter	Konzentration im Abfall [mg/kg OS]		Konzentration im Sicker-wasser [mg/l]	
	Spanne der Meßwerte	Mittelwert	Spanne der Meßwerte	Mittelwert
Blei	19,7 - 580	277	n.n. - 39	1,7
Cadmium	0,3 - 13,7	4,0	n.n. - 2,9	0,1
Zink	147 - 1080	576	n.n. - 1800	53,3
Chrom	23,3 - 1310	564	n.n. - 38	2,3
Nickel	21,5 - 498	194	n.n. - 10	0,9
Arsen	0,6 - 5,6	3,4	n.n. - 5,8	0,2
Quecksilber	0,01 - 0,6	0,3	n.n. - 0,2	0,01
Dichlormethan	3,6 - 70	25,8	n.b.	
Trichlormethan	1,7 - 39	16,5	n.n. - 376	40,6
Tetrachlormethan	n.n. - 6,7	1,4	n.n. - 842	93,2
1,1,1-Trichlorethan	1,8 - 68	18,5	n.n. - 56	3,7
Cis-Dichlorethen	3,3 - 43	21,9	n.b.	
Trans-Dichlorethen	n.n. - 1,4	0,5	n.b.	
Trichlorethen	21 - 910	210	n.n. - 499	28,0
Tetrachlorethen	120 - 910	400	n.n. - 1000	63,0
Benzol	0,4 - 62	26,4	n.n. - 17,4	2,2
Toluol	230 - 4100	2490	n.n. -142,3	10,3
Xylole	18 - 6000	2280	n.b.	

Tabelle 3.3. Stoffe im Deponiesickerwasser eines Teilbereichs der Altlast Münchehagen (Aus Fritz et al. 1994)

Parameter	Oberflächennah (bis max. 9 m u. GOK)		Tief (> 6 m u. GOK)	
	Spanne der Meßwerte	Mittel-wert	Spanne der Meßwerte	Mittel-wert
spez. elektr. Leitfähigkeit [µS/cm]	3160 - 4300	3720	16200 – 141600	53100
pH-Wert	6,8 - 7,7	7,1	7,2 - 10,2	9,0
CSB [mg/l]	< 15 - 1240	200	4140	10100
Calzium [mg/l]	180 -370	310	43	360
Magnesium [mg/l]	130 - 180	150	6	95
Natrium [mg/l]	140 - 400	230	2100	11800
Kalium [mg/l]	32 - 170	55	630	3850
Ammonium [mg/l]	1 - 17	5	140	450
Eisen [mg/l]	1 - 9	3	3 - 35	9
Chlorid [mg/l]	100 - 400	230	2550 - 54400	14800
Sulfat [mg/l]	938 - 1730	1410	1060 - 11300	6220
Hydrogencarbonat [mg/l]	420 - 1080	630	<5 - 9600	3750
Cyanid (ges.) [mg/l]	n.n - 0,07	0,03	n.n. - 7,3	2,9
Arsen [mg/l]	n.n. - 0,02	0,02	0,01 - 81	14,8
Blei [mg/l]	n.n. - 0,002	0,005	n.n. - 0,004	0,003
Cadmium [mg/l]	n.n. - 0,03	0,001	0,001 - 0,004	0,002
Chrom [mg/l]	n.n. - 0,08	0,02	0,08 - 0,85	0,28
Nickel [mg/l]	n.n. - 0,003	0,02	0,07 - 0,59	0,49
Quecksilber [mg/l]	n.n. - 0,22	<0,001	n.n. - 0,013	0,004
Zink [mg/l]	n.n. - 0,01	0,17	0,03 - 3,8	0,76
Dichlormethan [mg/l]	n.n. - 0,006	0,07	0,84 - 22,0	7,9

Fortsetzung Tabelle 3.3				
Trichlormethan [mg/l]	n.n. - 0,003	<0,001	n.n. - 0,014	0,005
Tetrachlormethan [mg/l]	n.n. - 0,062	<0,001	n.n. -	
1,1,1 Trichlorethan [mg/l]	n.n. - 0,056	0,008	n.n. - 0,059	0,012
Trichlorethan [mg/l]	n.n. - 0,056	0,012	0,017 - 1,06	0,35
Tetrachlorethan [mg/l]	n.n. - 0,007	0,007	0,019 - 0,64	0,18
Benzol [mg/l]	n.n. - 0,055	0,01	0,10 - 1,29	0,39
Toluole [mg/l]	n.n. - 1,94	0,24	1,21 - 9,75	4,69
Xylole [mg/l]	n.n. - 0,25	0,06	0,51 - 1,85	1,12
Phenol [mg/l]	n.n. - 0,18	0,02	0,018 - 0,71	0,42
Dichlorphenol [mg/l]	0,0001 - 0,086	0,01	0,008 - 1,90	0,88

In den Tabellen 3.2 und 3.3 sind als Beispiel für die Vielfalt der vorkommenden Stoffe die Analyseergebnisse von Sickerwässern aus mehreren Beobachtungsbrunnen der ehemaligen SAD Münchehagen aufgelistet. Die hier aufgeführten Stoffe stellen bereits eine Auswahl dar. Da durch hochempfindliche Laboranalytik häufig mehr als 100 Stoffe erfaßt werden, werden zur Charakterisierung eines Sickerwassers ausgewählte Parameter herangezogen. Die Tabellen wurden freundlicherweise vom NLfB[8] zur Verfügung gestellt.

Weiterführende Literatur

Weitere Informationen über Sickerwässer und deren Zusammensetzung können dem Band „Geochemie" des Handbuches zur Erkundung des Untergrundes von Deponien und Altlasten entnommen werden. Andere Veröffentlichungen zur dargestellten Problematik sind beispielsweise von Fresenius et al. (1977), Robinson u. Maris (1979), Cheremissinoff et al. (1984), Götz (1984), Repa u. Kufs (1985), Fetter (1988), Baccini (1989), Voigt (1989), Mattheß (1990), Christensen et al. (1992), Czurda (1992), DFG (1992a), Schäfer (1992), Allen et al. (1993), Pusch (1994), DFG (1995) und Mull u. Nordmeyer (1995). In Yong et al. (1992) und DVWK (1993) findet sich eine umfangreiche Sammlung von Schadstoffeigenschaften mit Hinweisen auf ihre Herkunft und die jeweiligen Eintragswege.

[8] NLfB – Niedersächsisches Landesamt für Bodenforschung, Hannover

3.2.3 Geochemische Wechselwirkungen

Beim Kontakt von Grundwasser mit dem Aquifergestein finden zahlreiche chemischen Reaktionen statt. Dringen Sickerwässer mit einer Vielzahl von gelösten Stoffen in ein durchlässiges Gestein ein, so entsteht ein kompliziertes Wechselwirkungssystem. Darauf wird ausführlich im Band Geochemie des Methodenhandbuchs „Deponieuntergrund“ eingegangen. Nur die wichtigsten Vorgänge, welche die Ausbreitung beeinflussen, seien hier kurz angeschnitten.

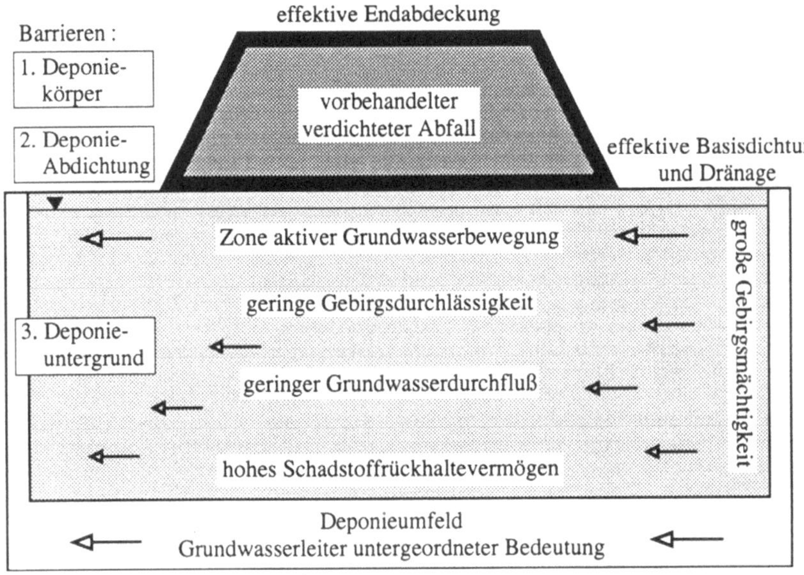

Abb. 3.5 Anforderungen an die geologische Barriere bei Siedlungsabfalldeponien. (Aus Stief u. Dörhöfer 1992)

Eine Reihe von Prozessen, die im vorangegangenen Abschnitt mit Alterung umschrieben sind, führt bereits im Müllkörper zur Festlegung von potentiellen Inhaltsstoffen, die somit gar nicht in das Grundwasser gelangen können.

Organische Verbindungen können biologisch abgebaut, gefällt oder adsorbiert werden, Suspensionen können abgesiebt werden.

Anorganische Stoffe können unterschieden werden in anionische und kationische Bestandteile. Im allgemeinen erhöhen sich die Sorptions- und Fällungseffekte bei Kationen (positiv geladene Ionen) durch die Erhöhung des pH-Wertes. Weitere Verzögerungseffekte in der Ausbreitung von Kationen (Blei, Cadmium, Zink,

Kupfer, usw.) sind im Verwitterungsgrad der Tonminerale und Auftreten von reduzierenden Bedingungen zu sehen. Einige Kationen wie z.B. Zink und Kupfer können fest sorbiert werden und durch weitere Reaktionen im Kristallgitter von Tonmineralien irreversibel eingebaut werden.

Die Anionensorption steigt dagegen bei sinkendem pH-Wert an. Phosphat ist beispielsweise das am wenigsten mobile Anion, welches in Sickerwässern gefunden wird. Nitrat und Chlorid dagegen haben eine so hohe Mobilität, daß sie zur Bestimmung der maximalen Schadstoffausbreitung verwendet werden können.

Weiterhin soll an dieser Stelle kurz auf die folgenden Prozesse hingewiesen werden:

- Schwermetall-Mobilisierung durch Anwesenheit organischer Verbindungen
- Wechselwirkung zwischen Sickerwassergeschwindigkeit und Reaktionszeitraum (je schneller eine Substanz durch die Grundwassergeschwindigkeit an einem möglichen Reaktionspartner vorbeigeführt wird, desto weniger Reaktionszeit steht zur Verfügung)
- Alterierung von Tonmineralen durch Sickerwässer.

Bei der Bildung von Metaboliten können Stoffe mit größerer Toxizität als das Ausgangsmaterial entstehen.

Farquhar u. Parker (1989) weisen darauf hin, daß die Permeabilität von Tonmaterialien durch Sickerwässer nicht erhöht wird. Sie konnten sogar nachweisen, daß die Anreicherung mit Biomasse und Fällungsprodukten eine Durchlässigkeitsreduktion erzeugt. Sie beobachteten ferner auch die Entstehung feiner Risse in tonigem Material durch Volumenveränderungen als Resultat der Wechselwirkung zwischen Sickerwasser und Ton. Letzteres würde die Durchlässigkeit durch das Öffnen dominanter Fließwege erhöhen, tritt aber nur in den oberen Zentimetern der untersuchten Proben auf.

Wienberg u. Förstner (1994) führen Parameterstudien zur Rückhaltefähigkeit von verschiedenen Dichtwandmassen durch. Mattheß (1990) weist auf experimentelle Sickerwasserversuche und die Bedeutung eines genügend mächtigen Auflagers ($\geq$ 2 m) hin, das selbst extreme Kontaminationen auf unbedeutende Werte senkt. Dabei ist unbedingt darauf zu achten, daß bei der baulichen Ausführung keine groben Sickerkanäle entstehen. Da die Prozesse, welche die geochemische Barrierewirkung des Untergrundes im einzelnen ausmachen, noch nicht hinreichend verstanden sind, werden die Anforderungen an die geologischen Standortvoraussetzungen (vgl. Abb. 3.5) erst einmal sehr allgemein formuliert (Stief u. Dörhöfer 1992; Bergs et al. 1993).

4 Parameter der Strömungs- und Transportvorgänge

4.1 Grundwasserhydraulik

4.1.1 Eigenschaften des Grundwassers

Dichte

In den meisten Fällen ist es für die Modellierung des Deponieuntergrunds ausreichend, von einer Wasserdichte $\rho = m/V$ von 1000 kg/m^3 = 1 g/cm^3 auszugehen. Im Fall der Vermischung des Grundwassers mit Sickerwässern ist allerdings darauf zu achten, daß gelöste Salze und/oder erhöhte Temperaturen die Grundwasserdichte verändern und so einen entscheidenden Einfluß auf die Strömungs- und Ausbreitungsvorgänge in einem Aquifer ausüben können (vgl. Abschnitt 3.2.1: Sickerwasserdynamik).

Dynamische Viskosität

Die Viskosität oder Zähigkeit ist die Widerstandskraft, die Fluide einer gegenseitigen Verschiebung ihrer Teilchen entgegensetzen. Man unterscheidet zwischen dynamischer Zähigkeit η in der Einheit Pa * s = N * s/m^2 = kg/m * s (In älterer Literatur findet man noch oft die heute nicht mehr zugelassene Einheit: 1 P (Poise) = 10^{-5} Pa * s) und die auf die Fluiddichte bezogene kinematische Zähigkeit $\nu = \eta/\rho$ in m^2/s (früher: 1 St (Stokes) = 10^{-8} m^2/s). Es sei darauf hingewiesen, daß die Viskosität temperaturabhängig ist. In Deponien erwärmte Sickerwässer sind demnach dünnflüssiger, und es ergeben sich höhere Fließgeschwindigkeiten als in kälteren Sickerwässern gleicher chemischer Zusammensetzung.

Oberflächenspannung

Die Oberflächenspannung wird durch die van der Waalschen Anziehungskräfte zwischen den Molekülen eines Fluids bewirkt. Durch sie und die Anziehungskräfte zum Festkörper wird beispielsweise die Steighöhe einer Flüssigkeit in Kapillarröhren bestimmt. In Grundwässern, die den Aquifer nicht vollständig ausfüllen, entsteht so ein Kapillarsaum über der Grundwasseroberfläche. Je geringer der Porendurchmesser, desto mächtiger ist der Kapillarsaum. In sehr feinen Poren, beispielsweise in Löß, kann Wasser aufgrund der Kapillarkräfte mehrere Meter aufsteigen.

Inkompressibilität
Für die hier interessierenden flachen Grundwässer kann man von der Inkompressibilität des Wassers ausgehen. Dies verdeutlicht ein Beispiel: 1 Kubikmeter Wasser, der aus einer Tiefe von 100 m unter dem Grundwasserspiegel an die Erdoberfläche gefördert wird, erfährt unter atmosphärischem Druck eine Volumenausdehnung um 0,5 l. Das entspricht lediglich 0,05%.

Resümee
Für das Grundwasser in flachliegenden Aquiferen (<100 m) sind hauptsächlich Dichteeinflüsse als Folge von gelösten Stoffen oder Temperaturänderungen zu berücksichtigen. Die weiteren genannten Faktoren beeinflussen die hydraulischen Eigenschaften bezüglich der hier behandelten Problematik – mit Ausnahme der Viskositätsänderung bei erwärmten Sickerwässern – nur in vernachlässigbarer Weise. Da die geologische Barriere aus feinkörnigen Gesteinen besteht, kann durch die Kapillarwirkung mit Schadstoff belastetes Grundwasser aufsteigen. Erscheint es notwendig, weitere Parameter zu berücksichtigen, so findet man bei Busch et al. (1993) eine sehr ausführliche Erörterung zur Materialtheorie von Fluiden.

4.1.2 Grundwasserdynamik

Permeabilität
Der Permeabilitätstensor K beschreibt den Widerstand, den ein Gestein dem Fluß eines homogenen Fluids entgegensetzt, er wird im allgemeinen als unabhängig von den hydraulischen Eigenschaften des Fluids angesehen. K hat die Dimension einer Fläche [m^2].

Auch heute noch wird in der Erdölindustrie, aber auch in älterer Literatur, die Permeabilität in der „historischen" Einheit *Darcy* angegeben. Die Umrechnung lautet: 1 Darcy = $9{,}8697 \cdot 10^{-13}$ m^2 ≈ $1 \cdot 10^{-12}$ m^2; als Dimensionssymbole der Einheit Darcy wurden häufig [D], [dy] oder [mD] für millidarcy verwendet.

Durchlässigkeit
Während die Permeabilität eine reine Gesteinseigenschaft ist, welche die Fluideigenschaften der dynamischen Viskosität η und der Dichte ρ nicht berücksichtigt, beschreibt der Tensor der *hydraulischen Leitfähigkeit* k_f das System Fluid-Gestein.

Die auch *Durchlässigkeitsbeiwert* genannte Größe mit der Dimension einer Geschwindigkeit [m/s] ergibt sich aus dem Permeabilitätstensor durch die Gleichung

$$\underline{\underline{k_f}} = \underline{\underline{K}} * \frac{\rho g}{\eta}.$$

Für praktische Anwendungen und in Tabellenwerken findet man häufig den Tensor der hydraulischen Leitfähigkeit durch den Durchlässigkeitsbeiwert k_f ersetzt, der eine isotrope Durchlässigkeitsverteilung beschreibt. Auch in den hier vorgestellten Anwendungen wird mit k_f gerechnet.

Der Durchlässigkeitstensor ist umgekehrt proportional zur Viskosität, die temperaturabhängig ist. In großen Teilen Deutschlands kann diese Abhängigkeit vernachlässigt werden, da das Grundwasser das ganze Jahr hindurch eine Temperatur um die 10° Celsius aufweist. Sind jedoch erwärmte Deponiesickerwässer zu betrachten, so müssen erhöhte k_f-Werte berücksichtigt werden.

In der angelsächsischen Literatur wird – genau umgekehrt wie in der deutschsprachigen Literatur – die Permeabilität mit k (kleiner Buchstabe) und der Durchlässigkeitsbeiwert mit K (großer Buchstabe) bezeichnet.

Transmissivität

Die *Transmissivität* T_M ist ein Maß für die Wassermenge, die durch eine Einheitsbreite und über die gesamte Mächtigkeit eines Aquifers bei einem hydraulischen Gradienten von i=1 übertragen wird. Die Transmissivität wird in [m^2/s] angegeben und ist das Produkt der hydraulischen Leitfähigkeit k_f und der gesättigten Mächtigkeit M des Aquifers:

$$T_M = \int_0^M k_f \, dz$$

Meist wird vereinfachend

$$T_M = M * k_f$$

gerechnet.

Darcy-Gesetz

Das Filtergesetz von Darcy beschreibt den Zusammenhang zwischen Filtergeschwindigkeit v_f und Standrohrspiegelhöhen h. Es lautet für isotrope Medien

$$\vec{v}_f = - k_f * \mathbf{grad}\, h \tag{4.1}$$

Filtergeschwindigkeit

Die *Filter- oder Darcy-Geschwindigkeit* $\vec{v}_f$ bezieht sich auf den Durchfluß Q durch einen bestimmten Flächenquerschnitt F und kann auch mit der Formel

$$\vec{v}_f = \frac{Q}{F} \tag{4.2}$$

ausgedrückt werden.

Abstandsgeschwindigkeit

Die *Abstandsgeschwindigkeit* $\vec{v}_a$ beinhaltet dagegen die Porosität des Materials im betrachteten Querschnitt. Sie ist damit die tatsächliche Fließgeschwindigkeit. Filter- und Abstandsgeschwindigkeit stehen über

$$\vec{v}_a = \frac{\vec{v}_f}{n_e} \tag{4.3}$$

zueinander in Beziehung. Physikalisch beschreibt $\vec{v}_a$ die mittlere Fließgeschwindigkeit des Grundwassers in den Gesteinsporen.

Durch Pumpversuche kann die Darcy-Geschwindigkeit und durch Tracerexperimente die Abstandsgeschwindigkeit in einem Aquifer gemessen werden. Die Gleichung (4.3) erlaubt dann die Bestimmung der *effektiven Porosität* n_e, die in Abschn. 2.1 bereits erläutert wurde.

Bestimmung des Durchlässigkeitsbeiwertes k_f

In seiner eindimensionalen Formulierung lautet das Darcy-Gesetz in Differenzenform:

$$v_f = -k_f * \frac{\Delta h}{\Delta x}$$

mit

Δh = Standrohrspiegelhöhendifferenz

Δx = durchströmte Strecke

Mit der Versuchsapparatur in Abb. 4.1 soll der Durchlässigkeitsbeiwert eines Gesteinsblocks ermittelt werden. Dabei gilt die Gleichung (4.2). F stellt die Grundfläche des Gesteinsblocks dar, und somit läßt sich der Durchfluß Q mit

$$Q = -k_f * F * \frac{h}{x}$$

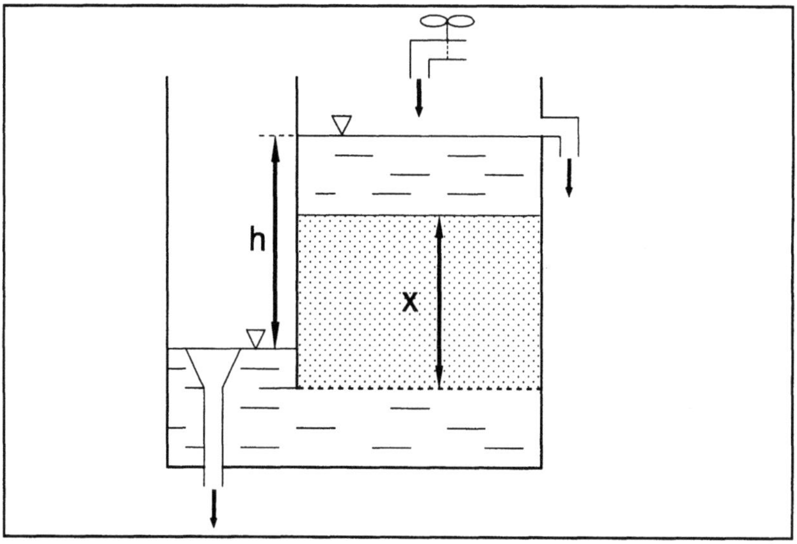

Abb. 4.1. Versuchsaufbau zur Bestimmung des Durchlässigkeitsbeiwerts k_f

berechnen. Dimensioniert man den Versuch so, daß $\Delta h/\Delta x = 1$ m/m gilt, kann man den Durchlässigkeitsbeiwert vereinfachend durch

$$k_f = \frac{Q}{F}$$

bestimmen.

Nimmt man an, daß der Gesteinsblock eine Fläche von 1 m * 1 m hat und der Durchfluß 1 ml/s beträgt, ergibt sich für den Durchlässigkeitsbeiwert

$$k_f = \frac{1\ \frac{ml}{s}}{1\ m^2} = \frac{1 * 10^{-6}\ \frac{m^3}{s}}{1\ m^2} = 1 * 10^{-6}\frac{m}{s}$$

Orientierungswerte für k_f

Häufig wird in Gutachten oder Diskussionen die Durchlässigkeit eines Gesteins durch genormte Begriffe definiert (Tabelle 4.1).

Tabelle 4.1. Durchlässigkeiten nach DIN 18130

Sehr stark durchlässig	größer 10^{-2} m/s
Stark durchlässig	10^{-2} – 10^{-4} m/s
Durchlässig	10^{-4} – 10^{-6} m/s
Schwach durchlässig	10^{-6} – 10^{-8} m/s
Sehr schwach durchlässig	kleiner 10^{-8} m/s

Für erste überschlägige Rechnungen sind in der Tabelle 4.2 Durchlässigkeitsbeiwerte und Porositäten einiger Gesteinsarten aufgeführt. Da die Streubreite manchmal hoch ist, sind für Standortberechnungen die Werte im Feld- bzw. Laborversuch zu ermitteln. Deutlich wird, daß gerade bei feinkörnigem Material die effektive Porosität erheblich geringer als die Gesteinsporosität ist.

Tabelle 4.2. Anhaltswerte für die Porosität, die effektive Porosität und den Durchlässigkeitsbeiwert verschiedener Lockergesteine

Gestein	Porosität n	effektive Porosität n_e	Durchlässigkeitsbeiwert k_f (Busch et al. 1993)
Sandiger Kies	0,25...0,35	0,20...0,25	$3*10^{-3}$ – $5*10^{-4}$ m/s
Kiesiger Sand	0,28...0,35	0,15...0,20	$1*10^{-3}$ – $2*10^{-4}$ m/s
Mittlerer Sand	0,30...0,38	0,10...0,15	$4*10^{-4}$ – $1*10^{-4}$ m/s
Schluffiger Sand	0,33...0,40	0,08...0,12	$2*10^{-4}$ – $1*10^{-5}$ m/s
Sandiger Schluff	0,35...0,45	0,05...0,10	$5*10^{-5}$ – $1*10^{-6}$ m/s
Toniger Schluff	0,40...0,55	0,03...0,08	$5*10^{-6}$ – $1*10^{-8}$ m/s
Schluffiger Ton	0,45...0,65	0,02...0,05	ca. 10^{-8} m/s

Kluftströmung

In Festgesteinen mit geringer Matrixdurchlässigkeit fließt das Grundwasser praktisch nur in den Klüften als dominanten Fließwegen. Betrachtet man eine Einzelkluft, so beträgt die hydraulische Leitfähigkeit einer Kluft mit der Kluftöffnungsweite 2b (Snow, 1969)

$$k_f = (2b)^2 * \frac{\rho * g}{12 * \eta}.$$

Dabei ist ρ die Flüssigkeitsdichte, g ist die Erdbeschleunigung und η ist die dynamische Viskosität der Flüssigkeit. Diese Gleichung ergibt sich aus der grundlegenden Annahme, daß sich das Grundwasser in einer Kluft analog zu einer Hagen–Poiseuillschen Strömung zwischen 2 planparallelen Platten verhält (parabolisches Geschwindigkeitsprofil in einem Spalt). Für den stationären Fall ist dann die mittlere Fließgeschwindigkeit in einer Kluft

$$v_f = k_f * i$$

wobei i der hydraulische Gradient entlang der Kluftfläche ist. Eine ausführliche Entwicklung der Impulsbilanz bei Kluftströmungen ist z.B. bei Kolditz (1995c) zu finden.

Da der Durchfluß nach Umstellung von Geichung (4.2) durch

$$v_f * F = Q$$

gegeben ist, lautet die Formel für den Durchfluß pro Einheitsbreite der Kluft:

$$Q = (2b)^3 * \frac{\rho * g}{12 * \eta} * i.$$

Diese Relation ist auch unter dem Begriff *cubic law* bekannt. Der Durchfluß ist proportional zur dritten Potenz der Kluftöffnungsweite 2b.

Zur Veranschaulichung der Besonderheit der Kluftströmung seien im folgenden zwei Beispiele angeführt.

Beispiel I

Bei klüftigem Gestein wird in der Regel die Gebirgsdurchlässigkeit bestimmt. Das heißt, man integriert über den gesamten Gesteinsblock und vernachlässigt die Durchlässigkeitsunterschiede zwischen Kluft und Matrix. Diese Vorgehensweise führt häufig zu fehlerhaften Abschätzungen der Abstandsgeschwindigkeit, die in der Kluft um Größenordnungen über der Fließgeschwindigkeit in der Matrix liegen kann. Es ist daher im klüftigen Gestein, insbesondere wenn Transportgeschwindigkeiten vorherzusagen sind, wichtig, zwischen der Gebirgsdurchlässigkeit und der Kluft- bzw. Matrixdurchlässigkeit zu unterscheiden. Der Unterschied sei anhand eines Beispiels verdeutlicht.

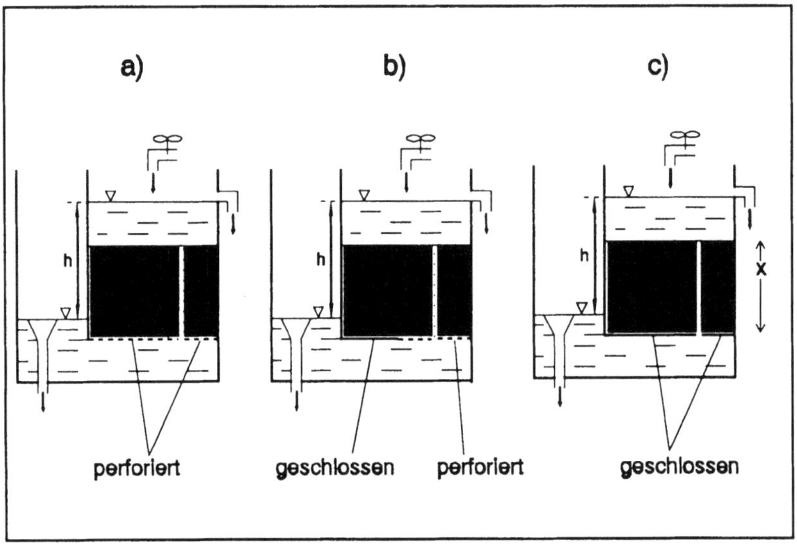

Abb. 4.2. Veranschaulichung des Gedankenexperiments zur Kluftdurchlässigkeit

In Abb. 4.2 ist ein Gesteinsblock dargestellt, der von einer Kluft durchzogen ist. In der Versuchsapparatur soll die Durchlässigkeit des Blocks bestimmt werden. Für die Filtergeschwindigkeit gilt Gleichung (4.2):

$$v_f = \frac{Q}{F}$$

mit

$$Q = k_f * F * \frac{h}{x} = v_f * F$$

Dieser Versuch ist so angelegt, daß das hydraulischen Gefälle h/x = i = 1 m/m ist. Damit läßt sich der äquivalente Durchlässigkeitsbeiwert k_f nach

$$k_f = \frac{q}{F}$$

berechnen.

Der Gesteinsblock habe eine Grundfläche F von 1 m * 1 m und die Kluft eine Öffnungsweite 2b = 1 mm. Sie sei mit einem porösen Material gefüllt. Der Durchfluß Q beträgt hier 1 ml/s = $1 * 10^{-6}$ m^3/s. Da der Gesteinsblock als undurchlässig angesehen wird, muß das gesamte Wasser durch die Kluft fließen.

Im ersten Schritt sei in Abb. 4.2a die gesamte Grundläche F des Gesteinsblocks zur Berechnung der Durchlässigkeit angenommen. Man erhält

$$k_f = \frac{1 \frac{ml}{s}}{1\ m^2} = \frac{10^{-6} \frac{m^3}{s}}{1\ m^2} = 10^{-6} \frac{m}{s}$$

als äquivalenten Durchlässigkeitsbeiwert k_f des Gebirgsblocks. In Abb. 4.2b sei die offene Fläche des Blocks mit Hilfe einer Gummimanschette auf 1/2 m^2 reduziert. Es ergäbe sich eine Gebirgsdurchlässigkeit

$$k_f = \frac{10^{-6} \frac{m^3}{s}}{0{,}5\ m^2} = 2 * 10^{-6} \frac{m}{s} ,$$

die doppelt so groß ist.

Abbildung 4.2c zeigt, daß nur noch der 1 mm breite Spalt der Kluft zur Berechnung herangezogen wird. Der Durchfluß beträgt immer noch 1 ml/s.

$$k_f = \frac{1 \frac{ml}{s}}{1\ mm * 1\ m} = \frac{10^{-6} \frac{m^3}{s}}{10^{-3}\ m^2} = 10^{-3} \frac{m}{s}$$

Es ergibt sich eine Kluftdurchlässigkeit von 10^{-3} m/s.

Nimmt man an, daß die Kluft nicht offen steht, sondern eine poröse Kluftfüllung besitzt, wie in Abb. 4.3 dargestellt, so läßt sich über die eindimensionale Darcy-Gleichung $v_f = k_f * i$ die Filtergeschwindigkeit in der Kluft zu $v_f = k_f * 1$ bestimmen. Auf der Grundlage dieser Annahme werden in der vorliegenden Arbeit die Klüfte im Tongestein der geologischen Barriere Münchehagens modelliert.

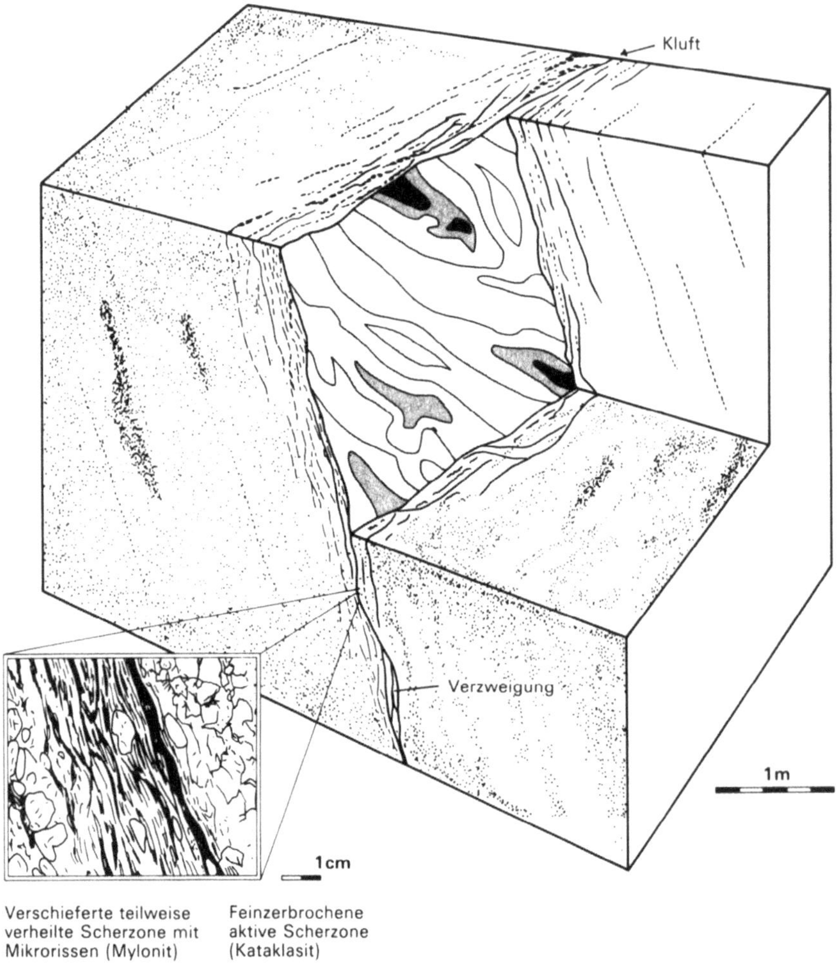

Abb. 4.3. Schematisiertes Bild einer Störungszone mit Kluftfüllung (Aus Frick et al. 1988). In der Kluftzone kann der Grundwasserstrom nach dem Darcy-Ansatz berechnet werden

Beispiel II

McKay et al. (1993a, b, c) schließen auf Grund verschiedener Annahmen von der Gebirgsdurchlässigkeit auf die Kluftdurchlässigkeit. Ihr Vorgehen wird im folgenden kurz erläutert. Da in dieser Arbeit speziell die von der Gesteinsmatrix unabhängige Kluftdurchlässigkeit, die die Grundwasserbewegung ermöglicht (vgl. Beispiel I und Abb. 4.3), herausgearbeitet werden soll, wird dieser Ansatz nicht

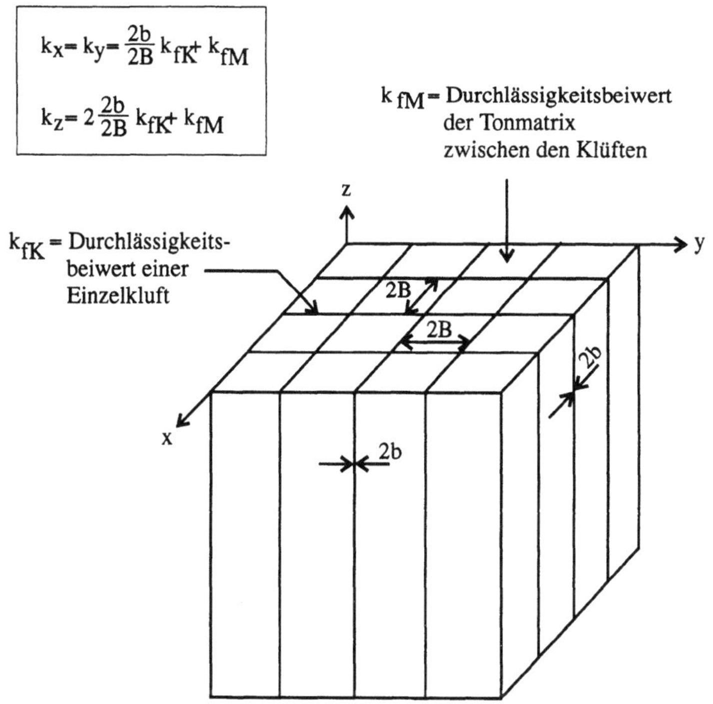

Abb. 4.4. Idealisiertes Kluftnetzwerk als Grundlage für die Berechnung eines äquivalenten Durchlässigkeitsbeiwertes für klüftiges Gestein. (Aus McKay et al. 1993a)

weiter verfolgt. Da am Standort Münchehagen ebenfalls ein geklüfteter Gesteinskörper ansteht, wäre der Ansatz zur rein hydraulischen Charakterisierung der geologischen Barriere des Standorts geeignet. Es ließen sich jedoch keine Wechselwirkungen zwischen Kluft und Matrix bei einer Transportmodellierung, die auf der hydraulischen Charakterisierung beruhen muß, berechnen. Das Beispiel als eines von vielen Möglichkeiten zur Vereinfachung und Abstraktion des klüftigen Gesteins deutet an, daß der gewählte Ansatz für ein Grundwassermodell für klüftiges Gestein stark von den örtlichen Gegebenheiten und den Zielen der Problemstellung abhängt. Literaturhinweise auf weitere Ansätze für klüftiges Gestein sind im Anschluß an diesen Unterabschnitt aufgeführt.

McKay et al. (1993a, b, c) liegen Feldmessungen aus einem klüftigen Tonstein vor. Aus den Feldbeobachtungen läßt sich das Gestein wie in Abb. 4.4 durch einen

Block, der von einem orthogonalen Netz äquidistanter Kluftebenen mit gleichen Kluftöffnungsweiten durchzogen ist, darstellen. Nach de Marsily (1986) läßt sich der Durchlässigkeitsbeiwert in der x-y-Ebene wie folgt bestimmen:

$$k_{xy} = \frac{2\,b}{2\,B} * k_{fK} + k_{fM}$$

2b	Kluftöffnungsweite
2B	Abstände der Kluftebenen
k_{fK}	Durchlässigkeit der Kluft
k_{fM}	Durchlässigkeit der Matrix
k_{xy}	Äquivalente (gemessene) Durchlässigkeit in der xy-Ebene

Die von den Klüften gebildete Porosität des Gesteins berechnet sich zu

$$n = 2 * \frac{2\,b}{2\,B} \; .$$

Es wird von McKay et al. (1993a, b, c) festgestellt, daß bei diesem Vorgehen die größten Unsicherheitsquellen in der Annahme konstanter Kluftöffnungsweiten und in der Vernachlässigung der Wandrauhigkeit liegen. Damit wird die Berücksichtigung der Bildung bevorzugter Fließröhren in den Klüften ausgeschlossen. Die exakten Kluftöffnungsweiten und Wandrauhigkeiten wird man jedoch in Feldversuchen nicht oder nur unter großem Aufwand messen können.

Weiterführende Literatur zur Kluftströmung

Weitere Informationen speziell zur Bewegung von Grundwasser im geklüfteten Festgestein und Ansätze zur Modellierung geklüfteter Grundwasserleiter findet man bei Louis (1967), Busch u. Luckner (1972), Grisack u. Pickens (1980), Wittke (1984), Marsily (1986), Gärtner (1987), Barenblatt et al. (1990), Kolditz (1990), Pfingsten (1990), Pfingsten u. Mull (1990), Wollrath (1990a), Wollrath u. Zielke (1990), Kröhn (1991), Kröhn u. Zielke (1991), Dillo (1991), Wang (1991), Clauser (1992), Wittke et al. (1992–1994), Busch et al. (1993), Cliffe et al. (1993), Helmig (1993), Shao (1994), Kunstmann (1994), Pusch (1994), Veulliet (1994), Bosch et al. (1994), Kolditz (1995c), Lege (1995), Sahimi (1995) u. a. Bei diesen Autoren wird beispielsweise die Kluftfüllung oder Rauhigkeit der Kluftwandungen berücksichtigt, und es werden Umrechnungsformeln für die Gebirgsdurchlässigkeit entwickelt.

Speicherkoeffizient S

Hier unterscheidet man zwischen dem spezifischen Speicherkoeffizienten S_0 und dem dimensionslosen Speicherkoeffizienten S, den Theis (1935) einführt. Der spezifische Speicherkoeffizient wird definiert als die Änderung des Wasservolumens je Volumeneinheit bei Veränderung der Standrohrspiegelhöhe um 1 m. Er wird in der Einheit m^{-1} oder – wenn mit dem Druck anstatt der Standrohrspiegelhöhe gearbeitet wird – in Pa^{-1} angegeben. Der Speicherkoeffizient S ist dann das Integral von S_0 über die Mächtigkeit des Grundwasserleiters.

Im gespannten Grundwasser wird der spezifische Speicherkoeffizient durch die Elastizität des Grundwasserleiters und die Kompressibilität des Grundwassers bestimmt. De Wiest (1969) führt die folgende Beziehung ein:

$$S_o = \rho g \left(\frac{1-n}{E} + n_s c_f\right)$$

ρ	Dichte der Porenfüllung
g	Erdbeschleunigung
n_S	(speicherwirksame) Porosität
E	Elastizitätsmodul des Korngerüstes
c_f	Kompressibilität des Fluids

Dabei wird die feste Phase als inkompressibel angesehen. Die speicherwirksame Porosität n_S bezieht sich auf die miteinander verbundenen Porenräume des Gesteins, der in den meisten Fällen mit der Gesteinsporosität identisch ist. Liegt jedoch beispielsweise ein blasiger Basalt vor, dessen Hohlräume nicht alle miteinander in Verbindung stehen, so ist $n_S < n$. Da auch Grundwasser in den Totwasserbereichen bei Druckerhöhung komprimiert wird, muß die speicherwirksame Porosität fast immer von der effektiven Porosität n_e, wie sie in Abschn. 2.1 definiert wird, unterschieden werden.

Noch differenzierter läßt sich die Speicherfähigkeit eines porösen Gesteins über die Betrachtung der Kompressibilitätsmaße des Korngerüsts, des Porenraums und der einzelnen Körner bestimmen (Kümpel 1988; Lege 1990).

Im ungespannten Aquifer hängt die Speicherfähigkeit des Aquifers von der Entwässerung (bzw. Auffüllung) des speicherwirksamen Hohlraumvolumens ab. Daher ist in diesem Fall S_0 meist mit der Porosität identisch.

Je kleiner der Wert des Speicherkoeffizienten ist, desto größer ist bei einer vorgegebenen Entnahmemenge der Absenktrichter um einen Brunnen. Typische Werte von Speicherkoeffizienten aus verschiedenen Quellen sind in Tabelle 4.3 aufgelistet.

Tabelle 4.3. Anhaltswerte für den spezifischen Speicherkoeffizienten in gespannten und ungespannten Aquiferen (ohne weitere Angaben: in der Literatur nur auf den Aquifertyp bezogen; sonst sind die Aquifermaterialien angegeben)

Aquifertyp	Quelle	S_0 [m^{-1}]
Gespannter Grundwasserleiter	Krauß (1974)	10^{-4}
	Fetter (1988)	$< 5,0 * 10^{-3}$
	Hölting (1989)	$5,1 * 10^{-5}$ - $5,1 * 10^{-3}$
Geklüftete Festgesteine (Granit, Gneiss)	Istok (1989)	$1,0 * 10^{-5}$ - $5,0 * 10^{-4}$
	Walton (1992)	$4,0 * 10^{-4}$
Halbgespannter Grundwasserleiter	Walton (1992)	0,01
Grundwasserleiter mit freier Oberfläche	Fetter (1988)	0,02 - 0,3
	Hölting (1989)	0,11 - 0,41
Geklüftete Festgesteine (Granit, Gneiss)	Istok (1989)	0,01 -0,05
Fluviatile Lockersedimente	Teutsch et al. (1990)	0,017-0,13
	Walton (1992)	0,2

Bohrlochtests zur Bestimmung hydrogeologischer Parameter
Zur in situ Bestimmung der oben aufgeführten hydrogeologischen Parameter werden in der Grundwassererkundung häufig Bohrlochtests durchgeführt. Hierbei wurde eine große Varietät von Verfahren für unterschiedliche Aquifergeometrien entwickelt. Eine Einführung in die Standardverfahren und ihre Auswertung findet man bei Hölting (1989). Eine ausführliche Zusammenstellung liefern Krusemann u. de Ridder (1990) und in deutscher Sprache Langguth u. Voigt (1980) sowie Poier u. Rosenfeld (1995). Mit spezielleren Themen befassen sich Matthews u. Russel (1967), Earlougher (1977), Streltsova (1988) und Stanislav u. Kabir (1990).

Im geklüfteten Gestein liefern hydraulische Bohrlochtests jedoch häufig keine ausreichenden Resultate zur Aquifercharakterisierung. Meist kann nur eine Transmissivität berechnet werden, die über die wahren Grundwasserfließgeschwindigkeiten in den dominanten Fließwegen der Klüfte eine geringe Aussagekraft besitzt. Eine geologische Aufnahme der Bohrlöcher, Tracertests und Fluidloggingeinsätze müssen hier die Untersuchungen ergänzen.

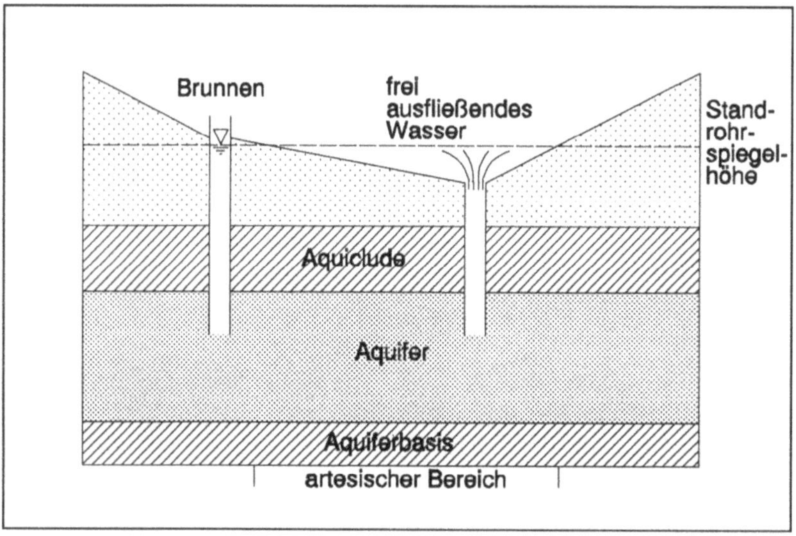

Abb. 4.5. Gespannter Aquifer – oft artesischer Grundwasserleiter genannt. Im deutschen Sprachgebrauch wird nur der Aquiferabschnitt artesisch genannt, in dem Brunnen frei ausfließen

4.1.3 Gespannte und ungespannte Grundwässer

In der Natur trifft man verschiedene Aquiferformen an, die sich in 3 Typen einteilen lassen, zwischen denen eine große Anzahl von Misch- und Übergangsformen existieren. In der beispielhaften Bearbeitung des Leitfadens (Kapitel 8) wird zur Modellierung des Standorts Münchehagen ein gespannter Aquifer vorausgesetzt. Zur besseren Orientierung seien die 3 Grundtypen kurz dargestellt.

Gespannter Aquifer

Ein gespannter Aquifer (Abb. 4.5) wird von oben und unten von undurchlässigen Gesteinsschichten (*Aquicluden*) begrenzt. Bohrt man einen Brunnen in einen solchen Grundwasserleiter, so wird sich der Wasserspiegel, d.h. die Standrohrspiegelhöhe, über Basis des Aquiferhangenden einstellen (vgl. Abb. 4.5 „Brunnen"). Steigt der Brunnenspiegel über die Erdoberfläche an, so spricht man allgemein von einem *artesischen* Grundwasserleiter (vgl. Abb. 4.5 „frei ausfließendes Wasser"). Man findet heute in einem großen Teil der Literatur den Begriff „artesisch" synonym mit „gespannt" verwendet. Bei der Modellierung der Altlast Münchehagen wird ein gespannter Aquifer vorausgesetzt.

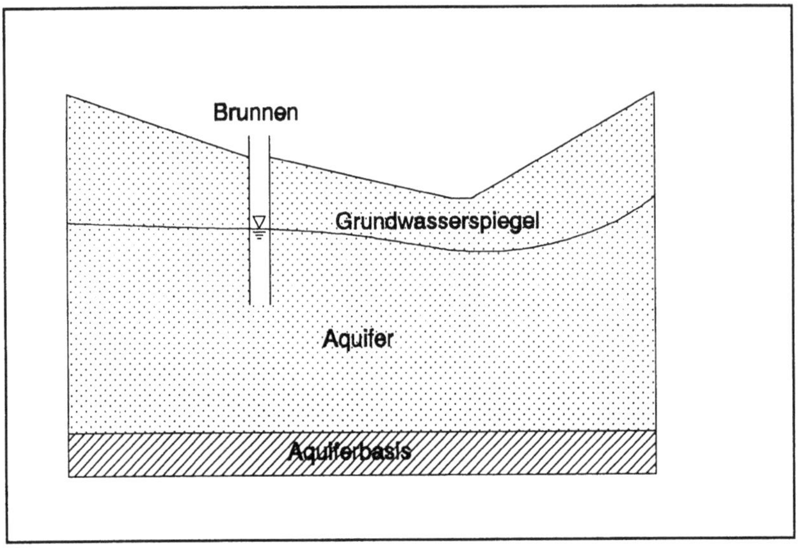

Abb. 4.6. Ungespannter Grundwasserleiter – je nach Porendurchmesser bildet sich über der Grundwasseroberfläche ein mehr oder weniger mächtiger Kapillarsaum

Ungespannter Aquifer

In einem ungespannten Aquifer, der auch *phreatischer* oder freier Grundwasserleiter genannt wird, bildet die Wasseroberfläche (= freie Oberfläche = phreatische Oberfläche) die obere Begrenzung der gesättigten Zone (Abb. 4.6).

In einem phreatischen Aquifer lassen sich zwei Zonen unterscheiden: Die gesättigte Zone, in welcher der gesamte Porenraum mit Wasser gefüllt ist, und die ungesättigte (häufig auch als *Aerationszone* bezeichnet), in welcher Wasser in Form von Adsorptions-, Kapillar- und Sickerwasser gemischt mit Bodenluft die Porenräume ausfüllt. Den Übergang zwischen beiden Zonen bildet der Kapillarsaum. In Abb. 4.7 ist diese Einteilung dargestellt.

Der Druck in der ungesättigten Zone liegt unterhalb des atmosphärischen Druckes, in der gesättigten Zone oberhalb des Atmosphärendrucks. Die Fläche, an der atmosphärischer Druck herrscht, wird als die Grundwasseroberfläche bezeichnet. Sie liegt innerhalb der gesättigten Zone und unterhalb des Kapillarsaums (Mattheß u. Ubell 1983; Bear u. Bachmat 1990).

Halbgespannter Aquifer

Ein *halbgespannter Aquifer* (auch „undichter" oder „leaky aquifer") ist hangend und/oder liegend von einer halbdurchlässigen Schicht (Aquitard) begrenzt (vgl. Abb. 4.8). Durch die Aquitarden kann Grundwasser den Aquifer verlassen oder in ihn eindringen. Obwohl diese begrenzenden Schichten eine relativ niedrige Durch-

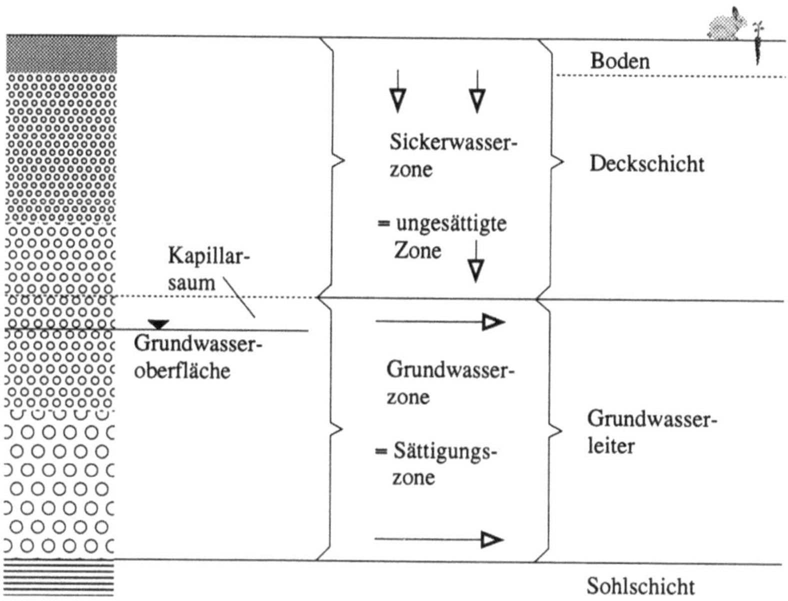

Abb. 4.7. Hydrogeologische Gliederung des Untergrundes. (Aus Schwille 1966; zitiert nach Mattheß u. Ubell 1983)

lässigkeit aufweisen, können – vor allem bei großen horizontalen Kontaktflächen – signifikante Mengen von Grundwasser aus dem oder in den Aquifer lecken. Häufig kann man die Aquitarden als halbdurchlässige Membranen mit nur vertikalem Grundwasserfluß ansehen. Das gilt vor allem, wenn sie sehr viel weniger durchlässig und relativ gering mächtig im Vergleich zum Aquifer sind.

4.1.4 Strömungsdifferentialgleichung für den gespannten Aquifer

Betrachtet wird ein quaderförmiges Kontrollvolumen innerhalb eines Gesteins, wie in Abb. 4.9 dargestellt. Es bleibt nach der Eulerschen Betrachtungsweise räumlich und zeitlich konstant. Die Änderung der Masse m, die im Kontrollvolumen enthalten ist, ergibt sich aus der Differenz zwischen dem über die Randflächen ein- und austretenden Massenstrom $\partial m/\partial t$ sowie der pro Volumeneinheit zugeführten Wassermenge ρq, multipliziert mit dem zugehörigen Volumen dx * dy * dz:

$$\frac{\partial m}{\partial t} = \dot{m}_{ein} - \dot{m}_{aus} + \rho q \, dx \, dy \, dz \qquad (4.4)$$

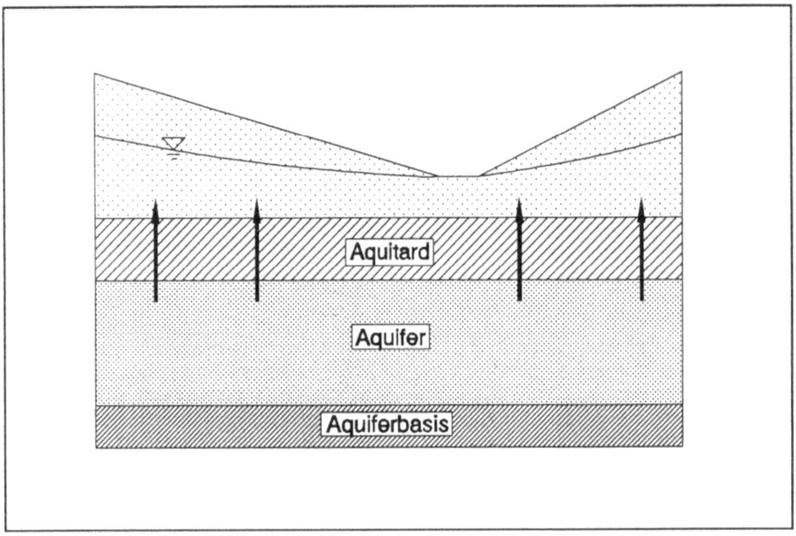

Abb. 4.8. Halbgespannter oder Leaky Aquifer – durch den Aquitard dringt Grundwasser aus dem zweiten Grundwasserstockwerk in den oberen Grundwasserleiter

Mit

$$\frac{\partial m}{\partial t} = \rho S_0 \frac{\partial h}{\partial t}\, dx\, dy\, dz,$$

$$\dot{m}_{ein} = \rho(v_x dydz + v_y dxdz + v_z dxdy)$$

und

$$\dot{m}_{aus} = \rho\,[(v_x + \frac{\partial v_x}{\partial x}dx)dydz + (v_y + \frac{\partial v_y}{\partial y}dy)dxdz + (v_z + \frac{\partial v_z}{\partial z}dz)dxdy]$$

ergibt (4.4) nach Division durch ρ dx dy dz

$$S_0 \frac{\partial h}{\partial t} + \frac{\partial v_x}{\partial x} + \frac{\partial v_y}{\partial y} + \frac{\partial v_z}{\partial z} = q$$

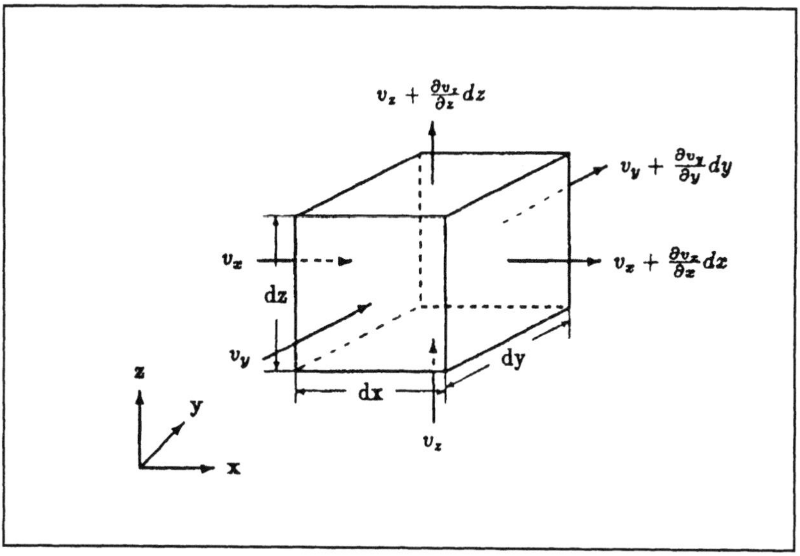

Abb. 4.9. Massenbilanz am Kontrollvolumen. (Aus Wollrath 1990a)

oder

$$S_0 \dot{h} + div\, \vec{v} = q.$$

Nach Einsetzen des Darcy-Gesetzes (Gleichung 4.1) erhält man die Strömungsdifferentialgleichung für den gespannten Grundwasserleiter mit der Standrohrspiegelhöhe h als Unbekannte

$$S_0 \dot{h} - div\,(k_f\, grad\, h) = q \quad . \tag{4.5}$$

Diese Gleichung stellt eine partielle Differentialgleichung zweiter Ordnung parabolischen Typs dar. Zur eindeutigen Festlegung von h(x,y,z,t) sind

- *Anfangswerte* der Form h(x,y,z,0) = f_0(x,y,z) und
- *Randbedingungen*

vorzugeben.

Im stationären Fall ($\partial h/\partial t = 0$) ist die Strömungsdifferentialgleichung vom elliptischen Typ. Ihre Lösung wird bereits durch die Vorgabe der Randbedingungen fixiert.

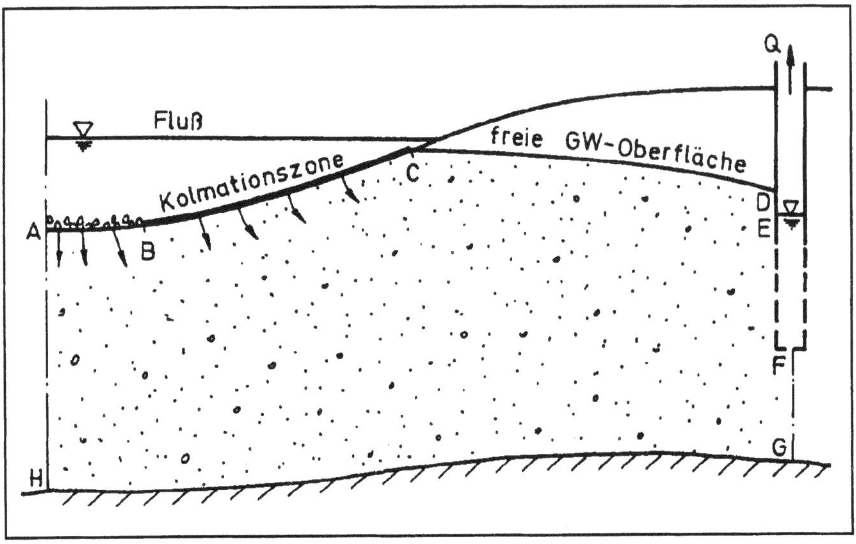

Abb. 4.10. Typische Randbedingungen der räumlichen Grundwasserströmung. Nähere Erläuterungen finden sich in Tabelle 4.4. (Aus Busch et al. 1993)

Randbedingungen

Üblicherweise werden die Randbedingungen in 3 Arten gegliedert:

Randbedingung 1. Art (auch *Dirichlet-Randbedingung* oder *wesentliche Randbedingung* genannt), bei der die Piezometerhöhe h auf der Berandung Γ in Abhängigkeit von der Zeit bekannt ist:

$$h(\Gamma,t) = f_1(\Gamma,t).$$

Randbedingung 2. Art (auch *Neumann-Randbedingung* oder *natürliche Randbedingung* genannt), bei der die Intensität der Quellverteilung, d. h. der Potentialgradient auf der Berandung als Funktion der Zeit bekannt ist (mit n – Richtung senkrecht zum Rand):

$$\frac{\partial h}{\partial \vec{n}}(\Gamma,t) = f_2(\Gamma,t).$$

Randbedingung 3. Art (auch *Cauchy-Randbedingung* genannt), bei der zwischen einer Fläche mit bekannter Potentialverteilung und der Berandung des Strömungsfeldes konstante bzw. zeitlich variable Widerstände (hier ausgedrückt durch A) liegen. So wird der Volumenstrom durch die Berandung eine Funktion des Randpotentials:

$$h(\Gamma,t) + A(\Gamma)\frac{\partial h}{\partial \vec{n}} = f_3(\Gamma,t).$$

Typische Randbedingungen sind an dieser Stelle in Tabelle 4.4 aufgeführt und in Abb. 4.10 schematisch dargestellt.

In der praktischen Anwendung kommen einige Randbedingungen besonders häufig vor und lassen eine geometrische Interpretation zu.

An *Potentialflächen* (Dirichlet-RB) (Potentiallinien im 2-D-Fall) ist die Piezometerhöhe örtlich konstant. Die Richtung der Filtergeschwindigkeit ist bei *Stromflächen* (Neumann-RB) (2-D: Potentiallinien) parallel zur Randfläche. Bei fehlender Zusickerung ist die *Grundwasseroberfläche* eine Stromfläche.

Tabelle 4.4. Randbedingungen

Typische Randbedingungen eines Strömungsmodells nach Busch et al. (1993)(vgl. Abb. 4.10)	
Dirichlet-RB	Sohlflächen von Flüssen, Seen und Sümpfen (AB); Grenzflächen zwischen stark durchlässigen und schwer durchlässigen Schichten, wenn das Strömungsfeld in der schwer durchlässigen Schicht betrachtet wird; abgesenkter Grundwasserstand in unvollkommenen Vertikalfilterbrunnen oder in Horizontalfilterbrunnen (EF).
Neumann-RB	Grenzflächen zwischen stark durchlässigen und schwer durchlässigen Schichten, wenn das Strömungsfeld in der stark durchlässigen Schicht betrachtet wird (HG); Symmetriestromflächen (FG,HA); künstliche Einbauten wie Spundwände und Massivbauwerke (DE).
Cauchy-RB	Kolmatierte Sohlschichten von Oberflächengewässern und Versickerungsbecken (BC); kolmatierte Brunnenwandungen und -filter.

4.2 Stoffmigration im Grundwasser

Die Modellierung der Grundwasserkontamination durch Deponiesickerwässer erfordert ein grundsätzliches Verständnis der Mechanismen, die für Bewegungen gelöster Stoffe im Grundwasserstrom verantwortlich sind. Im Detail können diese Prozesse außerordentlich komplex sein und sind daher noch Gegenstand intensiver Forschung. Im allgemeinen kann man sie aber makroskopisch durch bekannte mathematische Formulierungen beschreiben. Die Bestimmung aller notwendigen Parameter einiger theoretischer Ansätze im Laborversuch oder im Feld ist allerdings manchmal außerordentlich schwierig. Beispielsweise ist die Messung der Verwundenheit der Porenkanäle (Tortuosität) nahezu unmöglich.

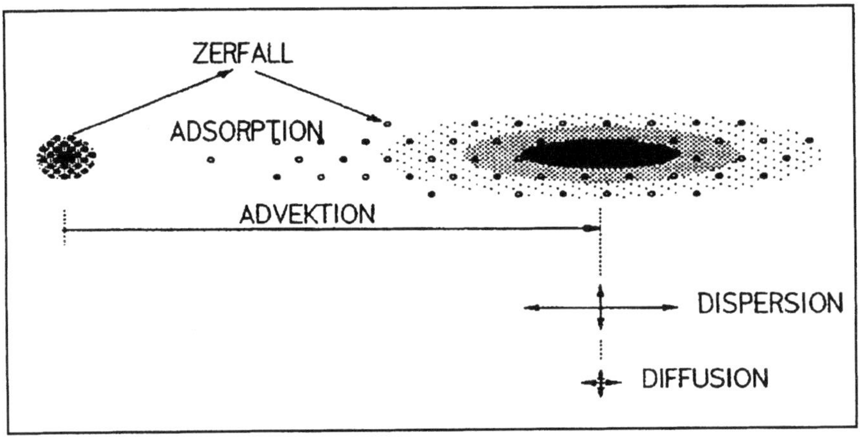

Abb. 4.11. Wirkung verschiedener Transportphänomene auf eine kreisförmige Schadstoffwolke im parallelen Grundwasserstrom. (Aus Kröhn 1991)

Grundsätzlich kann man beim Transport gelöster Stoffe im Grundwasser vier Prozesse, die in diesem Abschnitt beschrieben werden, unterscheiden. Bei der *Diffusion* bewegen sich Ionen und Moleküle aufgrund der Brownschen Molekularbewegung von Gebieten hoher Konzentration zu Gebieten mit niedriger Konzentration. Die *Advektion* (häufig findet man auch „Konvektion" synonym verwendet) beschreibt den Transport einer Lösung mit dem fließenden Grundwasser. Dabei wirkt sich die *Dispersion* verteilend und konzentrationsmindernd aus. Physikalische, chemische und biologische Wechselwirkungen verursachen eine Verzögerung, auch *Retardation* genannt, des Stofftransports oder einen Stoffabbau bzw.

radioaktiven Zerfall. Abbildung 4.11 zeigt die Transportphänomene in einer schematischen Darstellung.

4.2.1 Diffusion

Die Diffusion eines im Wasser gelösten Stoffes wird durch die *Fickschen Gesetze* beschrieben. Sie sind in eindimensionaler Formulierung in Tabelle 4.5 zusammengefaßt.

Das negative Vorzeichen deutet auf die Bewegung von Bereichen hoher Konzentration zu Bereichen niedriger Konzentration hin. Die Diffusionskoeffizienten für Elektrolyte in Wasser sind gut bekannt und im unteren Teil der Tabelle 4.5 angegeben. Mit dem ersten Fickschen Gesetz wird die stationäre Diffusion eines Stoffes beschrieben, während das zweite Ficksche Gesetz Systeme beschreibt, in denen die Konzentration im Laufe der Zeit variiert.

Tabelle 4.5. Diffusionsprozesse werden durch die Fickschen Gesetze beschrieben

Erstes Ficksches Gesetz	
$$\dot{m} = -D_m * \frac{dc}{dx}$$	
$\dot{m}$	Massenstrom des gelösten Stoffes pro Einheitsfläche und Zeiteinheit [kg/m^2*s]
D_m	molekularer Diffusionskoeffizient [m^2/s]
c	Stoffkonzentration [kg/m^3]
dc/dx	Konzentrationsgradient [kg/m^3*m]
Zweites Ficksches Gesetz	
$$\frac{dc}{dt} = -D_m * \frac{d^2c}{dx^2}$$	
dc/dt -	Änderung der Konzentration mit der Zeit [kg/m^3*s].
Bereich der Diffusionskoeffizienten D_m für Elektrolyte in Wasser	
$1*10^{-9}$ m^2/s bis $2*10^{-9}$ m^2/s	

Die allgemeineren Notationen in allen 3 Dimensionen sind beispielsweise bei Carslaw u. Jaeger (1959) oder bei Crank (1975) zu finden. Darüber hinaus wird dieser Themenkreis im Zusammenhang mit der geologischen Barriere im Band Tonmineralogie und Bodenphysik des Handbuchs zur Erkundung des Untergrunds von Deponien und Altlasten BGR (1996, in Vorbereitung) vertieft. Dort sind zahlreiche Modellansätze zur Lösung von Problemstellungen speziell zur Deponieproblematik aufgeführt.

Diffusion im porösen Medium

Im porösen Medium wird der Diffusionsprozeß behindert, da bei der Diffusion in der flüssigen Phase die Moleküle und Ionen den Porenkanälen um die einzelnen Körner folgen müssen. Außerdem kann Diffusion nur durch miteinander verbundene Porenkanäle stattfinden. Zur Berücksichtigung dieser Effekte ist der effektive Diffusionskoeffizient D^* eingeführt worden:

$$D^* = \gamma_i * D_m \tag{4.6}$$

In Tabelle 4.6 sind einige Werte für γ_i zur Orientierung aufgelistet.

Der empirische Koeffizient γ_i faßt in der o. g. Formulierung alle die Diffusion behindernden Faktoren zusammen. Oft findet man für γ_i die Bezeichnung Impedanzfaktor (z. B.: DGEG-GDA 1993).

Tabelle 4.6. Werte des Impedanzfaktors γ_i

Impedanzfaktor γ_i	Material	Quelle
$0{,}02 > \gamma_i > 0{,}5$	Technisch unbehandelte Tone	DGEG-GDA (1993)
$0{,}01 > \gamma_i > 0{,}5$	Konservative Stoffe im unbehandelten Gestein	Fetter (1988)
$0{,}3 > \gamma_i > 0{,}5$	Lockergesteine	Wienberg u. Förstner (1994)
$\gamma_i > 0{,}1$	Dicht gepackte Tone	Wienberg u. Förstner (1994)
$0{,}002 > \gamma_i > 0{,}03$	Spezielle Dichtwandmassen für Deponieabdichtung	Wienberg u. Förstner (1994)

In vielen Veröffentlichungen wird der effektive Diffusionskoeffizient durch Multiplikation des Diffusionskoeffizienten mit der Porosität des betrachteten Gesteins bestimmt:

$$D^* = n * D_m$$

Dabei wird nicht immer zwischen der transportwirksamen effektiven Porosität n_e und der Gesteinsporosität n unterschieden. Wie jedoch in Abschn. 2.2 und Tabelle 4.1 dargelegt, können die Unterschiede zwischen n_e und n erheblich sein.

Häufig wird auch die Tortuosität τ, auf die im folgenden Abschnitt näher eingegangen wird, zur Beschreibung der Diffusionsverzögerung verwendet. Bei Berner (1971) findet sich zum Beispiel eine Definition für den effektiven Diffusionskoeffizienten:

$$D^* = D_m * \frac{n}{\tau^2} \tag{4.7}$$

In einigen Publikationen wird der Impedanzfaktor auch als Tortuosität bezeichnet, was im direkten Widerspruch zur Definition nach Bear u. Bachmat (1990) steht, die im folgenden Abschnitt vereinfacht dargestellt wird.

Diese teilweise *gegensätzliche Verwendung* der Begriffe Diffusionskoeffizient, effektiver Diffusionskoeffizient, Impedanzfaktor und Tortuosität verlangen vom Modellierer, sich genauestens darüber zu informieren, mit welcher Definition das verwendete Rechenprogramm arbeitet bzw. die verfügbaren Daten angegeben sind, um eine falsche Verwendung auszuschließen. Sollte man in einem Bericht, einer Veröffentlichung o.ä. diese Begriffe benutzen, so ist eine vorhergehende Begriffsdefinition unverzichtbar.

Schließlich sei noch angemerkt, daß gelöste Stoffe per Diffusion auch Gebiete ohne Grundwasserströmung durchdringen. Das heißt, auch bei hydraulischen Gradienten von Null findet Schadstoffmigration per Diffusion statt. In Fels, Ton oder insbesondere bei entsprechenden Dichtwandmassen oder geologischen Barrieregesteinen mit einer sehr geringen Durchlässigkeit kann die Diffusion unter Umständen einen Stofftransport verursachen, der schneller ist als der durch Advektion verursachte. Besonders bei künstlichen Deponieabdichtungen im Falle nichtausreichender geologischer Barrieren (Dörhöfer et al. 1993) darf der Diffusionseinfluß nicht vernachlässigt werden.

Es sollte noch erwähnt werden, daß für nichtkonservative Stoffe, die mit der Gesteinsmatrix in Wechselwirkung stehen, die Diffusionsrate geringer ist als für konservative Stoffe. Hierüber wird in Abschn. 4.2.5 ausführlicher die Rede sein.

Tortuosität

Der Widerstand, den ein poröses Medium der Wasserbewegung bietet, setzt sich zusammen aus der Größe, der Anzahl und der Tortuosität, d. h. der Verwundenheit

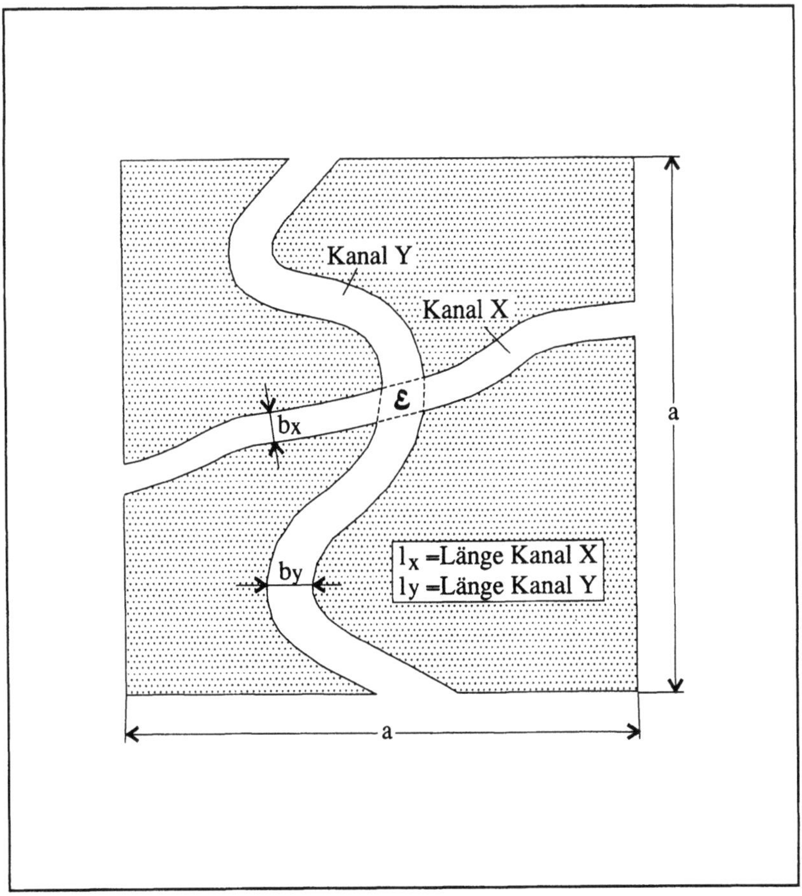

Abb. 4.12. Schematische Darstellung eines Porenkanals. Die Tortuosität ist, vereinfachend ausgedrückt, das Verhältnis der Kanallänge zur Kantenlänge des Gesteinsblocks

der möglichen Fließwege durch die Gesteinsmatrix. Um die physikalische Bedeutung der Tortuosität kurz zu verdeutlichen, sei an dieser Stelle die Definition für den zweidimensionalen Fall am Beispiel zweier Porenkanäle erläutert. Eine allgemeinere Formulierung für den dreidimensionalen Fall findet sich bei Bear u. Bachmat (1990).

Man betrachte eine zweidimensionale quadratische Fläche mit zwei Porenkanälen (vgl. Abb. 4.12). In Tabelle 4.7 ist dann der Weg zur Bestimmung der Tortuosität zusammengefaßt.

Bei der Betrachtung nur eines Kanals kann man vereinfachend feststellen, daß die Tortuosität eines Porenkanals das Verhältnis seiner Länge *l* zur Kantenlänge a des Quadrates ist: $\tau = l/a$. Die Tortuosität ist nach dieser Definition immer größer als 1.

Tabelle 4.7 Anschauliche Definition der Tortuosität

Definition der Tortuosität (Nach Bear u. Bachmat 1990)
Fläche A_p der Porenkanäle
$A_P = b_x * l_x + b_y * l_y - \varepsilon$
Verhältnis der Porenkanalfläche zur Gesamtfläche
$\frac{A_P}{a^2} = \theta_\alpha$
Verhältnis der Kanalbreite zur Kantenlänge des Gesteinsblocks
$\frac{b_x + b_y}{2a} = \Theta_s$
Tortuosität
$\tau = \frac{\Theta_s}{\Theta_\alpha}$

a	Kantenlänge des Gesteinsblocks
b_x, b_y	Breite der Kanäle
l_x, l_y	Länge der Kanäle
ε	Kreuzungsfläche der Kanäle
τ	Tortuosität

Bestimmung der Tortuosität bzw. des Impedanzfaktors

Leider läßt sich die Tortuosität oder der Impedanzfaktor weder im Feldversuch noch an einer Gesteinsprobe direkt messen. So ist man auf die empirische Bestimmung dieser Größen im Labor angewiesen. Dazu wird der Diffusionskoeffizient D_m eines Ions im Wasser bestimmt und mit der Diffusionsrate in der Probe verglichen, um den effektiven Diffusionskoeffizienten D^* zu ermitteln. Über Gleichung (4.7) wird dann die Tortuosität oder mit (4.6) der Impedanzfaktor bestimmt.

4.2.2 Advektion

Die Advektion beschreibt den Transport eines gelösten Stoffs mit der Geschwindigkeit des strömenden Wassers, der sog. Abstandsgeschwindigkeit. Sie ist höher als die Filter-Geschwindigkeit, die durch das Darcy-Gesetz (4.1) definiert ist. Im allgemeinen wird die Abstandsgeschwindigkeit, wie in Tabelle 4.8 dargestellt, über die Division der Filtergeschwindigkeit durch die effektive Porosität berechnet.

Tabelle 4.8. Bestimmung der Advektionsgeschwindigkeit aus der Filtergeschwindigkeit

Advektionsgeschwindigkeit = Abstandsgeschwindigkeit = mittlere Partikelgeschwindigkeit	
$\vec{v}_a = \dfrac{\vec{v}_f}{n_e} = \dfrac{k_f * grad\ h}{n_e}$	
$\vec{v}_a$	Abstandsgeschwindigkeit
$\vec{v}_f$	Filtergeschwindigkeit
n_e	effektive Porosität

Exakt gesehen migrieren Schadstoffe advektiv mit der mikroskopischen Strömungsgeschwindigkeit des Grundwassers in den Porenräumen (vgl. Abb. 4.13). Die durch die unterschiedlichen Strömungsgeschwindigkeiten entstehende Fluktuation der Partikel wird *Dispersion* genannt und im folgenden Abschnitt näher erläutert.

In dieser Arbeit wird kein Unterschied zwischen Advektion und Konvektion gemacht. Durch beide wird der Transport einer Größe (Masse, Impuls, Wärme) beschrieben. Nur in der Geodynamik unterscheidet man zwischen diesen beiden Begriffen. Dort beschreibt man mit Konvektion vertikale Ströme, die durch

Dichteunterschiede verursacht werden. Der physikalische Prozeß ist aber trotz unterschiedlicher Ursachen der gleiche.

4.2.3 Dispersion

Wenn Sickerwasser durch ein poröses Medium fließt, mischt es sich mit unbelastetem Grundwasser. Der Prozeß, der zur Verdünnung des Sickerwassers führt, wird Dispersion genannt. Man unterscheidet zwischen *longitudinaler* und *transversaler Dispersion*. Die longitudinale Dispersion findet in Strömungsrichtung statt. Als transversale Dispersion bezeichnet man die Vermischung senkrecht zur Strömungsrichtung.

Die Aufweitung einer Schadstoffwolke im Grundwasserstrom kann in 2 Effekte unterteilt werden. Zum einen müssen die Schadstoffteilchen im porösen Medium unterschiedlich lange Wegstrecken zurücklegen, hervorgerufen durch die sich ändernden Porengeometrien (vgl. Abb. 4.15 u. 4.16). Das hat die *mechanische Dispersion* zur Folge. Zum anderen erfolgt die molekulare Diffusion bei Konzentrationsunterschieden in Richtung des Konzentrationsgefälles. Die Kombination beider Prozesse wird *hydrodynamische Dispersion* genannt.

Tabelle 4.9. Auswirkungen und Ursachen der mechanischen Dispersion

Ursachen der mechanischen Dispersion	
Durch große Porenkanäle strömt eine Flüssigkeit schneller als durch kleinere.	Abb. 4.13
Die Strömungsgeschwindigkeit in einem Porenkanal ist in der Mitte größer als am Rand.	Abb. 4.14
Ein Teil der Flüssigkeit legt längere Pfade zurück als andere Teile.	Abb. 4.15

Die 3 Hauptgründe der longitudinalen Dispersion sind in Tabelle 4.9 aufgelistet und in den Abb. 4.13–4.15 veranschaulicht.

Zur Erklärung einer transversalen Dispersion stelle man sich zunächst ein Nagelbrett wie in Abb. 4.16 vor. Vom gleichen Ausgangspunkt rollen Kugeln über ein Brett, das in gleichmäßigen Abständen mit Nägeln bestückt ist. Die Nägel repräsentieren die Körner eines Aquifers. Der zufällige Weg der Kugeln kann mit dem Weg einzelner Wasserpartikel im Korngerüst verglichen werden. Die Mehrheit der Kugeln beziehungsweise Wasserpartikel wird sich wie im Versuch im mittleren Bereich bewegen, und es ergibt sich eine statistische Verteilungskurve.

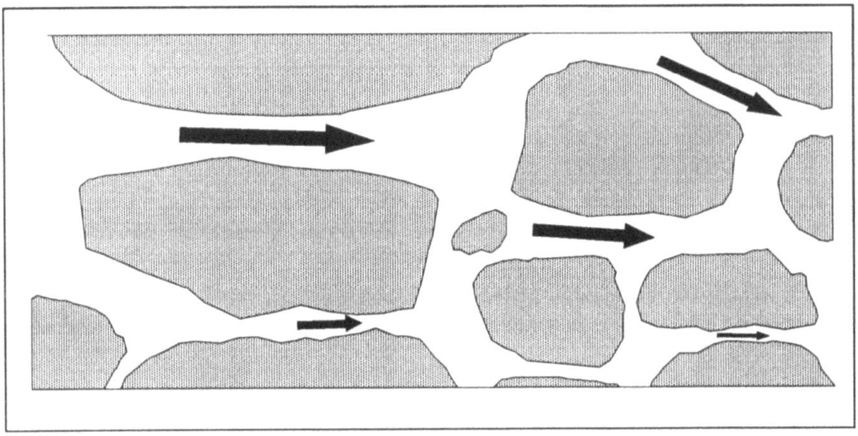

Abb. 4.13. Longitudinale Dispersion: Die durchschnittliche Partikelgeschwindigkeit in großen Poren ist höher als in kleinen Poren

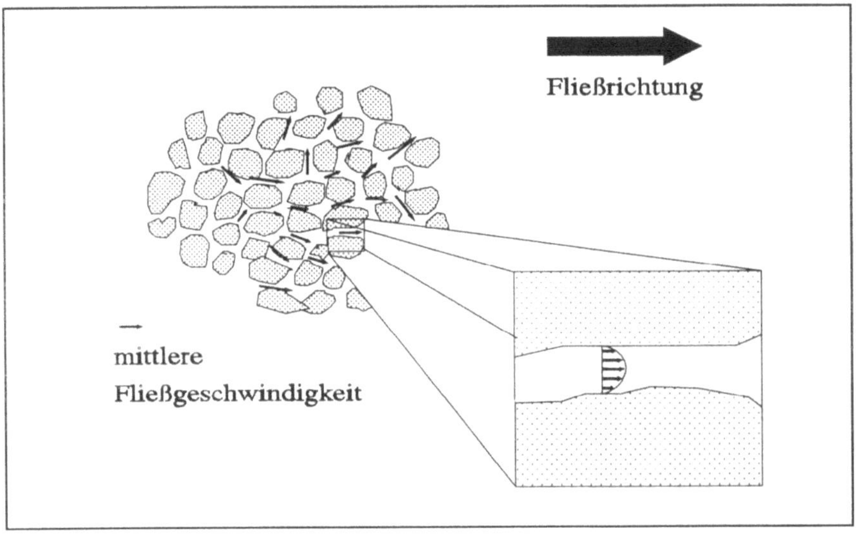

Abb. 4.14. Longitudinale Dispersion: In einem Porenkanal bildet sich bei laminarer Strömung ein Paraboloid als Geschwindigkeitsprofil aus

Die Einhüllende aller Bahnen ergibt jedoch einen sich nach unten verbreiternden Bereich, der einen Vergleich mit der Ausbreitung einer Kontaminationswolke im Grundwasser gestattet.

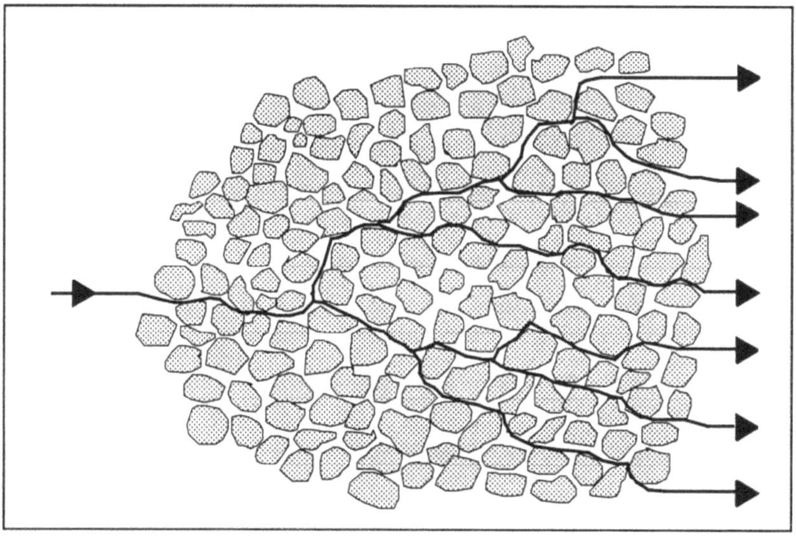

Abb. 4.15. Longitudinale und transversale Dispersion: Die einzelnen Stromfäden haben unterschiedliche Länge und unterschiedlichen Verlauf

Die longitudinale und transversale Dispersion wird über die sog. longitudinalen und transversalen *Dispersionslängen* α_L und α_T quantifiziert. Die Multiplikation von α_L bzw. α_T mit dem Betrag der Abstandsgeschwindigkeit v_a ergibt den Wert der mechanischen Dispersion D_L' bzw. D_T', die mit der Einheit [m^2/s] mathematisch wie Diffusionskoeffizienten behandelt werden können. Tabelle 4.10 liefert eine gebündelte Darstellung.

Hydrodynamische Dispersion

Im fließenden Grundwasser kann nicht zwischen der mechanischen Dispersion und der Diffusion unterschieden werden. Daher werden nach Scheidegger (1961) die Koeffizienten der hydrodynamischen Dispersion D_L und D_T eingeführt, die sowohl die mechanische Dispersion als auch die molekulare Diffusion zusammenfassen. In Tabelle 4.11 findet man eine Aufstellung der Gleichungen.

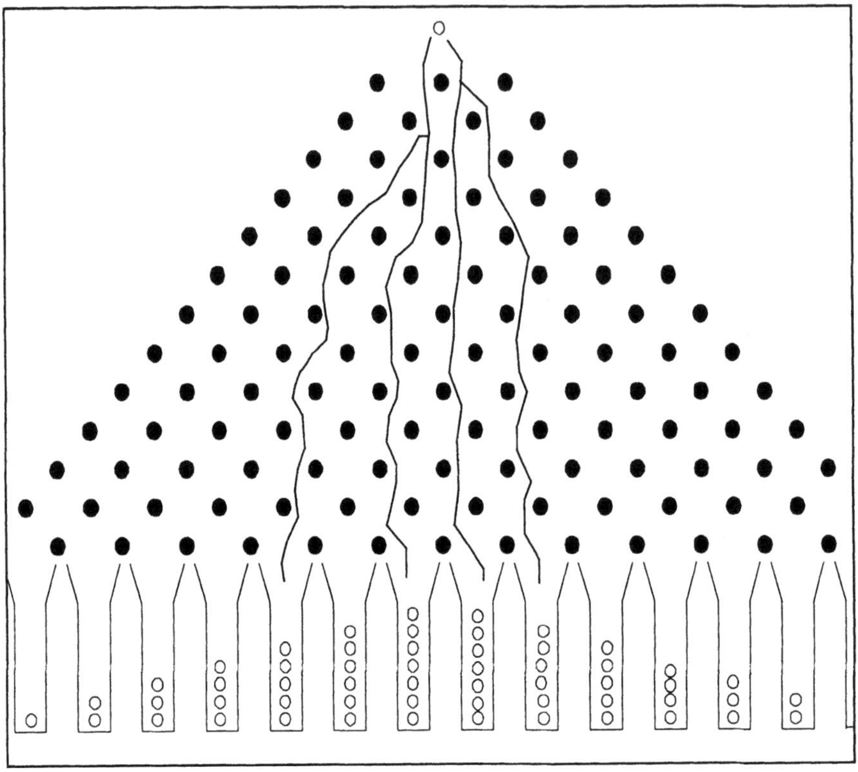

Abb. 4.16. Transversale Dispersion: Nagelbrettanalogon

Tabelle 4.10. Horizontale und transversale Dispersion

Quantifizierung der Dispersion	
Longitudinale Dispersion [m²/s]	$D_L' = \alpha_L * \lvert v_a \rvert$
Transversale Dispersion [m²/s]	$D_T' = \alpha_T * \lvert v_a \rvert$
α_L longitudinale Dispersionslänge in [m] α_T transversale Dispersionslänge in [m]	

Tabelle 4.11. Hydrodynamische Dispersion nach Scheidegger

Quantifizierung der hydrodynamischen Dispersion	
Longitudinale Dispersion [m^2/s]	$D_L = \alpha_L * \lvert v_a \rvert + D^*$
Transversale Dispersion [m^2/s]	$D_T = \alpha_T * \lvert v_a \rvert + D^*$
D^* effektiver Diffusionskoeffizient	

Infolge der hydrodynamischen Dispersion wird sich eine Kontaminationswolke mit zunehmender Entfernung von der Quelle weiter ausbreiten, und ihre Maximalkonzentration wird sinken. Da die longitudinale Dispersivität größer ist als die transversale, wird sich eine Kontaminationswolke in Strömungsrichtung in die Länge ziehen. Dieses Phänomen ist schematisch in Abb. 4.17 für eine momentanen Stoffeinleitung dargestellt.

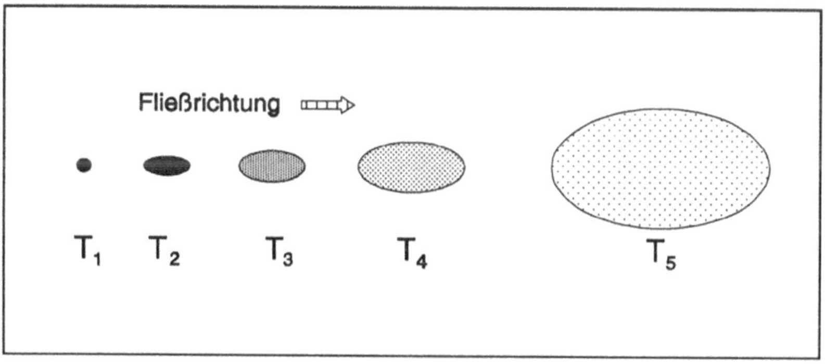

Abb. 4.17. Die Wirkung der Dispersion beim advektiven Transport einer Injektion zu den Zeitpunkten T_1 bis T_5

Wertebereich der Dispersionslängen

Werte für α_L und α_T werden für alluviale Sedimente mit 12 m $\leq \alpha_L \leq$ 61 m und 4 m $\leq \alpha_T \leq$ 30 m angegeben. Für praktische Zwecke wird empfohlen, die longitudinale Dispersionslänge α_L zu einem Zehntel der Fließstrecke abzuschätzen

(Fetter 1988). Das Verhältnis α_T/α_L liegt zwischen 1/4 und 1/10. Kinzelbach (1987) nennt ein Verhältnis von 1/100 extrem.

Bei Kobus et al. (1992) sind Werte von α_L = 10 m in kontrollierten Feldexperimenten und 100 m bei der Auswertung von Feldstudien angegeben. Die Autoren schlagen $\alpha_T \approx 1/20\ \alpha_L$ für experimentell bestimmte Werte in homogenen porösen Medien vor. An gleicher Stelle finden sich interessante Laborexperimente, in denen der Einfluß von Schichtungen, Inhomogenitäten usw. auf die Dispersionslängen untersucht werden.

Tracerexperimente im Felslabor Grimsel ergaben für die Durchströmung einer Einzelkluft auf einer 9 m langen Fließstrecke in einem Dipolströmungsfeld Werte von α_L = 5,0 m und α_T = 1,0 m (Lege u. Zielke 1993). Ein Tracerexperiment in einem radial konvergenten Fließfeld im geklüfteten Tonstein liefert bei einer Fließstrecke von 6 m für α_L den Wert 8,0 m (Dörhöfer u. Maier 1992).

Ptak u. Teutsch (1994) stellen umfangreiche Tracertests im ungespannten Grundwasserleiter der Horkheimer Insel vor. Der Aquifer wird aus sandigen, zum Teil schluffigen Fein- bis Mittelkieslagen mit vereinzelten grobkiesigen Geröllen gebildet. Die Autoren stellen longitudinale Dispersionslängen von ca. 1/5 bis 1/10 der Fließstrecke fest und beobachten eine hohe lokale Variabilität innerhalb dieser Grenzen, die auf die Aquiferheterogenität zurückgeführt wird.

Der Betrag der Dispersionslänge steigt folglich mit zunehmender Fließstrecke an und ist somit skalenabhängig. Im kleinräumigen Maßstab wird der Wert von α_T und α_L von der Variabilität der Porengeometrie bestimmt. Auf längeren Fließwegen wird die dispersive Stoffausbreitung durch die Existenz von Schichtungen und anderen Inhomogenitäten bzw. Diskontinuitäten beeinflußt. Die Folge ist ein Ansteigen der Dispersionslänge mit zunehmendem Betrachtungsmaßstab.

4.2.4 Matrixdiffusion

Wie in Abschn. 4.1.2 dargelegt, bewegt sich das Grundwasser im Festgestein vorwiegend auf dominanten Fließwegen – den Klüften. Dabei können sehr hohe Fließgeschwindigkeiten erreicht werden, und eine Grundwasserkontamination legt viel schneller größere Strecken zurück, als man aufgrund der Gebirgsdurchlässigkeit erwartet.

Bewegt sich ein gelöster Stoff mit dem Grundwasserstrom in einer Kluft, und ist die benachbarte Gesteinsmatrix porös und wassergesättigt, jedoch durch ihre Struktur relativ undurchlässig, so entsteht zwischen Kluft und Matrix ein Konzentrationsgefälle. Besonders anschaulich lassen sich diese Verhältnisse im geklüfteten Tonstein beobachten. Ton ist zwar hochporös, weist aber durch seine innere Struktur nur eine geringe hydraulische Leitfähigkeit auf. Der advektive Transport von gelösten Bestandteilen findet praktisch ausschließlich in den Klüften statt.

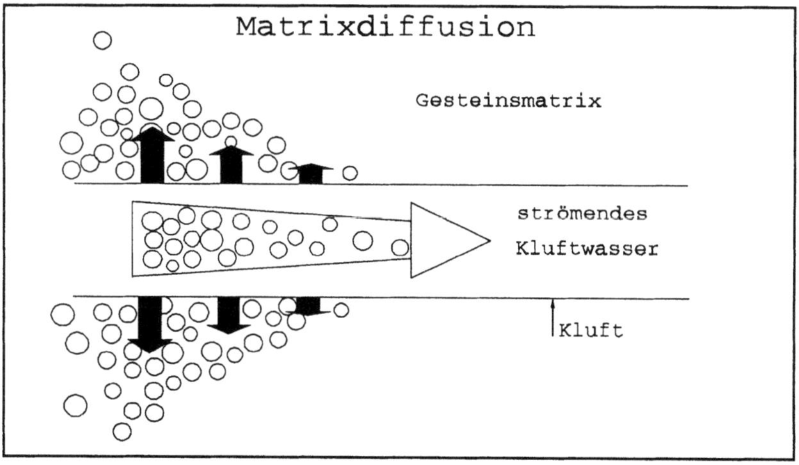

Abb. 4.18. Schematische Darstellung der Matrixdiffusion: Die Schadstoffpartikel werden dem strömenden Kluftwasser entzogen und in der Gesteinsmatrix zurückgehalten

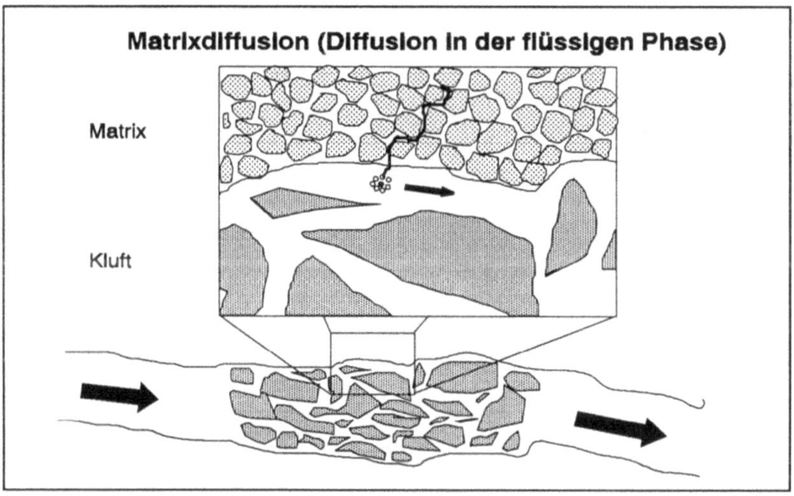

Abb. 4.19. Matrixdiffusion: Ein Partikel diffundiert in das Haftwasser der Gesteinsmatrix

Das Konzentrationsgefälle zwischen Kluftwasser und Porenwasser setzt den Diffusionsprozeß von der Kluft in die Gesteinsmatrix in Gang. Infolgedessen wird

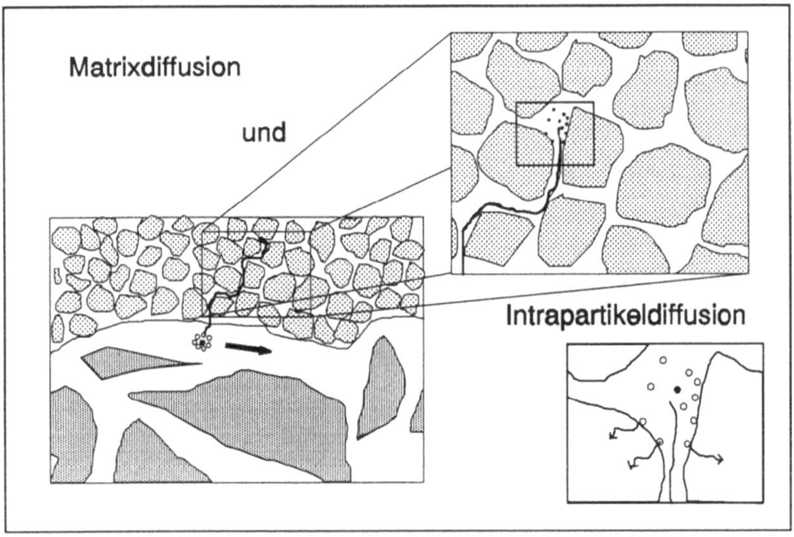

Abb. 4.20. Nach Adsorption an der Kornoberfläche kann es bei bestimmten Gesteinen (z. B. Tongestein) zur Intrapartikeldiffusion kommen

die Konzentration im Kluftwasser erniedrigt, und der Schadstoff breitet sich diffusiv in der Gesteinsmatrix aus. Die Verdünnung der Kontamination und eine Verzögerung der Ausbreitung sind die Folge. In Abb. 4.18 ist dieser Effekt schematisch dargestellt. Abbildung 4.19 zeichnet den Weg eines ausgewählten Teilchens aus dem bewegten Kluftwasser in das unbewegte Haftwasser der feineren Poren der Gesteinsmatrix auf.

In Verbindung mit Sorptionsprozessen ist die Matrixdiffusion von großer Bedeutung. Durch sie werden den sorbierenden Stoffspezies die inneren Oberflächen der Matrix zugänglich gemacht und dadurch die verfügbaren reaktionsfähigen Oberflächen erweitert. Nach Adsorption an einem Korn können die Schadstoffe durch Diffusion in das Innere des Korns umgelagert werden, was eine starke Bindung des Kontaminanten im Gestein bedeutet (Abb. 4.20).

Wird die Kluft nach Durchgang einer Kontaminationswolke wieder von sauberem Grundwasser durchströmt, kehrt sich das Konzentrationsgefälle um. Der Schadstoff diffundiert aus der Matrix in den Kluftraum zurück. In einer Meßstelle im Abstrom wird man folglich noch lange eine Kontamination des Grundwassers feststellen. In Abb. 4.21 ist der Einfluß der Matrixdiffusion auf die Durchbruchskurve eines Tracerversuchs anhand eines numerischen Rechenbeispiels dargestellt. Da die abfallenden Äste der Kurven sich über einen langen Zeitraum erstrecken, sie sozusagen einen Schwanz hinter sich herziehen (engl.: tail), spricht man vom *Tailing-Effekt.*

Die Matrixdiffusion aus dem advektiv bewegten Kluftwasser in das stagnierende Porenwasser der Gesteinsmatrix stellt bei der Altlast Münchehagen den Hauptverzögerungsfaktor dar. Darauf aufbauend kann in weiteren Schritten mit dem entwickelten Modell der Einfluß zusätzlicher Retardationsfaktoren betrachtet werden. Besonders im Hinblick auf die Rückdiffusion nach einer erfolgreichen Beseitigung der Schadstoffquelle ist es wichtig zu wissen, wieviel der bereits ausgetretenen Schadstoffmenge in das jetzt saubere Kluftwasser zurückdiffundieren kann. Dazu werden im folgenden Abschnitt die wichtigsten Retardierungsfaktoren kurz angesprochen und ein Einstieg in die einschlägige Fachliteratur angeboten. Zunächst folgt jedoch die Darstellung eines numerischen Experiments, das den retardierenden Einfluß der Matrixdiffusion verdeutlicht.

Beispiel
Die Abb. 4.21–4.28 veranschaulichen die Ergebnisse eines numerischen Experiments zur Matrixdiffusion. In Abb. 4.22 ist die Durchbruchskurve an einer Kette von Meßstellen im Unterstrom einer Verschmutzung nach einem Schadstoffeintrag („Injektion") dargestellt. Der Aquifer ist homogen mit einem Durchlässigkeitsbeiwert von $k_f = 10^{-4}$ m/s, was etwa einem groben Sand entspricht. Die Filtergeschwindigkeit liegt bei $1 * 10^{-4}$ m/s. Aufgrund von Dispersionseffekten ($\alpha_L = 5$ m, $\alpha_T = 1$ m) wird die Schadstoffwolke während des Ausbreitungsvorganges nach unterstrom immer weiter verdünnt und erstreckt sich über einen größeren Bereich. Nach 80 Tagen ist das Modellgebiet nahezu vollständig verlassen. Die Maximalkonzentration ist auf 2% des Ausgangswert zurückgegangen (Abb. 4.23–4.25). Die Durchbruchskurven an den Meßstellen zeigen die typische Glockenform.

Im numerischen Modell ist in einem zweiten Schritt ein gering durchlässiger Block ($k_f = 10^{-6}$ m/s, entspricht etwa einem Lehm) eingefügt, der in seiner Mitte von einer Störungszone ($k_f = 10^{-4}$ m/s) durchschnitten ist. Im Block wurde nur Diffusion zugelassen (aus Gründen der Anschaulichkeit ist ein unrealistisch hoher effektiver Diffusionskoeffizient von $D^* = 0{,}0001$ m^2/s gewählt). Alle anderen Parameter bleiben unverändert.

In Abb. 4.26 erkennt man zunächst den Aufstau der Wolke nach 20 Tagen und ihr Vordringen in die Störungszone (Abb. 4.27). Dabei diffundiert der gelöste Stoff in das Barrieregestein, die Ausbreitung wird verzögert und die Maximalkonzentrationen werden im Vergleich zum vorigen Beispiel verringert. Nach 140 Tagen, die Wolke hat zu diesem Zeitpunkt das homogene Material (Abb. 4.25) bereits vollkommen durchwandert, strömt durch die Störungszone wieder unbelastetes Grundwasser. Die Rückdiffusion aus dem gering durchlässigen Block in die Kluft setzt ein (Abb 4.28). Dadurch kommt es im Unterstrom zu einer langandauernden Verschmutzung auf niedrigem Niveau (<1% der Ausgangskonzentration). In den Durchbruchskurven (Abb. 4.21) zeigt sich dieser Effekt durch eine deutliche Abweichung von der Glockenkurve und einen langsamen Konzentrationsabfall.

Wollte man diese Verschmutzung sanieren, wäre der Sanierungszeitraum im zweiten Fall erheblich länger als bei homogenem Gestein, und der Einsatz von finanziellen und technischen Mitteln müßte anders geplant werden.

Modellansätze zur Matrixdiffusion

Von Grisack u. Pickens (1980) wird auf die Bedeutung der Matrixdiffusion beim Stofftransport in geklüfteten Medien aufmerksam gemacht. Für die Berücksichtigung der Matrixdiffusion im Feldversuch und in Simulationsrechnungen zur Prognostizierung der Stoffmigration im geklüfteten Gestein sind in letzter Zeit verschiedene Methoden angewandt worden (vgl. Bibby 1981; Noorishad u. Mehran 1982; Huyakorn et al. 1983; Wittke 1984; Chen 1986; Huyakorn et al. 1986; Stober 1986; Rowe u. Booker 1988; Diersch et al. 1989; Kolditz 1990; Pfingsten 1990; Pfingsten u. Mull 1990; Heuer et al. 1991; Kröhn 1991; Kröhn u. Zielke 1991; Birgersson et al. 1993; Maloszewski u. Zuber 1993; Pusch 1994; Veulliet 1994; Kolditz 1995b; Moench 1995).

Siebert u. Eiben (1994) betrachten bei ihrer Modellierung des Standortes Münchehagen die Matrixdiffusion ähnlich wie die Adsorption als reinen Verzögerungsfaktor. Sie sehen die Diffusion von Kontaminanten aus den Klüften in die Gesteinsmatrix als „Zubringerprozeß" der Adsorption: Durch die Matrixdiffusion werden die inneren Gesteinsoberflächen für die Adsorptionsprozesse zugänglich, die den eigentlichen Rückhaltemechanismus darstellen. Die Betrachtung mündet in die Definition eines Retardierungsfaktors (vgl. Abschn. 4.2.5), der die beiden Prozesse zusammenfaßt.

Die Tracerexperimente von Dörhöfer u. Maier (1993) am selben Standort zeigen jedoch, daß die beiden Prozesse getrennt betrachtet werden müssen. Die Matrixdiffusion hat für sich betrachtet einen erheblichen Anteil an der Verzögerung der Transportgeschwindigkeit. Insbesondere bei konservativen Tracern wie Nitrat oder Bromid stellt die Matrixdiffusion nahezu den einzigen Verzögerungsfaktor dar. Daher ist eine getrennte Berücksichtigung dieses Prozesses unbedingt erforderlich.

Kunstmann (1994) verwendet zur Abschätzung des Einflusses der Matrixdiffusion auf den Transport eines Salztracers bei Dipolversuchen im Felslabor Grimsel einen Ansatz von Coats u. Smith (1964) in einem Double-Porosity-Modell. Dabei beschreibt ein Austauschkoeffizient die Wechselwirkung zwischen Kluft- und Matrixhohlräumen.

Heer u. Hadermann (1994) verwenden ebenfalls ein Double-Porosity-Modell, um den Tailing-Effekt von radioaktiven Tracern in den artifiziellen Dipolfeldern einer mit Verwerfungston („Fault-Gouge") gefüllten Störungszone im Granit des Felslabors Grimsel (vgl. z. B. Baertschi et al 1990; Frick et al. 1992). Da sowohl mit konservativen als auch mit nicht-konservativen Tracern gearbeitet wurde, führen die Autoren die beobachteten Verzögerungen auf Matrixdiffusionseffekte zurück. Die gemessenen Durchbruchskurven von Tracerinjektionen von relativ kurzer Dauer (Tage) können mit diesem Ansatz sehr gut nachgebildet werden. Mit einer Freilegung des Versuchsbereichs soll in naher Zukunft die Richtigkeit dieser Modellannahme überprüft werden (Frick 1994).

Zur Modellierung der Wärmediffusion, die bei der Gewinnung geothermischer Energie mit dem HDR[9]-Verfahren entscheidend ist, wurden von Diersch et al. (1989), Kolditz u. Lege (1992), Kolditz (1995a) und Kolditz et al. (1995a, b) zahlreiche Berechnungen mit der Methode der Finiten Elemente durchgeführt. Dabei wird durch die Kopplung von Elementen, die verschiedene Transportprozesse berechnen (advektive Wärmetransport in der Kluft, diffusiver Wärmetransport in der Matrix) der Wärmeentzug aus dem Gebirge nachgebildet.

Darüber hinaus existieren noch eine Reihe von analytischen Lösungen für stark schematisierte Modellgeometrien, die z.B. bei Kolditz u. Lege (1992), Kolditz (1993), Kolditz (1994c) und Lege (1995) ausführlich dargestellt sind.

Diskrete Modellierung der Matrixdiffusion

Bis auf die numerischen Modelle zur Wärmediffusion ist allen Ansätzen gemeinsam, daß sie von einer Diffusion in ein unbegrenztes Reservoir ausgehen. Dadurch bleiben Sättigungseffekte unberücksichtigt, die bei langandauernden Kontaminationsprozessen durch eine Altlast oder eine Deponie wichtig werden. Dabei haben die endlichen Kluftabstände eines geklüfteten Mediums, das Matrixdiffusion zuläßt, einen erheblichen Einfluß. Je geringer die Abstände der mit advektiv bewegtem Kluftwasser gefüllten Klüfte, desto eher tritt ein Sättigungseffekt auf, der im Extremfall den Wegfall des Retardierungseffektes durch die Matrixdiffusion verursacht.

In dieser Arbeit wird in der beispielhaften Abarbeitung des Leitfadens zur Strömungs- und Transportmodellierung (Kap. 7) ein Ansatz mit Ergebnissen aus Feld- und Laborexperimenten überprüft, der durch die diskrete Modellierung des diffusiven Stofftransports in der Gesteinsmatrix den Sättigungseffekt berücksichtigt (Kap. 8). Die diskrete Darstellung der Gesteinsmatrix und der darin stattfindenden diffusiven Transportprozesse hat gegenüber anderen Ansätzen den Vorteil, daß durch die Verwendung des 2. Fickschen Gesetzes der physikalische Prozeß der Diffusion ohne Verwendung von Ersatzparametern eingeschlossen wird. Diese Kombination eröffnet den Weg zu einer gezielten Modellierung von Sorptionsprozessen in der Gesteinsmatrix.

Darüber hinaus kann mit diesem Ansatz bei der Simulation der Rückdiffusion nach Kontaminationsende (z. B. nach einer Sanierung) im Falle der vorherigen Sättigung der Gesteinsmatrix die daraus resultierende endliche Abgabekapazität mit einbezogen werden.

---

[9] HDR – Hot Dry Rock

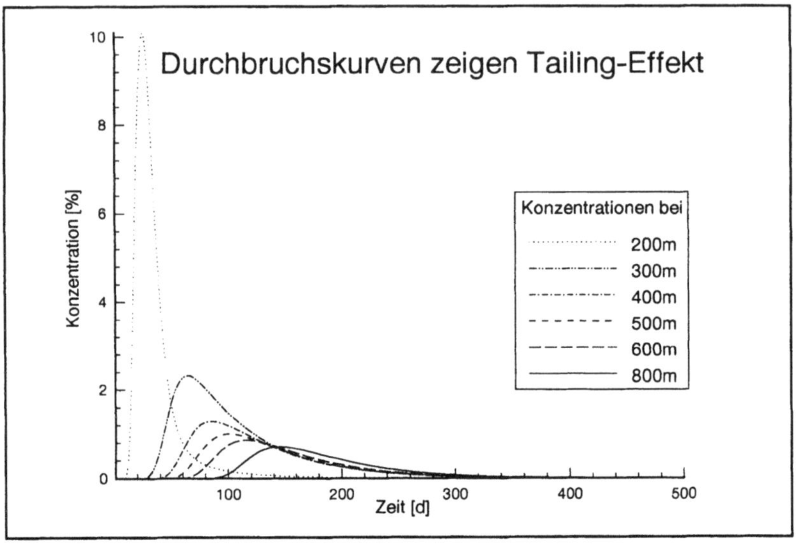

Abb. 4.21. Durchbruchskurven eines numerischen Modellversuchs mit Matrixdiffusion

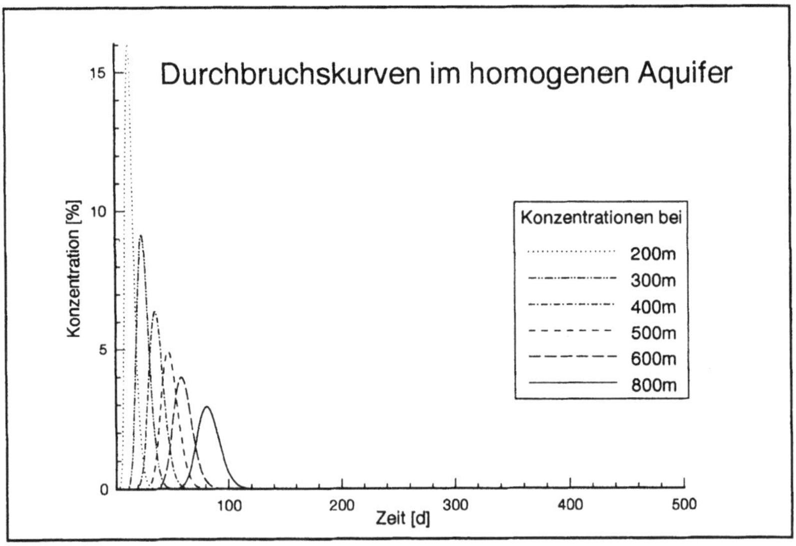

Abb. 4.22. Durchbruchskurven einer Verschmutzungswolke in einem homogenen Aquifer mit Parallelströmung

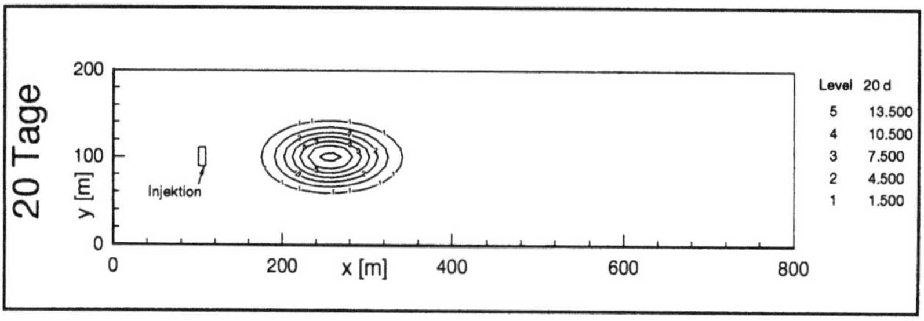

Abb. 4.23. Ausbreitung einer Schadstoffwolke im homogenen Aquifer mit Parallelströmung; 20 Tage nach Einleitung am Injektionspunkt

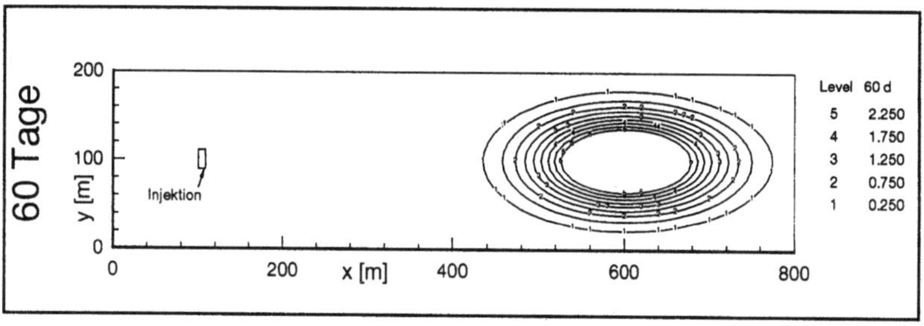

Abb. 4.24. Ausbreitung einer Schadstoffwolke im homogenen Aquifer mit Parallelströmung; 60 Tage nach Einleitung am Injektionspunkt

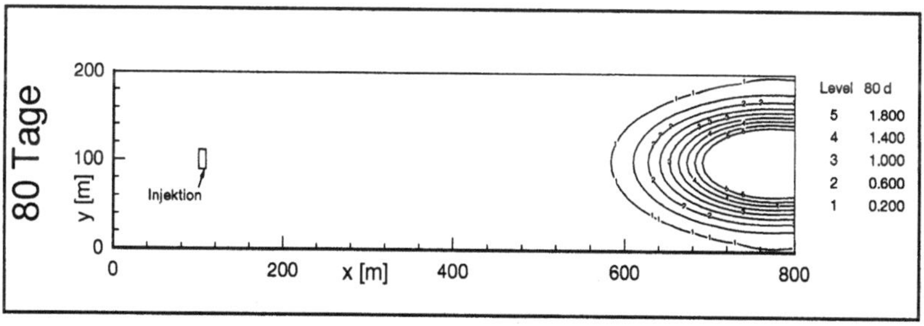

Abb. 4.25. Ausbreitung einer Schadstoffwolke im homogenen Aquifer mit Parallelströmung; 80 Tage nach Einleitung am Injektionspunkt

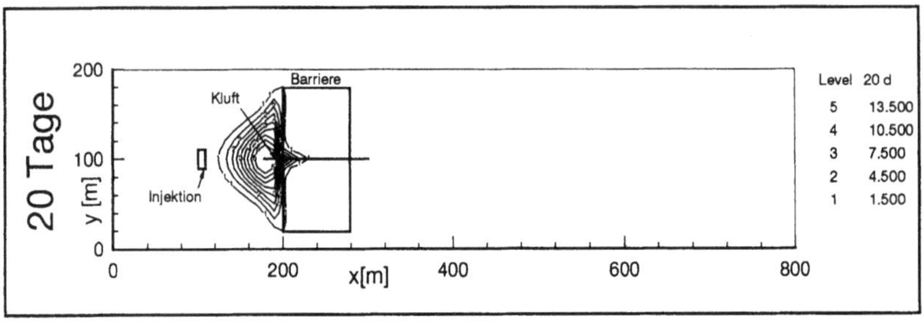

Abb. 4.26. Matrixdiffusion: Die Schadstoffwolke wird durch die gering durchlässige Barriere aufgehalten; 20 Tage nach Einleitung am Injektionspunkt

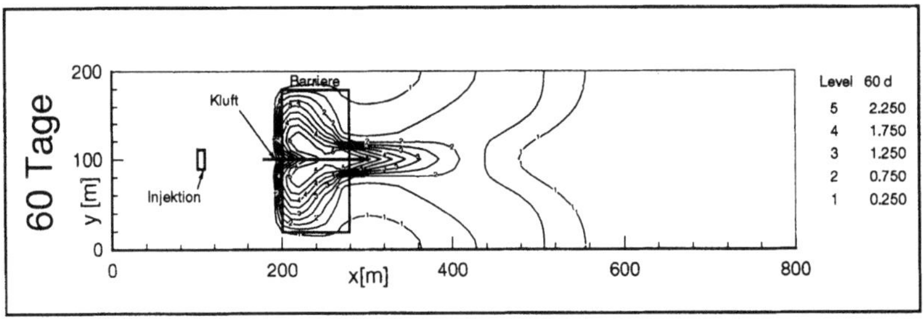

Abb. 4.27. Matrixdiffusion: Die Schadstoffwolke durchbricht die Barriere auf der Störungszone; 60 Tage nach Einleitung am Injektionspunkt

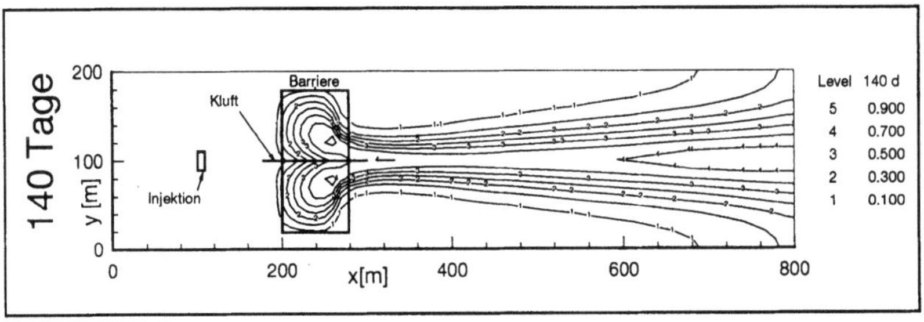

Abb. 4.28. Matrixdiffusion: Schadstoff diffundiert aus der Barriere in die Störungszone und verunreinigt den Aquifer im Unterstrom; 140 Tage nach Einleitung

4.2.5 Retardation

Deponiesickerwässer beinhalten *konservative* und *nichtkonservative* Stoffe. Konservative Substanzen reagieren nicht mit dem Gestein der geologischen Barriere oder anderen Stoffen im Grundwasser und unterliegen weder biologischem Abbau noch radioaktivem Zerfall. Ein Beispiel für einen konservativen Stoff ist das Chlorid-Ion Cl^-. Für Tracerversuche wird oft auch Bromid als konservativer Spurenstoff verwendet.

Nichtkonservative Substanzen können chemischen, biologischen oder radioaktiven Prozessen unterliegen, die die Konzentrationsverhältnisse im Sickerwasser ändern. Die chemischen Reaktionen sind z. B. Sorptions-/Desorptionsprozesse, Ionenaustausch, Fällung und Oxidations-/Reduktionsvorgänge. Biologischer Abbau kann entweder aerob oder anaerob erfolgen. Die Mortalität von Mikroorganismen im Grundwasser wird mathematisch analog zum radioaktiven Zerfall beschrieben.

Im folgenden wird näher auf die einzelnen Phänomene eingegangen. Dabei beruht die Zusammenfassung von Prozessen auf der jeweiligen analogen mathematischen Beschreibung einzelner Vorgänge.

Sorption und Desorption

Für viele Kontaminanten, die ihren Ursprung in Mülldeponien haben, sind Sorptions-/Desorptionsprozesse zwischen dem Sickerwasser und der Gesteinsmatrix von großer Wichtigkeit. Sorptionsprozesse wirken *retardierend*, d. h. verzögernd und verdünnend, auf die Ausbreitung einer Schadstoffwolke.

Adsorption beschreibt den Prozeß, bei welchem Stoffe an der Trennfläche zwischen 2 Phasen zurückgehalten werden. Entweder lagern sie sich an der fest-flüssigen Grenzschicht (z. B.: Wasser-Tonmineral), der flüssig-flüssigen Grenzschicht (z. B.: Wasser-Öl), der gasförmig-flüssigen Grenzschicht (z. B.: Luft-Wasser) oder der gasförmig-festen Grenzschicht (z. B.: Luft-Tonmaterial) an.

Absorption beschreibt den Vorgang, bei welchem ein Stoff aus der einen Phase in die andere übertritt. Beispielsweise migriert bei der Intrapartikeldiffusion ein Schadstoffteilchen aus dem Grundwasser in ein Tonpartikel und wird dort im Kristallgitter festgelegt (vgl. Abb. 4.20).

Der Begriff *Sorption* wird verwendet, wenn die exakte Unterscheidung der beiden o.g. Prozesse in einem natürlichen System nicht möglich ist.

Ein Schadstoff wird durch die o. g. Prozesse dem Sickerwasser entzogen. Ist die Sorption reversibel, so findet eine Trennung vom Gestein, die sog. *Desorption*, nach Absenkung der Stoffkonzentration im Grundwasser statt.

Gleichgewichtssorption

In den meisten Grundwassermodellen wird von einem im Vergleich zur typischen Zeitskala der Strömung schnellen Ablauf der Sorption ausgegangen (Miller u. Pedit 1992). Das heißt, die Zeiträume, die für den advektiven bzw. dispersiven

Transport eines Stoffes benötigt werden, sind viel größer als die für die Sorptionsprozesse erforderlichen Zeiten. Daher stellt sich ein *lokales Gleichgewicht* zwischen adsorbierter und gelöster Substanz im gesamten Aquifer ein.

Zur Erfassung der Adsorption muß die Massenbilanz der gelösten Substanz und der adsorbierten Substanz berücksichtigt werden. Bei einer schnellen Adsorption ist die Konzentration der adsorbierten Phase c_a eine Funktion der Konzentration der gelösten Phase c:

$$c_a = f(c)$$

Die Funktion $f(c)$ wird *Isotherme* genannt, da sie das Gleichgewicht zwischen adsorbierter und gelöster Substanz bei konstanter Temperatur darstellt. Am weitesten verbreitet sind für die Beschreibung von $f(c)$ das K_D-Konzept, die Freundlich- und die Langmuir-Isotherme.

Gibt es eine lineare Beziehung zwischen der Konzentration der sorbierten Substanz und ihrer Konzentration in der Lösung, ist die Isotherme eine lineare Funktion. Dieses sog. *K_D-Konzept* kann bei sehr geringen Konzentrationen immer verwendet werden (Henry Gesetz) und bietet bei höheren Konzentrationen eine erste Orientierungshilfe. Für die Verwendung der allgemeineren *Freundlich-Isotherme* müssen der Freundlich-Verteilungskoeffizient und die Freundlich-Gleichgewichtskonstante bekannt sein. Die *Langmuir-Isotherme* wurde entwickelt unter Berücksichtigung der begrenzten Sorptionsplätze an der Oberfläche eines Festkörpers. Sind alle Plätze gefüllt, wird die Oberfläche der Lösung keine weitere Substanz entziehen. Bei hohen Konzentrationen wird also ein Grenzwert erreicht. Die drei genannten Isothermen sind in Tabelle 4.12 aufgelistet.

Aus den Adsorptionsisothermen lassen sich Verzögerungs- bzw. Retardierungsfaktoren R mit ρ_s als Dichte des trockenen Gesteinsmatrixmaterials ableiten.

$$R = 1 + \frac{1}{n_e} * \rho_s * \frac{\partial f(c)}{\partial c}$$

Im Falle der linearen Adsorption nach dem K_D-Konzept ergibt sich der Retardierungsfaktor zu:

$$R = 1 + \frac{\rho_s * K_D}{n_e} \tag{4.7a}$$

Tabelle 4.12. Sorptionsisothermen

Die gebräuchlichsten Isothermen zur Beschreibung von Sorptionsprozessen
K_D-Konzept
$c_a = K_D * c$
Freundlich-Isotherme
$c_a = k_F * c^{n_F}$
linearisierte Freundlich-Isotherme
$\log c_a = \log k_F + n_F \log c$
Langmuir-Isotherme
$\frac{c}{c_a} = \frac{1}{\alpha\beta} + \frac{c}{\beta}$ *oder* $c_a = \frac{\alpha\beta * c}{1 + \alpha c}$
c_a Masse der Substanz, die pro trockener Matrixmasse sorbiert ist [mg/kg] c Konzentration der Substanz in Lösung im Gleichgewicht mit der sorbierten Substanz an der Gesteinsmatrix [mg/l] K_D Verteilungskoeffizient [l/kg] (=k_F der Freundlich-Isotherme, wenn $n_f = 0$) k_F Freundlich-Verteilungskoeffizient [l/kg] n_F Freundlich-Gleichgewichtkonstante [-] α Adsorptionskonstante in Beziehung zur Bindungsenergie [l/mg] β Maximale, durch die Gesteinsmatrix adsorbierbare Substanzmasse [mg/kg]

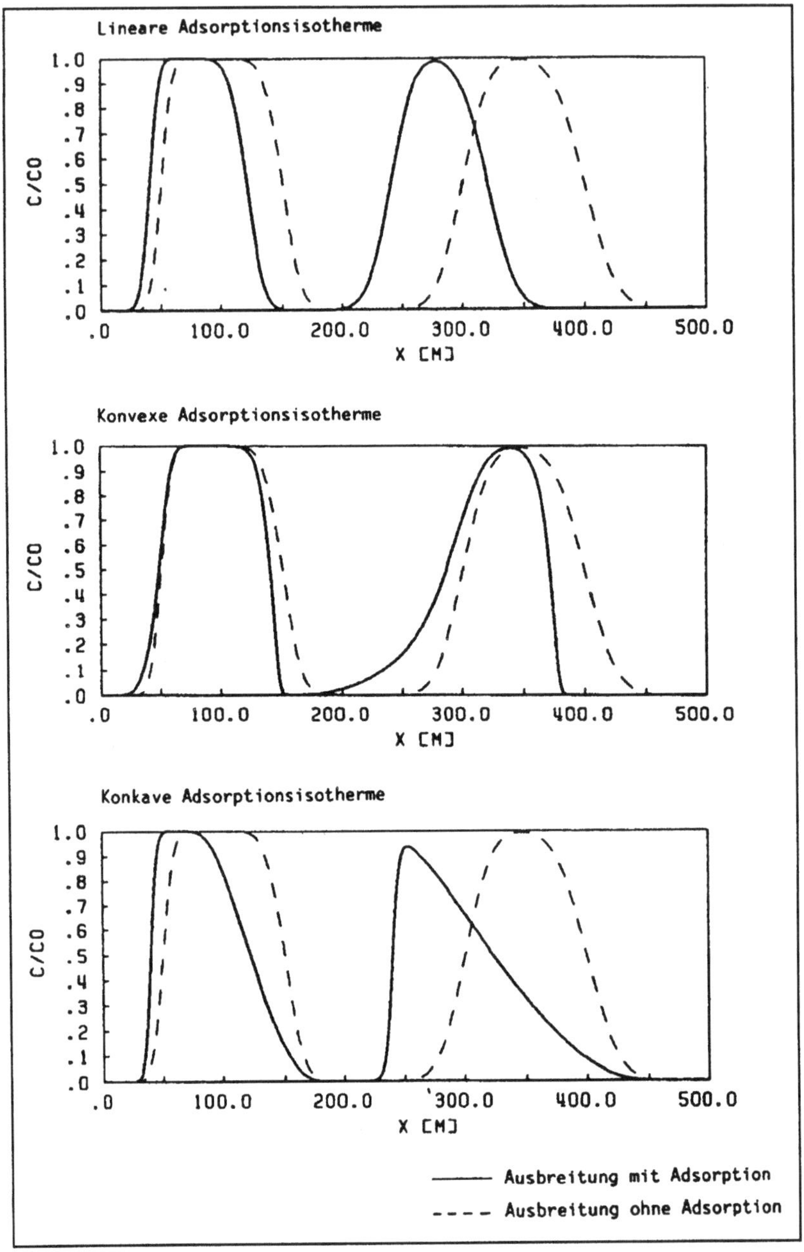

Abb. 4.29. Wirkung unterschiedlicher Adsorptionsisothermen am Beispiel einer Schadstoffinjektion begrenzter Dauer. (Aus Kinzelbach 1987)

Die Abstandsgeschwindigkeit, die Dispersions- und Diffusionskoeffizienten sowie die äußeren Quellterme in der Transportgleichung werden um den Faktor R reduziert, und der Stofftransport wird dadurch verlangsamt.

Als grobe Abschätzung für die Verzögerung der Ausbreitung eines reagierenden Stoffes kann die Retardierungsgleichung verwendet werden:

$$\vec{v}_c = \frac{\vec{v}_a}{R}$$

mit

$\vec{v}_c$ Geschwindigkeit der Sickerwasserfront, die durch den Wert $0{,}5 * c_0$ (c_0 = Anfangskonzentration) definiert wird

$\vec{v}_a$ Abstandsgeschwindigkeit.

Im Fall der linearen Adsorption (K_D-Konzept) ist die Verzögerung im Aquifer gleichmäßig (vgl. Abb. 4.29). Wird R mit zunehmender Konzentration größer, ist eine Verbreiterung des Konzentrationspegels zu beobachten.

Die Verwendung anderer Isothermen wirkt, wie in Abb. 4.29 zu sehen, verzerrend auf die Form der Konzentrationskurve. Wird R mit steigender Konzentration kleiner, so kommt es zu einer Aufsteilung der Konzentrationsfront. Niedrige Konzentrationen in Vorläufern werden stärker adsorbiert als die hohen Konzentrationen in der Hauptschadstoffwolke, wodurch letztere gewissermaßen aufholen können.

In vielen Programmen zur Transportmodellierung im Grundwasser wird mit dem K_D-Konzept gerechnet. Die Verwendung der Freundlich- oder Langmuir-Isotherme führt zu nichtlinearen Transportgleichungen, was ein komplizierteres Lösungsverfahren erfordert.

In den meisten praktisch relevanten Fällen wird von einer linearen Gleichgewichtsadsorption ausgegangen, die durch das K_D-Konzept beschrieben wird. Es sei noch einmal betont, daß über die o.g. Prozesse eine Verzögerung der Schadstoffausbreitung, aber keine endgültige Festlegung an der Gesteinsmatrix beschrieben wird.

Nichtgleichgewichtssorption (kinetische Modelle)

Alle Gleichgewichtsmodelle setzen voraus, daß die Sorptionsrate viel größer ist als alle maßgeblichen Transportprozesse und daß die Partikelgeschwindigkeit klein genug ist, um ein lokales Gleichgewicht einzustellen. Ist das nicht der Fall, so ist die Anwendung eines *kinetischen Modells* anzuraten. In einem kinetischen Modell ist die Transportgleichung mit einer entsprechenden Gleichung zur Beschreibung der Adsorptionsrate gekoppelt. Die nähere Behandlung dieser Thematik würde allerdings den Rahmen dieser Arbeit sprengen, und so sei der Leser am Ende dieses Abschnitts auf die weiterführende Literatur verwiesen.

Radioaktiver Zerfall, Mortalität von Viren oder Bakterien, biochemische Reaktionen

Beim Transport von Radionukliden im Grundwasser unterliegen die jeweiligen Ionen ebenfalls der Retardation an der Gesteinsmatrix. Zusätzlich unterliegen sie dem radioaktiven Zerfall, der die Konzentration von Radionukliden sowohl im sorbierten als auch im gelösten Zustand verringert. Wenn N_0 die ursprüngliche Konzentration der Nuklide ist, ist die Zahl der Kerne N, die nach der Zeit t verbleibt, durch

$$N = N_0 * e^{-\lambda t}$$

gegeben, wobei λ eine für jedes Nuklid charakteristische Konstante mit der Einheit s^{-1} ist, die als *Zerfallskonstante* bezeichnet wird. Häufig wird auch die *Halbwertzeit* $T_{1/2}$ angegeben, die jedes Radionuklid kennzeichnet. Sie ist die Zeitspanne, in der die ursprüngliche Zahl der Kerne auf die Hälfte reduziert wird. λ und T stehen über

$$T_{1/2} = \frac{\ln 2}{\lambda}$$

in Beziehung zueinander. Die Geschwindigkeit, mit der die Konzentration eines Nuklids im Grundwasser abnimmt, bestimmt man mit

$$\frac{\partial c}{\partial t} = -\lambda c \tag{4.7b}$$

Viren und Bakterien, die in das Grundwasser gelangen, sind i.a. in diesem Milieu auf Dauer nicht überlebensfähig. Ihre Sterberate hängt u.a. von der Temperatur und dem pH-Wert ab. Es spielen aber auch noch weitere Faktoren eine Rolle. Für die Berücksichtigung der Mortalität von Mikroorganismen im Grundwasser werden ebenfalls die o.g. Reaktionen erster Ordnung angesetzt.

Sie gelten auch für einige biochemische Reaktionen, wie beispielsweise die Umwandlung von Nitrat und Sulfat bei der Anwesenheit von Kohlenwasserstoffen im Grundwasser. In Tabelle 4.13 sind einige Zerfallskonstanten für verschiedene Stoffe angegeben.

Tabelle 4.13. Eine Auswahl von Zerfallskonstanten. (Aus DVWK 1993)

Reaktion	λ [a^{-1}]
Tritiumzerfall	0,056
CSB im Abstrom von Hausmülldeponien	0,75 – 1,0
E-coli (Sterberate)	12 – 16
S. typhimuirum (Sterberate)	11 – 16
Poliovirus I (Sterberate)	3
ECHO 7 (Sterberate)	4
Nitrat- (NO_3^-) Abbau	0 – 2,0
Sulfat- (SO_4^{2-}) Abbau	0 – 0,05

Allgemeines zur Modellierung von Retardation und Abbau

Darüber hinaus ist zu bemerken, daß der Abbau anorganischer und organischer Substanz und biochemische Reaktionen äußerst komplizierte Vorgänge sind. Einzeleffekte des Abbaus dieser Schadstoffe sind zwar intensiv untersucht, es können aber komplexe Abbauprozesse unter Umweltbedingungen praktisch nicht vorausgesagt werden. Der Grund hierfür ist, daß die unterschiedlichen Einflußfaktoren auf den Abbauprozeß für den konkreten Fall nicht bekannt sind und auch in ihrer Summe nur schwer abgeschätzt werden können.

Die wichtigsten Einflußfaktoren der Abbauprozesse sind: Die Zusammensetzung und synergetische Wirkungsweise realer Substanzgemische, der Besatz mit Mikroorganismen, die katalytische Wirkungsweise der Wasserinhaltsstoffe (geogene und anthropogene) und der Gesteinsmatrix und die allgemeinen Faktoren wie Temperatur, pH-Wert u. a. (DGEG-GDA 1993). Für konservative Abschätzungen wird empfohlen, die minimal auftretende Abbaurate bei der Stofftransportmodellierung zu verwenden. Die benötigten Koeffizienten können aus Experimenten mit Einzelverbindungen abgeleitet werden.

Weiterführende Literatur zur Retardation

Sorptionsphänomene werden eingehend im Band „Tonmineralogie und Bodenphysik“ dieses Methodenhandbuchs behandelt (in Bearbeitung). Kinzelbach (1987) beschreibt verschiedene Sorptionsprozesse unter besonderer Berücksichtigung ihrer Umsetzung in numerische Rechenprogramme. Weitere Informationen zu dieser Thematik finden sich bei Wu u. Gschwend (1988), Fetter (1993) Koß (1993) und

Mattheß (1990). In Hasset u. Banwart (1989) gibt es eine interessante Einführung in die verschiedenen Sorptionsprozesse in einem Aquifer.

Es folgt eine Auswahl aktueller Literatur zur Sorptionsproblematik. Sie spiegeln den Stand der Forschung in der Modellierung von Sorptionsprozessen im Grundwasser wider.

In Kent et al. (1994) wird ausführlich eine Verschmutzung eines Sandaquifers und die Retardation durch Adsorption beschrieben, und Modellierungsansätze werden aufgelistet.

Rabideau u. Miller (1994) liefern einen Beitrag zur zweidimensionalen Modellierung unter Berücksichtigung von Nichtgleichgewichtsreaktionen und Aquiferheterogenitäten.

Selroos u. Cvetkovic (1994) bieten eine ausführliche Lösung für die Varianz des Massenstroms einer Schadstoffwolke an, die einer Nichtgleichgewichts-Sorptionsreaktion unterliegt.

Burr et al. (1994) modellieren den Transport reaktiver und nichtreaktiver Tracer mit einer geostatistischen Verteilung der Durchlässigkeit und des Verteilungskoeffizienten K_D. Sie zeigen, daß der Retardationsfaktor des Gesamtsystems von der jeweiligen örtlichen Ausprägung stark und weniger stark reagierender Aquiferbereiche abhängt.

In einer Serie von 3 Publikationen beschreiben MacKay et al. (1994) und Thorbjarmarson u. MacKay (1994a, b) ein Tracerexperiment in einem Sandaquifer und eine anschließende Modellierung. Sie ziehen unter anderem den Schluß, daß Gleichgewichtsreaktionsmodelle die experimentell gewonnenen Daten nicht sehr gut nachbilden können. Von ihnen vorgestellte Nichtgleichgewichtsmodelle erzielen genauere Ergebnisse.

Kalatzis et al. (1993) untersuchen numerisch die konkurrierende Adsorption von Multikomponentenlösungen. Sie zeigen als Ergebnis ihrer 2-D-Modellierungen chromatographische Verteilungsmuster der einzelnen Komponenten.

Brusseau u. Rao (1989) liefern einen umfassenden Überblick über Faktoren, die zu lokalen, nicht-idealen Sorptionsprozessen führen. Weitere Arbeiten von Brusseau et al. (1991a, b) und Brusseau (1992) behandeln Nichtgleichgewichtsprozesse und sog. Rate-Limited-Sorptionsprozesse. Ein zusammenfassender Überblick über Feldexperimente wird in Brusseau (1994) gegeben.

Ball u. Roberts (1991a, b) betrachten die Sorption von organischen Chemikalien unter dem Aspekt der Intrapartikeldiffusion.

In Kinzelbach et al. (1992) werden alternative Verfahren zur Beschreibung verschiedener chemischer Reaktionen aufgeführt. Die Verfahren werden miteinander verglichen und Vor- und Nachteile genannt.

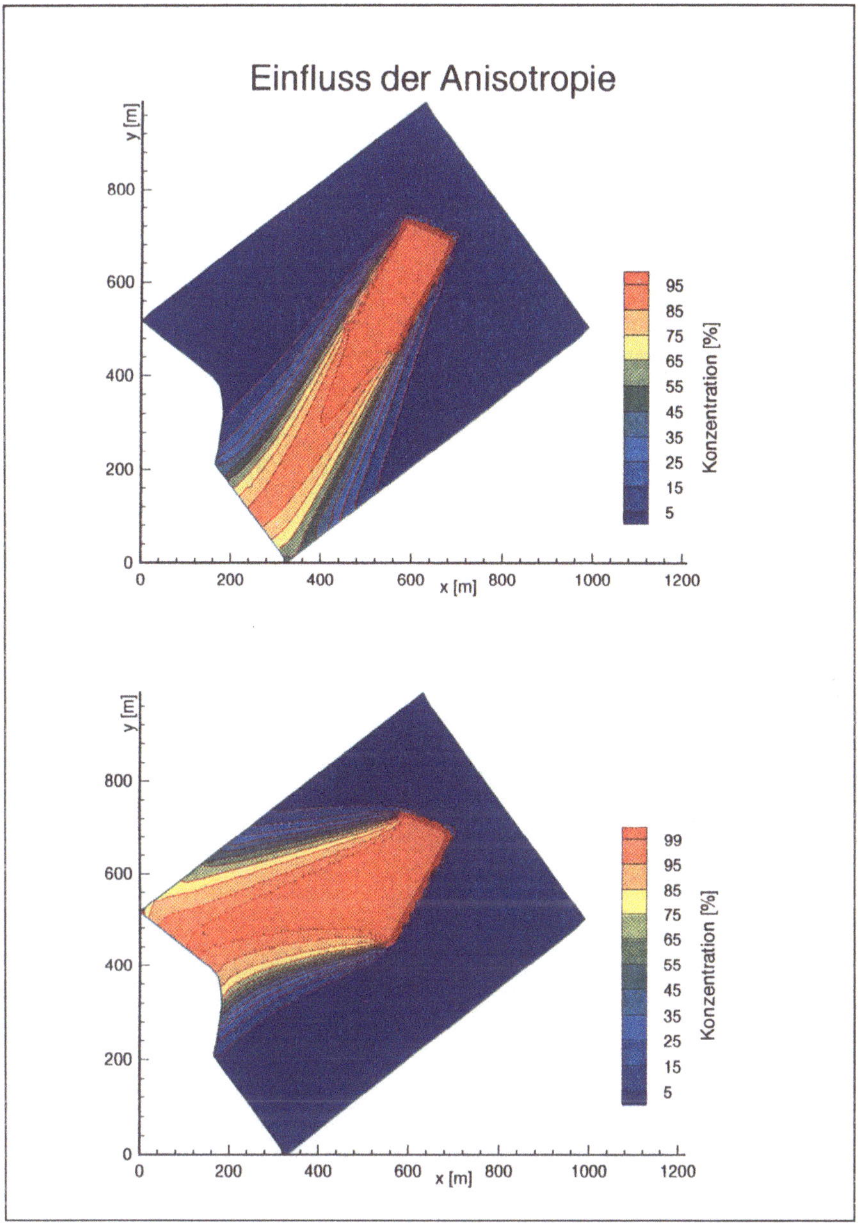

Abb. 4.30. Anisotropieeinfluß: Im *oberen Bild* ist die Durchlässigkeit in y-Richtung 4mal größer als in x-Richtung, im *unteren Bild* ist es umgekehrt

4.2.6 Einfluß der Anisotropie auf die Schadstoffausbreitung

In Abb. 4.30 ist dargestellt, wie die hydraulische Anisotropie eines Aquifers die Form einer Schadstoffwolke beeinflussen kann. In der oberen Rechnung ist die Durchlässigkeit in y-Richtung 4mal größer als in x-Richtung. Im unteren Fall ist es umgekehrt. Die hydrodynamischen Gradienten wie auch alle anderen Parameter der beiden Beispiele sind gleich. Im isotropen Fall läge die Wolke genau zwischen den beiden Ergebnissen (vgl. Abschn. 8.9 und Abb. 8.19).

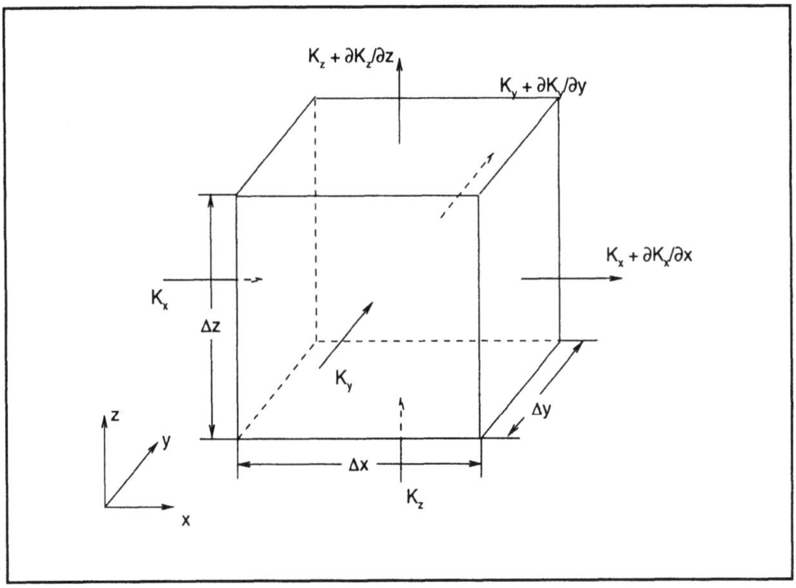

Abb 4.31. Zur Herleitung der Transportgleichung: Massenbilanz am Kontrollvolumen mit Einheitskantenlänge $\Delta x = \Delta y = \Delta z = 1$

4.2.7 Transportgleichung

Ähnlich wie in Abschnitt 4.1.4 wird ein quaderförmiges Kontrollvolumen mit der Kantenlänge $\Delta x = \Delta y = \Delta z = 1$ betrachtet (Abb. 4.31), das in Raum und Zeit konstant ist. Aus dem Massenerhaltungsgesetz für den Transport gelöster Stoffe wird gefolgert, daß die Konzentrationsänderung im Kontrollvolumen gleich der Differenz zwischen ein- und austretendem Konzentrationsstrom über die Oberflächen des Kontrollvolumens (Nettoeintrittsrate) und der Nettoproduktionsrate von gelösten Stoffen im Kontrollvolumen ist:

$$\begin{matrix}\text{Konzentrationsänderung} \\ \text{im Kontrollvolumen}\end{matrix} = \begin{matrix}\text{Nettoeintrittsrate} \\ \text{gelöster Stoffe}\end{matrix} + \begin{matrix}\text{Nettoproduktionsrate} \\ \text{gelöster Stoffe}\end{matrix} \qquad (4.8)$$

Die Rate, mit der eine Lösung in das Kontrollvolumen eindringt, läßt sich in die 3 Komponenten K_x, K_y und K_z zerlegen, die parallel zu den Achsen eines kartesischen Koordinatensystems über die Begrenzungen in das Kontrollvolumen eintreten. Die K_i haben die Dimension [kg/m²s]. Die Raten, mit denen eine Lösung das Kontrollvolumen verläßt, sind gegeben durch:

$K_x + \frac{\partial}{\partial x} K_x \Delta x$ in x-Richtung

$K_y + \frac{\partial}{\partial y} K_y \Delta y$ in y-Richtung und

$K_z + \frac{\partial}{\partial z} K_z \Delta z$ in z-Richtung.

Da $\Delta x = \Delta y = \Delta z = 1$ gewählt wurde, können die Kantenlängen eliminiert werden. Damit ergibt sich die Nettoeintrittsrate gelöster Stoffe ins Kontrollvolumen zu

$$K_x - (K_x + \frac{\partial}{\partial x} K_x) + K_y - (K_y + \frac{\partial}{\partial y} K_y) + K_Z - (K_z + \frac{\partial}{\partial z} K_z)$$

$$= - \frac{\partial}{\partial x} K_x - \frac{\partial}{\partial y} K_y - \frac{\partial}{\partial z} K_z \qquad (4.9)$$

Im Grundwasser erfolgt der Transport gelöster Stoffe, wie in den vorangegangenen Abschnitten ausführlich dargelegt, auf 3 Arten: Diffusion, Advektion und Dispersion.

Diffusion

Der Anteil der Diffusion (Abschn. 4.2.1) zum Lösungstransport in x-, y- und z–Richtung wird durch das 1. Ficksche Gesetz (Tabelle 4.5) bestimmt und lautet in Komponentenschreibweise:

$$K_{x|Diffusion} = -D^* \frac{\partial c}{\partial x}$$

$$K_{y|Diffusion} = -D^* \frac{\partial c}{\partial y} \qquad (4.10)$$

$$K_{z|Diffusion} = -D^* \frac{\partial c}{\partial z}$$

Advektion

Die Rate des Lösungstransports durch Advektion (vgl. Abschn. 4.2.2) ist das Produkt aus Lösungskonzentration mit der Filtergeschwindigkeit

$$K_{x|Advektion} = v_{fx} c$$

$$K_{y|Advektion} = v_{fy} c \qquad (4.11)$$

$$K_{z|Advektion} = v_{fz} c$$

Mechanische Dispersion

Die Transportrate durch mechanische Dispersion im Grundwasser ist gegeben durch

$$K_{x|mechanischeDispersion} = -D_{xx} \frac{\partial n_e c}{\partial x} - D_{xy} \frac{\partial n_e c}{\partial y} - D_{xz} \frac{\partial n_e c}{\partial z}$$

$$K_{y|mechanischeDispersion} = -D_{yx} \frac{\partial n_e c}{\partial x} - D_{yy} \frac{\partial n_e c}{\partial y} - D_{yz} \frac{\partial n_e c}{\partial z} \qquad (4.12)$$

$$K_{z|mechanischeDispersion} = -D_{zx} \frac{\partial n_e c}{\partial x} - D_{zy} \frac{\partial n_e c}{\partial y} - D_{zz} \frac{\partial n_e c}{\partial z}$$

wobei D_{xx}, D_{xy} usw. die Koeffizienten der mechanischen Dispersion sind. Da im fließenden Grundwasser nicht zwischen mechanischer Dispersion und Diffusion unterschieden werden kann, werden die beiden Größen zur hydrodynamischen

Dispersion nach Scheidegger, wie in Tabelle 4.11 dargestellt, zusammengefaßt. Dadurch ist (4.10) in (4.13) enthalten. Im Fall einer gleichförmigen Strömung in Richtung der x-Koordinate in einem dreidimensionalen Aquifer reduziert sich (4.12) zu (vgl. Istok 1989)

$$
\begin{aligned}
K_{x|hydrodynamischeDispersion} &= -D_L \frac{\partial c}{\partial x} \\
K_{y|hydrodynamischeDispersion} &= -D_L \frac{\partial c}{\partial y} \\
K_{z|hydrodynamischeDispersion} &= -D_L \frac{\partial c}{\partial z}
\end{aligned}
\tag{4.13}
$$

Setzt man (4.13) und (4.11) in Gleichung 4.9 ein, so erhält man die Nettoeintrittsrate gelöster Stoffe in das Kontrollvolumen zu

$$
\begin{aligned}
\textit{Nettoeintrittsrate der Lösung} &= -\frac{\partial}{\partial x} v_x C \\
&+ D_L \frac{\partial^2 n_e c}{\partial x^2} + D_T \frac{\partial^2 n_e c}{\partial y^2} + D_T \frac{\partial^2 n_e c}{\partial z_2}
\end{aligned}
\tag{4.14}
$$

Nettoproduktionsrate

Durch physikalische, chemische oder biologische Reaktionen kann sich die Konzentration im Kontrollvolumen ändern. Auf die Ausbreitung von Sickerwässern im Untergrund haben diese Reaktionen großen Einfluß, deshalb wird hier eine häufige Repräsentation des radioaktiven Zerfalls und der Sorption in der Transportleitung kurz abgehandelt. Die Prozesse werden in (4.8) unter dem Begriff Nettoproduktionsrate zusammengefaßt. Eine Einführung findet sich in Abschn. 4.2.5.

Die Sorption wird häufig über das K_D-Konzept (vgl. Tabelle 4.12) berechnet. Damit gilt

$$
\frac{\partial c}{\partial t}_{|Sorption} = -\frac{\rho_s K_D}{n_e} \frac{\partial c}{\partial t}
\tag{4.15}
$$

Unterliegt der Lösungsinhalt radioaktivem Zerfall oder biologischer Degradation, beträgt die Konzentrationsänderung nach (4.7b)

$$
\frac{\partial c}{\partial t}_{|Zerfall} = -\lambda \left(c + \frac{\rho_s K_D c}{n_e}\right)
\tag{4.16}
$$

Damit läßt sich durch Einsetzen von (4.14–4.16) in (4.8) die Transportgleichung für eine gleichförmige Grundwasserströmung in Richtung der x-Koordinatenachse im gesättigten dreidimensionalen porösen Medium schreiben:

$$\frac{\partial c}{\partial t} = D_L\frac{\partial^2 c}{\partial x^2} + D_T\frac{\partial^2 c}{\partial y^2} + D_T\frac{\partial^2 c}{\partial z^2} - \frac{\partial}{\partial x}\frac{v_f c}{n_e}$$

$$-\frac{\partial}{\partial t}\left(\frac{\rho_s K_D c}{n_e}\right) - \lambda\left(c + \frac{\rho_s K_D c}{n_e}\right) \tag{4.17}$$

oder nach Einführung des Retardierungsfaktors (4.7a)

$$R\frac{\partial c}{\partial t} = D_L\frac{\partial^2 c}{\partial x^2} + D_T\frac{\partial^2 c}{\partial y^2} + D_T\frac{\partial^2 c}{\partial z^2} - \frac{\partial}{\partial x}\frac{v_f c}{n_e} - \lambda R c \tag{4.18}$$

Im Transportmodul des Programmsystems ROCKFLOW, welches für die beispielhafte Abarbeitung des Leitfadens in Kap. 8 angewendet wird, ist die folgende Transportgleichung realisiert:

$$n_e\frac{\partial c}{\partial t} + \frac{1}{R}v_f \, grad\, c - div\left(\frac{1}{R}n_e D\, grad\, c\right) + n_e c\lambda + \frac{1}{R}q(c - c_0) - \frac{r}{R} = 0 \quad . \tag{4.19}$$

Sie ergibt sich, wenn ein dreidimensionaler Grundwasserstrom betrachtet wird. Die ersten 4 Terme wurden im vorangehenden Text erläutert. Der 5. Term erfaßt Einleitungen von Fluiden, die kontaminiert oder frei von Inhaltsstoffen sein können. Weitergehende nichtkonservative Transportprozesse können als Produktions- oder Abbauterm (r) hinzugefügt werden. Gleichung (4.19) geht in (4.18) bei gleichförmiger Strömung in x-Richtung durch einfache Umstellung der ersten 4 Terme und unter Vernachlässigung der letzten beiden Terme über. Die Filtergeschwindigkeit v_f ist im 2. Term aus der Differentiation herausgezogen worden.

Für die Transportgleichung kann auf der Berandung des Untersuchungsgebiets entweder eine Dirichlet-Randbedingung oder eine Neumann-Randbedingung gewählt werden (vgl. Kap. 6).

Eine ausführliche Darstellung und Herleitung der Transportgleichung findet sich beispielsweise bei Kinzelbach (1987), Istok (1989), Bear u. Bachmat (1990), Kröhn (1991), Häfner et al. (1992) oder Vreugdenhil u. Koren (1993).

In dieser Arbeit werden zur Modellierung des Schadstofftransport im geklüfteten Tonstein des Standorts Münchehagen sowohl der Einfluß von Zerfall- und Sorptionsprozessen als auch die Option der 5. und 6. Terme in (4.18) vernachlässigt. Wie im folgenden Kapitel „Modellbildung“ ausführlich erörtert, wird die Gleichung für den Transport in den Kluftebenen mit einer gleichförmigen Grundwasserströmung parallel zur x-Achse eines kartesischen Koordinatensystems für die Modellierung des Standorts gewählt:

$$\frac{\partial c}{\partial t} = D_L \frac{\partial^2 c}{\partial x^2} + D_T \frac{\partial^2 c}{\partial y^2} + D^* \frac{\partial^2 c}{\partial z^2} - \frac{\partial}{\partial x} \frac{v_f c}{n_e} \tag{4.20}$$

Da die Filtergeschwindigkeit in z-Richtung gleich Null ist, stellt (4.20) advektiven Transport in x-Richtung mit longitudinaler und transversaler Dispersion dar. In z-Richtung erfolgt Diffusion mit dem effektiven Diffusionskoeffizienten D^*.

In Abschn. 5.8.2 werden die Transportgleichungen für den advektiven Transport in den Klüften (5.12) und den diffusiven Transport in der Gesteinsmatrix (5.13) im Zusammenhang mit der Modellbildung hergeleitet.

5 Analytische Methoden

Ziel analytischer Methoden ist die Entwicklung von expliziten Berechnungsformeln (analytische Lösungen) für gesuchte Feldgrößen (z.B. Stoffkonzentration c). Dabei wird die funktionale Abhängigkeit der Berechnungsgröße von den Parametern (Ort, Zeit, Materialeigenschaften) in geschlossener Form (d.h. als elementare mathematische Funktion) dargestellt. Der Zusammenhang zwischen Feldgröße und Parametern wird durch Differentialgleichungen beschrieben.

In diesem Kapitel werden aus der Literatur bekannte analytische Lösungen für Stofftransportprobleme mit hydrogeologischem Hintergrund zusammengestellt. Die Systematisierung erfolgt nach Transportkonzepten und Strömungstypen (s. Tabellen 5.4-5.6).

Vorangestellt wird ein Abschnitt, worin geeignete *Lösungsverfahren* (Abschn. 5.1) für die transportspezifischen Differentialgleichungen vorgestellt werden. Die Anwendung analytischer Lösungsverfahren auf Transportprobleme setzt eine Reihe von Modellvereinfachungen voraus (s. Tabelle 5.2). So können nur lineare Differentialgleichungen (keine Druck- und Temperaturabhängigkeiten der Materialeigenschaften) und vereinfachte, symmetrische Modellgeometrien (z.B. Einzel- und Parallelkluftsysteme) behandelt werden. Weiterhin müssen Einschränkungen für Anfangs- und Randbedingungen hingenommen werden. Meist müssen die Modellgeometrien auf ein bis zwei örtliche Dimensionen beschränkt werden, so daß die Untersuchungen auf horizontal- oder vertikalebene Schnitte begrenzt sind. Natürliche Prozeßabläufe werden somit stark schematisiert betrachtet. Dennoch finden analytische Modelle ein weites Anwendungsgebiet (s. Tabelle 5.3).

Ein weiterer Abschnitt ist der stationären *Brunnenhydraulik* (Abschn. 5.2) gewidmet. Hydraulische Problemstellungen können effizient mittels Potential- und Funktionentheorie bearbeitet werden.

Die Kenntnis der Isochronen (Linien gleicher Laufzeit) aus der Hydraulik ist die Basis für die *dispersionsfreie Näherung* (Abschn. 5.3) des Transportproblems, bei der scharfe Grenzflächen zwischen kontaminierten und unbelasteten Aquiferbereichen angenommen werden.

Sind dispersive oder diffusive Vermischungsvorgänge von Bedeutung, muß der *dispersive Transport* (Abschn. 5.4) im Modell berücksichtigt werden (s. auch Abschn. 4.2.1 und 4.2.3).

Handelt es sich um Aquiferkomplexe, kann ein intensiver Austausch zwischen einzelnen Schichten stattfinden. Beim *dispersiven Transport in geschichteten*

Aquiferen (Abschn. 5.5) wird die Vermischung durch transversale Dispersion untersucht.

Unter der *Matrixdiffusion* (Abschn. 5.6) versteht man Problemstellungen, die den Austausch zwischen Grundwasserleitern und wenig oder nicht durchflossenen Aquiferteilen (Aquicluden oder Aquifugen) bzw. zwischen Klüften und der angrenzenden Festgesteinsmatrix berücksichtigen. Hydrogeologische Fragestellungen mit relevanter Matrixdiffusion sind in Tabelle 5.39 zusammengestellt (s. auch Abschn. 4.2.4)

Im Abschnitt zur Matrixdiffusion werden auch 2 repräsentative Beispiele aus der Wärmetransportproblematik erläutert, die analytisch behandelt werden können. Die formale *Analogie zwischen Stoff- und Wärmetransport* ergibt sich aus der Ähnlichkeit der herrschenden Modellgleichungen. Im Gegensatz zur Stoffmigration können bei der Wärmeausbreitung dispersive Vermischungseffekte meist vernachlässigt werden, dafür spielt der diffusive Austausch mit der Umgebung eine dominierende Rolle. Die physikalische Analogie zwischen dem Transport von Stoff bzw. Wärme läßt sich konstruieren, wenn man das Wärmetransportproblem im Sinne einer dispersionsfreien Näherung betrachtet.

Die vorgelegte Zusammenstellung erhebt in keiner Weise den Anspruch auf Vollständigkeit. Die Autoren sind außerordentlich an der Beseitigung der weißen Flecken in den Tabellen 5.4-5.6 interessiert und sehr dankbar für jede Anregung.

5.1 Lösungsverfahren

Die analytische Lösung einer Anfangsrandwertaufgabe soll die explizite Zeit- und Ortsabhängigkeit der gesuchten Funktion in geschlossener Form liefern. Ausführliche Beschreibungen analytischer Methoden zur Lösung von Anfangs-Randwertaufgaben für hydrogeologische Fragestellungen sind z.B. in Carslaw u. Jaeger (1959), Bear (1979) und Häfner et al. (1992) zu finden. Zusammenstellungen analytischer Lösungen für Strömungs- und Transportprobleme in hydrogeologischen Systemen, wie geschichtete Aquiferkomplexe und geklüftetes Festgestein, geben z.B. Voigt u. Häfner (1983), Schulz (1985), Kolditz (1993), Kolditz (1994c) und Segol (1994).

Differentialgleichungen

Die grundlegenden Differentialgleichungen für die interessierenden Strömungs- und Transportprozesse lassen sich wie folgt klassifizieren:

Tabelle 5.1. Grundlegende Differentialgleichungen für den Stoff- und Wärmetransport

Gleichung	Bezeichnung	Anwendungsgebiete
$\Delta c = 0$	Laplace-Gleichung (Kontinuitätsgleichung)	Stationäre Strömung
$\Delta c = f$	Poisson-Gleichung (Kontinuitätsgleichung)	Stationäre Strömung
$\Delta c = \frac{\partial c}{\partial t}$	Diffusionsgleichung	Instationäre Strömung Instationäre Stoff- oder Wärmediffusion
$\Delta c = \frac{\partial c}{\partial t} + \vec{v} \cdot \nabla c$	Advektions-Dispersions-Gleichung	Instationärer Stoff- oder Wärmetransport

Superpositionsprinzip

Eine wichtige Eigenschaft linearer Differentialgleichungen mit entsprechenden Randbedingungen ist das Superpositionsprinzip - die Additivität von Lösungen. Sind c_i spezielle Lösungen einer homogenen linearen Differentialgleichung:

$$L(c_i) = 0$$

so erfüllt die lineare Kombination:

$$c = \sum_{i=1}^{n} K_i \, c_i$$

ebenfalls die Ausgangsgleichung, unter der Voraussetzung, daß jede der speziellen Lösungen die geforderten Anfangs- und Randbedingungen erfüllt. Mit Hilfe des Superpositionsprinzips kann z.B. die allgemeine Lösung einer inhomogenen Differentialgleichung vereinfacht werden. Ein spezifisches Superpositionsprinzip für instationäre Aufgaben mit zeitabhängigen Randbedingungen ist das Verfahren nach Duhamel.

Fourier-Methode

Die Methode nach Fourier eignet sich insbesondere für allseitig begrenzte Modellgebiete. Für lineare Differentialgleichungen kann die allgemeine Lösung c in die allgemeine Lösung des homogenen Problems c_l und eine spezielle Lösung des inhomogenen Problems c_2 zerlegt werden. Dabei wird eine Variablenseparation in Form einer Fourier-Reihe vorgenommen:

$$c(t,\vec{x}) = c_1(t,\vec{x}) + c_2(t,\vec{x}) = \sum_{n=1}^{\infty} B_n \, \phi_n(\vec{x}) \, e^{-\mu_n^2 t} + \sum_{n=1}^{\infty} \phi_n(\vec{x}) \, T_n(t)$$

mit:

B_n	- Koeffizienten
$\phi_n(\vec{x})$	- Eigenfunktionen
μ_n	- Eigenwerte
$T_n(t)$	- Zeitfunktionen

Aufgrund der Variablenseparation können für Eigen- bzw. Zeitfunktionen gewöhnliche Differentialgleichungen formuliert werden, die mit den Rand- bzw. Anfangsbedingungen versehen sind. Aus Eindeutigkeitsgründen wird bezüglich der Eigenfunktionen zusätzlich paarweise Orthogonalität gefordert.

Laplace-Transformation

Zur Lösung der transportspezifischen Differentialgleichungen für einseitig begrenzte Modellgebiete eignet sich insbesondere die Laplace-Transformation. Dabei wird der gesuchten Funktion f eine Laplace-Transformierte gemäß folgender Gleichung zugeordnet:

$$F(p,\vec{x}) = \int_0^{\infty} e^{-pt} f(t,\vec{x}) \, dt \quad .$$

mit:

p	- Laplace-Variable
f	- Originalfunktion
F	- Laplace-Transformierte (Bildfunktion)

Im Ergebnis der Laplace-Transformation können anstelle der partiellen Differentialgleichungen dann gewöhnliche Differentialgleichungen bezüglich der Laplace-Transformierten abgeleitet werden, die nur noch ortsabhängig sind. Der Erfolg dieses Lösungsverfahrens hängt davon ab, ob die Rücktransformation in den Zeitbereich in geschlossener Form gelingt oder numerische Methoden zum Einsatz gelangen müssen (z.B. Stehfest 1979). Bei mehrdimensionalen Problemstellungen muß ferner eine Separation der einzelnen Ortskoordinaten möglich sein. Eine weitere Möglichkeit zur analytischen Lösung von Transportaufgaben bieten z.B. hypergeometrische Reihenansätze (Kolditz 1990).

Modellvereinfachungen

Die Anwendbarkeit analytischer Berechnungsverfahren zur Lösung von Transportproblemen erfordert eine Reihe von Modellvereinfachungen. So können nur lineare Differentialgleichungen (keine Druck- und Temperaturabhängigkeiten der Materialeigenschaften) und vereinfachte, symmetrische Modellgeometrien (z.B. Einzel- und Parallelkluftsysteme) behandelt werden. Darüber hinaus gibt es Einschränkungen für realisierbare Anfangs- und Randbedingungen. Zur Entwicklung analytischer Transportmodelle für klüftig poröse Medien werden vereinfachende Annahmen i. allg. getroffen bezüglich:

Tabelle 5.2. Modellvereinfachungen für analytische Transportmodelle

Geometrie	
	Homogenität und Nichtdeformierbarkeit des Transportmediums, Isotropie jeweils in Kluft und Matrix
	Symmetrie bezüglich der Kluftachse
	vereinfachte Anfangs- und Randbedingungen (z.B. homogene Anfangsverteilung, Konzentrationsvorgabe im Unendlichen, punkt- oder linienförmige Quellen und Senken konstanter Stärke)
Strömung	
	laminare und stationäre Strömungsverhältnisse (Impulstransport um Größenordnungen schneller als Stofftransport)
	Homogenität des Fluids (konstante Dichte und Viskosität)
	lokale Trägheitskräfte vernachlässigbar, Schwerkraft unberücksichtigt
	Inkompressibilität
	flächenparallele Kluftströmung, Haftbedingung auf Kluftwandung (Hagen-Poiseuille-Strömung)
	undurchlässige Gesteinsmatrix
Transport	
	chemisches und thermodynamisches Gleichgewicht
	konstante Materialeigenschaften
	konstante Konzentration über Kluftweite (unendlich schneller transversaler Stoffaustausch in der Kluft)
	Stoffstrom im Gebirge orthogonal zur Kluft

Anwendungsgebiete

Einige Anwendungsgebiete analytischer Berechnungsmethoden sind in der folgenden Tabelle zusammengestellt.

Tabelle 5.3. Anwendungsgebiete analytischer Berechnungsmethoden

Anwendungsgebiete
Beschreibung prinzipieller Transportvorgänge in natürlichen Systemen
Studien zur Sensitivität des Systemverhaltens bei Parametervariationen
Quantitative Verifikation numerischer Modelle: Analytische Modelle liefern die exakte Lösung einer Differentialgleichung und sind daher unverzichtbar für die Verifikation numerischer Modelle. Insbesondere können Anhaltspunkte für aufzubringende räumliche und zeitliche Diskretisierungen gewonnen werden, die eine notwendige Genauigkeit des numerischen Modells garantieren.
Parameterbestimmungen durch die Interpretation von Feldexperimenten

Systematisierung analytischer Modelle

In den nachfolgenden Tabellen sind einige analytische Transportmodelle aus der Literatur zusammengestellt. Die Ordnung erfolgt nach Transport- und Strömungstypen:

Tabelle 5.4: Transport in Schichtaquiferen unter Vernachlässigung des Austauschs mit dem Hangenden und Liegenden

Tabelle 5.5: Transport in geschichteten Aquiferen unter Berücksichtigung der Vermischung durch transversale Dispersion

Tabelle 5.6: Transport in Kluft-Matrix-Systemen (Matrixdiffusion)

Tabelle 5.4. Schichtaquifer

Transport	Dispersionsfrei	Dispersiv	Reaktiv
Strömungstyp			
Linear (Brunnengalerie)	Muskat (1937)	Ogata u. Banks (1961)	Banks u. Ali (1964)
Radialsymmetrisch (Einzelbrunnen)		Hoopes u. Harlemann (1967)	
Dipol (Brunnendublette)		Hoopes u. Harlemann (1967)	

Tabelle 5.5. Geschichtete Aquifere (transversale Dispersion)

Transport		Dispersiv	Reaktiv
Strömungstyp			
Linear (Brunnengalerie)		Bruch u. Street (1967) Thiele u. Diersch (1986)	Coats u. Smith (1964) Toride et al. (1993)

Tabelle 5.6. Kluft-Matrix-Systeme (Matrixdiffusion)

Transport	Dispersionsfrei	Dispersiv	Reaktiv
Strömungstyp			
Linear (Brunnengalerie)	Lauwerier (1955) Romm (1972)	Avdonin (1964) Sudicky u. Frind (1982)	Tang et al. (1981) Sudicky u. Frind (1984)
Radialsymmetrisch (Einzelbrunnen)	Lauwerier (1955) Romm (1972)	Avdonin (1964) Novakowski (1992)	
Dipol (Brunnendublette)	Gringarten u. Sauty (1975) Heuer et al. (1991)		

5.2 Brunnenhydraulik

In diesem Abschnitt werden analytische Lösungen für die Hydraulik von Brunnen im natürlichen Grundwasserströmungsfeld aufgeführt. Dabei erfolgt eine Beschränkung auf horizontalebene 2-D-Strömungen. Der Einfluß der Schwerewirkung wird vernachlässigt. Ferner werden nur stationäre Strömungen betrachtet, die mittels Laplace- bzw. Poisson-Gleichungen behandelt werden können (s. Tabelle 5.1). Zur Problematik instationärer Strömungen in gespannten, halb- und ungespannten Aquiferen existiert eine umfangreiche Literatur, z.B. Polubarinova-Kochina (1952), Busch u. Luckner (1972), Bear (1979), Häfner et al. (1985), Stober (1986), Krusemann u. Ridder (1990), Häfner et al. (1992), Busch et al. (1993). Analytische Lösungen für die instationäre Brunnenhydraulik finden insbesondere Anwendung für den Test von Grundwasserleitern zur Parameterbestimmung. Für die Untersuchung von Transportproblemen, insbesondere für Langzeitbetrachtungen, sind die stationären Strömungszustände oftmals eine hinreichende Näherung zur Bewertung des advektiven Transportanteils.

Zunächst werden einige grundlegende Begriffe und Definitionen eingeführt.

Tabelle 5.7. Geschwindigkeitspotential für horizontalebene Strömungen

Definition des Geschwindigkeitspotentials ϕ aus der Darcy-Gleichung: (Homogenität und Isotropie des Mediums bezüglich der hydraulischen Leitfähigkeit wird vorausgesetzt)
$\vec{q} = -\hat{k}_f\,(x,y)\;\nabla h = -\nabla(k_f\,h) = -\nabla\phi = -(\frac{\partial\phi}{\partial x},\frac{\partial\phi}{\partial y})$
Differentialgleichung für das Geschwindigkeitspotential:
$\Delta\phi = \frac{\partial^2\phi}{\partial x^2} + \frac{\partial^2\phi}{\partial y^2} = 0$

Tabelle 5.8. Stromlinie, Stromfunktion

Stromlinie: (Geschwindigkeitsvektoren sind Tangenten der Stromlinien r)
$$(\vec{q} \times d\vec{r})\big\vert_{Stromlinie} = 0 \quad , \quad (q_y dx - q_x dy)\big\vert_{Stromlinie} = 0$$
Definition der Stromfunktion ψ:
$$q_x = -\frac{\partial\psi}{\partial y} \quad , \quad q_y = \frac{\partial\psi}{\partial x} \quad \Rightarrow \quad d\psi\big\vert_{Stromlinie} = 0$$
Der Wert der Stromfunktion entlang der Stromlinie ist konstant.

Tabelle 5.9. Wirbelfreie Strömung

Definition einer wirbelfreien Strömung durch die Gleichung:
$$\nabla \times \vec{q} = 0$$
Differentialgleichung für die Stromfunktion einer wirbelfreien Strömung:
$$\Delta\psi = 0$$
Für den Fall der Strömung in einem homogenen, isotropen Medium folgt aus der Existenz eines Strömungspotentials unmittelbar die Wirbelfreiheit der Strömung, da gilt:
$$\nabla \times \nabla\phi = 0$$

Tabelle 5.10. Zusammenhang zwischen Geschwindigkeitspotential- und Stromfunktion

Gemäß Definitionen von Geschwindigkeitspotential- und Stromfunktionen gilt:
$$q_x = -\frac{\partial\phi}{\partial x} = -\frac{\partial\psi}{\partial y} \quad , \quad q_y = -\frac{\partial\phi}{\partial y} = \frac{\partial\psi}{\partial x}$$
Orthogonalität von Geschwindigkeitspotential- und Stromfunktionen
für die Stromlinie im Sinne einer materiellen (stationären) Oberfläche gilt: $$\frac{D\psi}{Dt}\Big\vert_{Stromlinie} = \frac{\vec{q}}{n}\cdot\nabla\psi\Big\vert_{Stromlinie} = 0 \quad ,$$
dann folgt: $$\nabla\phi \cdot \nabla\psi = 0$$
Potential- und Stromfunktionen erfüllen demnach die Cauchy-Riemann-Bedingung: $$\frac{\partial\phi}{\partial x} = \frac{\partial\psi}{\partial y} \quad , \quad \frac{\partial\phi}{\partial y} = -\frac{\partial\psi}{\partial x}$$

Analytische Funktionen

Die Hydraulik mehrerer interferierender Brunnen unter Berücksichtigung des natürlichen Grundwasserflusses bietet der Funktionentheorie ein breites Anwendungsfeld. Aufgrund der Kongruenz zwischen Cauchy-Riemann-Bedingung und Laplace-Gleichung sind für stationäre Strömungsvorgänge die sog. analytischen Funktionen von besonderem Interesse (Tabelle 5.11).

Tabelle 5.11. Eigenschaften analytischer Funktionen

Eine komplexe Funktion:
$$f(z) = u(x,y) + iv(x,y) \quad , \quad z = x + iy$$
ist dann und nur dann eine analytische Funktion, wenn die folgende Cauchy-Riemann-Bedingung erfüllt wird (Vorraussetzung ist die Stetigkeit der partiellen Ableitungen):

$$\frac{\partial u}{\partial x} = \frac{\partial v}{\partial y} \quad , \quad \frac{\partial u}{\partial y} = -\frac{\partial v}{\partial x}$$

Dann erfüllen sowohl der reelle als auch der imaginäre Teil einer analytischen Funktion f die folgende Laplace-Gleichung:

$$\Delta u = \frac{\partial^2 u}{\partial x^2} + \frac{\partial^2 u}{\partial y^2} = 0 \quad , \quad \Delta v = \frac{\partial^2 v}{\partial x^2} + \frac{\partial^2 v}{\partial y^2} = 0$$

Mit Hilfe der Funktionentheorie können Potential- und Stromfunktionen sowie Geschwindigkeitsfelder effizient berechnet werden. Das Superpositionsprinzip erlaubt die Konstruktion von Strömungsfeldern für komplizierte Brunnenanordnungen unter Verwendung von elementaren Basislösungen. Dazu wird folgende komplexe Potentialfunktion eingeführt, deren Differentiation die Geschwindigkeitsverteilung liefert (Tabelle 5.12).

Tabelle 5.12. Komplexes Strömungspotential ζ

$$\zeta(z) = \phi(x,y) + i\psi(x,y) \quad , \quad z = x + iy$$

Geschwindigkeitsfeld in der komplexen Ebene:

$$-\frac{d\zeta}{dz} = q \exp(-i\theta)$$

mit: q - Betrag der Filtergeschwindigkeit,
θ - Richtung des Geschwindigkeitsvektors

Beispiele

Es folgen ausgewählte Beispiele für Brunnenströmungen (Tabellen 5.13-5.18 und Abbildungen 5.1-5.6):

Tabelle 5.13. Brunnengalerie (homogene Strömung im Fernbereich der Brunnen)

Komplexes Potential:
$$\zeta(z) = \frac{Q}{2\pi M} \sum_{n=-\infty}^{+\infty} \ln(z-nd) = -\frac{Q}{2\pi M} \ln\left(\sin\frac{\pi z}{d}\right)$$
Geschwindigkeitspotential und Stromfunktion:
$$\phi = \frac{Q}{4\pi M} \ln\left[\frac{1}{2}\left(\cosh\frac{2\pi y}{d} - \cos\frac{2\pi x}{d}\right)\right]$$ $$\psi = \frac{Q}{2\pi M} \arctan\left[\frac{\tanh(\pi y/d)}{\tan(\pi x/d)}\right]$$

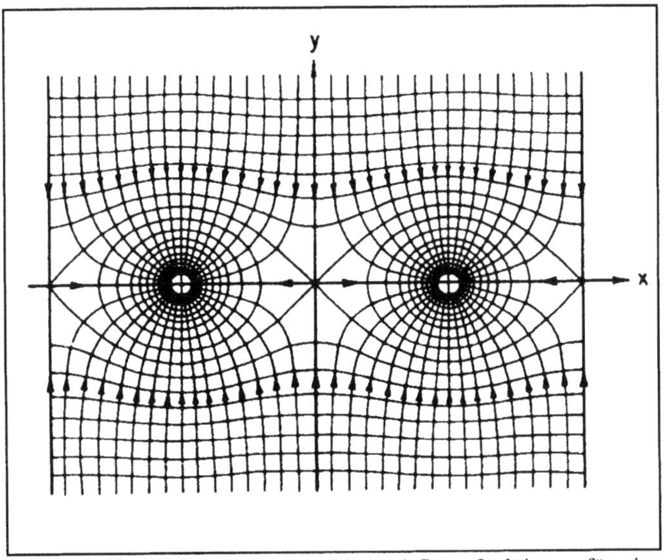

Abb. 5.1. Geschwindigkeitspotentiale und Stromfunktionen für eine Brunnengalerie. (Aus Bear 1972)

Tabelle 5.14. Einzelbrunnen (Quelle oder Senke)

Komplexes Potential:
$$\zeta(z) = \pm\frac{Q}{2\pi M}\ln\lvert z\rvert = \pm\frac{Q}{2\pi M}\left(\ln\lvert r\rvert + i\theta\right)$$
Geschwindigkeitspotential und Stromfunktion:
$$\phi = \frac{Q}{2\pi M}\ln\lvert r\rvert \quad , \quad \psi = \frac{Q}{2\pi M}\theta$$
Geschwindigkeitsfeld:
$$q_x = \mp\frac{Q}{2\pi M}\frac{\cos\theta}{r} \quad , \quad q_y = \mp\frac{Q}{2\pi M}\frac{\sin\theta}{r}$$

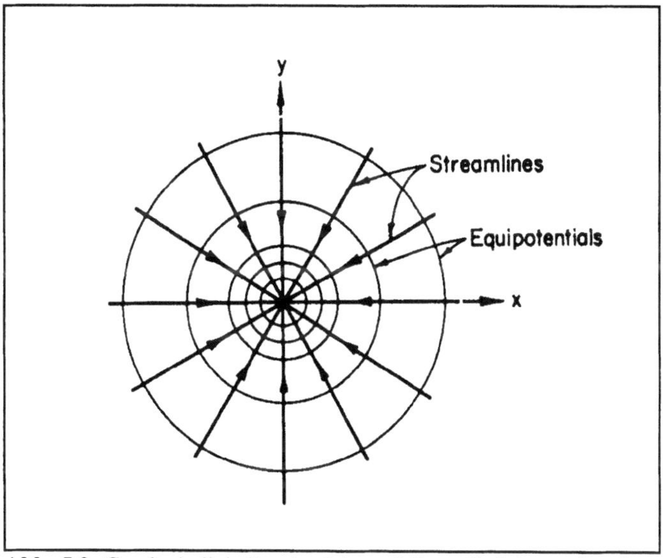

Abb. 5.2. Geschwindigkeitspotentiale und Stromfunktionen für einen Einzelbrunnen. (Aus Bear 1972)

Tabelle 5.15. Brunnen in homogener Grundwasserströmung

Komplexes Potential:
$$\zeta(z) = q_0 z + \frac{Q}{2\pi M} \ln\lvert z\rvert$$
Geschwindigkeitspotential und Stromfunktion:
$$\phi = q_0 x + \frac{Q}{2\pi M} \ln (x^2+y^2) \quad , \quad \psi = q_0 y + \frac{Q}{2\pi M} \theta$$
Geschwindigkeitsfeld:
$$q_x = -q_0 - \frac{Q}{2\pi M} \frac{x}{x^2+y^2} \quad , \quad q_y = -\frac{Q}{2\pi M} \frac{y}{x^2+y^2}$$

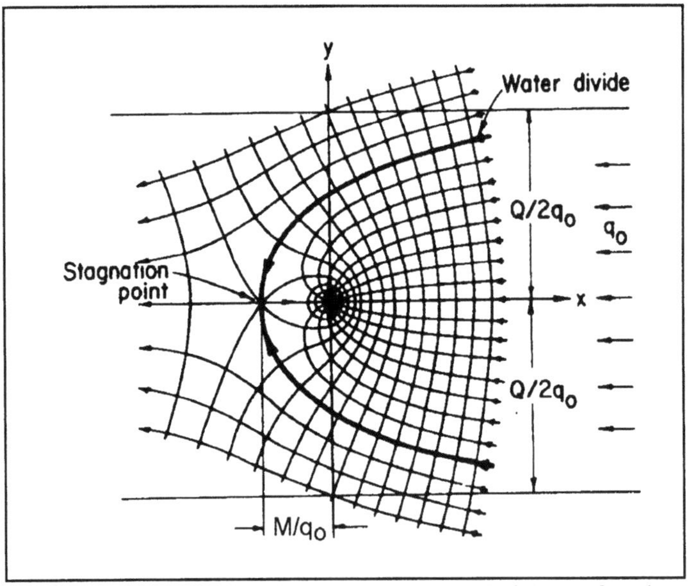

Abb. 5.3. Geschwindigkeitspotentiale und Stromfunktionen für einen Förderbrunnen in homogener Grundwasserströmung. (Aus Bear 1972)

Tabelle 5.16. Brunnendublette im unendlich ausgedehnten Aquifer

Komplexes Potential:
$$\zeta(z) = \frac{Q}{2\pi M}\,[\,\ln(z-d) - \ln(z+d)\,] = \frac{Q}{2\pi M}\,[\,\ln\frac{r_2}{r_1} + i(\theta_2-\theta_1)\,]$$
Geschwindigkeitspotential und Stromfunktion:
$$\phi = \frac{Q}{2\pi M}\ln\frac{r_2}{r_1} = \frac{Q}{4\pi M}\ln\frac{(x+d)^2+y^2}{(x-d)^2+y^2}$$ $$\psi = \frac{Q}{2\pi M}(\theta_2-\theta_1) = \frac{Q}{2\pi M}\arctan\frac{-2yd}{x^2+y^2-d^2}$$
Geschwindigkeitsfeld:
$$q_x = \frac{Q}{2\pi M}\left(\frac{x-d}{(x-d)^2+y^2} + \frac{x+d}{(x+d)^2+y^2}\right)$$ $$q_y = \frac{Q}{2\pi M}\left(\frac{y}{(x-d)^2+y^2} + \frac{y}{(x+d)^2+y^2}\right)$$

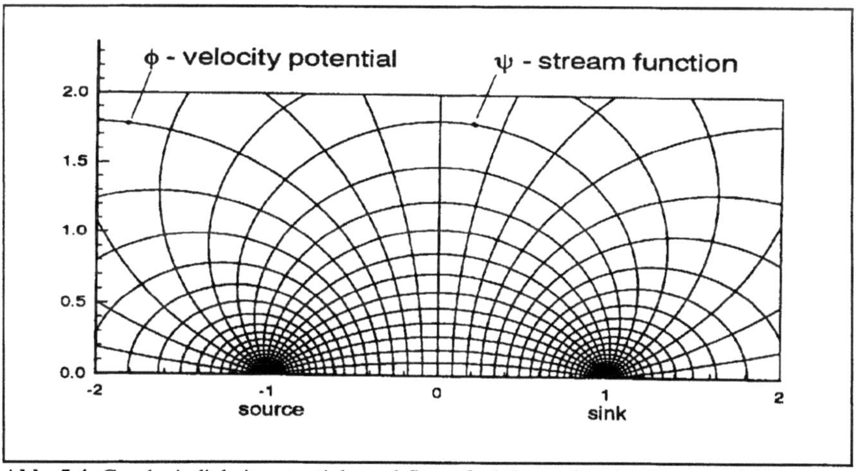

Abb. 5.4. Geschwindigkeitspotentiale und Stromfunktionen für eine Brunnendublette

Tabelle 5.17. Brunnendublette im kreisförmig begrenzten Aquifer

Komplexes Potential:
$$\zeta(z) = \frac{Q}{2\pi M} \ln \frac{(z-d_1)(z-d_1R^2/\|d_1^2\|)}{(z-d_2)(z-d_2R^2/\|d_1^2\|)}$$
Geschwindigkeitspotential und Stromfunktion:
$$\phi = \frac{Q}{4\pi M} \ln \left(\frac{[(x+d_1)^2+y^2][(x+R^2/d_1)^2+y^2]}{[(x-d_2)^2+y^2][(x-R^2/d_2)^2+y^2]} \right)$$ $$\psi = \frac{Q}{2\pi M} \cdot$$ $$\cdot \arctan\left(\frac{(d_1+d_2)(R^2+d_1d_2)(R^2-x^2-y^2)y}{d_1d_2[(x+d_1)(x-d_2)+y^2][(x+R^2/d_1)(x-R^2/d_2)+y^2]-(d_1+d_2)^2R^2y^2}\right)$$

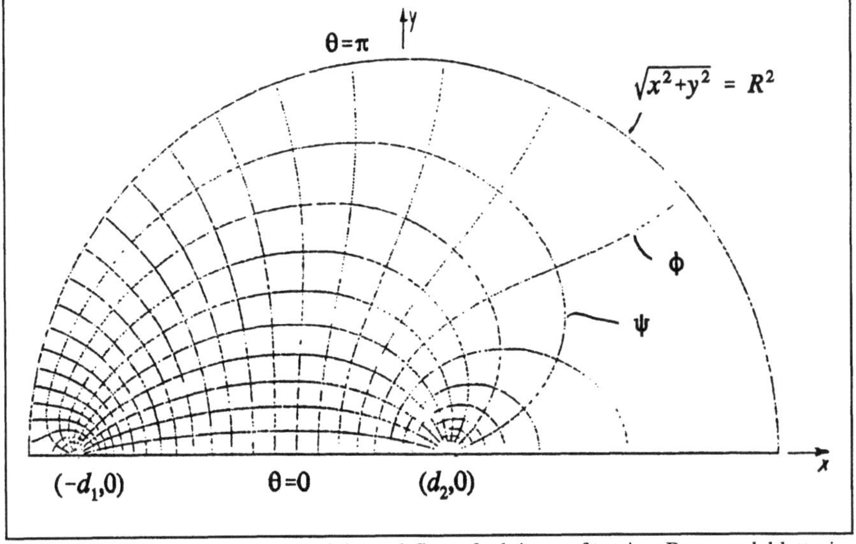

Abb. 5.5. Geschwindigkeitspotentiale und Stromfunktionen für eine Brunnendublette im kreisförmig begrenzten Aquifer. (Aus Rodemann 1979)

Tabelle 5.18. Beliebige Brunnenanzahl in homogener Grundwasserströmung

Komplexes Potential:
$$\zeta(z) = \frac{1}{2\pi M} \sum_{j=1}^{n} Q_j \ln(z-z_j) - q_0 \exp(-i\theta)\, z$$
Geschwindigkeitspotential:
$$\phi = \frac{1}{4\pi M} \sum_{j=1}^{n} Q_j \ln\,[(x-x_j)^2+(y-y_j)^2] - q_0(x\cos\theta + y\sin\theta)$$
Stromfunktion:
$$\psi = \frac{1}{2\pi M} \sum_{j=1}^{n} Q_j \arctan\frac{y-y_j}{x-x_j} + q_0(x\sin\theta - y\cos\theta)$$
Geschwindigkeitskomponenten in karthesischen Koordinaten:
$$q_x = \frac{1}{2\pi M} \sum_{j=1}^{n} Q_j \frac{x-x_j}{(x-x_j)^2+(y-y_j)^2} + q_0\cos\theta$$ $$q_y = \frac{1}{2\pi M} \sum_{j=1}^{n} Q_j \frac{y-y_j}{(x-x_j)^2+(y-y_j)^2} + q_0\sin\theta$$

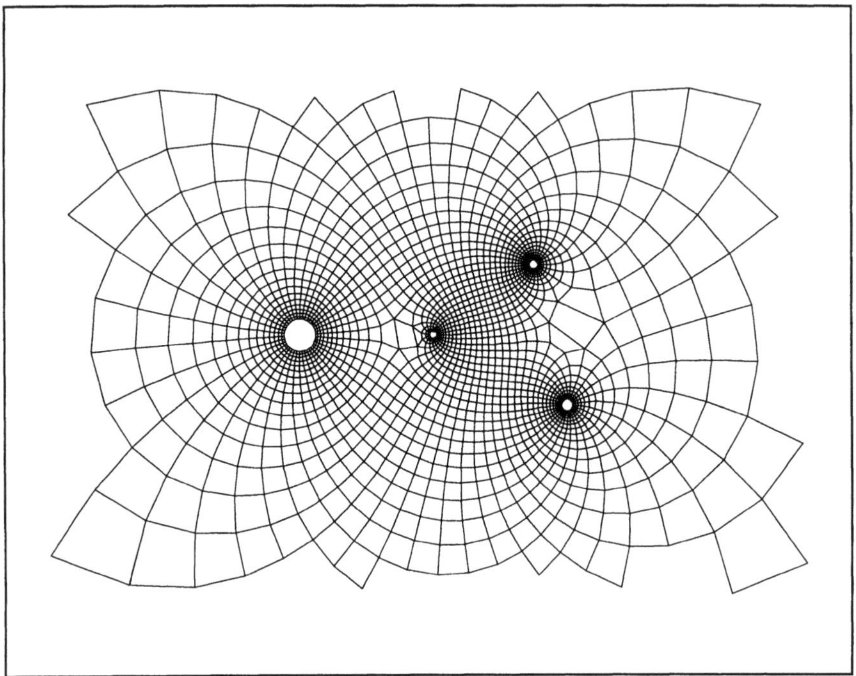

Abb. 5.6. Geschwindigkeitspotentiale und Stromfunktionen für ein 4-Brunnensystem in einem unendlich ausgedehnten Aquifer. (Aus Thorenz 1995)

5.3 Dispersionsfreie Näherung

Im Rahmen der dispersionsfreien Näherung werden Vermischungsvorgänge durch molekulare Diffusion und mechanische Dispersion vernachlässigt. Es wird der advektive Transportanteil untersucht. Diese Betrachtungsweise ist z.B. anwendbar auf die Verdrängung nichtmischbarer Fluide (Wasser-Öl) oder wenn die Übergangszone zwischen mischbaren Fluiden im Vergleich zum interessierenden Untersuchungsgebiet schmal ist (Salz-/Süßwasser-Grenzen im küstennahen Bereich). Dabei werden scharfe Grenzflächen zwischen den verschiedenen Fluiden angenommen (Tabelle 5.19). Bezogen auf die Deponieproblematik gibt die dispersionsfreie Approximation Auskunft über die mittlere Schadstoffbewegung. Bei Markierungsversuchen kann z.B. die Lage des Tracermaximums beschrieben werden. Die dispersionsfreie Näherung im Sinne einer konservativen Abschätzung wird oft zur Auslegung hydraulischer Abwehrmaßnahmen verwendet.

Tabelle 5.19. Grenzfläche (Front)

Die allgemeine Formulierung für eine Grenzfläche zwischen Fluiden lautet:
$$F(t,x,y,z) = z - f(t,x,y) = 0$$
Für die mobile Grenzfläche im Sinne einer materiellen Oberfläche gilt (die Grenzfläche bildenden Teilchen werden als Erhaltungsgröße betrachtet). Dabei erweist sich die Formulierung unter Verwendung des Geschwindigkeitspotentials als vorteilhaft:
$$\frac{dF}{dt} = \frac{\partial F}{\partial t} + \vec{v}\cdot\nabla F = \frac{\partial F}{\partial t} - \frac{1}{n}\nabla\phi\cdot\nabla F = 0$$
Die Position der Grenzfläche zum Zeitpunkt t ist dann (Tabelle 5.20):
$$F(t,\phi,\psi) = t + n\int\frac{d\phi}{\lvert d\phi\rvert^2} + g(\phi) = const$$

Ausgehend von der dispersionsfreien Stoffbilanzgleichung:

$$R\frac{\partial c}{\partial t} + \vec{v}\cdot\nabla c + R\lambda c - \frac{Q_z}{nm}(c_{in}-c) = 0$$

wird folgende Beziehung für die substanzielle Ableitung der Konzentration eingeführt:

$$\frac{dc(t,\vec{x})}{dt} = \frac{\partial c}{\partial t} + \frac{d\vec{x}}{dt}\cdot\nabla c = \frac{\partial c}{\partial t} + \frac{\vec{v}}{R}\cdot\nabla c$$

wobei der Ausdruck: $$\frac{d\vec{x}}{dt} = \frac{\vec{v}}{R}$$

die Bahnlinien beschreibt. Die Stoffbilanzgleichung längs der Bahnlinie lautet dann:

$$\frac{dc}{dt} = -\lambda c + \frac{Q_z}{nMR}(c_{in}-c)$$

Die Formulierung des dispersionsfreien Stofftransportproblems in Bahnlinienkoordinaten hat 2 Vorteile:

(1) die Bahnliniengleichung kann unabhänigig von der Konzentrationsverteilung ausgewertet werden,
(2) die Stoffbilanzgleichung kann entlang der Bahnlinien trivial integriert werden:

$$c = c_I \exp\left(- [\lambda + Q_z / nMR]\, t \right)$$

mit:
- c_I - Anfangskonzentration
- Q_z - vertikaler Zufluß (z.B. Grundwasserneubildung)
- c_{in} - Schadstoffkonzentration in Aquiferzuflüssen

Die dispersionsfreie Näherung liefert Isochronen, d.h. die Position der Schadstofffront (Grenzfläche) zu einem beliebigen Zeitpunkt (Tabelle 5.20).

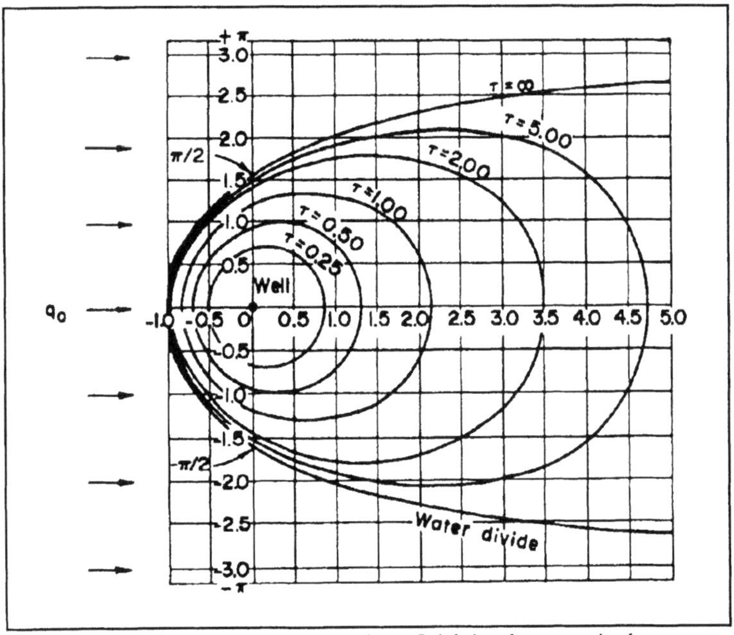

Abb. 5.7. Isochronenverteilung für einen Injektionsbrunnen in homogener Grundwasserströmung. (Aus Bear 1972)

Tabelle 5.20. Position der Grenzfläche zum Zeitpunkt t für ausgewählte Beispiele

Einzelbrunnen (radialsymmetrische Strömung):

$$t = \frac{\pi M}{Q}(x^2+y^2)$$

Brunnen in homogener Grundwasserströmung (Nach Bear u. Jacobs 1965): (s. Abb. 5.7)

$$t = \frac{nx}{q_0} + \frac{nQ}{2\pi q_0^2 M} \ln\left(\frac{\sin[\arctan(y/x)]}{\sin[2\pi q_0 my/Q + \arctan(y/x)]}\right)$$

Brunnen von Linienquelle gespeist (Nach Muskat 1937): (s. Abb. 5.8)

$$t = \frac{2nd^2M}{Q}\frac{1}{\sin^2\psi_D}\left(\frac{\sinh\phi_D}{\cosh\phi_D+\cos\psi_D} - \frac{2\arctan[\tanh(\phi_D/2)\tan(\psi_D/2)]}{\tan\psi_D}\right)$$

Brunnendublette (Nach Muskat 1937): (s. Abb. 5.9)

für: $|\cos\psi_D| \neq 1$

$$t = \frac{2\pi nd^2M}{Q}\cdot\left\{1+2\cot\psi_D\arctan\left(\frac{\tan(\psi_D/2)[\tanh(\phi_D/2)-1]}{1+\tanh(\phi_D/2)\tan^2(\psi_D/2)}\right)-\frac{\sinh\phi_D}{\cosh\phi_D+\cos\psi_D}\right\}\frac{1}{\sin^2\psi_D}$$

für: $|\cos\psi_D| = 1$

$$t = \frac{2\pi nd^2M}{3Q}\left\{1-\frac{\sinh\phi_D}{\cosh\phi_D+\cos\psi_D}\left(1+\frac{\cos\psi_D}{\cosh\phi_D+\cos\psi_D}\right)\right\}$$

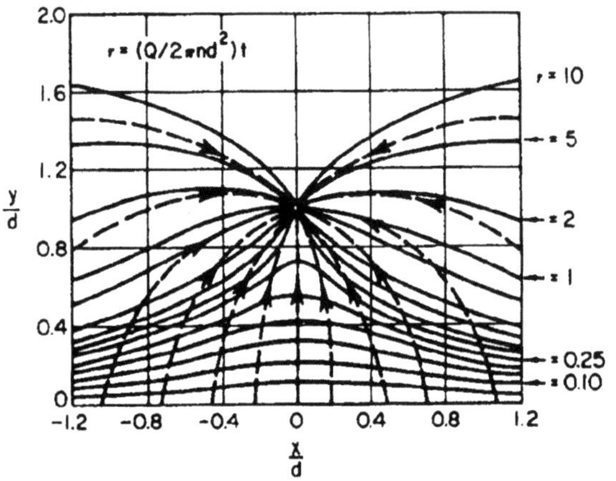

Abb. 5.8. Isochronenverteilung für einen von einer Linienquelle gespeisten Brunnen. (Aus Bear 1972)

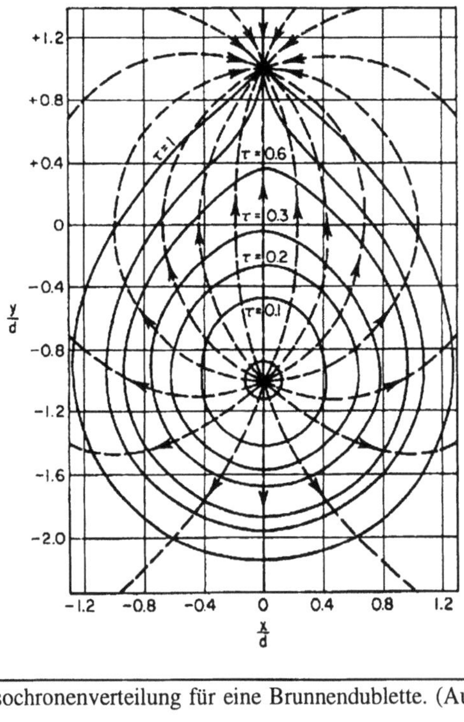

Abb. 5.9. Isochronenverteilung für eine Brunnendublette. (Aus Bear 1972)

5.4 Dispersiver Transport

Viele Standardwerke der Hydrogeologie weisen auf die Bedeutung des Dispersionsphänomens bei Transportvorgängen im Grundwasser hin (s. auch Abschn. 4.2.3). Beims (1983) charakterisiert die mechanische Dispersion als "die statistische Abweichung der Wanderung der Migranten (Komponenten) gegenüber ihrem statistischen Mittelwert, dem Erwartungswert". Seit den 50er Jahren wurden verschiedene Dispersionstheorien entworfen, z.B. Kapillarröhren-Modelle (Taylor 1953) oder statistische Modelle (Scheidegger 1954, Josselin de Jong 1958). Im Rahmen der makroskopischen Betrachtungsweise wird gewöhnlich ein Fick-Ansatz für den dispersiven Fluß verwendet, wobei der Dispersionskoeffizient als Materialkonstante angenommen wird. Beims (1980) dokumentiert in einer weiteren Arbeit die Maßstabsabhängigkeit (Skaleneffekt) des Dispersionsphänomens.

5.4.1 Aufgabenstellung nach Ogata u. Banks (1961)

Unter Verwendung von Duhamels Theorem und mit Hilfe der Laplace-Transformation lösen Ogata u. Banks (1961) die 1-D Advektions-Dispersions-Gleichung für den Transport einer konservativen (stabilen) Substanz. Typische Feldsituationen, die eine 1-D-Betrachtungsweise erlauben, sind in Abb. 5.10 dargestellt.

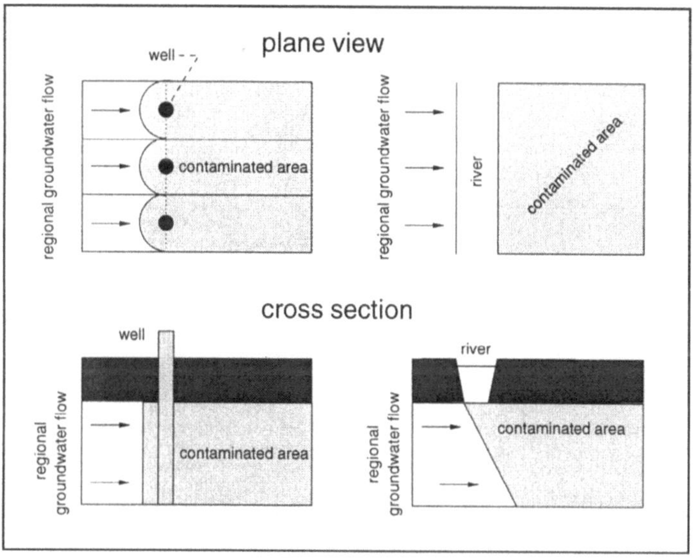

Abb. 5.10. Feldsituationen für die Anwendung von 1-D-Modellen

Ogata u. Banks (1961) verwenden die analytische Lösung zur Interpretation von Laborversuchen. Sie stellten fest, daß Dispersion zur asymmetrischen Konzentrationsverteilung bezüglich der Frontposition führt.

Im Sinne einer einheitlichen Dokumentation der nachfolgenden Modellaufgaben werden *Modellannahmen*, *Modellgleichungen* und *analytische Lösungen* in Tabellen zusammengefaßt und anschließend mit Beispielen illustriert.

Tabelle 5.21. Modellannahmen

Aquifer:	Homogen, isotrop, konstante Mächtigkeit
Strömung:	Stationär, konstante Fließrate, flächenparallel
Transport:	Advektion, longitudinale Dispersion, molekulare Diffusion, radioaktiver Zerfall, lineare Adsorption

Tabelle 5.22. Modellgleichungen

Transportgleichung:	
$$R\frac{\partial c}{\partial t} + v_x\frac{\partial c}{\partial x} - D_{xx}\frac{\partial^2 c}{\partial x^2} + R\lambda c = 0$$	
Parameter und vereinfachte Notation:	
$$R = 1 + \frac{1-n}{n_e}\rho_s K_D$$ $$v_x = q_x / n_e \equiv v$$ $$D_{xx} = \alpha_L v_x + D_m \equiv D$$	
Anfangsbedingung:	$c(0,x) = c_I$
Randbedingungen:	$c(t,0) = c_0 \quad , \quad \lim_{x\to\infty} c(t,x) = c_I$

Tabelle 5.23: Analytische Lösungen

<table>
<tr><td>Allgemeine Lösung:</td></tr>
<tr><td>$$c_D = \frac{c-c_I}{c_0-c_I} =$$ $$\frac{1}{2}\left(\exp\frac{vx(1-\gamma)}{2(\alpha_L v+D_m)}\ \mathrm{erfc}\frac{x-v\gamma t/R}{2\sqrt{(\alpha_L v+D_m)t/R}} + \exp\frac{vx(1+\gamma)}{2(\alpha_L v+D_m)}\ \mathrm{erfc}\frac{x+v\gamma t/R}{2\sqrt{(\alpha_L v+D_m)t/R}}\right)$$ $$\gamma = \sqrt{1+4\lambda R\left(\frac{\alpha_L}{v}+\frac{D_m}{v^2}\right)}$$</td></tr>
<tr><td>Spezielle Lösung für persistente Stoffe (kein radioaktiver Zerfall): $\lambda=0 \Rightarrow \gamma=1$:</td></tr>
<tr><td>$$c_D = \frac{1}{2}\left(\mathrm{erfc}\ \frac{x-vt/R}{2\sqrt{(\alpha_L v+D_m)t/R}} + \exp\ \frac{vx}{\alpha_L v+D_m}\ \mathrm{erfc}\ \frac{x+vt/R}{2\sqrt{(\alpha_L v+D_m)t/R}}\right)$$</td></tr>
<tr><td>Asymptotische Lösung für $x \gg 1$:</td></tr>
<tr><td>$$c_D = \frac{1}{2}\left(\exp\ \frac{x(1-\gamma)}{2\alpha_L}\ \mathrm{erfc}\ \frac{x-v\gamma t/R}{2\sqrt{(\alpha_L v+D_m)t/R}}\right)$$</td></tr>
</table>

Beispiel
In der nachfolgenden Tabelle sind die Parameter eines Beispiels für die Aufgabenstellung nach Ogata u. Banks (1961) zusammengestellt.

Tabelle 5.24. Modellparameter

Symbol	Bezeichnung	Wert
	Brunnengallerie	
$q = vn_e$	Filtergeschwindigkeit	0.1 m d^{-1}
	Aquifer	
D_m	Molekulare Diffusionskonstante	0 m s^{-2}
D	Dispersionskoeffizient	2.5 m^2 d^{-1}

K_D	Verteilungskoeffizient	0
$n = n_e$	effektive Porosität	0.2 m^3 m^{-3}
R	Retardationsfaktor	1
α_L	longitudinale Dispersionslänge	5 m
λ	Zerfallsrate	$2 \cdot 10^{-7}$ s^{-1}

Die nachfolgenden Abb. 5.11 und 5.12 zeigen Durchbruchkurven für 2 verschiedene Tracer-Typen, einen stabilen, persistenten Stoff, der keinem Zerfall unterliegt und einen radioaktiven Stoff, der zerfällt. Insbesondere im Langzeitbereich kann der Zerfall die Migrationslängen sichtlich herabsetzen. Nach ca. 200 Tagen deutet sich ein stationärer Zustand an, Zerfall und Transport sind dann im Gleichgewicht. Die Anwendung des linearen advektiv-dispersiven Transportmodells zur Abschätzung der Schadstoffausbreitung in der Lokation Münchehagen ist im Abschn 8.5.1 zu finden.

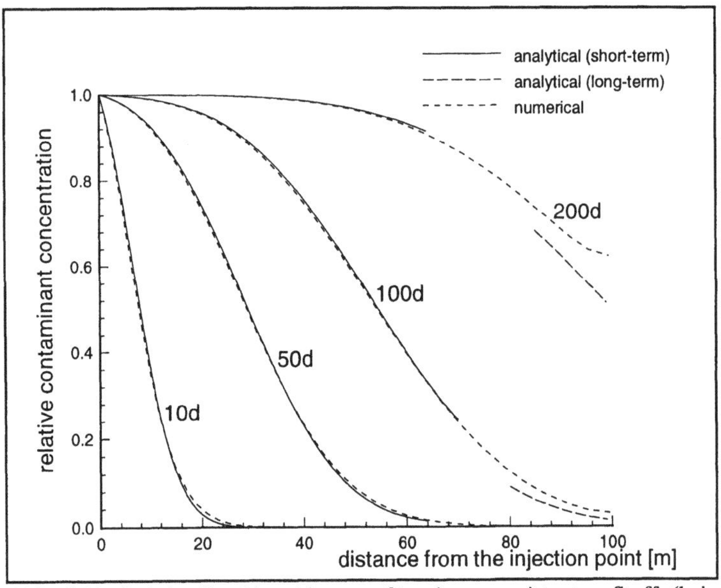

Abb. 5.11. Lokale Durchbruchkurven für einen persistenten Stoff (kein Zerfall) zu verschiedenen Zeitpunkten. (Aus Kolditz 1994b)

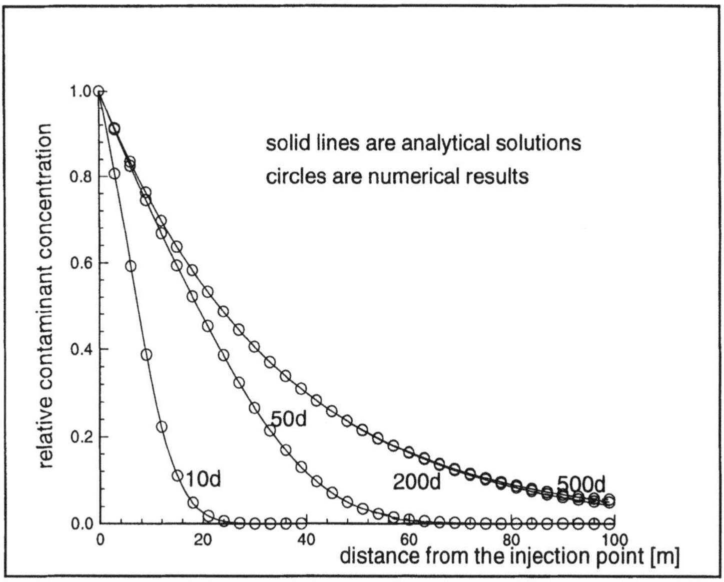

Abb. 5.12. Lokale Durchbruchkurven für einen radioaktiven Stoff zu verschiedenen Zeitpunkten. (Aus Kolditz 1994b)

5.4.2 Aufgabenstellung nach Moench (1989)

Die hydrodynamische Dispersion bei radialsymmetrischen Strömungen soll anhand der Aufgabenstellung nach Moench (1989) vorgestellt werden. Zur sog. radialen Dispersion existiert eine umfangreiche Literatur, z.B. Ogata (1958), Lau et al. (1959), Raimondi et al. (1959), Hoopes u. Harlemann (1967), Sauty (1980), Hsieh (1986) und Yates (1988). Die Problematik bei der radialen Dispersion ist die Änderung des Dispersionskoeffizienten aufgrund des lokal variierenden Geschwindigkeitsfeldes, die eine analytische Behandlung kompliziert.

Abbildung 5.13 skizziert die Versuchsanordnung zur Bestimmung von Dispersionskoeffizient und effektiver Porosität. Ein Förderbrunnen erzeugt ein radiales, stationäres Strömungsfeld. Im Injektionsbrunnen wird ein Markierungsstoff verbracht, ohne das Strömungsfeld zu stören. Diese Situation entspricht z.B. den Tracer-Versuchen, die im Rahmen des Verbundvorhabens "Deponieuntergrund" in der Sonderabfalldeponie Münchehagen durchgeführt wurden (Maier u. Dörhöfer 1994).

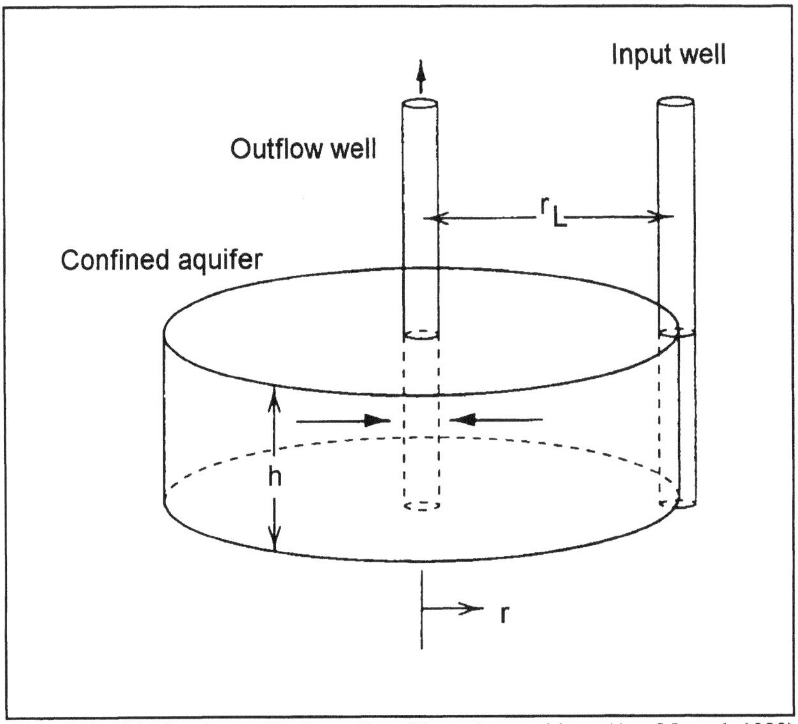

Abb. 5.13. Feldsituationen für das radiale Dispersionsproblem. (Aus Moench 1989)

Tabelle 5.25. Modellannahmen

Aquifer:	Homogen, isotrop, konstante Mächtigkeit
Brunnen:	Endlicher Radius, durchteuft Aquifer vollständig, Brunnenradius viel kleiner als Brunnenabstand
Strömung:	Isotherm, stationär, radialsymmetrisch, flächenparallel
Transport:	Advektion, radiale Dispersion, Adsorption momentane Vermischung des Tracers mit dem Fluid in den Brunnen

Tabelle 5.26. Modellgleichungen

Transportgleichung:	
$$R\frac{\partial c}{\partial t} + v_r\frac{\partial c}{\partial r} - \frac{1}{r}\frac{\partial}{\partial r}(rD_r\frac{\partial c}{\partial r}) = 0$$	
Parameter und vereinfachte Notation:	
$$R = 1 + \frac{1-n}{n_e}\rho_s K_D$$ $$q_r = n_e v_r = -\frac{Q}{2\pi M}\frac{1}{r} \equiv q$$ $$D_r = \alpha_L\lvert v_r\rvert \equiv D$$	
Anfangsbedingung:	$$c(0,r) = c_I$$
Randbedingungen: (permanente Injektion)	$$2\pi r_{PW}Mn(D\frac{\partial c}{\partial r})\rvert_{r=r_{PW}} = Qc + \pi r_{PW}^2 M\frac{\partial c}{\partial t}\rvert_{r<r_{PW}}$$ $$2\pi r_{IW}Mn(D\frac{\partial c}{\partial r})\rvert_{r=r_{IW}} = c_0(\frac{4r_{IW}}{2\pi L}) - \pi r_{IW}^2 M\frac{\partial c}{\partial t}\rvert_{r<r_{IW}}$$
Randbedingungen: (Pulsinjektion)	$$2\pi r_{PW}Mn(D\frac{\partial c}{\partial r})\rvert_{r=r_{PW}} = Qc + \pi r_{PW}^2 M\frac{\partial c}{\partial t}\rvert_{r<r_{PW}}$$ $$2\pi r_{IW}Mn(D\frac{\partial c}{\partial r})\rvert_{r=r_{IW}} = m\delta - \pi r_{IW}^2 M\frac{\partial c}{\partial t}\rvert_{r<r_{IW}}$$ mit: r_{PW} - Radius des Förderbrunnens; r_{IW} - Radius des Injektionsbrunnens; m - Masse des injizierten Tracers; δ - Sprung-Funktion

Tabelle 5.27. Analytische Lösung

Die Lösung der Anfangsrandwertaufgabe gemäß Tabelle 5.26 erfolgt mittels Laplace-Transformation. Dabei erhält man eine Airy-Gleichung für die Laplace-Transformierte: $\bar{c}_D$
$$\frac{d^2(\bar{c}_D e^{\xi/2})}{d\chi^2} = \chi(\bar{c}_D e^{\xi/2})$$
mit der allgemeinen Lösung, die Airy-Funktionen (*Ai*, *Bi*) enthalten
$$\bar{c}_D = K_1\, e^{-\xi/2}\, Ai(\chi) + K_2\, e^{-\xi/2}\, Bi(\chi)$$
Die Rücktransformation kann nicht mehr geschlossen angegeben werden, sie muß numerisch erfolgen.

Beispiel

Moench (1989) berechnet mit seiner semi-analytischen Lösung zunächst den Tracerdurchbruch im Förderbrunnen in Abhängigkeit von der Peclet-Zahl *Pe*, die das Verhältnis von advektiven zu dispersiven Transportanteilen charakterisiert.

Moench zeigt weiter, unter welchen Bedingungen Vermischungseffekte in den Brunnen von Bedeutung sind. In Abhängigkeit von der Art der Probenahme (teufendifferenziert bzw. gepumpt) müssen entsprechende lokale bzw. flußgemittelte Konzentrationen in den Modellen verwendet werden.

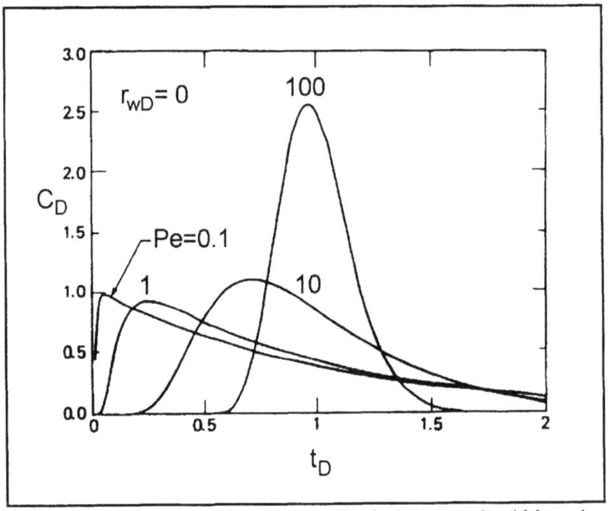

Abb. 5.14. Durchbruchkurven im Förderbrunnen in Abhängigkeit von der Peclet-Zahl bei Pulsinjektion. (Aus Moench 1989)

5.4.3 Aufgabenstellung nach Hoopes u. Harlemann (1967)

Hoopes u. Harlemann (1967) experimentierten mit Hilfe von Labor-Modellen, um den advektiv-dispersiven Massentransport zwischen Brunnendubletten zu simulieren. Abbildung 5.15 zeigt das von ihnen verwendete Sand-Modell. Mit Hilfe der experimentellen Daten gelang Hoopes u. Harlemann die Verifikation ihres vereinfachten analytischen Modells. Diese analytische Lösung wiederum wird in der Literatur oft zitiert, um numerische Modelle zu testen.

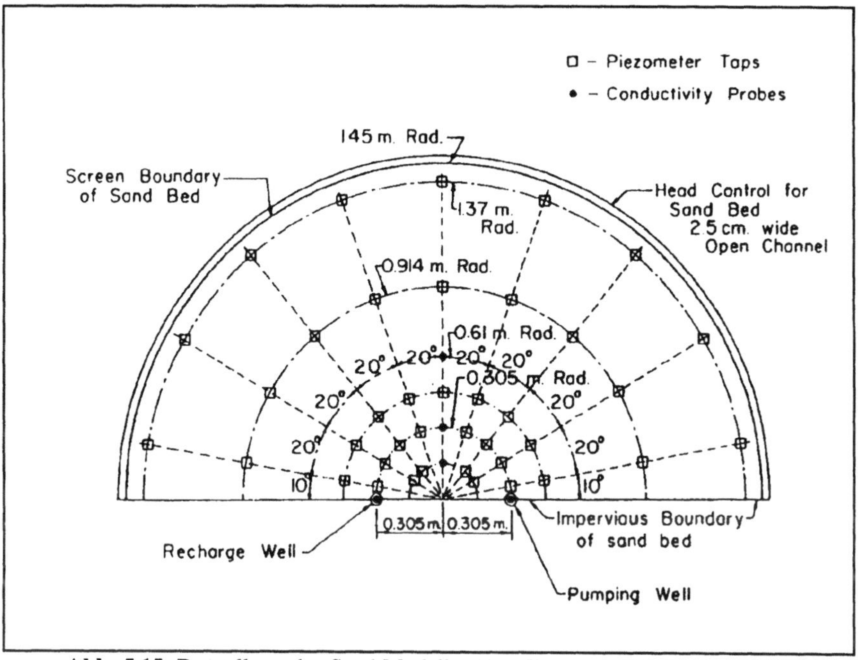

Abb. 5.15. Darstellung des Sand-Modells. (Aus Hoopes u. Harlemann 1967)

Tabelle 5.28. Modellannahmen

Aquifer	Homogen, isotrop, konstante Mächtigkeit, (unendlich ausgedehnt)
Brunnen	Dublette, Aquifer vollständig durchteuft
Strömung	Isotherm, stationär, flächenparallel
Transport	Advektion, Dispersion entlang der Stromlinien, molekulare Diffusion

Tabelle 5.29. Modellgleichungen

<table>
<tr><td colspan="2">Transportgleichung:</td></tr>
<tr><td colspan="2">$$\frac{\partial c}{\partial t} + v^2 \left(\frac{\partial c}{\partial \phi} - D_\phi \frac{\partial^2 c}{\partial \phi^2} \right) = 0$$</td></tr>
<tr><td colspan="2">Modellparameter:</td></tr>
<tr><td colspan="2">$$v = \frac{q}{n_e} = \frac{Q}{2\pi Mnd} \left(\cosh \left(\frac{2\pi M}{Q}\phi\right) + \cos \left(\frac{2\pi M}{Q}\psi\right) \right)$$
$$D_\phi = \alpha_L v + D_m$$
$$\phi = \frac{Q}{4\pi M} \ln \frac{(x+d)^2+y^2}{(x+d)^2-y^2} \quad , \quad \psi = \frac{Q}{2\pi M} \arctan \frac{-2yd}{x^2+y^2-d^2}$$</td></tr>
<tr><td>Anfangsbedingung:</td><td>$c(0,\phi,\psi) = c_I$</td></tr>
<tr><td>Randbedingungen:</td><td>$c\;[\; t,\phi(-d,y),\psi(-d,y) \;] = c_0 \quad , \quad c(t,0,\psi) = c_I$</td></tr>
</table>

Tabelle 5.30. Analytische Lösung

<table>
<tr><td>$$c_D = \frac{c-c_I}{c_0-c_I} = \frac{1}{2} \operatorname{erfc} \left(\frac{I_D - t_D}{\sqrt{4J_D}} \right)$$</td></tr>
<tr><td>Für $\psi_D = 0,\ 2\pi$:</td></tr>
<tr><td>$$I_D = \int_{-\infty}^{\phi_D} \frac{d\phi_D}{v_D^2} = \frac{1}{3} \left(1 + \tanh\frac{\phi_D}{2} \left(1+\frac{1}{\cosh\phi_D+1}\right) \right)$$</td></tr>
</table>

$$J_D = \int_{-\infty}^{\phi_D} \frac{D_D^\phi}{v_D^4}\, d\phi_D =$$

$$= \frac{1}{5}\left(\frac{2}{3} + \frac{\sinh\phi_D}{\cosh\phi_D+1}\left[\frac{1}{(\cosh\phi_D+1)^2} + \frac{2}{3(\cosh\phi_D+1)} + \frac{2}{3} \right] \right) +$$

$$+ \frac{1}{7}\left(\frac{2}{5} + \frac{\sinh\phi_D}{\cosh\phi_D+1}\left[\frac{1}{(\cosh\phi_D+1)^3} + \frac{3}{(\cosh\phi_D+1)^2} + \frac{2}{\cosh\phi_D+1} + \frac{2}{5} \right] \right)$$

Für $0<\psi_D<2\pi$:

$$I_D = \int_{-\infty}^{\phi_D} \frac{d\phi_D}{v_D^2} =$$

$$= \left(1 + \frac{\sinh\phi_D}{\cosh\phi_D+\cos\psi_D} - \cot\psi_D \arctan(\cos\psi_D) - \cot\psi_D \arctan\left(\frac{\cosh\phi_D\cos\psi_D+1}{\cosh\phi_D+\cos\psi_D}\right) \right)$$

$$J_D = \int_{-\infty}^{\phi_D} \frac{D_D^\phi}{v_D^4}\, d\phi_D =$$

$$= \frac{\alpha_L}{2d\sin^2\phi_D}\Bigg[\frac{\sinh\phi_D}{(\cosh\phi_D+\cos\psi_D)} - \frac{3\cos\psi_D}{\sin^2\psi_D} \cdot$$

$$\left\{ 1 - \frac{\arcsin(\cos\psi_D)}{\tan\psi_D} + \frac{\sinh\phi_D}{(\cosh\phi_D+\cos\psi_D)} + \cot\psi_D \arcsin\left(\frac{\cosh\phi_D\cos\psi_D+1}{\cosh\phi_D+\cos\psi_D}\right) \right\} +$$

$$+ \frac{1}{\sin\phi_D}\left\{ \arcsin(\cos\phi_D) - \arcsin\left(\frac{\cosh\phi_D\cos\psi_D+1}{\cosh\phi_D+\cos\psi_D}\right) \right\} \Bigg] +$$

$$\frac{2\pi n M}{3Q} D_m \Bigg[\frac{\sinh\phi_D}{(\cosh\phi_D+\cos\psi_D)^3} +$$

$$+ \frac{2}{\sin^2\psi_D}\left\{ 1 + \frac{\sinh\phi_D}{\cosh\phi_D+\cos\psi_D} - \frac{\arcsin(\cos\psi_D)}{\tan\psi_D} + \cot\psi_D \arcsin\left(\frac{\cosh\phi_D\cos\psi_D+1}{(\cosh\phi_D+\cos\psi_D)}\right) \right\}$$

$$- \frac{5\cos\psi}{2\sin^2\psi_D}\Bigg\{ \frac{\sinh\phi_D}{(\cosh\phi_D+\cos\psi_D)^2} - \frac{3\cos\psi_D}{2\sin^2\psi_D} \cdot$$

$$\left(1 + \frac{\sinh\phi_D}{\cosh\phi_D+\cos\psi_D} - \frac{\arcsin(\cos\psi_D)}{\tan\psi_D} + \cot\psi_D \arcsin\left(\frac{\cosh\phi_D\cos\psi_D+1}{\cosh\phi_D+\cos\psi_D}\right) \right) +$$

$$+ \frac{1}{2\sin\psi_D}\left(\arcsin(\cos\psi_D) - \arcsin\left(\frac{\cosh\phi_D\cos\psi_D+1}{\cosh\phi_D+\cos\psi_D}\right) \right) \Bigg\} \Bigg]$$

Mit den dimensionslosen Geschwindigkeitspotentialen und Stromfunktionen:
$\phi_D = \frac{1}{2} \ln \frac{(x+d)^2+y^2}{(x-d)^2+y^2} \quad , \quad \psi_D = \arctan \frac{-2yd}{x^2+y^2-d^2}$ $t_D = \frac{Q}{2\pi n M d^2} t \quad , \quad v_D = \frac{2\pi n M d}{Q} v$

Beispiel
In Tabelle 5.31 sind die Parameter für das Laborexperiment nach Hoopes u. Harlemann zusammengestellt.

Tabelle 5.31. Modellparameter

Symbol	Bezeichnung	Wert
	Brunnen	
$2d$	Brunnenabstand	0.61 m
Q	Fließrate	$2.339 \cdot 10^{-6}$ $m^3 s^{-1}$
r_B	Brunnenradius	0.005 m
	Aquifer	
M	Aquifermächtigkeit	0.089 m
α_L	Longitudinale Dispersionslänge	$(1.5\text{-}2.94) \cdot 10^{-3}$ m
$n = n_e$	Effektive Porosität	0.374 m^3 m^{-3}

Die nachfolgenden Abbildungen 5.16 und 5.17 zeigen zunächst die gemessenen zeitlichen Durchbruchkurven für 2 Beobachtungspunkte: (x,y)=(0m, 0.145m) und (x,y)=(0m, 0.305m) auf der Symmetrielinie zwischen den Brunnen sowie für die Förderbohrung (0.305m, 0m). Weiterhin werden dem experimentellen Befund die Ergebnisse des analytischen Modells gegenübergestellt. Zur Anpassung der verschiedenen Durchbruchkurven müssen allerdings abweichende Dispersionslängen verwendet werden.

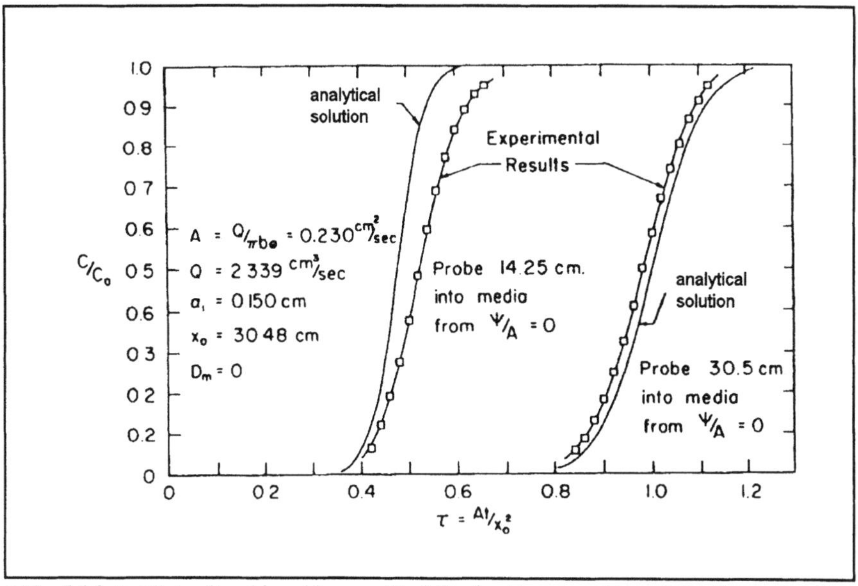

Abb. 5.16. Zeitliche Durchbruchkurven für 2 Beobachtungspunkte auf der Symmetrielinie zwischen den Brunnen. (Aus Hoopes 1965)

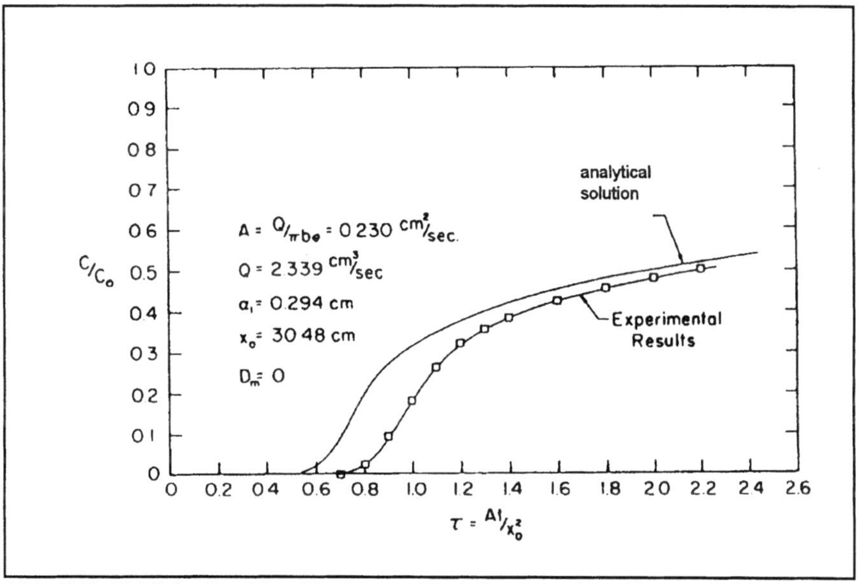

Abb. 5.17. Zeitliche Durchbruchkurven am Förderbrunnen. (Aus Hoopes 1965)

Für die Parameter in der Tabelle 5.31 und den Abb. 5.16 und 5.17 gelten folgende Beziehungen:

$$\alpha_1 \equiv \alpha_L \ , \ x_0 \equiv d \ , \ \varepsilon \equiv n \ , \ b \equiv M \ .$$

5.5 Dispersiver Transport in geschichteten Aquiferen

Abbildung 5.18 zeigt typische Feldsituationen und ihre modellhafte Schematisierungen für Aquiferkomplexe, wobei einzelne Schichten unterschiedliche hydraulische Leitfähigkeiten aufweisen können. Für geschichtete Aquifere sind insbesondere Vermischungen durch transversale Dispersion von Interesse, um die Wahrscheinlichkeit des Salzwasseraufstiegs bei Mobilisierung des Grundwassers, z.B. durch Pumpen, abzuschätzen.

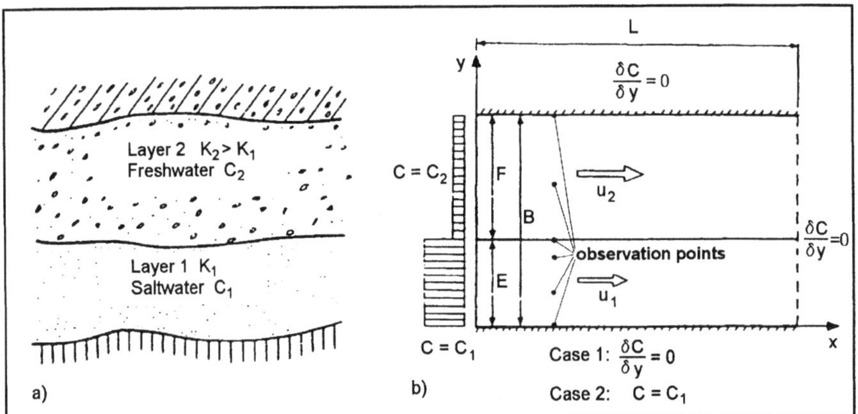

Abb. 5.18. Schematisierung eines geschichteten Aquifers. (Aus Thiele u. Diersch 1986)

5.5.1 Aufgabenstellung nach Bruch u. Street (1967)

Bruch u. Street (1967) untersuchen die Schadstoffausbreitung in einem homogenen Aquifer durch Injektion in unvollkommenen Brunnen (Brunnengalerie), die nur in einem Teil des Aquifers (z.B. in der Strecke E gemäß Abb. 5.18) verfiltert sind. Somit wird eine Schichtung des Schadstoffs impliziert, die zu transversalen Dispersionseffekten führt. Die Anfangskonzentrationsverteilung wird als homogen angenommen.

Tabelle 5.32. Modellannahmen

Aquifer	Homogen, isotrop, konstante Mächtigkeit
Strömung	Isotherm, stationär, homogen, flächenparallel
Transport	Advektion, Dispersion (longitudinal und transversal)

Tabelle 5.33. Modellgleichungen

Transportgleichung:	
$$\frac{\partial c}{\partial t} + v_x \frac{\partial c}{\partial x} - D_{xx} \frac{\partial^2 c}{\partial x^2} - D_{yy} \frac{\partial^2 c}{\partial y^2} = 0$$	
Parameter und vereinfachte Notation:	
$q_x = n_e v_x \equiv nv \equiv q$ $D_{xx} = \alpha_L v_x \equiv \alpha_L v \equiv D_x \, , \; D_{yy} = \alpha_T v_x \equiv \alpha_T v \equiv D_y$	
Anfangsbedingung:	$c(0,x,y) = c_I$
Randbedingungen: (s. Abb. 5.18)	$c(t,0,y) = \begin{cases} c_0 & , \; 0 \le y \le E \\ c_I & , \; E \le y \le B \end{cases}$ $\lim_{x \to \infty} c(t,x,y) = c_I \, , \; \frac{\partial c(t,x,0)}{\partial y} = 0 \, , \; \frac{\partial c(t,x,B)}{\partial y} = 0$

Tabelle 5.34. Analytische Lösung

$$c_D = \frac{c - c_I}{c_0 - c_I} = \frac{E}{2B} \left(\operatorname{erfc} \frac{x - vt}{2\sqrt{v\alpha_L t}} + e^{x/\alpha_L} \operatorname{erfc} \frac{x + vt}{2\sqrt{v\alpha_L t}} \right)$$
$$+ \sum_{i=1}^{\infty} \frac{1}{i\pi} \sin\left(\frac{i\pi E}{B}\right) \cos\left(\frac{i\pi y}{B}\right) \exp\left(\frac{x}{2\alpha_L}[1 - I_i]\right) \operatorname{erfc}\left(\frac{x - I_i vt}{2\sqrt{v\alpha_L t}}\right)$$
$$+ \sum_{i=1}^{\infty} \frac{1}{i\pi} \sin\left(\frac{i\pi E}{B}\right) \cos\left(\frac{i\pi y}{B}\right) \exp\left(\frac{x}{2\alpha_L}[1 + I_i]\right) \operatorname{erfc}\left(\frac{x + I_i vt}{2\sqrt{v\alpha_L t}}\right)$$

mit: $$I_i = \sqrt{1 + \frac{4i^2\pi^2}{B^2}\alpha_L\alpha_T}$$

5.5.2 Aufgabenstellung nach Thiele u. Diersch (1986)

Thiele u. Diersch (1986) erweitern das Modell von Bruch u. Street (1967) für geschichtete Aquifere mit unterschiedlichen hydraulischen Leitfähigkeiten und inhomogener Anfangskonzentrationsverteilung (s. Abb. 5.18). Infolge des Leitfähigkeitskontrasts wird angenommen, daß der stagnierende untere Grundwasserleiter stärker mineralisiert ist als der obere, der durch die höhere Mobilität des Grundwassers "freigespült" ist.

Tabelle 5.35. Modellannahmen

Aquifer	Geschichtet, isotrop, konstante Mächtigkeit
Strömung	Isotherm, stationär, flächenparallel
Transport	Advektion, Dispersion (longitudinal und transversal)

Tabelle 5.36. Modellgleichungen

Transportgleichung:	
$$\frac{\partial c}{\partial t} + v_x\frac{\partial c}{\partial x} - D_{xx}\frac{\partial^2 c}{\partial x^2} - D_{yy}\frac{\partial^2 c}{\partial y^2} = 0$$	
Parameter und vereinfachte Notation:	
$q_x = n_e v_x \equiv nv \equiv q$ $D_{xx} = \alpha_L v_x \equiv \alpha_L v \equiv D_x \; , \; D_{yy} = \alpha_T v_x \equiv \alpha_T v \equiv D_y$	
Anfangsbedingungen: (s. Abb. 5.18)	$c(0,x,y) = \begin{cases} c_0 & , \; 0 \le y \le E \\ c_I & , \; E \le y \le B \end{cases}$

Randbedingungen: (s. Abb. 5.18)	$c(t,0,y) = \begin{cases} c_0 & , \quad 0 \le y \le E \\ c_I & , \quad E \le y \le B \end{cases}$ $\lim_{x \to \infty} c(t,x,y) = c_I \, , \quad \frac{\partial c(t,x,0)}{\partial y} = 0 \, , \quad \frac{\partial c(t,x,B)}{\partial y}$:

Tabelle 5.37. Analytische Lösung für homogenes Geschwindigkeitsfeld

$$
\begin{aligned}
c_D &= \frac{c-c_I}{c_0-c_I} = \\
&= \frac{E}{B} + \sum_{i=1}^{\infty} \frac{2}{i\pi} \sin(\frac{i\pi E}{B}) \cos(\frac{i\pi y}{B}) \exp(-i^2\pi^2 \frac{v\alpha_T t}{B^2}) \cdot \\
&\quad \cdot \left(1 - \frac{1}{2} \operatorname{erfc}(\frac{x-I_i vt}{2\sqrt{v\alpha_L t}}) - e^{x/\alpha_L} \operatorname{erfc}(\frac{x+I_i vt}{2\sqrt{v\alpha_L t}}) \right) + \\
&\quad + \sum_{i=1}^{\infty} \frac{2}{i\pi} \sin(\frac{i\pi E}{B}) \cos(\frac{i\pi y}{B}) \cdot \\
&\quad \cdot \left(\exp(\frac{x}{2\alpha_L}[1-I_i]) \operatorname{erfc}(\frac{x-I_i vt}{2\sqrt{v\alpha_L t}}) + \exp(\frac{x}{2\alpha_L}[1+I_i]) \operatorname{erfc}(\frac{x+I_i vt}{2\sqrt{v\alpha_L t}}) \right)
\end{aligned}
$$

mit: $$I_i = \sqrt{1 + \frac{4i^2\pi^2}{B^2}\alpha_L \alpha_T}$$

Thiele u. Diersch (1986) entwickeln darüber hinaus auch eine analytische Lösung für unterschiedliche Geschwindigkeiten in den jeweiligen Aquiferschichten.

Beispiel

Das folgende Beispiel präsentiert eine Anwendung und den Vergleich der Modelle von Bruch u. Street und Thiele u. Diersch. Dabei wird deutlich, daß es bei horizontalebenen Strömungen in geschichteten Aquiferen allein durch die transversale Dispersion zu signifikantem Salzwasseraufstieg kommen kann.

Tabelle 5.38. Modellparameter (s. Abb. 5.18)

Symbol	Terminologie	Wert
	Strömung	
$v=q/n_e$	Homogene Abstandsgeschwindigkeit	
$v_2=q_2/n_e$	Abstandsgeschwindigkeit in der oberen Schicht	$0.5\ \mathrm{m\ d^{-1}}$
$\omega=v_1/v_2$	Verhältnis der Abstandsgeschwindigkeiten	0.1 - 1
	Aquifer	
B	Aquifermächtigkeit	30 m
E	Schichtmächtigkeit (untere Schicht)	12 m
L	Aquiferlänge	3500 m
α_L	Longitudinale Dispersionslänge	10 m
α_T	Transversale Dispersionslänge	1 m

Abbildung 5.19 illustriert die zeitliche Konzentrationsentwicklung in einem Beobachtungspunkt in der oberen Schicht (x=200m, y=20m) für verschiedene Geschwindigkeitsverhältnisse v_1/v_2 und Anfangsverteilungen. Die Geschwindigkeitsrelation bestimmt in erster Linie die Mischwasserkonzentration infolge eines Salzwasseraufstieges. Unterschiedliche Anfangssituationen für die untere Schicht: kontaminiert (Salzwasser) oder unkontaminiert (Süßwasser) führen zu prinzipiell unterschiedlichen Durchbruchscharakteristiken. Typisch für die inhomogene Anfangsverteilung gemäß dem Modell nach Thiele u. Diersch sind die "überschwingenden" Durchbruchkurven mit einem Maximum bei ca. 350 Tagen. Bei homogener Anfangsverteilung gemäß dem Modell nach Bruch u. Street kommt es hingegen zum monotonen Konzentrationsanstieg im Beobachtungspunkt. Im asymptotischen Verhalten müssen beide Modelle gleiche Ergebnisse liefern, da die Auswirkung der Anfangsbedingung auf die Konzentrationsentwicklung zeitlich begrenzt ist. Abbildung 5.19 demonstriert dieses Verschmelzen beider Durchbruchkurven zur stationären Lösung, die vom Verhältnis der Fließgeschwindigkeiten in den Schichten abhängt.

Abbildung 5.20 skizziert die zeitliche Konzentrationsentwicklung in verschiedenen Beobachtungspunkten entlang einer vertikalen Linie (s. Abb. 5.18). Dabei liegen die Punkte 1-3 bzw. 5-6 in der unteren bzw. oberen Schicht. Der Punkt 4 befindet sich direkt auf der Schichtgrenze.

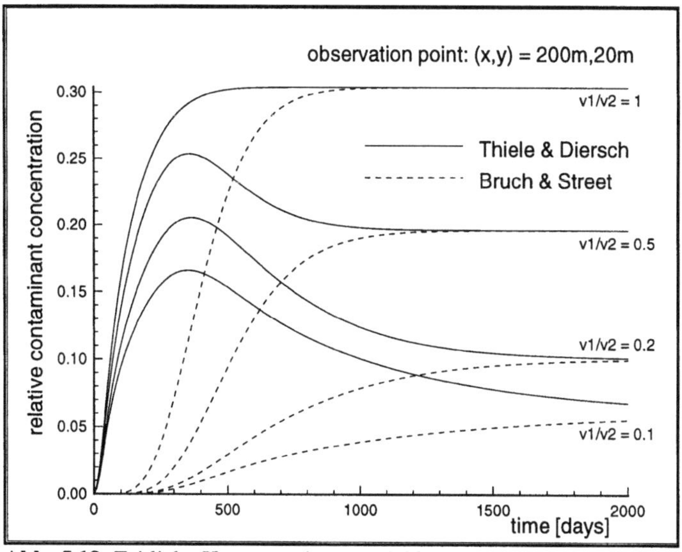

Abb. 5.19. Zeitliche Konzentrationsentwicklung im Beobachtungspunkt (200m,20m) für verschiedene Geschwindigkeitsverhältnisse und Anfangsverteilungen. (Aus Kolditz 1994b)

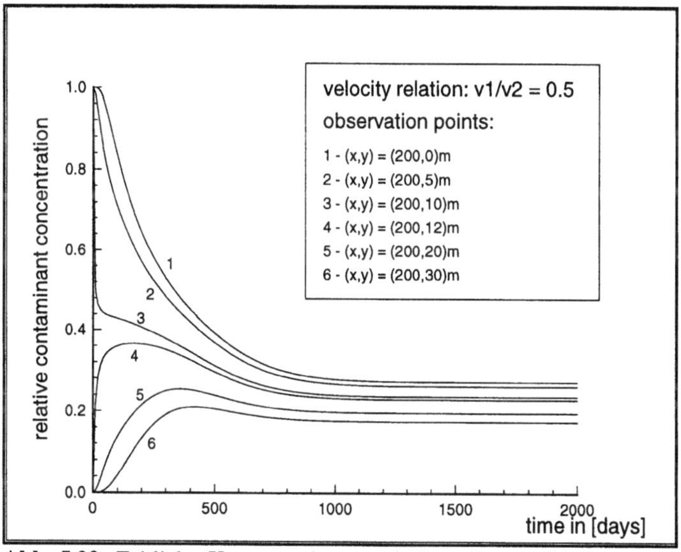

Abb. 5.20. Zeitliche Konzentrationsentwicklung in verschiedenen Beobachtungspunkten entlang einer vertikalen Linie im Aquifer. (Aus Kolditz 1994b)

5.6 Matrixdiffusion

Unter dem Begriff "Matrixdiffusion" versteht man Problemstellungen, die den Einfluß des Austauschs zwischen Grundwasserleitern und wenig oder nicht durchflossenen Aquiferteilen bzw. zwischen Klüften und der angrenzenden Festgesteinsmatrix auf den Stoff- oder Wärmetransport untersuchen. Transversale Matrixdiffusion in geschichteten Komplexen führt zu ähnlichen Erscheinungen bei der Beobachtung von Durchbruchkurven wie eine laterale Dispersion im Grundwasserleiter, die Konzentrationsverlaufkurven werden gespreizt (s. auch Abschn. 4.2.4).

Die Analyse der Tracerversuche im Feldlabor Münchehagen bestätigt die Relevanz der Matrixdiffusion beim Stofftransport im geklüfteten Tonstein (s. Abschn. 8.8). Zur Charakterisierung von Transporteigenschaften geologischer Formationen werden zunehmend auch Wärmetracer-Experimente eingesetzt (Liedtke et al. 1994). So werden in diesem Abschnitt auch einige Beispiele für den Wärmetransport im geklüfteten Medium erläutert.

Grisak u. Pickens (1980) diskutieren hydrogeologische Fragestellungen, für welche die Matrixdiffusion beim Stofftransport von unmittelbarer Bedeutung ist (s. Tabelle 5.39).

Die Matrixdiffusion ist ebenfalls ein maßgeblicher Aspekt beim Wärmetransport in Locker- und Festgesteinsaquiferen. Der diffusive Wärmeaustausch zwischen Thermalaquiferen und den hangenden und liegenden Deckschichten führt zu einer zusätzlichen Verzögerung des Kaltfrontdurchbruchs (thermische Durchbruchzeit) und somit zur Verlängerung der thermischen Nutzungsdauer von geothermischen Kraftwerken. Der Wärmeabbau thermaler Lagerstätten im Kristallin (hot dry rock) erfolgt durch den diffusiven Wärmeaustausch zwischen Festgesteinsmatrix und mobilen Wärmeträgern in den Kluftadern. Im Gegensatz zum Stofftransport können bei der Wärmeausbreitung in geologischen Formationen dispersive Effekte meistens vernachlässigt werden. Damit erhält man faktisch eine dispersionfreie Näherung unter Berücksichtigung der Matrixdiffusion, die sich analytisch leichter handhaben läßt als Aufgabenstellung mit dispersiven Transportanteilen. Analytische Modelle für den Wärmetransport in geklüfteten Medien sind z.B. in Kolditz (1993) zusammengestellt.

Der prinzipielle Unterschied zum Stofftransport besteht darin, daß beim Wärmetransport in geklüfteten Formationen sowohl diffusive als auch dispersive Transporteffekte in den Klüften meist vernachlässigbar sind. Diese Vereinfachungen erlauben die analytische Lösung von dreidimensionalen Aufgabenstellungen (s. Abschn. 5.6.3). Ein weiterer Unterschied der Matrixdiffusion von chemischer Substanz und Wärme ergibt sich daraus, daß Stoffdiffusion im wesentlichen in der flüssigen Phase (stagnierendes Porenwasser) stattfindet, während sich die Wärme sowohl in der fluiden als auch festen Phase (Feststoffmatrix) ausbreitet.

Tabelle 5.39. Bedeutung der Matrixdiffusion beim Stofftransport

Grundwasserneubildung:	
	Matrixdiffusion in der ungesättigten Zone verzögert den Schadstoffeintrag in den Grundwasserkörper.
Grundwasserchemismus:	
	Matrixdiffusion führt zur gegenseitigen Beeinflussung der chemischen Reaktionsabläufe im Porenwasser der Matrix und im Kluftwasser. Der Stoffeintrag durch Klüfte kann damit Einfluß auf die Diagenese von Feststoffen (Erzbildung) nehmen. Die chemische Wechselwirkung zwischen Klüften und Festgestein hat ferner mineralogische Bedeutung für Beschichtungen der Kluftoberflächen (Adsorption) und Füllungen der Klüfte.
Grundwasser-Altersdatierung:	
	Matrixdiffusion verringert die Migrationslängen von Radionukliden. Dispersionsfreie Näherungen zur einfachen Abschätzung von Lauflängen aus Laufzeiten (Alter) können die Genauigkeit der Aussagen weiter herabsetzen (s.o. beschriebene Analogie zwischen Matrixdiffusion und scheinbarer Dispersion).
Markierungsversuche (Tracer-Test):	
	Zur Bestimmung Grundwassergeschwindigkeiten und der Dispersionseigenschaften muß die Matrixdiffusion u.U. berücksichtigt werden.

5.6.1 Aufgabenstellung nach Lauwerier (1955)

Lauwerier (1955) bearbeitet den klassischen Fall für den Stoff- bzw. Wärmeaustausch zwischen einer Kluft und der angrenzenden Gesteinsmatrix. Für homogene und radialsymmetrische Kluftströmungen werden Advektion in der Kluft und Diffusion in der Gesteinsmatrix berücksichtigt (s. Abb. 5.21). Zur mathematischen Formulierung kann die physikalische Symmetrie bezüglich der Kluftachse (z=-w) ausgenutzt werden. Die Betrachtung wird so auf einen Halbraum ($z \geq 0$) begrenzt.

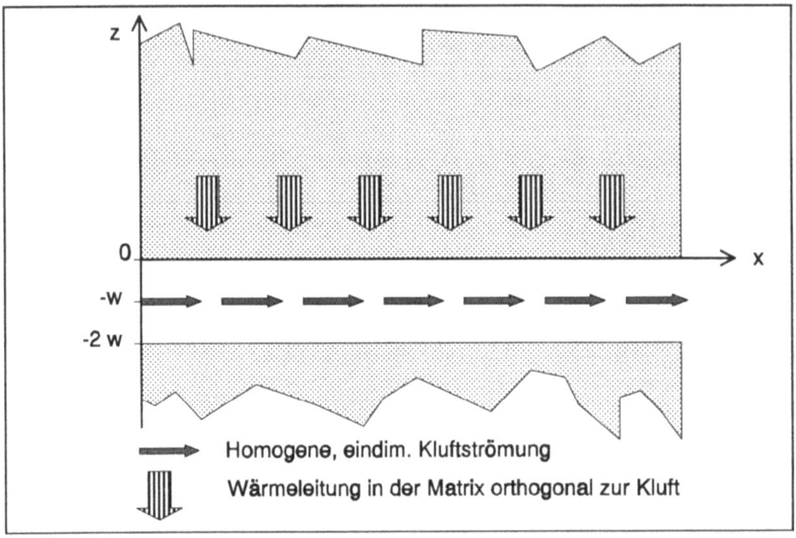

Abb. 5.21. Modellgeometrie für das Lauwerier'sche Problem bei homogener Kluftströmung. (Aus Kolditz u. Lege 1992)

Tabelle 5.40. Modellannahmen

Kluft	Homogen, isotrop, konstante Kluftöffnungsweite
Strömung	Isotherm, stationär, flächenparallel
Transport	Kluft: Advektion in der Kluft, momentaner transversaler Wärmeaustausch Matrix: Diffusion

Tabelle 5.41. Modellgleichungen

Transportgleichungen (Matrix- und Kluftbereiche):

$$c_r \rho_r \frac{\partial T'}{\partial t} - \lambda_r \frac{\partial^2 T'}{\partial z^2} = 0 \qquad x > 0\,,\, z > 0$$

$$c_w \rho_w \left(\frac{\partial T}{\partial t} + v_x \frac{\partial T}{\partial x} \right) = \frac{\lambda_r}{w} \frac{\partial T}{\partial z} \qquad x > 0\,,\, z = 0$$

Anfangsbedingung:	$T(0,x) = T'(0,x,z) = T_I$
Randbedingungen:	$\lim_{z\to\infty} T'(t,x,z) = T_I\ ,\ \lim_{z\to -0} T(t,x) = \lim_{z\to +0} T'(t,x,z)$ $\lim_{x\to\infty} T(t,x,z) = T_I\ ,\ T(t,0,0) = T_0$

Tabelle 5.42. Analytische Lösung

Matrixbereich:
$T_D' = \frac{T-T_I}{T_0-T_I} = u(t-x/v)\ \mathrm{erfc}\left[\frac{1}{2\sqrt{t-x/v}}\left(\frac{\sqrt{\lambda_r c_r \rho_r}}{c_w \rho_w w v}\,x + \sqrt{\frac{c_r \rho_r}{\lambda_r}}\,z\right)\right]$
Kluftbereich: $z = 0$

Beispiel

Abbildung 5.22 zeigt die analytische Temperaturverteilung gemäß Tabelle 5.42 im Kluft-Matrix-System für einen ausgewählten Zeitpunkt $\tau=120$. Dabei werden folgende dimensionslose Größen verwendet.

$$\tau = \frac{\lambda_r\, t}{c_r \rho_r w^2} \quad , \quad \xi = \frac{\lambda_r\, x}{c_w \rho_w w^2 v} \quad , \quad \zeta = \frac{z}{w}$$

In Abb. 5.22 wird die eindimensionale Abstraktion der gekoppelten Wärmeausbreitungsvorgänge in Kluft und Matrix deutlich. In Abb. 5.23 sind Durchbruchkurven in der Kluft für verschiedene Zeitpunkte aufgetragen. Analytische und numerische Lösungen werden miteinander verglichen. Eine der numerischen Lösungen bezieht sich auf ein sog. Transferkonzept, das den Wärmestrom aus der Matrix durch eine Transferfunktion approximiert (Kolditz u. Lege 1992).

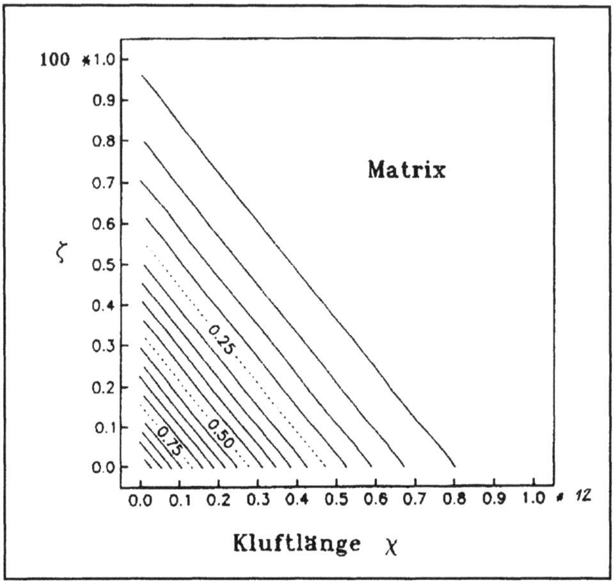

Abb. 5.22. Analytische 2-D-Temperaturverteilung im Kluft-Matrix-System. (Aus Kolditz u. Lege 1992)

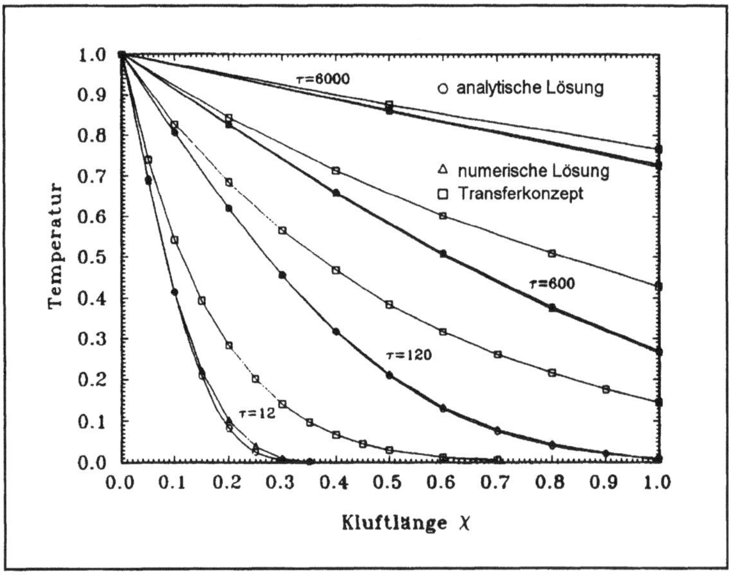

Abb. 5.23. Temperaturdurchbruchskurven in der Kluft - verschiedene Modellansätze. (Aus Kolditz u. Lege 1992)

5.6.2 Aufgabenstellung nach Tang et al. (1981)

Tang et al. (1981) untersuchen den Stofftransport in Kluft-Matrix-Systemen (Abb. 5.24). Gegenüber dem im vorangegangenen Abschnitt besprochenen Wärmetransportproblem sind beim Stofftransport insbesondere auch Dispersion und Adsorption in den Klüften von Bedeutung.

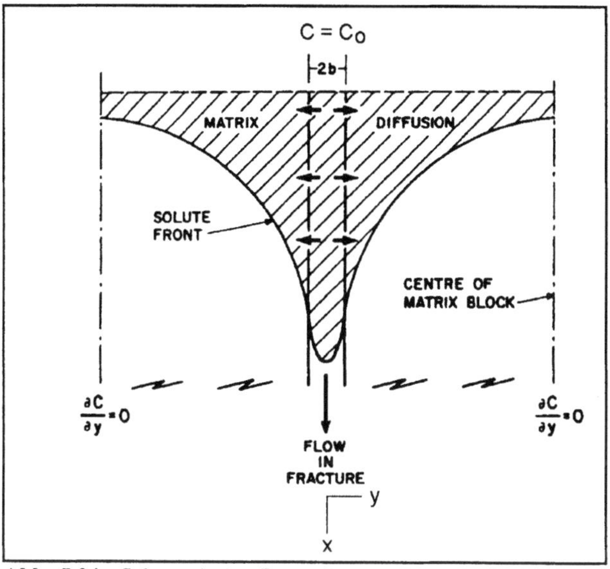

Abb. 5.24. Schematische Darstellung eines Kluft-Matrix-Systems. (Aus Grisak u. Pickens 1980)

Tabelle 5.43. Modellannahmen

Kluft	Homogen, isotrop, konstante Kluftöffnungsweite
Matrix	Homogen, isotrop
Strömung	Kluft: stationär, flächenparallel, homogen Matrix: undurchlässig
Transport	Kluft: Adsorption, Advektion, Dispersion, radioaktiver Zerfall, momentaner transversaler Stoffaustausch Matrix: Diffusion

Tabelle 5.44. Modellgleichungen

Transportgleichungen	
Kluftbereich: Konzentration in der Kluft - *c*	$R\frac{\partial c}{\partial t} + v_x\frac{\partial c}{\partial x} - D_{xx}\frac{\partial^2 c}{\partial x^2} + R\lambda c = \frac{nD'}{b}\frac{\partial c'}{\partial y}\Big\vert_{y=b}$ $R = 1 + K_{Df}/b$ $D_{xx} = \alpha_L v_x + D_m = D$
Matrixbereich: Konzentration in der Matrix - *c´*	$R'\frac{\partial c'}{\partial t} - D'_{yy}\frac{\partial^2 c'}{\partial y^2} + R'\lambda c' = 0$ $R' = 1 + \rho' K'_D/n$ $D'_{yy} = T^* D_m = D'$
Anfangsbedingungen:	$c(0,x) = c_I$, $c'(0,x,y) = c_I$
Randbedingungen:	$c(t,0) = c_0$ $c'(t,x,\pm b) = c(t,x)$ $c(t,\infty) = c_I$ $c'(t,x,\infty) = c_I$

Analytische Lösungen

Tang et al. (1981) präsentieren eine allgemeine semi-analytische Lösung unter Verwendung der Laplace-Transformations-Technik. Die Rücktransformation muß numerisch erfolgen:

Tabelle 5.45. Dispersionsfreie Näherung (D=0)

Kluftbereich:
$c_D = \frac{c-c_I}{c_0-c_I} = c'_D(t,x,y=\pm b)$

Matrixbereich:
$$c_D' = \frac{1}{2}\exp(-\frac{\lambda R x}{v}) \cdot \Big[\exp(-\frac{n\sqrt{\lambda R' D'}}{bv}x + \sqrt{\frac{R'}{D'}}[y-b]) \cdot \operatorname{erfc}(\frac{n\sqrt{R'D'}}{2bvR\sqrt{t-xR/v}}x + \sqrt{\frac{R'}{D'}}\frac{y-b}{2\sqrt{t-xR/v}} - \sqrt{\lambda}\sqrt{t-xR/v}) + \exp(\frac{n\sqrt{\lambda R'D'}}{bv}x + \sqrt{\frac{R'}{D'}}[y-b]) \cdot \operatorname{erfc}(\frac{n\sqrt{R'D'}}{2bvR\sqrt{t-xR/v}}x + \sqrt{\frac{R'}{D'}}\frac{y-b}{2\sqrt{t-xR/v}} + \sqrt{\lambda}\sqrt{t-xR/v}) \Big]$$

Tabelle 5.46. Stationäre Lösung ($R \to 0$, $R' \to 0$)

Kluftbereich:
$$c_D = \frac{c-c_I}{c_0-c_I} = c_D'(t,x,y=\pm b)$$
Matrixbereich:
$$c_D' = \exp\left([\frac{v}{2(\alpha_L v+D)} - \sqrt{\frac{v^2}{4(\alpha_L v+D)^2} + \frac{\lambda + n\sqrt{D'\lambda}/b}{2(\alpha_L v+D)}}]\,x\right) \cdot \exp\left(-\sqrt{\frac{\lambda}{D'}}[y-b]\right)$$

Beispiel nach Grisak u. Pickens (1980)

In Tabelle 5.47 sind die Parameter für eine Aufgabenstellung nach Grisak u. Pickens (1980) zusammengestellt, die in der Literatur häufig als sog. "benchmark" für die Verifikation numerischer Simulationsprogramme zitiert wird. Die Daten entsprechen einem Laborversuch.

Tabelle 5.47. Modellparameter

Symbol	Bezeichnung	Wert
$2b$	Kluftöffnungsweite	$1.2 \cdot 10^{-4}$ m
$D'=D_m$	Molekulare Diffusionskonstante	$(10^{-10}\text{-}10^{-14})$ m^2 s^{-1}
v	Abstandsgeschwindigkeit	0.75 m d^{-1}
α_L	Longitudinale Dispersionslänge	0.76 m
$n = n_e$	Effektive Porosität	0.35 m^3 m^{-3}

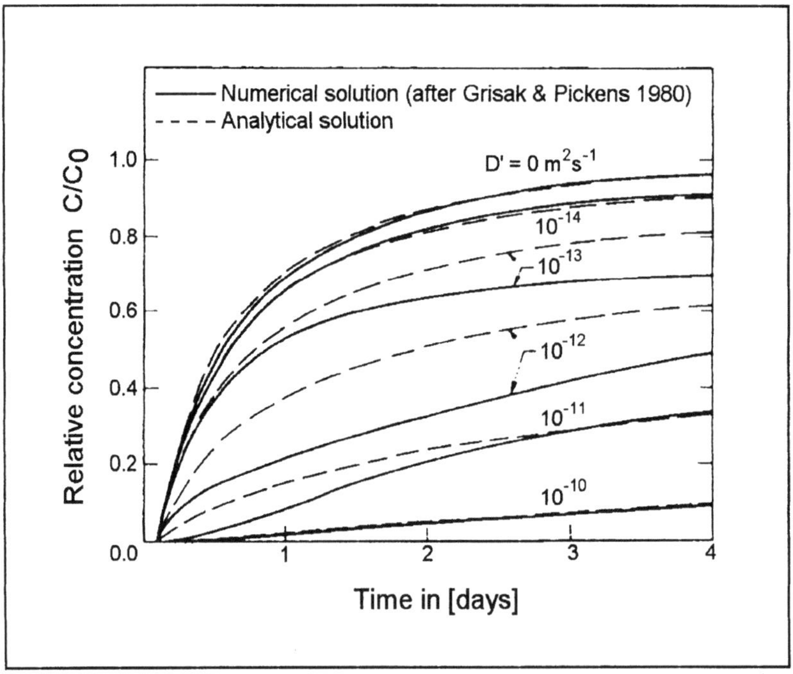

Abb. 5.25. Einfluß der Matrixdiffusion auf den zeitlichen Konzentrationsverlauf in der Kluft. (Aus Tang et al. 1981)

Abbildung 5.25 zeigt den Einfluß der Matrixdiffusion auf den zeitlichen Konzentrationsverlauf eines stabilen Tracers in der Kluft. Dabei sind numerische (Grisak u. Pickens 1980) und analytische (Tang et al. 1981) Resultate aufgetragen. Teilweise treten erhebliche Abweichungen auf, die auf die Problematik der Diskretisierung stark heterogener Simulationsgebiete hinweisen.

Beispiel nach Tang et al. (1981)

Tang et al. (1981) betrachten den Transport zerfallender Radionuklide (Tritium) im klüftigen Festgestein. Die Modellparameter sind in Tabelle 5.48 zusammengestellt. Ihre Berechnungen zeigen, daß aufgrund des radioaktiven Zerfalls beim betrachteten Fall nach ca. 10.000 Tagen ein stationärer Zustand erreicht wird (s. Abb. 5.26). Für den stationären Zustand existiert eine vereinfachte analytische Lösung gemäß Tabelle 5.46. Ferner wird der Einfluß der Dispersion in der Kluft untersucht. Kann die Dispersion in der Kluft vernachlässigt werden, gilt eine vereinfachte analytische Lösung gemäß Tabelle 5.45.

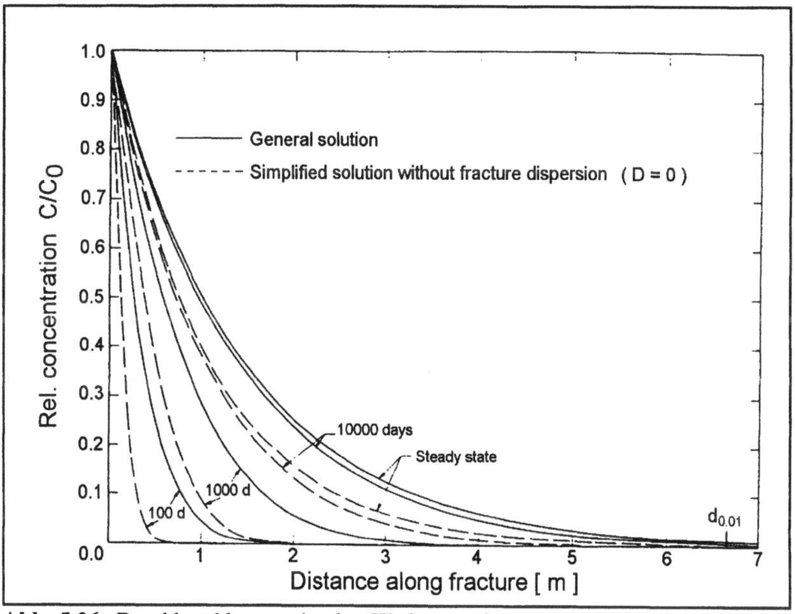

Abb. 5.26. Durchbruchkurven in der Kluft gemäß allgemeiner und vereinfachter (D=0) Lösung für verschiedene Zeitpunkte sowie stationärer Zustand. (Aus Tang et al. 1981)

Tabelle 5.48. Modellparameter

Symbol	Terminologie	Wert
$2b$	Kluftöffnungsweite	$1 \cdot 10^{-4}$ m
$D' = D_m$	Molekulare Diffusionskonstante	$1.6 \cdot 10^{-9}$ m^2 s^{-1}
R, R'	Retardationsfaktoren	1
$\lambda = \ln 2 / t_{1/2}$	Zerfallskonstante (Tritium)	$1.775 \cdot 10^{-9}$ s^{-1}
v	Abstandsgeschwindigkeit	0.01 m d^{-1}
α_L	Longitudinale Dispersionslänge	0.5 m
$n = n_e$	Effektive Porosität	0.01 m^3 m^{-3}

5.6.3 Aufgabenstellung nach Gringarten u. Sauty (1975)

In den vorangegangenen Abschnitten wurde der triviale Fall von homogenen 1-D-Strömungen betrachtet. Geeignete Koordinatentransformationen erlauben eine Erweiterung der Laplace-Transformations-Technik auf 2-D-Problemstellungen.

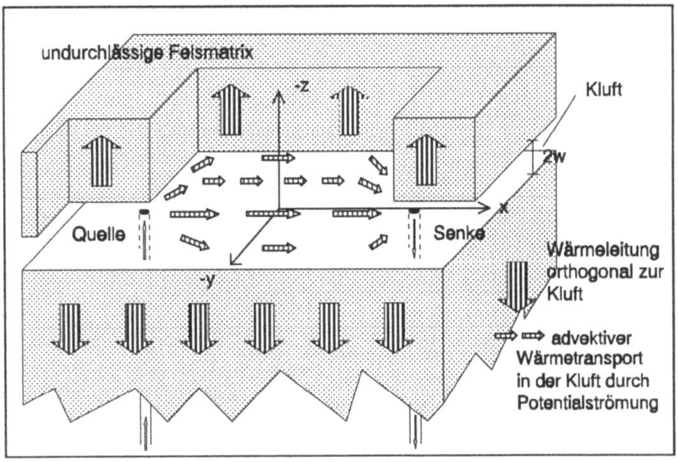

Abb. 5.27. Modellgeometrie für eine Bohrlochdublette nach Gringarten & Sauty (1975). (Aus Kolditz u. Lege 1992)

Abbildung 5.27 skizziert das Transportproblem der Wärmeextraktion aus der Felsmatrix durch eine Dipolströmung in einer Kluft. Die im Festgestein gespeicherte Wärme wird im wesentlichen durch Diffusion freigegeben und dann advektiv in der Kluft abtransportiert.

Tabelle 5.49. Modellannahmen

Kluft	Homogen, isotrop, konstante Mächtigkeit
Matrix	Homogen, isotrop
Strömung	Kluft: stationär, Dipol Matrix: undurchlässig
Transport	Kluft: Advektion, momentaner transversaler Wärmeaustausch Matrix: Diffusion

Für den Fall einer Brunnendublette kann eine Koordinatentransformation in Potential- und Stromlinien vorgenommen werden (s. Tabelle 5.16). Dann gelten folgende Modellgleichungen und analytische Lösungen:

Tabelle 5.50. Modellgleichungen

Transportgleichungen für Matrix und Kluft:	
$$c_r \rho_r \frac{\partial T'}{\partial t} - \lambda_r \frac{\partial^2 T'}{\partial z^2} = 0 \qquad x > 0\,,\, z > 0$$ $$c_w \rho_w \frac{\partial T}{\partial t} + c_w \rho_w \frac{w^2}{2\pi d^2} v^2 \frac{\partial T}{\partial \phi} = \frac{\lambda_r}{w} \frac{\partial T}{\partial z} \qquad x > 0\,,\, z = 0$$	
Anfangs- bedingung:	$T(0,\phi,\psi) = T'(0,\phi,\psi,z) = 0$
Rand- bedingungen:	$\lim_{z \to \infty} T'(t,\phi,\psi,z) = T_I\,,\ \lim_{z \to -0} T(t,\phi,\psi,z) = \lim_{z \to +0} T'(t,\phi,\psi)$ $\lim_{\phi,\psi \to 0} T(t,\phi,\psi) = T_I\,,\ T(t,\phi \to \infty,\psi = \pm\pi) = T_0$

Tabelle 5.51. Analytische Lösung

Kluftbereich:
$$T_D = \frac{T-T_I}{T_0-T_I} = T_D'(t,\phi,\psi,z=0)$$
Matrixbereich:
$$T_D' = u[t-I(\phi,\psi)]\ \mathrm{erfc}\left(\frac{1}{2\sqrt{t-I(\phi,\psi)}}\left[\frac{\sqrt{\lambda_r c_r \rho_r}}{w c_w \rho_w} I(\phi,\psi) + \sqrt{\frac{c_r \rho_r}{\lambda_r}}\, z\right]\right)$$
Position der advektiven Temperaturfront zum Zeitpunkt t :
$$I(\phi,\psi) = \frac{2\pi d^2}{(2w)^2}\int_{-\infty}^{\phi}\frac{d\phi}{v^2}$$ für: $\lvert\cos\psi_D\rvert \neq 1$ $$I = \frac{2\pi d^2(2w)}{Q}\cdot \left\{1+2\cot\psi_D \arctan\left(\frac{\tan\psi_D/2(\tanh\phi_D/2-1)}{1+\tanh\phi_D/2\ \tan^2\psi_D/2}\right) - \frac{\sinh\phi_D}{\cosh\phi_D+\cos\psi_D}\right\}\frac{1}{\sin^2\psi_D}$$ für: $\lvert\cos\psi_D\rvert = 1$ $$I = \frac{2\pi d^2(2w)}{3Q}\left\{1 - \frac{\sinh\phi_D}{\cosh\phi_D+\cos\psi_D}\left(1+\frac{\cos\psi_D}{\cosh\phi_D+\cos\psi_D}\right)\right\}$$

Beispiele

Abbildung 5.28 zeigt eine von Kolditz u. Lege (1992) analytisch berechnete Temperaturverteilung in einer Kluft beim Wärmeentzug aus dem angrenzenden Festgestein. Ein Beispiel für ein analoges Stofftransportproblem ist in Abb. 8.15 zu sehen. Rodemann (1979) betrachtet den Fall kreisförmig begrenzter Klüfte, dabei sind beliebige Bohrlochpositionen möglich. Heuer et al. (1991) erweitern das Lösungsverfahren für die Wärmeextraktion mittels Bohrlochdubletten auf Parallelkluftsysteme. Kolditz (1995b) wendet dieses Modell für Optimierungsprobleme bei geothermischen Anlagen an.

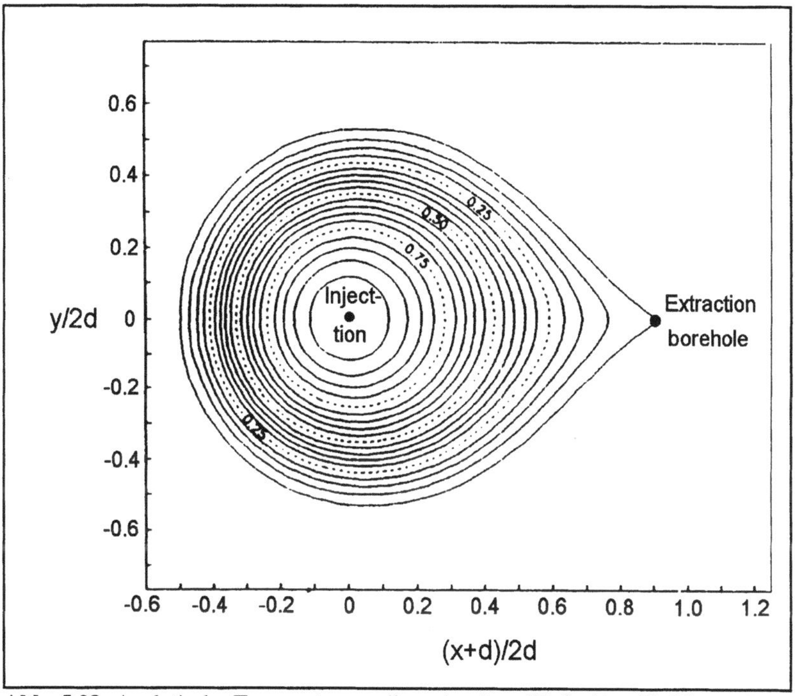

Abb. 5.28. Analytische Temperaturverteilung in einer Kluft. (Aus Kolditz u. Lege 1992)

Schulz (1987) untersucht den Einfluß der Grundwasserströmung auf den Dublettenbetrieb zur Förderung von Thermalwässern aus dem Malmkarst im süddeutschen Molassebecken. Zur Berechnung des Temperaturfeldes müssen numerische Verfahren zum Einsatz gelangen (s. Abb. 5.29).

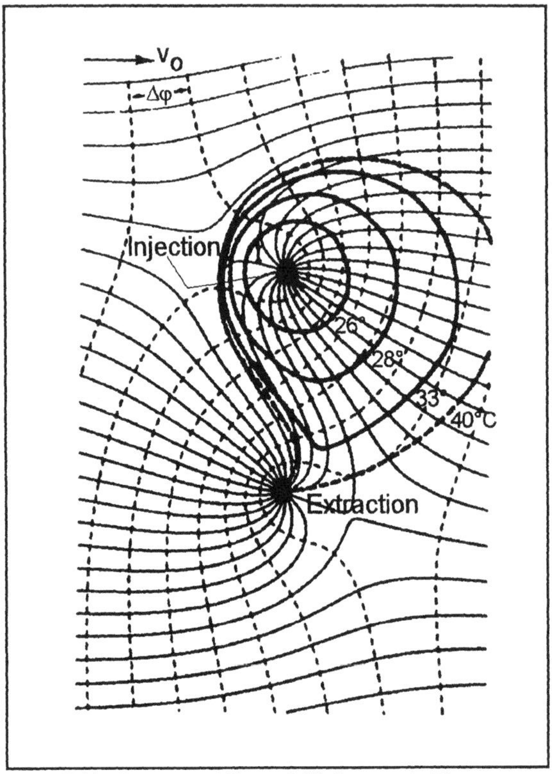

Abb. 5.29. Strom- und Potentiallinien sowie Temperaturverteilung für eine Dublette im natürlichen Grundwasserströmungsfeld. (Aus Schulz 1987)

In der nachfolgenden Tabelle 5.52 ist weiterführende Literatur zur Problematik der Matrixdiffusion aufgeführt.

Tabelle 5.52. Weiterführende Literatur zur Matrixdiffusion

Rasmuson u. Neretnieks (1981)	Analogie von Matrixdiffusion und Kluftdispersion
Bibby (1981)	Doppelporositäts-Modell
Sudicky u. Frind (1982)	Parallelkluft-Systeme
Noorishad u. Mehran (1982)	Multidimensionales Finite-Elemente-Konzept
Hyakorn et al. (1983)	Dimensionseffekt der Matrixdiffusion

Gillham et al. (1984)	Skaleneffekt der Dispersion bedingt durch Matrixdiffusion (Borden-Aquifer)
Sudicky u. Frind (1984)	Radioaktive Zerfallsketten
Chen (1986)	Radialsymmetrische Aufgabenstellung für brunnennahen Bereich.
Rowe u. Booker (1988)	Parallelkluft-Systeme, Pulsinjektion

6 Numerische Methoden

Die Einsatzmöglichkeiten analytischer Verfahren zur Lösung von Strömungs- und Transportaufgaben sind meist begrenzt auf Problemstellungen mit vereinfachten, symmetrischen Modellgeometrien und Randbedingungen. Analytische Lösungsverfahren versagen i. allg. bei variierenden Materialeigenschaften (Heterogenität, Nichtlinearitäten). Beispiele für Aufgabenstellungen mit nichtlinearen Differentialgleichungen sind z.B.:

- ungespannte Grundwasserströmung (Freispiegelströmungen)
- hydrothermale und thermohaline Konvektionen
- Salzwasserintrusion
- Mehrphasenströmungen
- chemische Nichtgleichgewichtsreaktionen

Der Einsatz numerischer Berechnungsmethoden (Abschn. 6.1 und 6.2) erlaubt wesentliche Erweiterungen gegenüber den analytisch handhabbaren Aufgabenstellungen, so die Behandlung gekoppelter Prozesse (Konvektion, hydraulisch-thermisch-mechanische Wechselwirkungen) und komplexer räumlicher Modellgeometrien (Kluftnetzwerke).

Der Preis für die großzügige Problemauswahl ist die Anfälligkeit numerischer Lösungsverfahren gegenüber Diskretisierungsfehlern (numerische Dispersion bzw. Oszillationen) sowie zusätzlich Stabilitätsproblemen (keine Lösungskonvergenz) bei iterativen Lösungsverfahren. Vorbeugende *Diskretisierungsvorschriften* (Abschn. 6.3.), die numerische Defekte vermeiden sollen, lassen sich nur für einfache Problemklassen (Linearität der Differentialgleichungen, Homogenität des Kalkulationsgebiets) konsequent ableiten. Für kompliziertere Problemstellungen muß deshalb stets der Nachweis der Konsistenz des numerischen mit dem physikalischen Modell erbracht werden. Für solche *Verifikationen* (Abschn. 6.4.) bieten sich Vergleiche zwischen analytischen und numerischen Berechnungsergebnissen an. Hauptanliegen dabei ist es, geeignete Orts- und Zeitdiskretisierungen für das numerische Modell zu finden, die es erlauben, analytische Vorgaben so genau wie möglich nachzuvollziehen.

Numerische Verfahren zur Lösung partieller Differentialgleichungen sind z.B.:

- Finite-Differenzen-Methode (FDM)
- Finite-Elemente-Methode (FEM)

- Randintegral-Methode (BEM)
- Bilanzmethode (CVM)
- Charakteristiken-Methode
- Random-Walk-Methode

Die beiden letztgenannten Verfahren wurden insbesondere zur Behandlung hyperbolischer Differentialgleichungen entwickelt. Im Rahmen der vorliegenden Arbeit kommen Finite-Elemente- (s. Abschn. 6.1) und Random-Walk-Methoden (s. Abschn. 6.4.3) zum Einsatz. Eine umfassende Einführung in die Spezifika der verschiedenen numerischen Verfahren geben z.B. Kinzelbach (1987), Häfner et al. (1992) und Vreugdenhil u. Koren (1993).

Zunächst sollen wichtige Grundbegriffe der numerischen Mathematik erläutert werden. Wir betrachten die partielle Differentialgleichung für die Feldgröße *c*,

$$L(c) = 0$$

mit dem Differentialoperator *L*. Die diskrete Approximation der Differentialgleichung läßt sich dann wie folgt schreiben

$$\tilde{L}(\tilde{c}) = 0$$

Die Beziehungen zwischen Differentialgleichung und ihrer diskreten Approximation sowie zwischen exakter Lösung und Näherungslösung werden in der folgenden Grafik demonstriert.

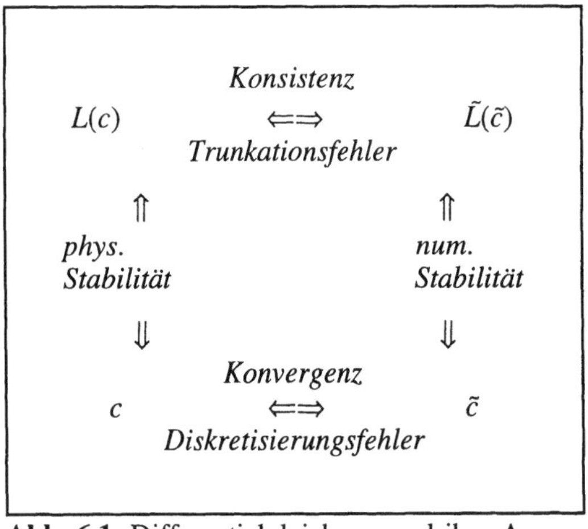

Abb. 6.1. Differentialgleichung und ihre Approximation

Numerische Stabilität
Eine numerische Lösung verhält sich instabil, wenn der durch die diskrete Approximation induzierte Abbruchfehler über alle Grenzen geht. Das heißt, die Lösung der Differentialgleichung und die Näherungslösung divergieren.

Konsistenz
Konsistenz zwischen Differentialgleichung und ihrer diskreten Approximation (z.B. Finite-Elemente-Gleichung) bedeutet, daß der Abbruchfehler zwischen beiden Gleichungen (Trunkation) für beliebig kleine Orts- und Zeitauflösungen (Δx und Δt) gegen Null geht. Das heißt für verschwindende Orts- und Zeitschritte sind Differentialgleichung und ihre diskrete Approximation identisch.

$$\|L(c)-\tilde{L}(\tilde{c})\| \leq \varepsilon(\Delta t,\Delta x)$$

Stabilität bedeutet nicht automatisch Konsistenz. Unter Umständen können stabile numerische Lösungen gefunden werden, die keine Lösung der ursprünglichen Differentialgleichungen darstellen.

Konvergenz
Konvergenz bedeutet, daß der Abbruchfehler zwischen exakter und genäherter Lösung (Diskretisierungsfehler) für beliebig kleine Orts- und Zeitauflösungen (Δx und Δt) gegen Null geht.

$$\|c-\tilde{c}\| \leq \varepsilon(\Delta t,\Delta x)$$

Das Äquivalenztheorem von Lax besagt, daß die Konvergenz zwischen exakter Lösung der Differentialgleichung und Näherungslösung gewährleistet ist, wenn Stabilität und Konsistenz gesichert sind (Richtmeyer u. Morton 1967). Die Allgemeingültigkeit des Äquivalenztheorems ist umstritten, insbesondere für nichtlineare Differentialgleichungen, wenn zusätzliche Probleme hinsichtlich der Lösungseindeutigkeit auftreten.

Numerische Dispersion
Die numerische Dispersion ist eine Erscheinung bei der numerischen Lösung von Differentialgleichungen, die auf Diskretisierungsfehlern beruht. Numerische Dispersion entsteht durch die Interpolation der Transportgröße zwischen den Gitterpunkten. So erscheinen im diskreten Modell stromaufwärts Konzentrationen, obwohl die Front diese Gitterknoten physikalisch noch gar nicht erreichen konnte.

6.1 Finite-Elemente-Methode

Lösung der Randwertaufgabe

Zu den Vorteilen der Finite-Elemente-Methode (FEM) zählt die flexible Behandlung komplexer Modellgeometrien. Dabei können z.B. multidimensionale Elementekombinationen verwendet werden, um die komplizierte Struktur geklüfteter geologischer Formationen behandeln zu können. Ziel der numerischen Methode ist zunächst die Übersetzung der aus der Modelltheorie resultierenden differentiellen Bilanzgleichungen in diskretisierte Gleichungen und anschließend die Ableitung konsistenter, konvergenter Näherungslösungen. Die Literatur zur Methode der finiten Elemente und ihrer Anwendung in der Geohydrodynamik ist zahlreich (z.B. Pinder u. Gray 1977; Hyakorn u. Pinder 1983; Diersch 1985; Kinzelbach 1987; Segol 1994), so daß nachfolgend nur die wichtigsten Verfahrensschritte vorgestellt werden sollen:

1. Aufstellen einer Funktionalgleichung (z.B. Methode der gewichteten Residuen)

Die Grundidee dieser diskreten Approximation besteht darin, daß die Lösung einer Differentialgleichung durch einen Reihenansatz (Ritz-Ansatz) näherungsweise beschrieben wird:

$$c \approx \tilde{c} = \sum_{i=1}^{np} \varphi_i \, c_i$$

mit:
- $\tilde{c}$ - Näherungslösung
- p_i - Knotenwerte der Näherungslösung
- $\vec{\varphi}$ - Vektor der Basisfunktionen
- np - Anzahl der Stützstellen

Die Näherungslösung wird die ursprüngliche Bilanzgleichung nicht mehr exakt erfüllen. Es verbleibt ein Approximationsfehler R (Residuum). Die Forderung der Orthogonalität des Residuums zu einer Basis linear unabhängiger Wichtungsfunktionen $\vec{w}$, gemäß:

$$\int_V \vec{w} \cdot R \, dV = 0$$

bedeutet, daß der Fehler der Näherungslösung im integralen Mittel über das

Kalkulationsgebiet V minimiert wird. Mit der Methode der gewichteten Residuen kann eine *Differentialgleichung* in eine entsprechende *Funktionalgleichung* überführt werden

Die allgemeine Finite-Elemente-Methode kann in verschiedene Lösungstechniken klassifiziert werden, z.B. die Standard-Galerkin-FEM, die Petrov-Galerkin-FEM (Upwind-Verfahren) und die Taylor-Galerkin-FEM.

Die weiteren Schritte der Finite-Elemente-Methode sind:

2. Partielle Integration, Green-Integralsatz
3. Aufstellen des algebraischen Gleichungssystems
4. Ortdiskretisierung (Lagrange-Elemente, Serendipity-Elemente)
5. Transformation in lokale Elementkoordinaten (isoparametrisches Elementkonzept)
6. Numerische Integration (z.B. Gauß-Quadratur)
7. Zeitdiskretisierung (s. Abschn. 6.2)
8. Lösung der Gleichungssysteme (z.B. Gauß-Eliminierung, CG-Verfahren, Choleski-Dekomposition)

Zur Aufstellung eines FE-Konzeptmodells für geklüftete geologische Formationen werden geometrische Besonderheiten der auftretenden Strukturen ausgenutzt. Zur räumlichen Auflösung geklüfteter Medien wird ein spezielles Diskretisierungskonzept verfolgt, indem die Dimensionalität der einzelnen Strukturkomponenten vereinfacht betrachtet wird. Bohrungen, Klüfte und Gesteinsblöcke werden wie linien-, flächen- bzw. volumenhafte Gebilde behandelt (Wollrath 1990; Kröhn 1991; Helmig 1993; Shao 1994; Lege 1995; Kolditz 1995c).

Upwind-Verfahren

Überwiegt der advektive gegenüber dem dispersiven Transportanteil kommt es zur Ausbildung scharfer Konzentrationsfronten in der Vermischungszone. Dort treten große Gradienten der Transportgröße auf. Oftmals ist es nicht möglich, schmale Vermischungszonen im numerischen Modell hinreichend genau aufzulösen, zumal sich die Position der Front in dynamischen Systemen ändert. Im Ergebnis erhält man oszillierende Lösungen im Übergangsbereich. Für die Simulation advektiv dominanter Transportprozesse werden deshalb vielfach sogenannte Upwind-Verfahren eingesetzt (Zienkiewicz 1984). Gegenüber dem Standard-Galerkin-Verfahren werden modifizierte Wichtungsfunktionen verwendet (Petrov-Galerkin-Verfahren), die das Gewicht zur Diskretisierung räumlicher Gradienten stromabwärts verlagern. Das heißt, die Stützstellen zur Approximation räumlicher Ableitungen werden entgegen der Fließrichtung gewählt. Upwind-Schemata dämpfen numerische Oszillationen durch die Erzeugung numerischer Dispersion. Die Lösungen werden glatter, allerdings auf Kosten der Konsistenz zwischen dem physikalischen und dem numerischen Modell. Der Approximationsfehler von Upwind-Verfahren kann minimiert werden (z.B. Helmig 1993). Beim Streamline-Upwind-Verfahren wirken die modifizierten Wichtungsfunktionen nur in Stromlinienrichtung, d.h. es wird nur der advektive Transportanteil gewichtet. Somit wird keine numerische Querdispersion, transversal zu den Stromlinien, erzeugt.

6.2 Zeitdiskretisierung

Lösung der Anfangswertaufgabe

Die sich aus der FEM ergebenden algebraischen Gleichungssysteme können in allgemeiner Form geschrieben werden,

$$[\,C\,]\,\frac{dc}{dt} + [\,D\,]\,c = \{\,r\,\} \tag{6.1}$$

mit der Näherungslösung c (die Kennzeichnung der Approximation durch Tilde wird im folgenden weggelassen), den Koeffizientenmatrizen [C] und [D] sowie dem Vektor {r}, der Randbedingungen und äußere Lasten repräsentiert.

Die zeitliche Auflösung von transienten Größen erfolgt mit Hilfe von Differenzenansätzen,

$$\frac{dc}{dt} \approx \frac{c(t+\Delta t) - c(t)}{\Delta t} \tag{6.2}$$

Für die zeitliche Auswertung der anderen Terme kann mit der Wahl der Kollokationsstelle θ eine Wichtung zwischen altem und neuem Zeitniveau herbeigeführt werden. Für die Transportgröße erhält man z.B.,

$$c(t+\theta\Delta t) = \theta\; c(t+\Delta t) + (1-\theta)\; c(t) \quad , \quad 0 \le \theta \le 1 \;. \tag{6.3}$$

Die allgemeine Matrizengleichung lautet dann,

$$\begin{aligned} [\,C\,]\,\left\{\frac{c(t+\Delta t) - c(t)}{\Delta t}\right\} + [\,D\,]\,\{\,\theta c(t+\Delta t) + (1-\theta)c(t)\,\} &= \\ = \{\,\theta r(t+\Delta t) + (1-\theta)r(t)\,\} \end{aligned} \tag{6.4}$$

bzw.

$$
\begin{aligned}
&\left(\frac{1}{\Delta t}[C] + \theta[D]\right) c(t+\Delta t) = \\
&= \left(\frac{1}{\Delta t}[C] - (1-\theta)[D]\right) c(t) + \{\ \theta r(t+\Delta t) + (1-\theta) r(t)\ \}
\end{aligned}
\tag{6.5}
$$

wenn die Terme zum alten Zeitpunkt und die Quellterme auf der rechten Seite zusammengefaßt werden. Je nach Wahl der Kollokationsstelle ergeben sich verschiedene Zeitschemata mit verschiedenen Genauigkeiten und Stabilitätseigenschaften.

Tab. 6.1. Übersicht von Zeitschrittverfahren

Kollokation	Zeitschema	Verfahren
$\theta = 0$	Explizit	Euler (vorwärts)
$\theta = 0.5$	Semi-implizit	Crank-Nicolson
$\theta = 1$	Implizit	Euler (rückwärts)

Explizites Zeitschema (θ=0)

$$\frac{1}{\Delta t}[C]\; c(t+\Delta t) = \left(\frac{1}{\Delta t}[C] - [D] \right) c(t) + r(t) \qquad (6.6)$$

Vorteile:	symmetrische Koeffizientenmatrix vor der Unbekannten auf der linken Seite (CG-Löser anwendbar), Lumping möglich (Zusammenziehen der Koeffizienten auf die Hauptdiagonale der Matrix [C])
Nachteile:	bedingt stabil (Zeitschrittbeschränkung)

Implizites Crank-Nicolson-Zeitschema (θ=1/2)

$$\left(\frac{1}{\Delta t}[C] + \frac{1}{2}[D] \right) c(t+\Delta t) = \\ = \left(\frac{1}{\Delta t}[C] - \frac{1}{2}[D] \right) c(t) + \frac{1}{2} \{ r(t+\Delta t) + r(t) \} \qquad (6.7)$$

Vorteile:	stabil, Genauigkeit zweiter Ordnung
Nachteile:	bedingt oszillationsfrei, unsymmetrische Koeffizientenmatrix vor der Unbekannten auf der linken Seite, höherer Rechenaufwand

Voll implizites Zeitschema (θ=1)

$$\left(\frac{1}{\Delta t}[C] + [D] \right) c(t+\Delta t) = \frac{1}{\Delta t}[C]\; c(t) + r(t+\Delta t) \qquad (6.8)$$

Vorteile:	stabil, oszillationsfrei
Nachteile:	Genauigkeit erster Ordnung, unsymmetrische Koeffizientenmatrix vor der Unbekannten auf der linken Seite, höherer Rechenaufwand

6.3 Stabilität und Konsistenz diskreter Näherungsverfahren

Die Stabilitäts- und Konsistenzeigenschaften von Näherungsverfahren werden wesentlich durch die Güte der zeitlichen und örtlichen Diskretisierung bestimmt. Je feiner die Auflösung der diskreten Approximation ist, desto besser stimmen die exakte Lösung der Ausgangsgleichung und die Näherungslösung der diskretisierten Gleichung überein.

Für die Untersuchung der Stabilität und Konsistenz von Diskretisierungsverfahren gibt es eine Reihe mathematischer Methoden, z.B.:

- Eigenwertanalyse von Matrizengleichungen (z.B. Richtmeyer u. Morton 1967; Diersch 1985).
- Differenzenanalyse (Hirt 1968; Kinzelbach 1987)
- Fourier- bzw. von-Neumann-Analyse (z.B. Roache 1976; Pinder u. Gray 1977)

Im Ergebnis der mathematischen Analyse können Kriterien für korrekte Zeit- und Ortsdiskretisierungen abgeleitet werden, wobei gewisse Gültigkeitseinschränkungen für mehrdimensionale und nichtlineare Differentialgleichungen hingenommen werden müssen.

Stabilitätsbetrachtung mittels Eigenwertanalyse

Wir beschränken uns zunächst auf die Stabilitätsuntersuchung der Anfangswertaufgabe. Dazu sollen Quellterme unberücksichtigt bleiben. Eine Diskussion zur Stabilität bezüglich Quelltermen kann der interessierte Leser z.B. in Schwetlick u. Kretzschmar (1994) finden. Ohne Quellterme läßt sich die diskrete Bilanzbeziehung (6.1) leicht in ihre Eigenwertgleichung umformen,

$$c(t+\Delta t) = \hat{\lambda} c(t) \tag{6.9}$$

Zur Sicherung der Stabilität ergibt sich aus dem Maximumprinzip folgende Bedingung,

$$\|\hat{\lambda}\| < 1 \tag{6.10}$$

Der Betrag des größten Eigenwerts (Spektralradius) muß demnach < 1 sein. Durch die Umformung der diskreten Transportgleichung (6.5) in ihre Eigenwertform kann die Stabilitätsforderung (6.10) in eine Beziehung für den Zeitwichtungsfaktor,

$$\theta \geq 0.5 \tag{6.11}$$

umgeschrieben werden. Die zeitliche Wichtung der transienten Transportgröße (z.B. Konzentration oder Temperatur) während eines Lösungsschritts Δt hat also wesentlichen Einfluß auf die Stabilitätseigenschaften des numerischen Verfahrens. Ferner folgt aus (6.11), daß gewisse implizite Zeitschemata bedingungslos stabil sind (sog. A-Stabilität). Das Crank-Nicolson-Schema bildet faktisch die untere Grenze dieser stabilen Verfahren.

Wird neben Stabilität auch die Oszillationsfreiheit gefordert, gilt eine schärfere Bedingung für die Eigenwerte der Matrizengleichung (6.10),

$$0 < \lambda < 1 \tag{6.12}$$

Diese Forderung wird allein durch das voll implizite Zeitschrittverfahren (θ=1) bedingungslos für beliebige Zeit- und Ortsdiskretisierungen erfüllt. Für die Oszillationsfreiheit des Crank-Nicolson-Verfahrens gilt die Bedingung,

$$PgCr < 2 \tag{6.13}$$

Differenzenanalyse der advektiven Transportgleichung

Stabilität und Genauigkeit numerischer Verfahren lassen sich am einfachsten durch Differenzenanalysen für eindimensionale Differentialgleichungen erläutern. Für die Diskussion der Anfangswertaufgabe verwenden wir die eindimensionale advektive Transportgleichung,

$$\frac{\partial c}{\partial t} + v\frac{\partial c}{\partial x} = 0 \quad . \tag{6.14}$$

Werden lokale Ableitungen durch Rückwärtsdifferenzen und zeitliche Ableitungen durch Vorwärtsdifferenzen (explizites Schema) approximiert, erhält man die Knotengleichung für den i-ten Gitterpunkt,

$$\frac{c_i(t+\Delta t) - c_i(t)}{\Delta t} + v\,\frac{c_i(t)-c_{i-1}(t)}{\Delta x} = 0 \quad . \tag{6.15}$$

Die Funktionswerte werden durch Taylor-Reihenansätze entwickelt,

$$
\begin{aligned}
c_i(t+\Delta t) &= c_i(t) + \frac{\partial c}{\partial t}\Big|_t \Delta t + \frac{1}{2}\frac{\partial^2 c}{\partial t^2}\Big|_t \Delta t^2 + \ldots \\
c_{i-1}(t) &= c_i(t) - \frac{\partial c}{\partial x}\Big|_x \Delta x + \frac{1}{2}\frac{\partial^2 c}{\partial x^2}\Big|_x \Delta x^2 + \ldots
\end{aligned}
\tag{6.16}
$$

und in (6.15) eingesetzt. Dann ergibt sich eine andere als die ursprüngliche Transportgleichung (6.14), die einen zusätzlichen Dispersionsterm enthält, der allein aus der Diskretisierung hervorgeht,

$$
\frac{\partial c}{\partial t} + v\frac{\partial c}{\partial x} - (1-Cr)\frac{v\Delta x}{2}\frac{\partial^2 c}{\partial x^2} = 0(\Delta t) + 0(\Delta x^2) \quad . \tag{6.17}
$$

Eine Schlüsselrolle dieser sog. numerischen Dispersion spielt die Courant-Zahl gemäß (6.24). Für eindimensionale Aufgaben kann die numerische Dispersion durch die geeignete Wahl der Orts- und Zeitschrittweiten ausgelöscht werden, wenn $Cr = 1$ ist. Für Courant-Zahlen > 1 ergeben sich oszillierende Lösungen; s. (6.19). Für Courant-Zahlen < 1 kommt es zur Glättung der scharfen Fronten, die bei rein advektivem Transport entstehen. Das numerische Schema induziert eine künstliche Dispersion.

Während die Neutralisierung der numerischen Dispersion für eindimensionale Aufgaben keine Probleme bereitet, gelingt dies für inhomogene Strömungen in mehrdimensionalen Gebieten nicht mehr konsequent im gesamten Berechnungsgebiet.

Oszillierende Lösungen entstehen z.B. auch bei der Verwendung von zentralen Differenzen im lokalen Gradienten,

$$
\frac{c_i(t+\Delta t) - c_i(t)}{\Delta t} + v\,\frac{c_{i+1}(t) - 2c_i(t) + c_{i-1}(t)}{2\Delta x} = 0 \quad . \tag{6.18}
$$

Werden wiederum die Taylor-Reihenansätze gemäß (6.16) verwendet, erhält man eine Gleichung mit sog. numerischer Antidispersion,

$$
\frac{\partial c}{\partial t} + v\frac{\partial c}{\partial x} + \frac{v\Delta x}{2}\,\frac{\partial^2 c}{\partial x^2} = 0(\Delta t) + 0(\Delta x^2) \quad . \tag{6.19}
$$

Das heißt der Dispersionsterm mit positivem Vorzeichen führt nicht zum Abbau von Konzentrationsgradienten sondern zur Überhöhung. Die einhergehenden Über- und Unterschwingungen werden als numerische Oszillationen bezeichnet. Für den eindimensionalen Fall ist eine Kompensierung dieser artifiziellen Antidispersionsterme möglich durch die Einführung kontraproduktiver Dispersionsterme, wenn die Bedingung,

$$\frac{v\Delta x}{2} - D = \frac{v\Delta x}{2}\left(1 - \frac{2}{Pg}\right) = 0 \tag{6.20}$$

eingehalten wird. Ähnlich wie in der Beziehung (6.17) die numerische Dispersion über die Courant-Zahl gesteuert werden kann, erscheint in diesem Fall die Gitter-Peclet-Zahl gemäß (6.26) als Regulator.

Differenzenanalyse der advektiv-dispersiven Transportgleichung

Diersch (1985) analysiert die *Randwertaufgabe* zum advektiv-dispersiven Transport (eindimensionale, stationäre, quellenfreie Gleichung),

$$v\frac{dc}{dx} - D\frac{d^2c}{dx^2} = 0 \tag{6.21}$$

Dabei untersucht Diersch (1985) die Stabilitätseigenschaften von Finite-Elemente-Verfahren, die sich aus der Ortsdiskretisierung ergeben. Für lineare finite Elemente z.B. bestehen folgende Forderungen:

Galerkin-FEM	$Pg \leq 2$	Oszillationen werden verursacht, sobald die Element-Peclet-Zahl den Wert 2 übersteigt
Upwind-FEM	$\alpha = \alpha_{krit} \geq 1 - 2/Pg$	Für beliebige Ortsdiskretisierungen muß der Upwind-Parameter größer als der kritische Wert sein

Ähnliche Bedingungen können für Elemente höherer Ordnung abgeleitet werden.

Konsistenzbetrachtung

Fehlerabschätzungen zur Genauigkeit diskreter Approximationen können mit Hilfe von Taylor-Reihenentwicklungen der Feldgröße gewonnen werden. Dabei werden die Terme der Differentialgleichung durch die Taylor-Reihenentwicklungen ersetzt. Unter Verwendung der Knotengleichungen erhält man eine Beziehung, die den Trunkationsfehler durch die diskrete Approximation beschreibt. Für die eindimensionale Advektions-Dispersions-Gleichung gilt dann:

$$\frac{\partial c}{\partial t} + v\frac{\partial c}{\partial x} + D\frac{\partial^2 c}{\partial x^2} = D_{num}\frac{\partial^2 c}{\partial x^2} + E_{num}\frac{\partial^3 c}{\partial x^3} + F_{num}\frac{\partial^4 c}{\partial x^4} + \ldots \quad (6.22)$$

Die Terme auf der rechten Seite stellen die durch Zeit- und Ortsapproximation induzierte numerische Diffusion, Dispersion und Dissipation dar. Dabei wurde die Konsistenzordnung bereits erhöht, indem für die Zeitableitungen höherer Ordnung entsprechende Ausdrücke verwendet werden, die sich aus der Differenzierung der Advektions-Dispersionsgleichung nach der Zeit ergeben (Taylor-Verfahren).

Der Approximationsfehler (numerische Dispersion) der Upwind-FEM für den Fall linearer finiter Elemente beträgt z.B.,

$$D_{num} = \frac{v^2 \Delta t}{2} + 0(\Delta t^2) + \alpha\frac{v\Delta x}{2} + 0(\Delta x^2) \quad (6.23)$$

wobei der Faktor α für die Galerkin-FEM verschwindet, hingegen für Upwind-Verfahren zu 1 wird. Um stabile Verfahren mit bestmöglicher Genauigkeit zu erhalten, können Upwind-Wichtungen optimiert werden (Diersch 1985).

Verallgemeinerung von Diskretisierungskriterien

Aus der bisherigen Diskussion der Eigenschaften numerischer Verfahren anhand eindimensionaler Gleichungen wird deutlich, daß eine Reihe von Annahmen erforderlich ist, um Diskretisierungskriterien explizit abzuleiten. Die Untersuchung der Numerik zweidimensionaler Transportprobleme erfordert einen weitaus größeren Aufwand (Kinzelbach 1987). Bei komplexeren Aufgabenstellungen werden zur Stabilitäts- und Konsistenzbetrachtung auch Konservativitätsüberlegungen herangezogen (Tabelle 6.2).

Tabelle 6.2: Diskretisierungskriterien und Konservativitätsbetrachtungen

(1)	Courant-Kriterium
	$$Cr = \left\| \frac{v\,\Delta t}{\Delta l} \right\| \leq 1 \quad , \qquad (6.24)$$
	Die Beachtung des Courant-Kriteriums soll garantieren, daß während eines Zeitschrittes Δt die Konzentrations- oder Temperaturdifferenz in einem finiten Element nicht größer werden kann als die durch advektive Stoff- oder Wärmeströme hervorgerufene Konzentrations- oder Temperaturänderung. Dabei ist Δl eine charakteristische Elementlänge.
(2)	Neumann-Kriterium
	$$Fo = \frac{D}{\Delta l^2}\,\Delta t \leq \frac{1}{2} \quad , \qquad (6.25)$$
	Die Einhaltung des Neumann-Kriteriums soll verhindern, daß Konzentrations- oder Temperaturgradienten in einem finiten Element während eines Zeitschrittes Δt allein durch diffusive oder dispersive Stoff- oder Wärmeströme umgekehrt werden können.
(3)	Ein weiteres Kriterium bezieht sich auf die Behandlung von Quellen und Senken. Dabei soll in einem Zeitschritt Δt nicht mehr Substanz oder Wärme das finite Element verlassen, als ursprünglich in ihm enthalten war. Entsprechend soll nicht mehr Substanz oder Wärme hineingetragen werden, als das finite Element ohne Konzentrations- oder Temperaturerhöhung über die Zugabekonzentration oder -temperatur hinaus aufnehmen kann.

Tabelle 6.3: Peclet-Zahl

	Gitter- oder Element-Peclet-Zahl
	$$Pg = \left\| \frac{v\,\Delta l}{D} \right\| \qquad (6.26)$$

Die Gitter-Peclet-Zahl gemäß Tab. 6.3 läßt sich physikalisch, mathematisch und numerisch interpretieren (Tabelle 6.4). Im physikalischen Sinne ist sie eine elementspezifische Maßzahl für das Verhältnis zwischen advektiven und dispersiven Transportanteilen. Mathematische Bedeutung erlangt dieses Verhältnis für den Charakter der Differentialgleichung.

Tabelle. 6.4. Interpretation der Element-Peclet-Zahl

Physikalisch	Maßzahl für das Verhältnis zwischen advektiven und dispersiven Transportanteilen	$Pg < 1$ mehr dispersiv $Pg > 1$ mehr advektiv
Mathematisch	Charakterisierung der Differentialgleichung für die Transportgröße	$Pg < 1$ mehr parabolisch $Pg > 1$ mehr hyperbolisch
Numerisch	Stabilitätskriterium	$Pg < 2$ lineare Elemente $Pg < 4$ quadratische Elemente

Das Peclet-Kriterium garantiert die Stabilität der numerischen Lösung für eine eindimensionale, stationäre, quellen-senken-freie Transportgleichung. Die Wirksamkeit der "Antidispersion" hängt allerdings neben der Element-Peclet-Zahl auch von der Größe der örtlichen Änderung des Gradienten der Transportgröße ab. Oszillationsgefahr besteht also vornehmlich dort, wo starke Gradientenänderungen auftreten (z.B. in Grenzschichten).

Empfehlungen

Prinzipiell sollten die Simulationen zunächst mit den genauesten Verfahren ausgeführt werden, d.h. mit dem Standard-Galerkin-Verfahren unter Verwendung expliziter oder semi-impliziter (Crank-Nicolson-) Zeitschrittstrategien. Die Konsistenzordnung kann mit dem Taylor-Galerkin-Verfahren erhöht werden. Allerdings erfordert diese Konsistenzerhöhung aus Stabilitätsgründen die konsequente Einhaltung des Courant-Kriteriums. Die genannten Verfahren sind zwar insbesondere bei advektiv-dominantem Transport oszillationsanfällig. Sie weisen dafür schonungslos auf die Ursachen hin, wie z.B. ungenügende Diskretisierung des Simulationsgebietes, während z.B. Upwind-Verfahren oder/und implizite Zeitschrittvorgehensweise glatte aber verfälschte Ergebnisse suggerieren. Diese glättenden Methoden sollten erst dann zum Einsatz kommen, wenn die genaueren Verfahren versagen (Kolditz u. Diersch 1993).

Zum Genauigkeitstest einer numerischen Lösung sollten stets auch Netzeffekte ausgeschlossen werden. Das heißt, die Konvergenz einer numerischen Lösung darf dann angenommen werden, wenn eine weitere Netzverfeinerung keine Lösungsveränderung mehr anzeigt.

6.4 Verifikation numerischer Modelle

In diesem Abschnitt werden numerische Modelle anhand analytischer Lösungen geprüft. Der Vergleich analytischer und numerischer Modelle ist erstens wichtig, um die korrekte Codierung des numerischen Berechnungsverfahrens im Computerprogramm zu testen. Zweitens liefern solche Prüfungen anhand sog. "Benchmarks" wichtige Anhaltspunkte für die aufzubringende Diskretisierung eines Modellgebietes, um die notwendige Genauigkeit der numerischen Approximation erreichen zu können. Die im vorangegangenen Abschnitt beschriebenen Diskretisierungskriterien sind oftmals nicht ausreichend für die Abschätzung gültiger Orts- und Zeitschrittweiten insbesondere für mehrdimensionale Aufgabenstellungen.

6.4.1 Dispersiver Transport

Im Abschn. 5.4 wurden bereits einige 1-D- und 2-D-Beispiele zum dispersiven Stofftransport erläutert. Details der numerischen Simulation sind in Kolditz (1994b) zu finden. Abbildungen 5.11 und 5.12 zeigen den Vergleich analytischer und numerischer Ergebnisse für die Aufgabenstellung nach Ogata u. Banks (Abschn. 5.4 und 8.5). In den im Abschn. 5.5 beschriebenen Aufgabenstellungen nach Bruch u. Street (1967) und Thiele u. Diersch (1986) werden transversale Vermischungen durch Dispersion untersucht. Die wesentlichen Unterschiede beider Modellaufgaben sind die verschiedenen Anfangsbedingungen in der unteren Schicht. Nach entsprechender Prozeßdauer verschwindet jedoch der Einfluß der Anfangsverteilung auf die aktuelle Konzentrationsverteilung. Das heißt, die Lösungen beider Modelle müssen für entsprechend große Zeiten gleiche Ergebnisse liefern, was sich in der Abb. 5.19 gut verfolgen läßt. Solche physikalischen Überlegungen können als Plausibilitätstest für numerische Lösungen herangezogen werden.

Aufgabenstellung nach Hoopes u. Harlemann (1967)

Die experimentellen und analytischen Untersuchungen von Hoopes u. Harlemann (1967) zum dispersiven Transport bei Brunnendubletten wurden bereits im Abschn. 5.4.3 vorgestellt. Eine Reihe von Autoren (z.B. Huyakorn et al. 1986; Segol 1994) verwenden die Aufgabenstellung nach Hoopes u. Harlemann zur Verifikation und Eichung numerischer Modelle. Die gemessenen zeitlichen Durchbruchskurven weisen einen sprunghaften Anstieg der Konzentrationen in den Beobachtungspunkten auf, was auf eine geringe hydrodynamische Dispersion im Laboraquifer hindeutet. Die damit verbundenen scharfen Fronten der Durchbruchskurven sind im numerischen Modell nur schwer nachvollziehbar. Dieses Beispiel eines advektions-dominanten Transports eignet sich hervorragend, um die Genauigkeit numerischer Berechnungsverfahren zu diskutieren.

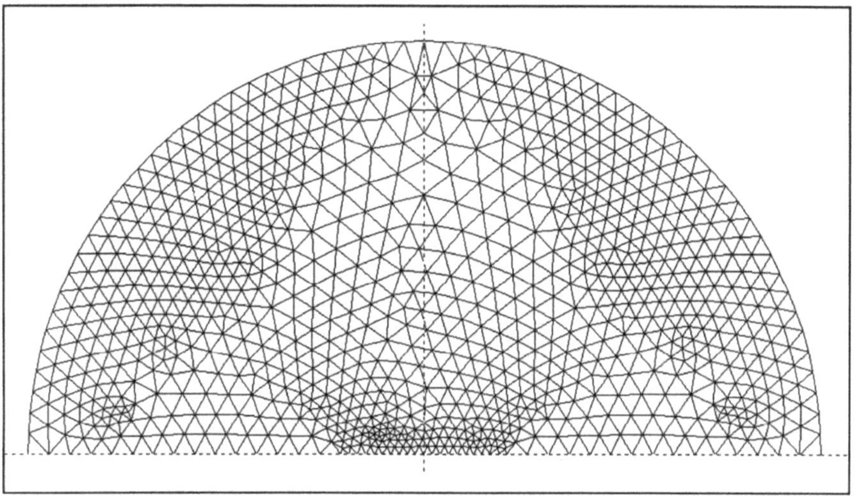

Abb. 6.2. Finite-Elemente-Diskretisierung für die Aufgabenstellung nach Hoopes u. Harlemann - lineare Dreieckselemente. (Aus Kolditz 1994b)

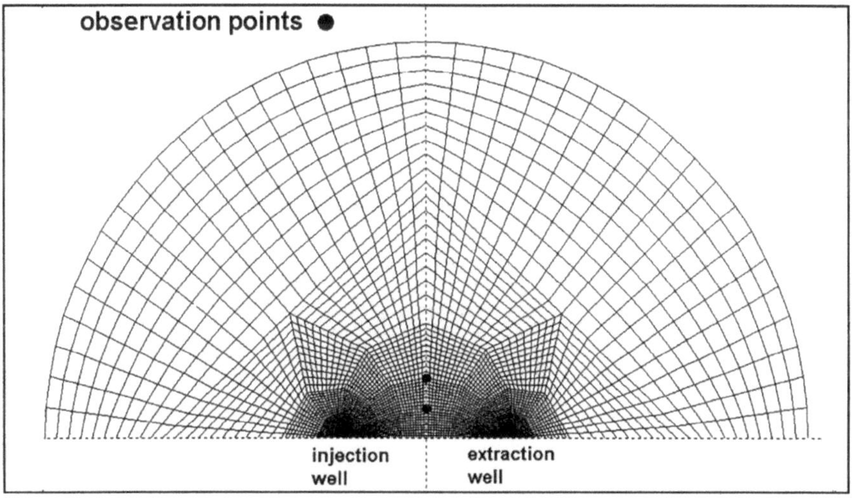

Abb. 6.3. Finite-Elemente-Diskretisierung für die Aufgabenstellung nach Hoopes u. Harlemann - bilineare Viereckselemente. (Aus Kolditz 1994b)

Abbildungen 6.2 und 6.3 zeigen 2 verschiedene Finite-Elemente-Diskretisierungen für den Laboraquifer mit den Beobachtungspunkten. Die erste Vernetzung erfolgte mit Dreieckselementen, die zweite mit Viereckselementen. Die Besonderheit des zweiten Netzes ist, daß die Gitterpunkte der Superelemente entlang von Stromlinien mit gleichem Potentialabstand positioniert wurden. Das in Abb. 6.3 dargestellte Berechnungsnetz ergibt sich durch äquidistante Verfeinerung der Superelemente.

Thorenz (1995) stellt eine Strategie zur Vernetzung von beliebigen Brunnensystemen mit Hilfe von Strom- und Potentiallinienverfolgungen vor (s. Abb. 5.6).

Zunächst wird mit dem Dreiecksnetz gearbeitet. In Abb. 6.4 sind die zeitlichen Durchbruchkurven in den Beobachtungspunkten dargestellt. Dabei werden analytische und verschiedene numerische Ergebnisse miteinander verglichen. Das Standard-Galerkin-Verfahren liefert trotz Beachtung der Stabilitätskriterien (Abschn. 6.3) oszillierende Lösungen. Die Verwendung eines Upwind-Verfahrens führt zwar zu oszillationsfreien aber verfälschten Lösungen infolge numerischer Dispersion. Gerechnet wird mit 2 verschiedenen Dispersionslängen α_L=0.0015 m und α_L=0.00294 m. Zur Anpassung von Kurz- und Langzeitmessungen müssen verschiedene Dispersionslängen verwendet werden (Hoopes u. Harlemann 1967).

Abbildung 6.5 zeigt die mit dem FE-Netz auf der Basis von Strom- und Potentiallinien berechneten Durchbruchkurven. Die feinere örtliche Auflösung des Netzes, insbesondere in Brunnennähe, wo die größten Geschwindigkeiten auftreten, liefert oszillationsfreie Lösungen, die besser mit den analytischen Vorgaben übereinstimmen. Die Problematik nahezu dispersionsfreier Transportprozesse wird hier deutlich. Die Reproduktion scharfer Fronten erfordert sehr feine Diskretisierungen.

Eine perfekte Übereinstimmung von analytischen und numerischen Ergebnissen darf nicht erwartet werden, da es Unterschiede bei den Randbedingungen gibt. Das analytische Modell betrachtet einen unendlich ausgedehnten Aquifer mit punktuellen Einleitungs- und Entnahmestellen. Das numerische Modell hingegen simuliert einen endlichen Aquifer. Ferner besitzen die Brunnen entsprechend der experimentellen Anordnung einen endlichen Radius von 5 mm. Im Vergleich zu anderen Arbeiten aus der Literatur (Huyakorn et al. 1986) stimmen die in der Abb. 6.5 präsentierten Ergebnisse besser mit der analytischen Vorlage überein.

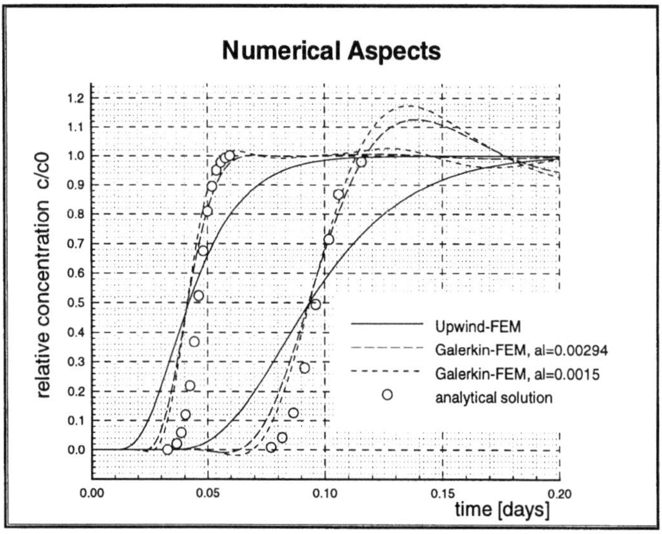

Abb. 6.4. Zeitliche Tracerdurchbruchkurven in den Beobachtungspunkten berechnet mit dem Dreieck-Elemente-Netz. (Aus Kolditz 1994b)

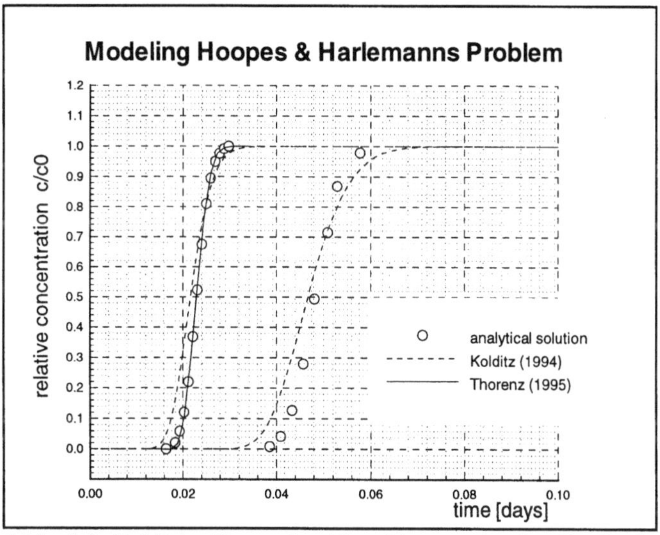

Abb. 6.5. Zeitliche Tracerdurchbruchkurven in den Beobachtungspunkten berechnet mit Strom-Potentiallinien basierten Viereck-Elemente-Netzen. (Aus Kolditz 1995c)

6.4.2 Matrixdiffusion

In den Abschnitten 4.2.4 und 5.6 wurde das Phänomen der Matrixdiffusion besprochen. Dabei wurden bereits numerische Ergebnisse von Grisak u. Pickens (1980) zitiert. Für die Verifikation numerischer Modelle bietet sich die Aufgabenstellung nach Tang et al. (1981), die eine analytische Lösung für die Matrixdiffusion bei dispersivem Transport in einer Kluft entwickelten.

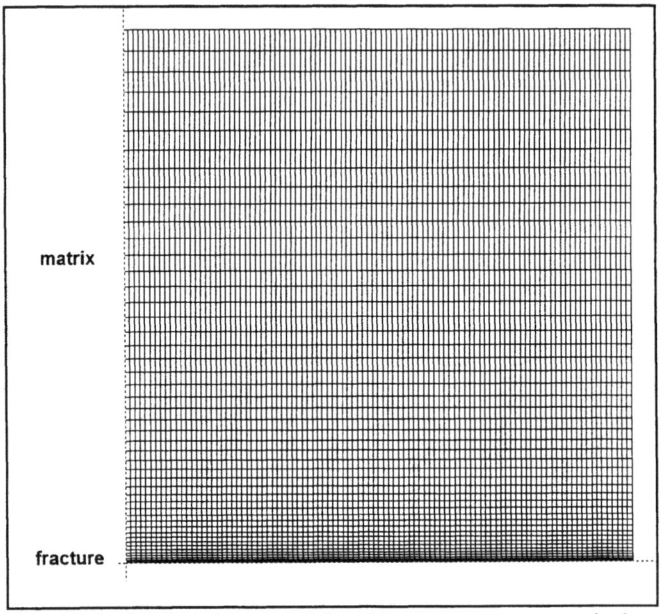

Abb. 6.6. Finite-Element-Diskretisierung zur numerischen Simulation der Aufgabenstellung nach Tang et al. (Aus Kolditz 1994b)

Aufgabenstellung nach Tang et al. (1981)

Zur numerischen Simulation der Aufgabenstellung wurde das in Abb. 6.6 dargestellte Finite-Elemente-Netz verwendet. Wichtig ist eine gute Auflösung der Matrix in Kluftnähe (Abb. 6.6 unten). Die Ergebnisse von Grisak u. Pickens (1980) weichen insbesondere für geringe Diffusivitäten von den analytischen Lösungen ab (Abb. 5.25), was die Autoren auf die mangelnde Diskretisierung in Kluftnähe zurückführten. Die in den Abb. 6.7 und 6.8 präsentierten numerischen Ergebnisse stimmen über die gesamte Bandbreite der verwendeten Diffusivitäten gut mit den analytischen Vorgaben überein.

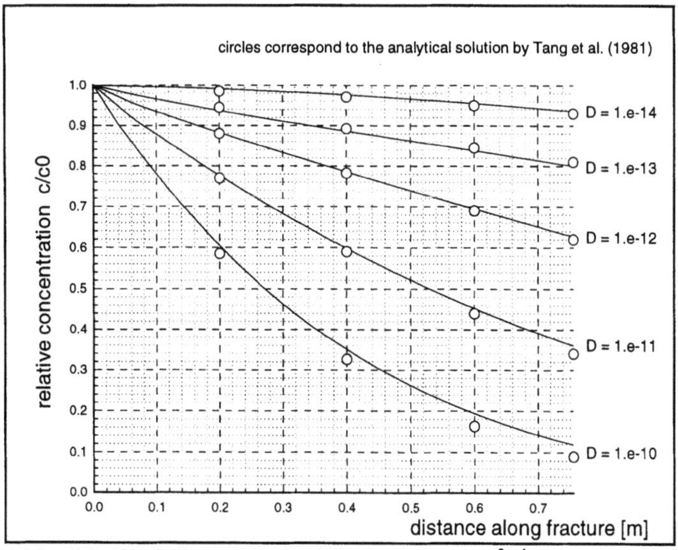

Abb. 6.7. Einfluß der Matrixdiffusion (D' in m^2s^{-1}) auf die Konzentrationsverteilung in einer Kluft - Vergleich analytischer und numerischer Ergebnisse (Linien). (Aus Kolditz 1994b)

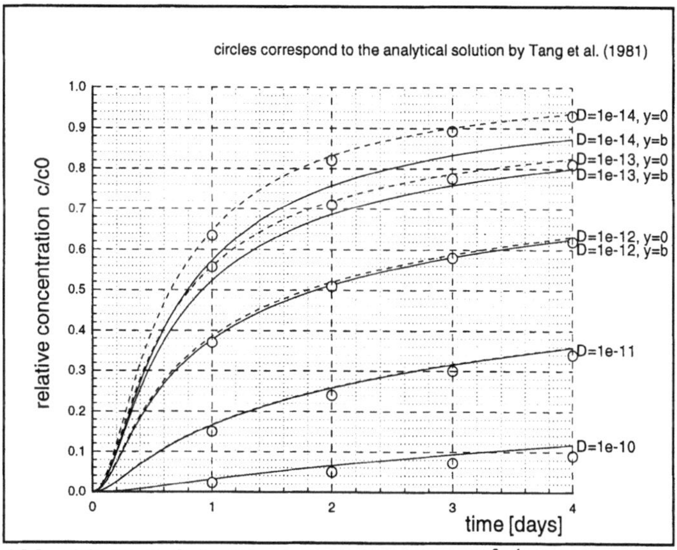

Abb. 6.8. Einfluß der Matrixdiffusion (D' in m^2s^{-1}) auf die zeitliche Konzentrationsentwicklung in der Kluft - Vergleich analytischer und numerischer Ergebnisse. (Aus Kolditz 1994b)

Spaltströmungen weisen ein parabolisches Geschwindigkeitsprofil auf. Im analytischen Modell wird vereinfachend mit einer mittleren Abstandsgeschwindigkeit in der Kluft gearbeitet. In Abb. 6.8 wird der Einfluß der transversalen Geschwindigkeitsverteilung auf die Konzentrationsverteilung in der Kluft gezeigt. Dabei sind die Werte in Kluftmitte (y=0) und auf der Kluftoberfläche aufgetragen. Insbesondere für geringe Diffusivitäten kommt es zu Unterschieden. Ein geringer diffusiver Austausch zwischen Kluft und Matrix führt zum Voranschnellen der Konzentrationsfront mit den höheren Geschwindigkeiten in der Kluftmitte.

Matrixwärmediffusion

Ausführliche Studien zur Verifikation numerischer Modelle für den Wärmetransport in geklüfteten Medien kann man z.B. in Diersch et al. (1989) und Kolditz u. Lege (1992) finden. Anhand der Aufgabenstellungen nach Lauwerier (1955) und Gringarten u. Sauty (1975) zur Matrixwärmediffusion, für die analytische Lösungen existieren, wird die Genauigkeit der numerischen Approximationen geprüft.

In einer Detailstudie zur Wärmeextraktion aus Tiefengesteinen untersucht Kolditz (1995b) numerische Aspekte bei der Modellierung des Wärmeüberganges von der Gesteinsmatrix in wasserführende Klüfte. Dabei wurden geeignete Diskretisierungen für verschiedene Transportregime bestimmt, die durch entsprechende Peclet-Zahlen gemäß (6.26) charakterisiert sind: diffusionsdominant, advektionsdominant und ausgewogene Diffusion und Advektion. Die Modelle von Lauwerier (1955) und Gringarten u. Sauty (1975) setzen voraus, daß der Wärmestrom von der Gesteinsmatrix in die wasserführenden Klüfte nur orthogonal zur Kluftebene erfolgt. Diese prinzipielle Annahme erlaubt die analytische Behandlung der Aufgabenstellung. Die Gültigkeit dieser Annahme ist begrenzt auf Situationen mit schmalen thermischen Grenzschichten im Vergleich zur Kluftlänge, also auf den Beginn einer Störung des initialen Temperaturfeldes. Mit anhaltendem Wärmeabbau in der Matrix und sich verringernden Temperaturgradienten gewinnen zunehmend auch laterale Wärmeströme in der Matrix an Bedeutung. Der Langzeiteffekt einer räumlichen Wärmediffusion ist in Kolditz (1995c) beschrieben. Die Berücksichtigung räumlicher Strömungs- und Transportprozesse in heterogenen geologischen Formationen gewinnt zunehmende Bedeutung für die Erstellung von Standortmodellen (s. z.B. Kolditz 1994a, Kolditz et al. 1995).

6.4.3 Flächenhafter Schadstoffeintrag

Modellgebiet

Die folgenden Rechnungen sind von Lege u. Fillion (1993) in enger Anlehnung an ein Testbeispiel für eine Punktquelle von Kinzelbach (1987) erfolgt. In Abb. 6.9 ist das Gebiet mit seinen Randbedingungen und der Diskretisierung dargestellt. Die Modellparameter finden sich in Tabelle 6.6. An der gekennzeichneten Stelle findet eine kontinuierliche flächenhafte Einleitung (50 m * 50 m) in die zur Horizontalachse parallele Grundströmung statt.

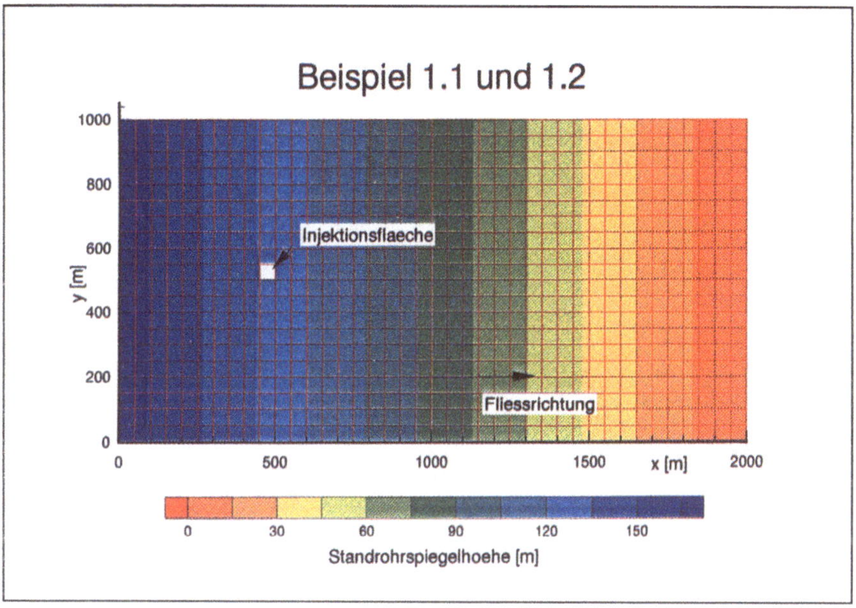

Abb. 6.9. Modellgebiet und Netzgeometrie für die Beispiele 1.1 und 1.2

Analytisches Modell

Für diese Problemstellung existiert eine analytische Lösung, die in Tabelle 6.5 dargestellt ist (Seguin 1990).

Numerisches Modell

Das Gebiet wird für eine Finite-Elemente-Berechnung durch Viereckelemente diskretisiert (Abb. 6.9).

Tabelle 6.5. Analytische Lösung für flächenhafte 2-D- und 3-D-kontinuierliche Injektionen in ein Parallelströmungsfeld

Voraussetzungen:
Unendliches Medium
Injektion in ein Parallelepiped mit dem Volumen V = 2a*2b*2c
zur x-Achse parallele Grundströmung

3-D-analytische Lösung für kontinuierliche Injektion (Seguin 1990)

$$c\,(x,y,z,t) = \frac{\dot{m}t}{n_e V} * \int_0^{\sqrt{2}} G(S)\, dS$$

mit

$$G\,(S) = \frac{1}{8} * S$$
$$* \left[erf \frac{x + a - v_a t \frac{S^2}{2}}{\sqrt{2\, D_x\, t\, S}} - erf \frac{x - a - v_a t \frac{S^2}{2}}{\sqrt{2\, D_x\, t\, S}} \right]$$
$$* \left[erf \frac{y + b}{\sqrt{2\, D_y\, t\, S}} - erf \frac{y - b}{\sqrt{2\, D_y\, t\, S}} \right]$$
$$* \left[erf \frac{z + c}{\sqrt{2\, D_y\, t\, S}} - erf \frac{z - c}{\sqrt{2\, D_y\, t\, S}} \right]$$

2-D-Lösung: Der Vorfaktor 1/8 wird zu 1/4 und der letzte Term (* [erfc z+c/...) fällt weg.

$\dot{m}$ Massenstrom (Injizierte Masse pro Zeiteinheit)
n_e effektive Porosität
v_a Abstandsgeschwindigkeit in x-Richtung
S Schrittweite
$D_x = \alpha_L * |v|$
$D_y = D_z = \alpha_T * |v|$
α_L longitudinale Dispersionslänge
α_T transversale Dispersionslänge

Die Randbedingungen für die Grundwasserströmung werden so gewählt, daß sich im Inneren des Gebiets eine stationäre Parallelströmung einstellt. Die flächenhafte Schadstoffeinleitung ist durch Randbedingungen im gekennzeichneten Gebiet realisiert. Für die Lösung der Strömungsgleichung wurde eine Finite-Element-Methode auf der Basis von isoparametrischen Viereckselementen mit linearen Interpolationsfunktionen gewählt (Wollrath u. Zielke 1990). Zur Lösung des Transportproblems wurde ein numerisches Finite-Elemente-Modell eingesetzt, das die Gleichung 4.20 (Abschn. 4.2.7) löst (Kröhn u. Zielke 1991).

Es erfolgt eine flächenhafte Schadstoffeinleitung über das markierte Element. Die Parameter der Testbeispiele 1.1 und 1.2 für die Verifikationsrechnungen sind in Tabelle 6.6 zusammengefaßt.

Da die *effektive Porosität* n_e in Gleichung 4.20 nur bei der Berechnung der Abstandsgeschwindigkeit aus der Filtergeschwindigkeit eingeht, ist die Wahl von n_e = 1,0 im Beispiel 1.2 als eine Möglichkeit zur schnellen Erstellung einer weiteren Variation mit einer anderen Abstandsgeschwindigkeit zu sehen.

Tabelle 6.6. Parameter der Beispiele 1.1 und 1.2 (die x-Komponente der Abstandsgeschwindigkeit und der Massenstrom werden pro Tag angegeben)

	Beispiel 1.1	Beispiel 1.2
Ausdehnung x * y	2000 m * 1000 m	2000 m * 1000 m
Mächtigkeit z	25m	25 m
$\Delta x * \Delta y$	50 m * 50 m	50 m * 50 m
k_f	$1{,}0 * 10^{-4}$	$1{,}0 * 10^{-4}$
n_e	0,17	1,0
v_a	5,88 m/d	1,0 m/d
$\dot{m}$	120 kg/d	120 kg/d
α_L	100 m	100 m
α_T	10 m	10 m

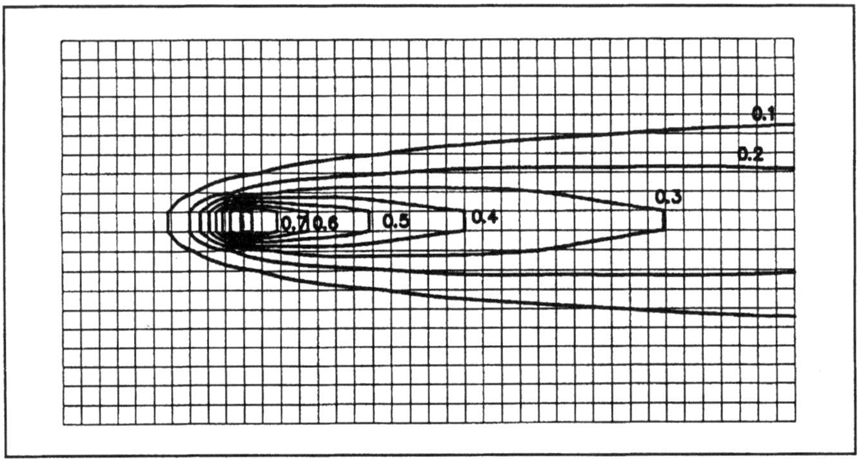

Abb. 6.10. Beispiel 1.1: Analytische Konzentrationsverteilung (normiert auf c_{max}=1) nach 1000 Tagen kontinuierlicher Injektion

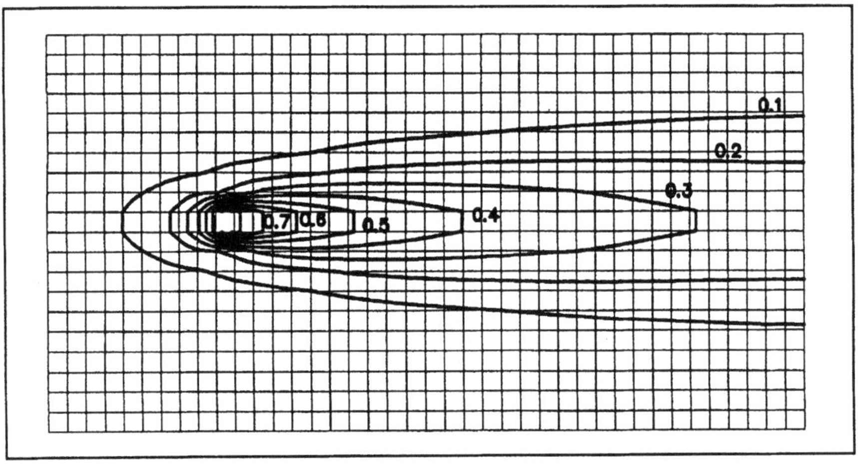

Abb. 6.11. Beispiel 1.1: Numerische Konzentrationsverteilung (normiert auf c_{max}=1) nach 1000 Tagen kontinuierlicher Injektion

Ergebnisse

Abbildungen 6.10 und 6.11 zeigen die Ergebnisse der analytischen und numerischen Lösungen des Beispiels 1.1. Die Übereinstimmung der beiden Lösungen ist gut.

Als Beispiel für eine Parametervariation, die mit dem analytischen Modell sehr einfach und schnell zu realisieren ist, ist im Beispiel 1.2 die Abstandsgeschwin-

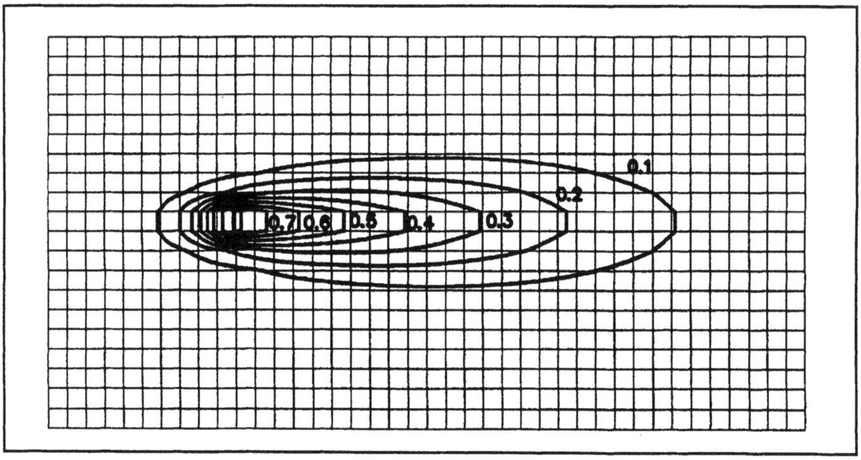

Abb. 6.12. Beispiel 1.2: Analytische Konzentrationsverteilung (normiert auf $c_{max}=1$) nach 1000 Tagen kontinuierlicher Injektion

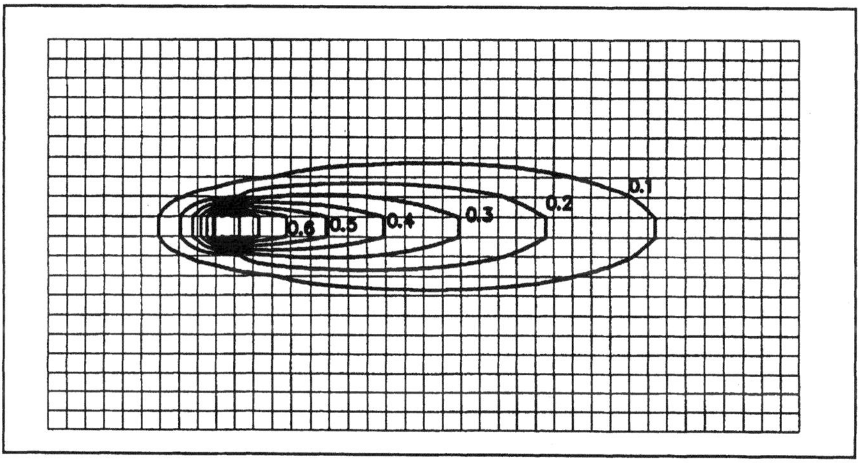

Abb. 6.13. Beispiel 1.2: Numerische Konzentrationsverteilung (normiert auf $c_{max}=1$) nach 1000 Tagen kontinuierlicher Injektion

digkeit verringert worden. Das geschah durch die Erhöhung der effektiven Porosität n_e auf den Wert 1,0. Die Filtergeschwindigkeit ist in beiden Fällen gleich. Die Ergebnisse in den Abb. 6.12 und 6.13 zeigen, daß sowohl die laterale wie auch die horizontale Ausdehnung der Schadstoffwolke geringer als im Fall 1 ist. Auch im Beispiel 1.2 ist die Übereinstimmung der analytischen mit der numerischen Lösung gut.

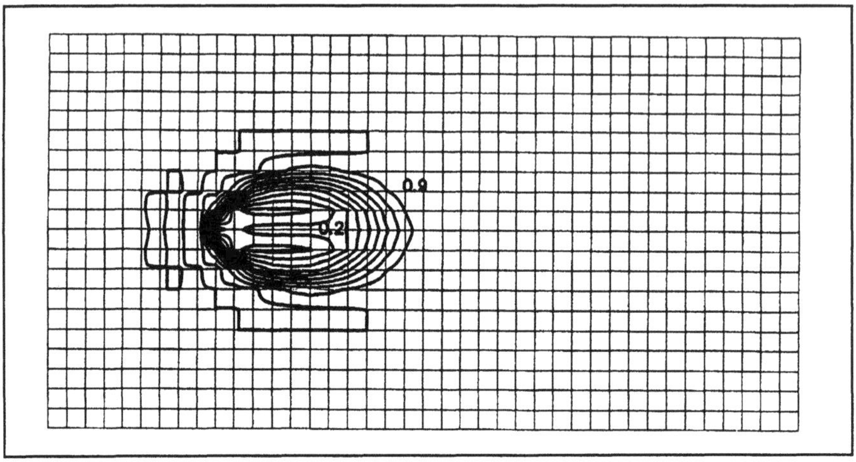

Abb. 6.14. Numerische Lösung des Beispiels 2.1 ohne Netzverfeinerung nach 500 Tagen. Die Oszillationen in der Quellregion verstärken sich in der Folge bis zum Programmabbruch

Da in beiden Fällen die Ergebnisse der analytischen und numerischen Berechnungen weitgehend identisch sind, kann man davon ausgehen, daß das numerische Modell für diese Art von Aufgabenstellungen verifiziert ist. Im folgenden können ähnlich gelagerte Aufgabenstellungen mit komplexeren Geometrien und Randbedingungen mit dem numerischen Modell bearbeitet werden.

6.4.4 Schadstoffeintrag durch einen Brunnen

Numerisches Modell

Zunächst wird für die Simulation einer Punktquelle dieselbe Modellgeometrie wie in Abb. 6.9 gewählt. Im Gegensatz zu den Beispielen 1.1 und 1.2 wird im Beispiel 2.1 (vgl. Tabelle 6.7) eine Realisierung des punktuellen Schadstoffeintrags durch einen Quellterm gewählt (vgl. Abschn. 6.4.3). Dadurch erhält man einen hohen Betrag der Abstandsgeschwindigkeit $|v_a|$ in Brunnennähe. Zur Erfüllung des Courant-Kriteriums gemäß Tabelle 6.2 sind deshalb entsprechend kleine Zeitschritte erforderlich, um eine genaue und oszillationsfreie numerische Lösung zu erhalten. Abbildung 6.14 zeigt eine fehlerhafte Lösung mit starken Oszillationen in Quellnähe, bei denen sogar negative Konzentrationen auftreten. Die Ursachen hierfür sind in der Mißachtung der Stabilitätskriterien (Abschn. 6.3) und in der durch die grobe Auflösung vereinfachten Darstellung der stark gekrümmten Stromlinien um die Quellregion zu sehen.

Die Netzverfeinerung um den Brunnen, die automatisch in nutzerdefinierten Regionen mit dem Netzgenerator NG2D (Lege u. Taniguchi 1994a) vorgenommen wird, soll den beiden Fehlerquellen entgegenwirken. In Abb. 6.15 ist die verfeinerte Netzgeometrie und die Standrohrspiegelhöhenverteilung wiedergegeben. Dieses Gitter wird für die Beispiele 2.1 und 2.2 zur Berechnung der Schadstoffkontamination bei kontinuierlicher Punktinjektion in den Brunnen verwendet, der sich im Zentrum der verfeinerten Region befindet. Der Unterschied zwischen den Beispielen 2.1 und 2.2 liegt in der unterschiedlichen Wahl der Dispersionslängen.

Die Parameter für die Transportsimulation der Beispiele 2.1 und 2.2 sind in Tabelle 6.7 zusammengefaßt.

Tabelle 6.7. Parameter zum Schadstoffeintrag durch Brunnen

	Beispiel 2.1 (FE[a])	Beispiel 2.2 (FE & RW[b])	Beispiel 3.1 Pumptest (RW)
Gitterweite $\Delta x * \Delta y$	Quellregion: 5 m * 5 m mit Übergang auf Gesamtgebiet: 50 m * 50 m	Quellregion: 5 m * 5 m mit Übergang auf Gesamtgebiet: 50 m * 50 m	Senkenregion: 5 m * 5 m mit Übergang auf Gesamtgebiet: 50 m * 50 m
z	25 m	25 m	25 m
n_e	0,17	0,17	0,17
$v_{\varnothing}$	5,88 m/d	5,88 m/d	5,88 m/d
$\lvert v_{max} \rvert$	46,3 m/d (Quelle)	46,3 m/d (Quelle)	46,3 m/d (Senke)
Injektions- bzw. Pumprate	243,5 l/d	243,5 l/d	-243,5 l/d
$\dot{m}$	0,2 kg/d an der Quelle	0,2 kg/d an der Quelle	Einmalige Injektion an 2 Stellen
α_L	50 m	10 m	10 m
α_T	5 m	1 m	1 m

[a]FE – Finite-Elemente-Methode
[b]RW – Random-Walk-Methode

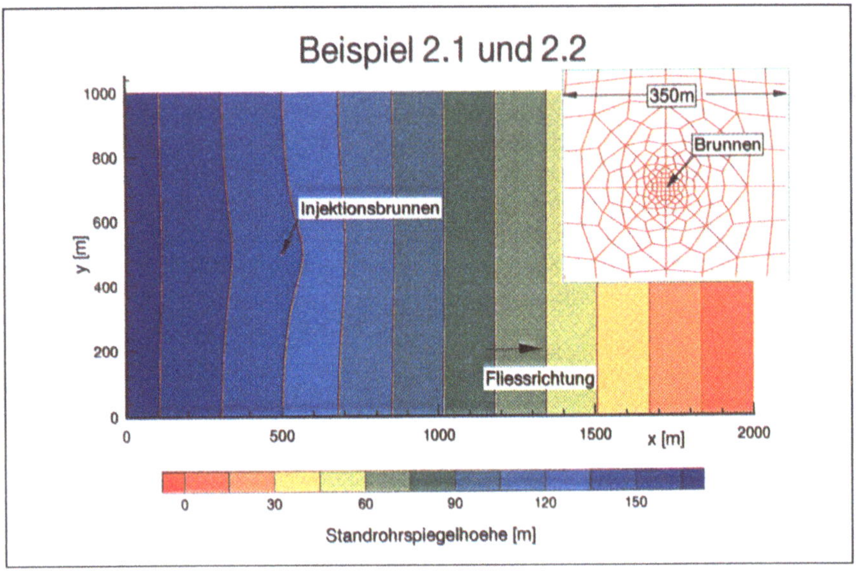

Abb. 6.15. Netzgeometrie und Standrohrspiegelhöhen für die Beispiele 2.1 und 2.2 (Schadstoffeintrag durch einen Brunnen)

Ergebnisse

Durch die Netzverfeinerung um die Quellregion werden in Beispiel 2.1 numerische Oszillationen um die Quellregion vermieden (Abb. 6.16). Im Beispiel 2.2 läßt sich jedoch bei der Finite-Elemente-Rechnung im Abstrom der Quelle keine weitere Querausbreitung mehr feststellen, was auf eine zu grobe Diskretisierung in y-Richtung schließen läßt. Darüber hinaus kommt es zu den Oszillationen in Quellnähe (Abb. 6.17).

Das Ergebnis des Beispiels 2.2 wird mit der Random-Walk-Methode überprüft. Abbildung 6.18 zeigt die Schadstoffahne 250 Tage nach Einleitungsbeginn. Die laterale Ausdehnung der Verschmutzungswolke ist die gleiche wie in Abb. 6.17. Jedoch ist die Tracerausbreitung in transversaler Richtung größer als mit der Finite-Element-Methode berechnet. Das Random-Walk-Ergebnis zeigt eine plausible Querausbreitung.

Hier beginnt sich der Vorteil der Random-Walk-Methode bei advektiv-dominantem Transport abzuzeichnen, da das Neumann-Kriterium gemäß Gleichung 6.25 nicht eingehalten werden muß. Durch stärkere Verfeinerung des Berechnungsgitters läßt sich zwar auch mit der Finite-Element-Methode ein akzeptables Ergebnis erzielen; es muß allerdings mit einem höheren Rechenzeitaufwand erkauft werden. Bei hochadvektivem Transport ist der Diskretisierungs- und Rechenaufwand sehr hoch. Kinzelbach (1987) zeigt, daß für sehr geringe Dispersionslängen nur noch die Random-Walk-Methode brauchbare Ergebnisse liefert.

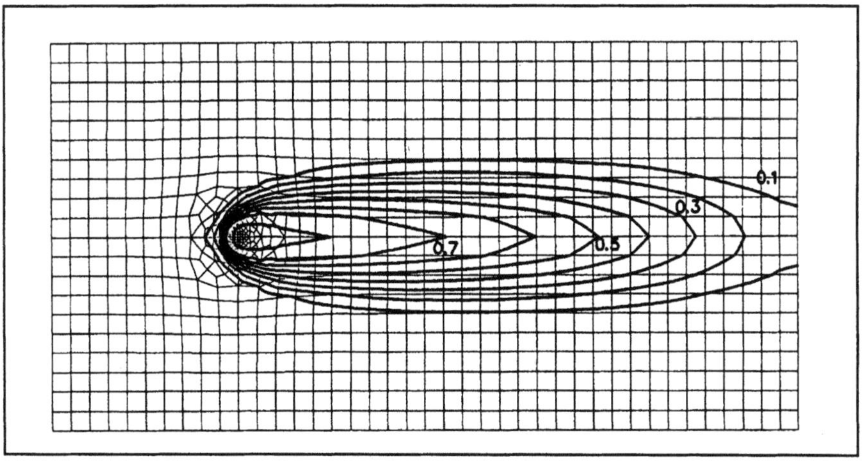

Abb. 6.16. Beispiel 2.1: FE-Lösung nach 250 Tagen kont. Injektion. Die laterale Ausbreitung ist, verglichen mit dem regelmäßigen Gitter, größer. Oszillationen treten nicht auf

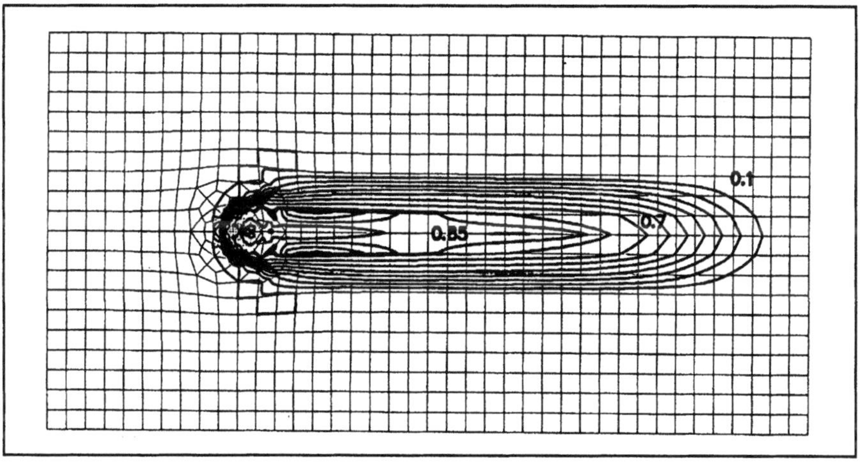

Abb. 6.17. Beispiel 2.2: FE-Lösung nach 250 Tagen kont. Injektion mit 1/5 der Dispersionslängen von 2.1. Die Oszillationen im Quellbereich weisen auf zu grobe Diskretisierung hin

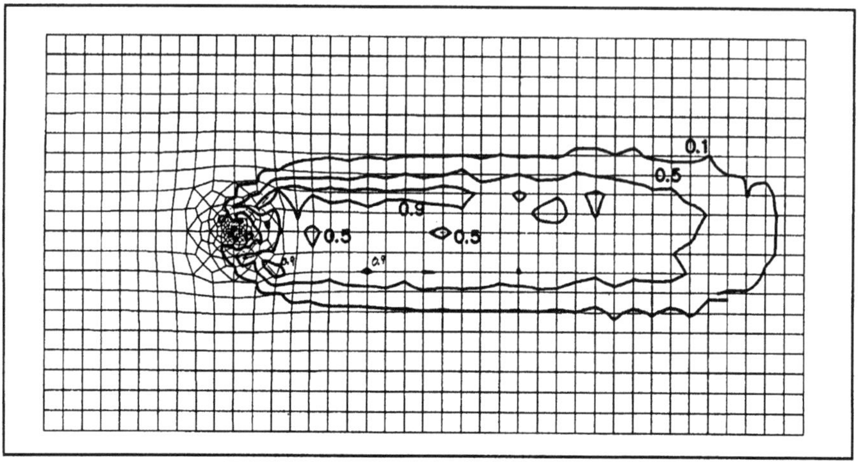

Abb. 6.18. Beispiel 2.2: Random-Walk-Lösung nach 250 Tagen kontinuierlicher Injektion. Es zeigen sich keine Oszillationen im Quellbereich und fortgesetzte Querausdehnung

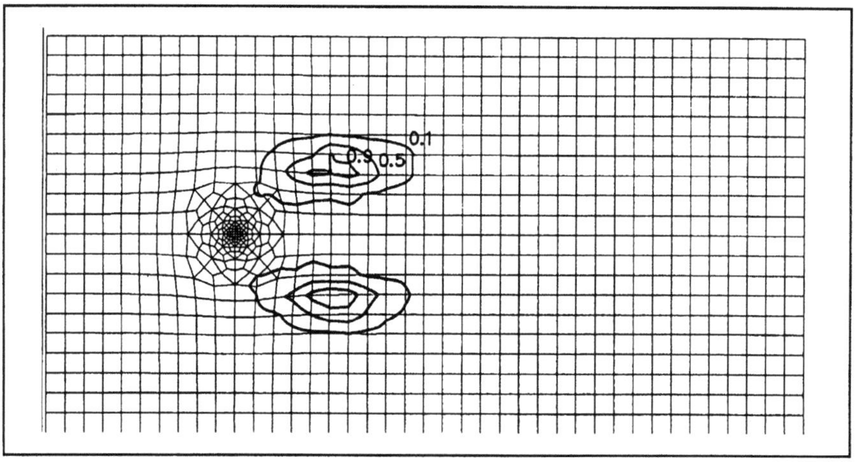

Abb. 6.19. Beispiel 3.1: Random-Walk-Konzentrationsverteilung eines Pumpversuchs – 50 Tage nach einmaligem Schadstoffeintrag 2 Brunnen im Oberstrom

Plausibilitätstest einer Methode – Pumptest mit Random-Walk

Für die Modellierung eines Pumpversuchs wird die Netzgeometrie aus Abb. 6.15 verwendet und das Strömungsfeld umgekehrt. Im Oberstrom einer Senke befinden sich 2 einmalige Schadstoffinjektionspunkte. Hier ist bei Anwendung der Random-Walk-Methode darauf zu achten, daß geeignete Gegenterme (Kinzelbach 1987)

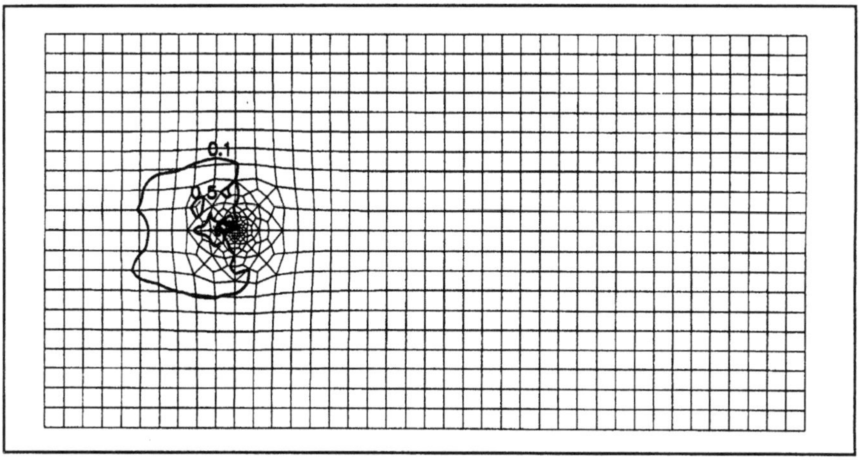

Abb. 6.20. Beispiel 3.1: Random-Walk-Lösung eines Pumpversuchs – 150 Tage nach einmaligem Schadstoffeintrag in die Brunnen im Oberstrom

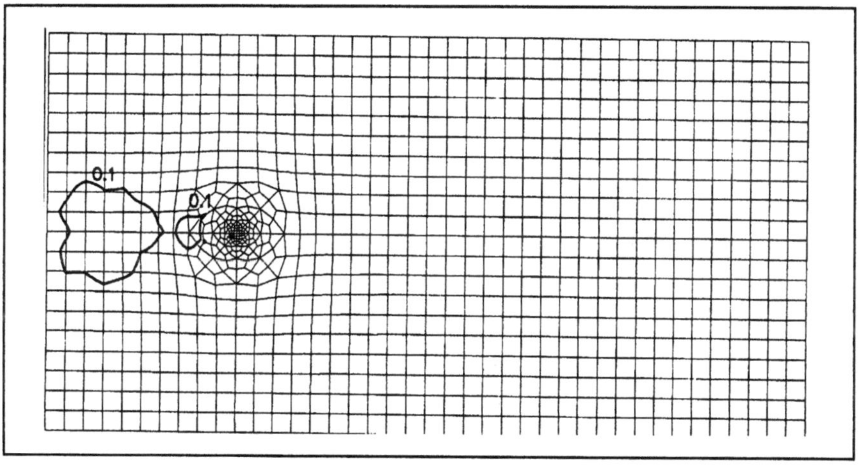

Abb. 6.21. Beispiel 3.1: Random-Walk-Lösung eines Pumpversuchs – 300 Tage nach einmaligem Schadstoffeintrag im Oberstrom. Keine Ansammlung von Partikeln im Stagnationspunkt

eine Ansammlung von Teilchen im Stagnationspunkt verhindern. Das hier angewandte Programm erlaubt eine solche Berechnung, wie die Abb. 6.19–6.21 zeigen.

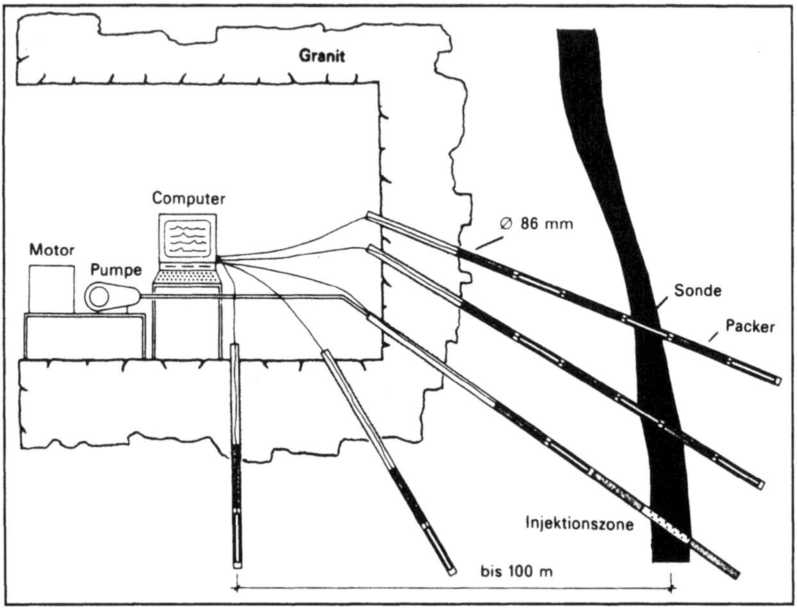

Abb. 6.22. Schematische Darstellung der Versuchsanordnung für Tracerversuche im geklüfteten Felsgestein. (Aus Liedtke u. Zuidema 1988).

6.5 Kalibrierung

Allgemeines

Der Begriff Kalibrierung, hier synonym mit Eichung verwendet, bezieht sich auf die Ausrichtung eines Modells auf die in einem Feldversuch gemessenen Daten. Ein kalibriertes Modell liefert unter den getroffenen Annahmen und Voraussetzungen die im Feld oder Labor gemessenen Resultate. Nachdem man in der Verifikation (vgl. Abschn. 7.8.2) nachweist, daß die Umsetzung einer mathematischen Funktion in ein numerisches Programm korrekte Ergebnisse liefert, stellt man im Kalibrierungsschritt das Modell auf die Messungen in der Natur oder im Labor ein (vgl. Abschn. 7.8.3).

Felslabor Grimsel

Im Felslabor Grimsel wurde von der BGR in Zusammenarbeit mit der NAGRA[10] eine große Anzahl von Tracerversuchen zur Bestimmung der Transporteigen-

[10] NAGRA – Nationale Genossenschaft für die Lagerung Radioaktiver Abfälle der Schweiz

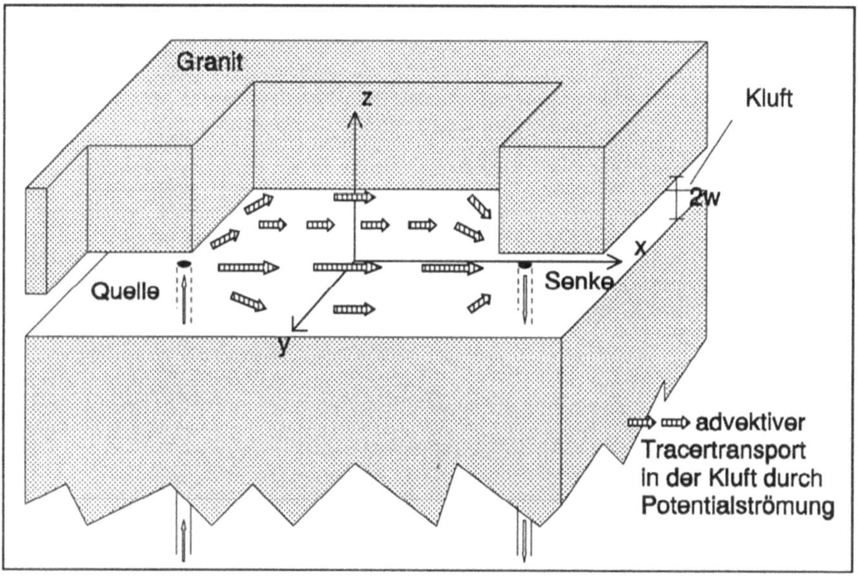

Abb. 6.23. Modellgeometrie des Tracerversuchs im Felslabor Grimsel – der Abstand der Bohrungen beträgt 9 m. Der Granit wird als undurchlässig angesehen. (Nach Kolditz u. Lege 1992)

schaften von klüftigem Festgestein durchgeführt (NAGRA 1985; Liedtke u. Zuidema 1988; Liedtke et al. 1994). Durch Einpressen von markiertem Wasser über ein System von Bohrungen in physikalisch geortete Klüfte sollen die Wasserbewegungen im Gebirge erfaßt werden (vgl. Abb. 6.22).

Dabei stehen die Erkundung dominanter Fließwege in den Klüften und die Bestimmung der Abstandsgeschwindigkeiten von Kontaminanten anhand von Tracerversuchen im Vordergrund der Untersuchungen. Die Meßresultate sollen durch Modellrechnungen interpretiert werden. Im folgenden wird eine Modellrechnung zu einem Tracerversuch vorgestellt, die auf der Basis der Ergebnisse von Feldversuchen im Felslabor Grimsel durchgeführt wurde. Eine ausführlichere Darstellung der durchgeführten Berechnungen findet man bei Lege u. Zielke (1993).

Beschreibung des Feldexperiments

Das modellierte Experiment basiert auf einem Tracerversuch, der zwischen den Durchstoßpunkten zweier Bohrungen durch eine Kluftfläche erfolgt ist (Liedtke et al. 1994). Der Einsatz von Packern (Abb. 6.22) ermöglicht die Abschottung der ausgewählten Kluftfläche vom Gesamtsystem. Als Tracerlösung werden Salzwasser mit einer elektrischen Leitfähigkeit von 180 µS/cm und Süßwasser mit 14 µS/cm verwendet. Die natürliche Leitfähigkeit des Gebirgswassers liegt bei

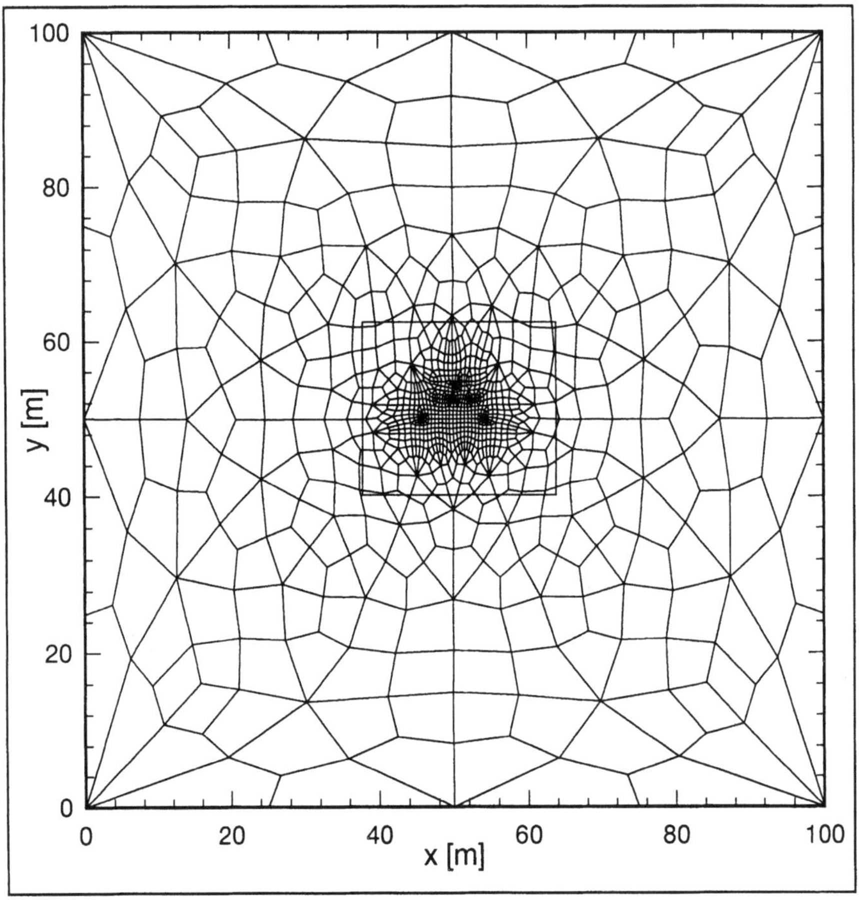

Abb. 6.24. Gitternetzgeometrie für die Modellierung der Kluftfläche. Starke Verfeinerung um Quelle und Senke – grobmaschiges Netz zum Modellrand

70–90 µS/cm. Es wurde mit einem konstanten Druck, der einer Standrohrspiegelhöhe von 80 m entspricht, in die Injektionszone verpreßt. Die Fördersonde war nicht verschlossen, so daß dort atmosphärischer Druck angenommen werden kann. Unter diesen Voraussetzungen betrug die injizierte Wassermenge ca. 15 l/min.

Im Experiment wurde in die Injektionsbohrung 3 h Lauge injiziert, anschließend 19 h Süßwasser. Abschließend wurde dieser Zyklus noch einmal wiederholt. In der Extraktionsbohrung wurde die Leitfähigkeit mit einer Sonde in der Bohrung bestimmt. Die Entfernung zwischen Injektionspunkt und Senke beträgt 9 m.

Es sei darauf hingewiesen, daß eine präzise Extrapolation von Trennflächen im Gestein in strengerem Sinne unmöglich ist, weil sie keine exakten Ebenen darstel-

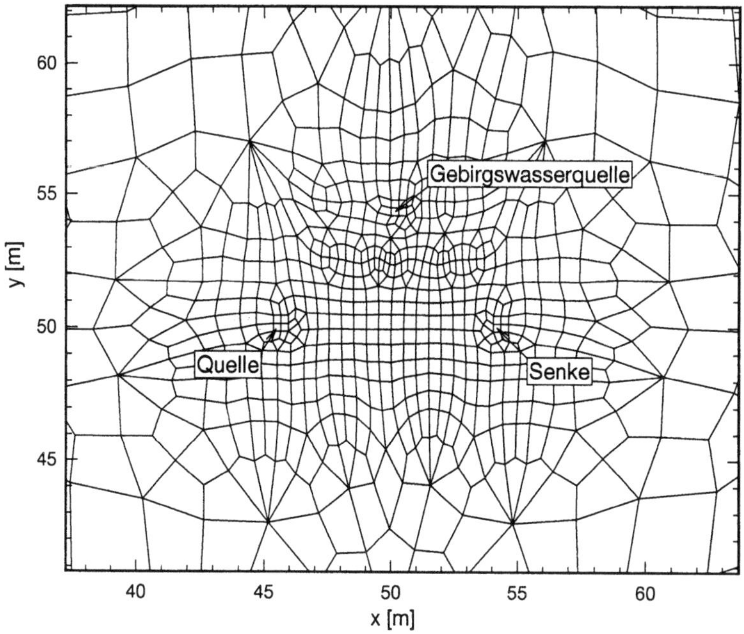

Abb. 6.25. Ausschnittvergrößerung der Gittergeometrie (Abb. 6.24) um die Quellen-Senken-Region – zur Berücksichtigung des Zustroms frischen Wassers ist eine Gebirgswasserquelle eingeführt

len, sondern meist eine leichte Krümmung oder Treppung aufweisen. In erster Näherung ist es jedoch vertretbar, Klüfte als Ebenen anzusehen. Für die vorgestellte Simulation wird angenommen, daß die Strömungsvorgänge in der ausgewählten Ebene stattfinden und die Einflüsse von Kluftverschneidungen gering sind.

Numerisches Modell

Die Kluft wird im Modell durch einen Spalt mit konstanter Öffnungsweite nachgebildet, der eine um mehrere Größenordnungen höhere Durchlässigkeit als der umgebende Granit ($k_f = 10^{-12} - 10^{-15}$ m/s) aufweist. Aufgrund der großen Permeabilitätsunterschiede und der geringen Porosität der Granitmatrix können Strömungsvorgänge senkrecht zur Kluft und die Diffusion des Salztracers in den Granit vernachlässigt werden (Abb. 6.23).

Für die numerische Modellierung wird daher eine Darstellung des Gebiets mit zweidimensionalen ebenen Elementen gewählt. Gravitationseffekte können aufgrund der geringen Dichteunterschiede von Tracerlösung und Gebirgswasser

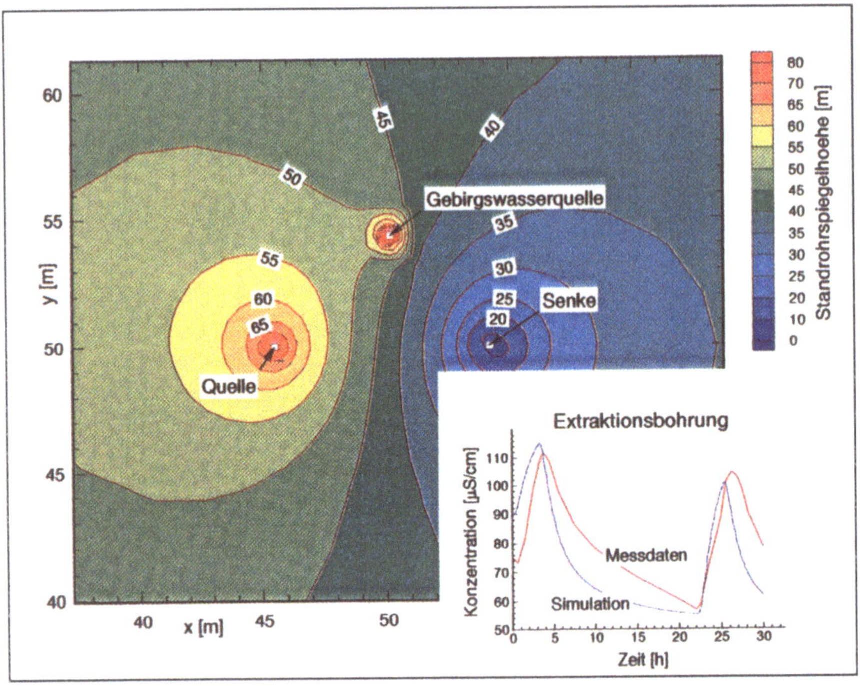

Abb. 6.26. Standrohrspiegelhöhengleichen in der Kluftebene; Vergleich von gemessenen und modellierten Durchbruchskurven

vernachlässigt werden. Weiterhin wird angenommen, daß die Flüssigkeitsbewegungen im Gebirge im wesentlichen in der Kluft stattfinden. Durch den Versuchsaufbau wird ein von den Druckverhältnissen im Gebirge weitgehend unabhängiges Fließfeld erzeugt. Unter diesen Voraussetzungen ist die exakte Raumlage der Kluftebene nicht relevant. Es wird daher eine Darstellung in der X/Y-Ebene gewählt.

Die exakte Ausdehnung der Kluft im Gebirge ist nicht bekannt. Die hier betrachteten Versuche sind aber so kleinräumig, daß für die Modellierung eine ungehinderte Ausbreitung der verpreßten Wassermenge in alle Richtungen angenommen werden kann.

Damit Randbedingungen, die aufgrund der Endlichkeit des Modellgebiets vorgegeben werden müssen, die Simulation nicht beeinflussen, wird das Gebiet mit 100 m * 100 m Kantenlängen dimensioniert. Diese Ausdehnung ist im Vergleich zum Abstand von Injektions- und Extraktionsbohrung von 9 m so groß, daß man Randeinflüsse bezüglich der Tracerausbreitung ausschließen kann. Wie die Rechnungen zeigen, wird der Modellrand von der Konzentrationswolke nicht erreicht,

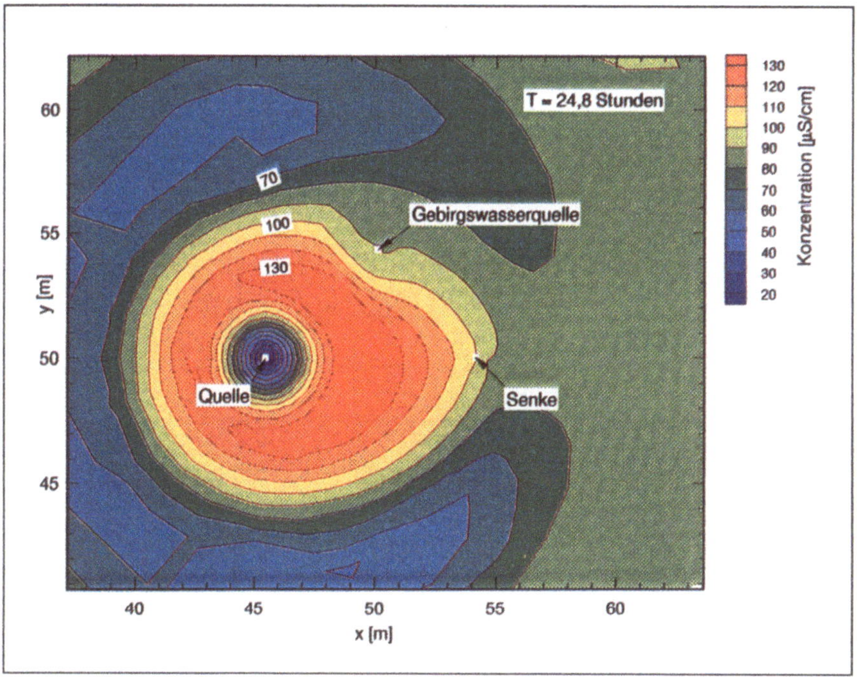

Abb. 6.27. Konzentrationsverteilung in der Kluft – kurz nach Beginn der zweiten Süßwasserspülphase

so daß das Simulationsgebiet hinreichend groß bemessen ist.

In Übereinstimmung mit Beschreibungen von Störungszonen in verschiedenen Publikationen (Louis 1967; Bräuer et al. 1989; Frick et al. 1988) (vgl. Abschn. 4.1.2) wird angenommen, daß die Wasserbewegung in der Kluft durch das Darcy-Gesetz (4.1) zu beschreiben ist. Unter dieser Voraussetzung stellt die gewählte Elementdicke nicht die Kluftöffnungsweite 2b im Sinne eines Spalts im Gestein dar, sondern sie ist vielmehr die mittlere Dicke einer Zerüttungszone.

In Abb. 6.24 ist die mit dem Netzgenerator NG2D (Lege u. Taniguchi 1994a) erstellte Diskretisierung der Trennfläche abgebildet. Wegen der zu erwartenden großen hydraulischen Gradienten und Konzentrationsunterschiede sowie der stark gekrümmten Fließwege ist um die Bohrlöcher eine sehr feine Diskretisierung gewählt (vgl. Abb. 6.25) worden. Zum Modellrand hin sind sehr viel kleinere Gradienten zu erwarten, und die Elementabmessungen können vergrößert werden, ohne daß numerische Schwierigkeiten zu befürchten sind. Der Rand liegt so weit von dem zu berechnenden Gebiet entfernt, daß sich sein Einfluß nicht bemerkbar macht. In Tabelle 6.8 sind die Parameter der Modellberechnung zusammengefaßt.

Tabelle 6.8. Parameter der Beispielrechnung

Dicke der Kluftzone 2b	0,042 m
Kleinste Elementkantenlänge	0,3 m
k_{fK} (Kluftfüllung)	1.0E-05 m/s
Abstand zwischen Quelle und Senke	9,0 m
Betrag der maximalen Abstandsgeschwindigkeit $\lvert v_{max} \rvert$	0,6E-02 m/s
Leitfähigkeit des Gebirgswassers c_0	90 µS/cm
Leitfähigkeit des injizierten Salzwassers c_S	180 µS/cm
Leitfähigkeit des injizierten Süßwassers $c_Ü$	14 µS/cm
Quellstärke	15 l/min
Longitudinale Dispersionslänge α_L	5,0 m
Transversale Dispersionslänge α_T	1,0 m

Ergebnisse

In Abb. 6.26 sind die Standrohrspiegelhöhen und die Meßdaten im Vergleich zur Durchbruchskurve der Simulationsergebnisse dargestellt. Im Rahmen der angenommenen starken Modellvereinfachungen und der Resultate von Parametervariationen kann die Übereinstimmung der Kurven als befriedigend gelten. In Abb. 6.27 ist die Konzentrationsverteilung nach 24,8 h abgebildet, nachdem die zweite Süßwassereinleitung gerade begonnen hatte. Der Zustrom von Gebirgswasser wirkt sich abschwächend auf die Konzentrationsminima und -maxima aus. Mit dem so kalibrierten Modell konnten weitere Tracerversuche im Felslabor Grimsel modelliert werden (Lege u. Zielke 1993; Liedtke et al. 1994).

7 Leitfaden

Die Vielzahl physikalischer Prozesse, die bei der Ausbreitung einer Schadstoffwolke unter einer Deponie ablaufen, können nicht alle exakt beschrieben bzw. nachvollzogen und modelliert werden. Der Untersuchungs- und anschließende Rechenaufwand wären extrem hoch. Aus diesem Grunde ist es nötig, das Problem einzugrenzen und die wesentlichen Vorgänge herauszuarbeiten. Dies muß im Vorfeld jeder Modellierung geschehen. In der Praxis wird sich der Geowissenschaftler oder Ingenieur mit dem Standort und den erhobenen Meßdaten, der Geologie, den abgelagerten Substanzen, den geologischen und technischen Barrieren, der Ablagerungsgeschichte usw. vertraut machen. Er wird sich über das Schutzgut bzw. das Sanierungsziel informieren und aufgrund seiner Erfahrung eine erste Vorstellung des Gebiets bzw. der möglichen Verteilung der Schadstoffe im Untergrund entwickeln. Daraufhin ist eine Strategie zur Lösung des Problems zu erarbeiten und zu verfolgen.

Dabei ist es von überragender Wichtigkeit, das eigentliche Ziel der Modellierung und das Entscheidungsfeld bezüglich einer Maßnahme im Auge zu behalten und sich nicht in Details zu verlieren. Es kommt nicht so sehr darauf an, das in der Natur vorgefundenen „Original" durch das Modell so zutreffend und genau wie möglich widerzuspiegeln, sondern das für eine Entscheidungsfindung Notwendige und Wesentliche zu reflektieren!

Zu diesem Zweck wird in diesem Kapitel ein *Leitfaden* ausgearbeitet, an dem sich der Modellierer zur Abarbeitung einer Aufgabenstellung orientieren kann. In Abb. 7.1 ist der Leitfaden zu einem Ablaufplan zusammengefaßt. Eine Anwendung folgt anschließend im Kap. 8, in welchem eine exemplarische Situation der Altlast Münchehagen/Niedersachsen modelliert wird.

Abb. 7.1. Ablaufplan zur Projektbearbeitung

7.1 Einordnung des Problems

Zu Beginn einer grundlegenden *Bestandsaufnahme* steht die Formulierung der in Tabelle 7.1 zusammengefaßten Fragen.

Tabelle 7.1. Bestandsaufnahme zur Einordnung der Problemstellung

Lfd. Nr.	Fragestellung	Kurzantwort
1.	Wie ist die Fragestellung?	
2.	Welche Informationen muß das Ergebnis enthalten?	
3.	Welche Informationen stehen zur Verfügung?	
4.	Wem wird das Ergebnis vorgelegt?	
5.	Welche Entscheidungen sollen auf der Grundlage der Ergebnisse getroffen werden?	
6.	Wer trifft Entscheidungen auf der Basis der Modellergebnisse?	

(1 + 2) Bevor mit der Modellauswahl oder gar der Modellierung begonnen wird, ist die Problemstellung genau zu eruieren. Das erfordert eine gründliche Beschäftigung mit der Ausschreibung und mit den Interessen und Zielsetzungen der Auftraggeber.

(3) Weiterhin sind zur Erstellung einer *Datenbasis* die Geschichte und die absehbare Zukunft des Standorts, die Beschaffenheit des Müllkörpers und die Geologie des Untergrunds, die hydrogeologischen Verhältnisse, die Entfernung zu Vorflutern und deren Einzugsgebiet zu erkunden. Diese Liste ließe sich noch weiter fortsetzen. In diesem Stadium der Arbeit ist *jede* verfügbare Informationsquelle auf ihre Aussagekraft zu prüfen.

(4) Bei der Durchführung der Modellierung und der Darstellung der Ergebnisse ist immer an die *Zielgruppe* und ihre spezifischen Ansprüche zu denken. Die

Interessen einer Baufirma sind sicher anders gelagert als die einer wissenschaftlichen Institution.

(5 + 6) Von grundlegender Bedeutung ist, daß *Entscheidungsträger* in relativ kurzer Zeit die wesentlichen Aussagen der Arbeit verstehen und die richtigen Schlüsse daraus ziehen können. Bei der Darstellung und Präsentation der Ergebnisse ist dabei zu berücksichtigen, daß Parlamentsangehörige oder Beschäftigte der zuständigen Verwaltungen nicht diesselbe technisch-naturwissenschaftliche Qualifikation wie der Modellierer haben.

Wenn diese Rahmendaten feststehen, so ist die Gesamtaufgabe in Teilaufgaben aufzuteilen, von denen jede einzeln abgearbeitet und dokumentiert werden kann. Für die Modellierung einer Altlast bzw. einer Neudeponie wird das in den folgenden Abschnitten dargestellte Vorgehen empfohlen.

7.2 Transformation der Fragestellung

In vielen Aufgaben sind die *Hauptparameter* des Strömungs- bzw. Transportproblems zu bestimmen. Sie sind in der Transportgleichung und in den Fließgesetzen bzw. den Differentialgleichungen, die durch analytische oder numerische Verfahren gelöst werden können, enthalten. In diesen Fällen sind keine weiteren Transformationen erforderlich. Es sind dies zum Beispiel die Bestimmung der

- Standrohrspiegelhöhen
- Grundwasserdurchflüsse
- Systemeigenschaften (Durchlässigkeit bzw. Transmissivitäten, Retardierungsfähigkeit)
- Konzentrationsverteilungen

Bei anderen Problemstellungen sind die gefragten Größen nur *indirekt* bestimmbar. Sie müssen auf die in den mathematischen Formulierungen des gewählten Modells enthaltenen Hauptparameter zurückgeführt werden. So ist beispielsweise die Bestimmung der Stromlinien aus der Verteilung der Standrohrspiegelhöhen ableitbar.

Ein gesuchter Parameter, der raum- und zeitabhängig sein kann, ist nur dann bestimmbar, wenn alle weiteren Größen des Gleichungssystems bekannt sind. Daher ist zur Lösung eines Problems immer eine vorausgehende Datensammlung notwendig, auf die im Abschn. 7.3 näher eingegangen wird.

Bevor jedoch die Datensammlung beginnt, muß die Fragestellung genauer spezifiziert werden. Die Datensuche und Klassifikation kann dann effektiver und zielorientierter vorgenommen werden. Grundsätzlich lassen sich 3 Problembereiche abgrenzen: die Erkundungs-, die Prognose- und die Optimierungsprobleme (DVWK 1985).

7.2.1 Erkundungsprobleme

In diese Gruppe sind alle Fragestellungen einzuordnen, die sich mit der Erfassung und Beschreibung des Systemzustands zum Zeitpunkt der Untersuchung befassen. Darunter fallen insbesondere die Bestimmung der Standrohrspiegelhöhen, der Fließraten, der Durchlässigkeitsverteilungen und der Stärke und Lokation von Kontaminationsquellen. Die Kenntnis dieser Parameter ist die entscheidende Voraussetzung für die Lösung von Prognose- und Optimierungsproblemen.

Datensammlungen verschiedener Quellen ergeben meist nur punktuelle Informationen über Standrohrspiegelhöhen oder Durchflüsse bzw. Konzentrationen. Systemeigenschaften, wie Durchlässigkeit, Speicherkoeffizient oder Dispersivität sind relativ selten angegeben. Für das gesamte System sind daher die Kennwertverteilungen aufgrund von Modellvorstellungen zu bestimmen. Das angenommene Modell muß bei den Berechnungen schließlich mit hinreichender Genauigkeit die im Feld gemessenen Daten in Raum und Zeit darstellen können (vgl. die Abschn. zur Kalibrierung 7.8.2 und Validierung 7.8.3).

Diese Phase der Bearbeitung dient nicht nur der möglichst genauen Abbildung des Ist-Zustands, sondern der Modellierer wird schnell merken, daß er durch Variation einzelner Parameter seiner Modellvorstellung den Gesamtstandort seines Projekts immer besser verstehen lernt. Das ist sehr wichtig für die Vorhersage der Wirkung von Maßnahmen.

7.2.2 Prognoseprobleme

Auf der Basis einer abgeschlossenen Erkundung kann das Systemverhalten vorhergesagt werden.

Hierzu gehört die Frage nach der Reaktion einer Verschmutzungsfahne auf bestimmte Sanierungsmaßnahmen, wie z. B. den Bau einer Dichtwand oder das Abpumpen des kontaminierten Grundwassers. Auch die Fähigkeit der geologischen Barriere einer geplanten Deponie zur Rückhaltung von Schadstoffen kann unter Lastbedingungen simuliert werden.

Zur Vorhersage müssen konkrete Vorstellungen über einzelne Eingriffs- und Veränderungsabsichten vorliegen. Da nicht immer alle wirksamen Veränderungen oder Systemverhaltensweisen in der Zukunft exakt vorausgesagt werden können, sind obere und untere Grenzfälle anzunehmen und der Streuungsbereich der Lösungen anzugeben. Das Resultat wird eine *Risikoabschätzung* sein, die dem Entscheidungsträger mitzuteilen ist. Voraussetzung zur Lösung dieser Problematik ist die Kenntnis aller Daten, Modellstrukturen und sonstigen Ergebnisse aus der Erkundungsphase.

7.2.3 Optimierungsprobleme

Hier ist die Wirkung alternativer Maßnahmen zu berechnen und eine Empfehlung über den bestmöglichen Einsatz technischer und finanzieller Mittel zur Erreichung des potentiell geringsten Risikos abzugeben. Vorgesehene, jedoch in Art, Umfang und Dauer nicht festgelegte Maßnahmen sind einzeln oder in ihrem Zusammenwirken zu optimieren.

Wie auch bei den Prognoseproblemen müssen hier alle in der Erkundungsphase gewonnenen Ergebnisse bekannt sein. Weiterhin müssen die Variationsmöglichkeiten der vorgesehenen Maßnahmen berücksichtigt werden.

Es ist zu beachten, daß sich aufgrund von Eingriffen Randbedingungen ändern können. Schätzwerte müssen bei ihrer nicht exakten Bestimmbarkeit in die Modellrechnungen einfließen. Es sind wiederum Schwankungsbreiten der möglichen Resultate anzugeben. Das Ergebnis der Optimierungsprobleme ist eine Zusammenstellung der als günstig einzustufenden Eingriffe.

Tabelle 7.2. Definition der räumlichen Verteilung der benötigen Datenbasis und der Anforderungen an das Modellergebnis

Lfd. Nr.	Fragestellung	Kurzantwort
1.	Welche Ausdehnung hat mein Aussagegebiet?	
2.	Wie ist das Berechnungsgebiet zu gestalten?	
3.	Wie ist das Erkundungsgebiet zu wählen?	
4.	Welchen zeitlichen Bezug müssen die Resultate haben?	
5.	Wie hoch sind die Genauigkeits-anforderungen?	

7.3 Anforderungen an das Modellergebnis

Bevor mit der Datensammlung und Modellierung begonnen wird, sind einige Fragen in bezug auf das Verhalten des Systems in Raum und Zeit und das erwartete Ergebnis zu klären. Sie sind in Tabelle 7.2 zusammengefaßt.

7.3.1 Räumliche Abgrenzung

Die Abgrenzung des *Aussagegebietes* ist eine relativ einfache Aufgabe. Bei einer Altlast gehören das bereits verschmutzte Gebiet und die unmittelbar angrenzende Umgebung dazu. Liegen Wasserwerke in der Nähe, so müssen deren *Einzugsgebiete* u. U. berücksichtigt werden. Wichtiger ist die Festlegung des *Erkundungsgebietes*. Hier sind die Randbedingungen für ein *Berechnungsgebiet* zu erkunden. Das Erkundungsgebiet ist größer als das Berechnungsgebiet, welches meist größer als das *Aussagegebiet* ist.

In Abb. 7.2 ist die Methode zur Berechnung der Auswirkung eines Bauwerks auf die Grundwasserstände in einem Flußtal, welches von den schraffiert dargestellten Talhängen flankiert wird, dargestellt. Der Fluß kann als Rand des Berechnungsgebietes mit zeitabhängigen Standrohrspiegelhöhen angesehen werden, der Talhang als Stromlinienrand. Nach Ober- und Unterstrom lassen sich entweder Standrohrspiegelhöhen oder Durchflußmengen angeben.

Die Erfahrung zeigt, daß der Modellierer schon bei der Festlegung des *Untersuchungsgebiets* mit einbezogen werden muß. Es besteht sonst die Gefahr, daß zwar eine große Datendichte in unmittelbarer Nähe einer geplanten Maßnahme besteht, häufig aber schon topographische Karten der näheren Umgebung nicht sofort verfügbar sind und Untersuchungen über Grundwasser-Systemparameter u. U. ganz fehlen.

7.3.2 Zeitlicher Bezug

Der Zeitrahmen für die Ergebnisse ist festzulegen. Beispielsweise ist für die Aussage über die Situation an einem Stichtag eine andere Lösungsstrategie erforderlich als für die Angabe von zeitlichen Durchschnittswerten oder die Darstellung von zeitlichen Entwicklungen. Es ist zu klären: Liegen instationäre hydraulische Verhältnisse vor? Können instationäre Strömungsfelder, häufig auch transiente Strömungsfelder genannt, durch stationäre angenähert werden? Wie verhält sich die Einleitungskonzentration im Laufe der Zeit? Ändert sich die Stoffzusammensetzung oder die Deponieabdeckung? Sind technische Maßnahmen zur Zurückhaltung von Kontaminationen getroffen worden? Diese und andere Gegebenheiten

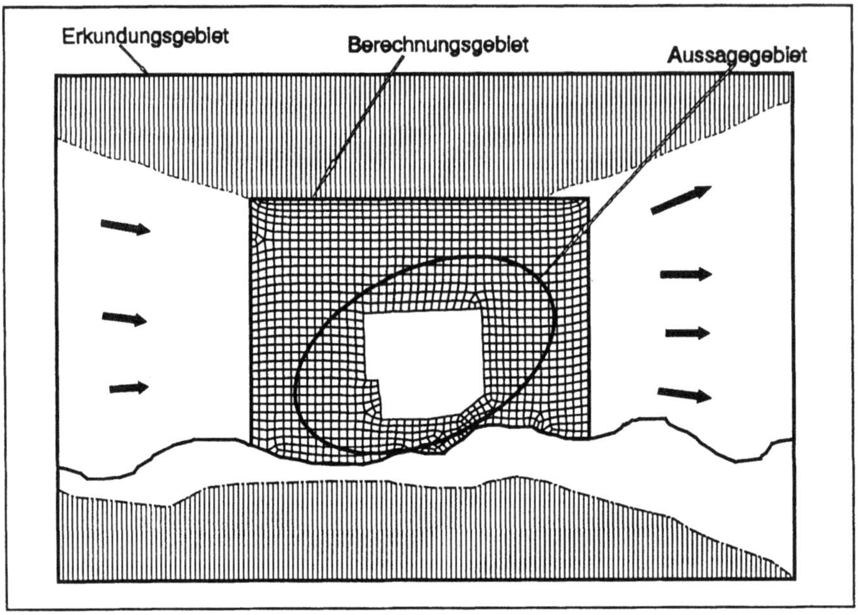

Abb 7.2. Die Auswirkungen eines Bauwerks (ausgesparter Bereich) auf das Strömungsfeld in einem Flußtal (weißer Bereich) sind zu prognostizieren. Die Talhänge sind schraffiert dargestellt

beeinflussen das zeitliche Verhalten eines Stoffs im Grundwasser. Auch die Frage des Prognosezeitraums muß geklärt werden. Die zeitliche Abhängigkeit des Systems ist nach Tabelle 7.3 zu erkunden.

7.3.3 Genauigkeitsanforderungen

Zur Auswahl des zweckmäßigsten Lösungsverfahrens und des benötigten Datenumfangs sind die Anforderungen an die Genauigkeit der Resultate von entscheidender Bedeutung. Oft hilft in diesem Zusammenhang die Frage: Welches ist die gerade noch akzeptale Ungenauigkeit?

Die Festlegung der *Genauigkeitskriterien* hat daher unmittelbaren Einfluß auf den zu erhebenden Datenumfang und die Komplexität des eingesetzten Lösungsverfahrens. Hieraus lassen sich auch die Kosten und der Zeitaufwand für die Beschaffung von Daten in der erforderlichen Menge und Güte sowie der Aufwand der eigentlichen Modellierung abschätzen.

Tabelle 7.3. Zeitlicher Bezug

Lfd. Nr.	Fragestellung	Kurzantwort
1.	Ist das Strömungsfeld stationär oder transient?	
2.	Ändern sich die eingeleiteten Schadstoffkonzentrationen mit der Zeit?	
3.	Handelt es sich um eine langanhaltende Kontaminationsquelle?	
4.	Ist die Kontamination auf einen Unfall (Ausnahmeereignis) zurückzuführen?	

7.3.4 Bemessung des Aussagegebiets

Liegen keine ausreichenden Feldmessungen vor, so lassen sich nach Walton (1992) einige grobe Abschätzungen über die Ausdehnung des Aussagegebietes machen. So kann das erste Modell dimensioniert und damit die Größe des ersten Berechnungsgebietes festgelegt werden. In Tabelle 7.4 sind Formeln über die Abschätzung des Wirkungsbereichs eines Injektions- oder Extraktionsbrunnens und über die horizontale Ausdehnung einer Schadstoffwolke zusammengestellt. Diese Formeln sind zur *Bemessung des Aussagegebiets* gedacht – und nicht für Aussagen über die tatsächlichen Ausdehnungen der betrachteten Phänomene.

Tabelle 7.4. Überschlägige Bemessung des Aussagegebietes (Walton 1992)

Horizontale Erstreckung des Absenk- bzw. Auffülltrichters in einem Aquifer ohne laterale Begrenzung bei signifikanter Extraktion bzw. Injektion.
$$r_a = 6 * \sqrt{\left(\frac{T_M * t}{S_0}\right)}$$
r_a Radius des Absenkungs- oder Auffüllungstrichters [m] T_M Aquifertransmissivität [m^2/s] t Dauer der Extraktion bzw. Injektion [s] S_0 spezifischer Speicherkoeffizient [1/m]

Horizontales Ausbreitungsgebiet einer gelösten Schadstoffwolke unter Vernachlässigung von Abbau oder Sorption.			
$$L = v_a * t = \frac{v_f}{n_e} * t \quad \text{mit} \quad v_a = \frac{k_f}{n_e} * i$$			
$$W = \frac{2}{3} * L$$			
v_f	Filtergeschwindigkeit	v_a	Abstandsgeschwindigkeit
n_e	effektive Porosität	t	Zeit seit Beginn der Verschmutzung
L	Maximale Länge und	W	max. Breite der Schadstoffwolke
k_f	Durchlässigkeitsbeiwert	i	hydraulischer Gradient

7.4 Beschreibung des Systems

In diesem Abschnitt werden eine Checkliste zur Datensammlung vorgestellt, mögliche Quellen für bereits vorhandene Naturdaten aufgelistet und Empfehlungen zur Datenergänzung angegeben.

7.4.1 Datenakquisition und Bewertung

Zu Beginn muß die grundwasserhydraulische Situation als Basis wichtiger Transportprozesse qualitativ erfaßt werden. Dazu ist eine *hydrogeologische Bestandsaufnahme* notwendig, die in vielen Fällen auf bereits vorhandenen Informationen über das interessierende Gebiet basieren kann. Der Bearbeiter entwickelt so erste Modellvorstellungen über die Hydrodynamik bzw. Hydrologie „seines“ Erkundungsgebiets. Sein erstes Modell sollte bereits Aussagen über die Standrohrspiegelhöhenverteilung, die Strömungsgeschwindigkeiten und -richtungen, die Hauptkomponenten der Gebietswasserbilanz sowie mögliche Verschmutzungswege enthalten. Bei Altlasten sollten die Kontaminationsausmaße bekannt sein.

Die *Checkliste* in Tabelle 7.5 (ergänzt nach Mercer u. Faust 1981) kann zur Abarbeitung der Datensammlung verwendet werden. Für individuelle Erfordernisse sind in der Tabelle Leerräume gelassen. Der Modellierer muß für seine Fragestellung entscheiden, welche Punkte von Bedeutung sind.

Tabelle 7.5. Checkliste zur Datenakquisition; für Ergänzungen durch den Leser sind vorsorglich in jedem Unterpunkt einige Zeilen frei gelassen

Checkliste zur Datenakquisition			
Zeitunabhängige Faktoren des Grundwasserströmungsfeldes			
Lfd. Nr.	Fragestellung	Benötigt	Erledigt
1.	Hydrologische Karte, aus der die Verbreitung, die Berandung und die Randbedingungen aller Aquifere zu entnehmen sind.		
2.	Topographische Karte mit Oberflächengewässern.		
3.	Grundwasserspiegel, Aquicludenbeschaffenheit, Mächtigkeit des Grundwasserkörpers.		
4.	Durchlässigkeit (Permeabilität, Transmissivität), Speicherkoeffizient und Porosität der Aquifere.		
5.	Durchlässigkeit (Permeabilität, Transmissivität), Speicherkoeffizient und Porosität der Aquicluden und Aquitarden.		
6.	Schwankungsbreiten von Durchlässigkeit und Speicherkoeffizient im Aquifer.		
7.	Hydraulische Verbindungen zwischen Oberflächengewässern und Aquiferen.		
8.	Anisotropien		
9.	Verhältnis von Sättigung und Durchlässigkeit		
10.	Störungszonen		
11.			
12.			
13.			
14.			

Zeitunabhängige Faktoren des Transports (Einphasensysteme)			
Lfd. Nr.	Fragestellung	Benötigt	Erledigt
15.	Wie groß ist die hydrodynamische Dispersion ?		
16.	Verteilung der effektiven Porosität		
17.	Geogener Stoffgehalt des Grundwassers		
18.	Dichtevariation des Grundwassers und deren Einfluß		
19.	Fließgeschwindigkeiten (Abstandsgeschwindigkeiten)		
20.	Konzentrationsrandbedingungen		
21.	Beschleunigte Ausbreitung auf dominanten Fließwegen (Störungszonen)		
22.	Verzögerungsfaktoren: Matrixdiffusion, Tortuosität, Impedanzfaktor, Sorption, Abbau oder Zerfall		
23.	Anfangsverteilungen		
24.			
25.			
26.			
27.			

Zeitunabhängige Faktoren des Transports (Mehrphasensysteme)			
Lfd. Nr.	Fragestellung	Benötigt	Erledigt
28.	Mischbarkeit, Löslichkeit		
29.	Emulsionsbildung		
30.	Dichteeffekte		
31.	Relative Permeabilitäten		
32.			
33.			

Zeitabhängige Faktoren des Strömungsfeldes			
Lfd. Nr.	Fragestellung	Benö- tigt	Erle- digt
34.	Art und Ausbreitung von Grundwasserbildungsgebieten (Bewässerung, künstliche Versickerungen, Injektions-bohrungen, Rieselfelder, etc.)		
35.	Anthropogene Grundwasserentnahme (in Raum und Zeit)		
36.	Wasserführung und -stände in Fließgewässern (Neubil-dung oder Verlust)		
37.	Niederschlag (Neubildung)		
38.	Seewasserstände (Neubildung oder Verlust)		
39.	Evapotranspiration (Verlust)		
40.	Grundwasseraustausch mit angrenzenden Aquiferen		
41.			
42.			

Zeitabhängige Faktoren des Transportverhaltens			
Lfd. Nr.	Fragestellung	Benö- tigt	Erle- digt
43.	Räumliche u. zeitliche Verteilung geogener Inhaltsstoffe		
44.	Wasserqualität in Raum und Zeit der Fließgewässer und Seen		
45.	Quellen und Quellstärken der Verschmutzungen		
46.	Beginn der Kontamination		
47.			

Andere Faktoren			
Lfd. Nr.	Fragestellung	Benö- tigt	Erle- digt
48.	Rechtliche Situation und Verwaltungsvorschriften		
49.	Umweltgesichtspunkte		

50.	Geplante Änderungen der Wasser- und Landnutzung		
51.	Bereits vorhandene oder geplante Gutachten		
52.	Entscheidungsträger bzw. -gremien		
53.			
54.			
55.			
56.			

In Anhang B findet sich die Tabelle 7.5 mit mehr Raum für die Beantwortung der Punkte.

In Tabelle 7.6 sind wichtige Quellen von Naturdaten aufgelistet. Es wird darauf hingewiesen, daß die Datenbeschaffung über einige dieser Adressen mit einem erheblichen Aufwand verbunden sein kann und folglich eigene Messungen oft zum Teil günstiger sind.

In neuerer Zeit sind immer mehr Naturdaten digitalisiert in Geographischen Informationssystemen (GIS) abgelegt und mit entsprechender Software innerhalb kürzester Zeit verfügbar. Es gibt bereits Grundwassermodelle mit Schnittstellen zu Geographischen Informationssystemen, so daß interaktiv am Bildschirm auf der Basis digitaler Daten ein Grundwassermodell erstellt werden kann. ATKIS - Amtliches Topographisches Kartographisches Informationssystem - sei hier als weitere Quelle genannt.

Die gesammelten Daten im Erkundungsgebiet geben Aufschluß über die Geographie, die Topographie, den geologischen Aufbau, die Geometrie und die Ränder des Berechnungsgebiets und helfen bei der Abgrenzung des Aussagegebiets. Sie liefern die hydrogeologischen Parameter des Grundwassersystems. Aus ihnen gewinnt man die Rand- und Anfangsbedingungen des Berechnungsgebiets.

7.4.2 Datenergänzung

Sehr oft stehen wesentliche Informationen über die Untergrundeigenschaften oder Randbedingungen nicht zur Verfügung. Ihre Beschaffung wird häufig – falls überhaupt möglich – am Zeitaufwand und an begrenzten finanziellen oder technischen Mitteln scheitern. Die vorhandenen Lücken über die fehlenden, aber zur Berechnung notwendigen, Daten sind durch sinnvolle Annahmen oder Interpolationen zu schließen. Während der Bearbeitung sind die ergänzten Daten immer wieder auf Plausibilität zu untersuchen.

Tabelle 7.6 Die wichtigsten Quellen für die Beschaffung von Naturdaten (aus DVWK 1985)

		Geologische Landesämter	forst- und landwirtschaftliche Dienststellen	wasserwirtschaftliche und gewässerkundliche Dienststellen	Wasserversorgungsbetriebe	Träger größerer Bauvorhaben *	Deutscher Wetterdienst
Geologie	Bohrprofile	X	X	X	X	X	
	geophysikalische Messungen	X				X	
	Deckschichtenprofile	X	X	X		X	
	nutzbare Feldkapazitäten	X	X	X			
	bodenphysikalische Parameter	X		X	X		
	spezielle Pumpversuche	X		X	X		
Hydrologie	Grundwasserstände		X	X	X	X	
	Wasserstände und Abflüsse in oberirdische Gewässer			X	X	X	
	Grundwasserentnahmemengen			X	X		
	Grundwasserneubildung aus Niederschlag		X	X	X		
	Grundwasseranreicherungsmengen			X			
	klimatische Daten		X	X			X
	Flächennutzung		X	X		X	
Hydrochemie		X		X	X	X	
Verzeichnis der Wasserversorgungsbetriebe		X		X			
Verzeichnis beweissicherungspflichtiger Bauträger		X		X			

*) i.a. durch wasserrechtliche Auflagen zur Beweissicherung

7.5 Abstraktion – Schematisierung des Systems

Hat man sich einen Überblick über die Daten verschafft, so folgt ein entscheidender Schritt in der Bearbeitung: die *Modellbildung*. Das natürliche System muß durch ein Modell dargestellt werden, dessen Eigenschaften die Realität möglichst exakt nachbilden und das somit eine Vorhersage des künftigen Systemverhaltens gestattet.

7.5.1 Wichtige allgemeine Gesichtspunkte

Es sind mehrere voneinander abhängige Teilaufgaben zu lösen. Aus den Daten müssen die relevanten Systemparameter herausgefiltert und von weniger wichtigen Informationen getrennt werden. Dazu läßt sich kein allgemeingültiges Verfahren angeben. Der Modellierer muß von Fall zu Fall entscheiden, welche Daten für ihn wichtig sind. In einem Problem ist beispielsweise der geogene Stoffgehalt des Grundwassers völlig nebensächlich, da andere als im Grundwasser vorhandene Stoffe untersucht werden (z. B.: PCB-Kontamination). Bei der Untersuchung von Schwermetallauswaschungen aus Bergbauhalden ist die geogene Hintergrundkonzentration entscheidend bei der Beurteilung anthropogen verursachter Grundwasserverschmutzung.

Weiterhin ist die Entscheidung über die Dimensionalität des Modells zu treffen und die Modellränder sind zu definieren. Bei transienten Problemstellungen sind Anfangsverteilungen festzulegen. Den Rändern sind geeignete Randbedingungen zuzuordnen. Zur Abstraktion gehört auch die Glättung von geringen Unregelmäßigkeiten in Konzentrationsverteilungen und die Wichtung des Informationsgehalts der verfügbaren Daten.

Es wird an dieser Stelle darauf hingewiesen, daß die Grundwassermodellierung sich entscheidend von der Modellierung von Verschmutzungsfahnen in Oberflächengewässern oder in der Athmosphäre unterscheidet: Die Datenerhebung ist zumeist nur punktuell über Bohrungen möglich und dadurch mit erheblichen Kosten verbunden. Des weiteren lassen sich durch den großen Abstand der Bohrungen voneinander die Aquifereigenschaften zwischen den Meßpunkten nicht mit Sicherheit interpolieren. So ist schon die Bestimmung der Fließrichtung, die in Oberflächengewässern nahezu offensichtlich ist, mit Schwierigkeiten verbunden. Selbst in sehr gut beprobten Gebieten kann es schon bei diesem grundlegenden Parameter zu Fehlern kommen (z. B. Linderfelt u. Wilson 1994). Insbesondere bei anisotropem Durchlässigkeitstensor stehen die Geschwindigkeitsvektoren nicht mehr senkrecht auf den Grundwassergleichen.

Weitere typische Fehler bei der Beurteilung der Fließrichtung, die auf die Intransparenz des Grundwasserleiters zurückgeführt werden können, beruhen auf ungeeigneter Beachtung vertikaler Fließbewegungen oder auf dem Verbinden von Meßpegeln aus Brunnen mit unterschiedlicher Teufe, die möglicherweise zwei unabhängige Aquifere anschneiden. Auch wird oft übersehen, daß die Fließrichtung von dichten Sickerwässern durch die Geologie und die Schwerkraft beeinflußt wird.

7.5.2 Schematisierung der Deponie und ihres Einflußbereichs

Die Nachbildung des Deponieumfeldes und seiner potentiellen Kontamination erfordert die Vereinfachung des in der Natur vorliegenden Systems. Diese Schematisierung ist erforderlich, da weder die Datendichte genügend hoch ist, noch die verfügbaren Rechenmodelle eine ausreichende Auflösung liefern können, um das natürliche System vollständig und fehlerfrei nachzubilden.

Tabelle 7.7. Modellbildung

Abstraktionsschritte zur Schematisierung des Berechnungsgebietes	
Lfd. Nr.	Fragestellung
1.	Vereinfachung unregelmäßiger geometrischer Berandungen.
2.	Bildung geohydraulischer Einheiten.
3.	Beschränkung der Fließvorgänge auf bevorzugte Richtungen (z.B.: nur horizontale Strömungen).
4.	Beschränkung auf stationäres Fließfeld.
5.	Bildung von zeitlichen und/oder räumlichen Mittelwerten der Anfangs- und Randbedingungen.
6.	Annahme konstanter/variabler Schadstoffeinleitung.
7.	Beschränkung auf repräsentative Inhaltsstoffe.
8.	Vernachlässigung der Wechselwirkung der Sickerwasserkomponenten untereinander.
9.	Lineare Adsorption/Desorption.
10.	Zusammenfassung verschiedener chemischer und biologischer Prozesse.

Die näherungsweise Nachbildung der Natur setzt *Zusammenfassung, Mittelwert- und Integralbildung* vorhandener Informationen sowie die Abschätzung nicht verfügbarer Kennwerte voraus. Der erste Schritt ist die Bestimmung des Berechnungsgebiets in Abhängigkeit vom Aussage- und Erkundungsgebiet, welches in *flächenhafte und/oder räumliche Einheiten* weiter unterteilt werden kann. Man beachte, daß für jede der gewählten Einheiten Datenmaterial aus der Natur vorliegen muß. In Tabelle 7.7 sind einige Abstraktionsschritte in kurzer, übersichtlicher Form angeboten.

Die Liste ließe sich noch weiter fortsetzen und ist im Anhang B mit weiterem Freiraum zur individuellen Ergänzung zu finden. Der Modellierer muß sich im Laufe der folgenden Berechnungen seiner vereinfachenden Darstellung bewußt bleiben. Durch unzureichende Schematisierung kommt es zu Einschränkungen in der Gültigkeit der Simulationsergebnisse oder gar zu groben Fehlern. Die Kalibrierungs- und Validierungsschritte sind folglich zur Überprüfung der Schematisierung überaus wichtig. Kommt es dabei zu Ungereimtheiten, so sind die vereinfachenden und zusammenfassenden Annahmen der Abstraktion zu überprüfen und ggf. zu ändern!

Manchmal bietet sich die Anwendung einer geschlossenen Lösung zur Abschätzung einzelner Einflußgrößen und zum ersten Kennenlernen des Modellgebiets an. Die Ergebnisse können bei einer ggf. notwendigen numerischen Modellierung gute Dienste in der Plausibilitätskontrolle leisten. Sie helfen auch, den notwendigen Leistungsumfang eines auszuwählenden numerischen Programms genauer zu definieren.

Bei der Wahl einer geschlossenen Lösung für Voruntersuchungen folgt man ebenfalls dem hier aufgezeichneteten Leitfaden und kehrt nach der Bewertung der Ergebnisse wieder zum Abstraktionsschritt zurück, um numerische Rechenverfahren einzusetzen.

7.6 Erstellung eines mathematischen Modells

Das schematisierte Modell ist in ein mathematisches Modell umzusetzen. Hier fließt die Vorstellung des Modellierers über die mathematischen Zusammenhänge der relevanten Systemparameter ein. Eine Hilfe bei der Erstellung des mathematischen Modells ist Tabelle 7.8. Je nach Beantwortung der dort aufgeführten Fragen wird man sich für einen Satz von Gleichungen entscheiden müssen, der die Vorstellung vom natürlichen Geschehen im Aquifer in die Sprache der Mathematik übersetzt. In den meisten Fällen wird das ein Satz von partiellen Differentialgleichungen sein, der als das mathematische Modell bezeichnet wird.

Zur Lösung des mathematischen Modells wird man entweder auf im Betrieb vorhandene Rechenmodelle zurückgreifen oder aus der Vielzahl der Angebote am Markt das Richtige auswählen. Manchmal, insbesondere bei Nicht-Standardanwendungen, wird man auch einen Teil des Rechenmodells selbst codieren müssen. In letzerem Fall ist es vorteilhaft, Zugang zum Quellcode eines Grundwasserprogramms und einen programmiererfahrenen Mitarbeiter zu haben.

Tabelle 7.8. Einordnung der relevanten physikalischen und chemischen Prozesse zur Erstellung des mathematischen Modells

Erstellung eines mathematischen Modells		
Lfd. Nr.	Fragestellung	Kurzantwort
1.	Welche Gleichung beschreibt im konkreten Fall die Fließrichtung und die Grundwassergeschwindigkeit?	
2.	Welchen Wechselwirkungen unterliegt der transportierte Stoff?	
3.	Reagiert der transportierte Stoff mit dem Gestein des Aquifers oder dem geogenen Stoffgehalt des Grundwassers?	
4.	Ist der Schadstoff konservativ?	
5.	Ist mit Abbau oder Fällung zu rechnen?	
6.	Findet Matrixdiffusion statt?	
7.	Reagieren die Inhaltsstoffe des Sickerwassers miteinander und wie gefährlich sind die entstehenden Metaboliten?	
8.	Liegt ein Mehrphasensystem vor, bei dem sich Grundwasser und Sickerwasser nicht vermischen?	
9.	Sind Dichteeinflüsse zu berücksichtigen?	
10.	etc.	

7.7 Modellauswahl

Bei der großen Anzahl von heutzutage zur Verfügung stehenden Grundwassermodellen ist vom Modellierer zunächst eine angemessene Auswahl zu treffen. In enger Verbindung damit muß geklärt werden, ob für die konkrete Problemstellung ein numerisches Modell erforderlich oder eine analytische Lösung ausreichend ist

An dieser Stelle sei kurz daran erinnert, daß analytische Lösungsverfahren die exakte, in geschlossener Form darstellbare Lösung des mathematischen Problems sind. Sie bleiben meist auf lineare Feldprobleme mit einfacher Geometrie, homogenen Materialparametern und stark schematisierten Anfangs- und Randbedingungen beschränkt. Bei den numerischen Lösungsverfahren ist das zu modellierende Gebiet durch eine Reihe von Stützstellen (Knoten) zu diskretisieren (vgl. Abschn. 7.8.1). Die mathematischen Gleichungen werden an diesen Knoten berechnet. Prinzipiell ist dadurch jede Geometrie und Parameterverteilung erfaßbar. Auch können beliebige Anfangs- und Randbedingungen gewählt werden. Die begrenzte Leistungsfähigkeit von Rechnern setzt dem allerdings auch heute noch Grenzen.

Tabelle 7.9. Grundsätzliche Überlegungen zur Modellauswahl

Auswahl eines numerischen Modells		
Lfd. Nr.	Fragestellung	Kurzantwort
1.	Was sind die Ziele meines Vorhabens?	
2.	Was und wieviel weiß ich über das Aquifersystem?	
3.	Gibt es Pläne, zusätzliche Daten zu erheben?	
4.	In welchem Zeitrahmen sind Ergebnisse zu liefern?	
5.	Welche Hardware steht zur Verfügung?	
6.	Welche Finanzmittel stehen bereit?	
Eine detaillierte Checkliste zur Programmauswahl ist im Anhang A zu finden.		

Bei der Auswahl und Anwendung eines Rechenmodells widersteht man nur schwer der Versuchung, ein „hochgezüchtetes" numerisches Programmsystem, evtl. mit einer ansprechenden graphischen Oberfläche, zu verwenden. Man sollte sich jedoch bewußt machen, daß bei vielen Problemstellungen bereits mit Erfahrung und durch den Einsatz analytischer Lösungsverfahren gute Resultate oder zumindest erste Abschätzungen gefunden werden können. Demgegenüber entsteht in der Anwendung hochentwickelter Programme häufig ein überflüssiger Arbeits- und Rechenzeitaufwand bei der Einarbeitung und einer zu feinen Auflösung relativ unkomplizierter Aufgaben. Auch sind dreidimensionale Berechnungen meist nur notwendig, wenn die Aquifermächtigkeit groß gegenüber seiner lateralen Ausdehnung ist.

Es soll hier allerdings keineswegs der Eindruck erweckt werden, analytische Lösungen und einfache numerische Modelle wären immer ausreichend. Es sei nur betont, daß man sich vor der Entscheidung für ein Modell die in Tabelle 7.9 aufgelisteten Fragen stellen muß (auch diese Tabelle findet sich mit mehr Raum im Anhang B).

Die Beantwortung von Punkt (1) der Tabelle 7.9 kann beinhalten, daß die Ziele bereits mit einem einfachen Modell bzw. einer analytischen Lösung erreicht werden können. In (2) kann man zu dem Schluß gelangen, daß gar nicht genügend Informationen für die Erstellung eines komplexen Modells zur Verfügung stehen.

Kann man (3) mit ja beantworten, so ergibt sich der Vorteil, daß man durch die Anwendung eines Modells die Bereiche festlegen kann, an denen zusätzliche Informationen durch neue Daten die größte Erkenntnisdichte liefern. Nicht immer ist diese Wechselwirkung zwischen Modellierung und Datenerhebung gegeben, sie sollte aber angestrebt werden.

Die Antwort auf Frage (4) beeinflußt die Komplexität des zu verwendenen Modells. Man muß sich bewußt machen, daß eine ausführliche Dokumentation und eine große Anzahl von Beispielansätzen die Einarbeitungszeit in ein Programmsystem wesentlich verkürzen und dem Anwender alle Möglichkeiten des Programms erschließen. Ein hervorragend programmiertes Modell mit einer ansprechenden Oberfläche ist dagegen wesentlich undurchsichtiger, solange es nur eine ungenügende Dokumentation gibt. Die Modelle sind zu komplex, um in einem "Trial and Error"- Verfahren erlernt zu werden. Wer weiß schon auf Anhieb, was die vielen Abkürzungen in englisch und/oder deutsch in den diversen Icons bedeuten?

Ein weiterer interessanter Zeitfaktor ist die Leistungsfähigkeit des *Postprocessings*. Eine schnelle und übersichtliche Darstellung der Ergebnisse, zumal in dreidimensionalen Berechnungsgebieten, vereinfacht das Problemverständnis erheblich. Es sollte im Postprocessing darauf geachtet werden, daß bereits die Standardeinstellungen ein verwertbares Bild liefern. Sind zusätzlich noch viele Optionen für ein verbessertes Layout und für eine ansprechende Präsentation vorhanden – um so besser. Der Postprocessor muß ausgereifte Standardeinstellungen angebieten, denn niemand mag sich bei einer schnellen Betrachtung von Zwischenergebnissen mit Einzelheiten der graphischen Darstellung auseinandersetzen.

Zum anderen sind zur Erstellung von Eingabedaten der angestrebten Rechnungen *Präprozessoren* erforderlich. Man unterscheidet hierbei zwischen dem interaktiven Dialog (bei dem der Nutzer über Textprompts die Eingabe seiner Daten über die Tastatur vornimmt) und dem interaktiven graphischen Dialog (bei dem die Bearbeitung weitgehend mausgesteuert erfolgt). Häufig findet man noch Programme, gerade im PC-Bereich, die eine etwas unzeitgemäße Eingabestruktur (z. B. formatierte Eingabedateien) aufweisen. Hier muß man abwägen, ob die Leistungsfähigkeit und die Kosten des Programms diese Nachteile aufwiegen. Schließlich ist noch der Rechenzeitverbrauch eines Programms zu berücksichtigen.

Für Frage (5) liegt die Antwort zur Zeit in der Entscheidung zwischen einer *Workstation* und einem *PC*. Dabei spielen die Kosten der Hardware die entscheidende Rolle. Es sei erwähnt, daß es heute schon sehr leistungsfähige Programme zur Grundwassermodellierung gibt, die auf dem PC lauffähig sind. Ein ausgefeiltes Prä- und Postprocessing ist z. Z. meist auf den leistungsfähigeren Workstations zu finden.

Die Frage (6) bedarf keiner weiteren Erläuterungen.

Weitere Faktoren für die Softwareauswahl sind: die Dimensionalität des Berechnungsgebiets, die Randbedingungen und ihre Auswirkungen auf das Aussagegebiet, die Anfangsbedingungen, die chemischen Eigenschaften, die Temperatur, die Komplexität und Verteilung von (Konzentrations-) Quellen und Senken, die Unterstützung durch den Programmlieferanten und seine *Up-Date-Politik.*

Checkliste

Zur Erleichterung der Softwareauswahl ist in *Anhang A* unter Berücksichtigung der von Walton (1992) und Fein (1991) gegebenen Anregungen eine *Checkliste zur Auswahl von Grundwasserprogrammen* aufgestellt. Zunächst geht man sie durch und kreuzt die gewünschte Eigenschaft auf der Basis seines schematisierten Systems an – anschließend wird auf der Liste der Leistungsumfang von bereits im Haus vorhandenen Programmsystemen und/oder von zu beschaffender Software dokumentiert, unter Berücksichtigung der finanziellen und zeitlichen Ressourcen. Ist es nicht möglich eine gute Übereinstimmung zwischen benötigtem und angebotenem Leistungsumfang zu erzielen, muß ein existierendes Modell modifiziert oder ein neues programmiert werden. Oder man erstellt ein neues schematisiertes System und fragt sich dabei, ob die nicht in der verfügbaren Software vorhandenen Eigenschaften wirklich unverzichtbar sind.

Softwarequellen sind die Entwickler von Grundwasserprogrammen, Vertreiber von Programmen oder aber das International Ground Water Modeling Center (IGWMC) in Golden/Colorado. Auf Anfrage verschickt das IGWMC einen aktuellen Katalog von Grundwasserprogrammen mit Informationen über den Leistungsumfang der einzelnen Codes. Da der Katalog sehr umfangreich ist und laufend aktualisiert wird, wird an dieser Stelle auf eine Auflistung von Grundwasserprogrammen, die zudem relativ schnell veraltet wäre, verzichtet. Die Adresse des IGWMC – eine „non-profit-organisation" – lautet:

IGWMC
International Groundwater Modeling Center
Colorado School of Mines
Golden, CO 80401
USA
email: „igwmc@mines.edu"

7.8 Modellanwendung

Auf die Modellauswahl folgt die Anwendung. Im Prinzip unterscheiden sich die empfohlenen Wege für die Anwendung eines analytischen und eines numerischen Modells nicht.

Beim Einsatz nicht-analytischer Verfahren steht man allerdings vor dem Problem der Nachprüfbarkeit der numerischen Ergebnisse. Beispielsweise läßt die Methode der Finiten Elemente dem Anwender sehr große Spielräume bei der Gestaltung seiner Modelle. Häufig kann er nicht vermeiden, daß subjektive Einschätzungen über den Standort bei der Festlegung der Modellparameter eine Rolle spielen. Man denke nur an die Aufteilung des Kontinuums in diskrete Punkte, an die Gitterdichte, die Form, den Grad oder die Dimension der einzelnen Elemente. Es sei auch daran erinnert, daß wegen der Endlichkeit der Modelle sowohl im zeitlichen als auch im räumlichen Sinn Anfangs- und Randbedingungen vorgegeben werden müssen (vgl. z.B.: Schwarz 1984; Istok 1989; Busch et al. 1993).

Die klassische Modellanwendung teilt sich auf in 4 Schritte: Benutzt man ein neues Programm zum ersten Mal oder berechnet man mit einem bekannten Programm eine neuartige Problemstellung, so ist es zuerst zu *verifizieren.* Von guten Grundwasserprogrammen kann man inzwischen verlangen, daß entsprechende Verifikationsbeispiele im Lieferumfang enthalten sind und somit dieser Schritt nicht mehr allzu großen Raum einnehmen muß. Als zweiter Schritt folgt die *Kalibrierung* des Modells. An sie schließt sich die *Validierung* an und schließlich wird das *Standortmodell* erstellt. Für alle genannten Schritte ist die korrekte *Diskretisierung* des Berechnungsgebiets die Grundvoraussetzung.

7.8.1 Diskretisierung

Beispielhaft wird die Diskretisierung des Berechnungsgebiets für die Anwendung der Methode der Finiten Elemente dargelegt. Ein Problem wird diskretisiert, indem man das kontinuierliche Gebiet durch eine Anzahl von Knoten (-punkten) und Elementen ersetzt und so ein Finite-Element-Netz erhält. Für ein- zwei- und dreidimensionale Probleme sowie radialsymmetrische Geometrien stehen verschiedene Elementtypen zur Verfügung. Die Elemente können prinzipiell jede Größe und Form annehmen. Die äußerere Berandung und Größe eines Gitters sind nahezu beliebig. Ebenso können verschieden dimensionale Elemente in einem Netz verwendet werden. Für jedes Element sind die Materialparameter des diskretisierten Aquiferteils anzugeben. Die Parameter sind konstant in einem Element, sie können aber von Element zu Element variieren.

Für die Zwecke der Netzgenerierung stehen heute Computerprogramme – sog. Netzgeneratoren – zur Verfügung, so daß es dem Modellierer erspart bleibt, die Knoten und Elemente einzeln einzugeben. Aber auch wenn dieser Schritt weitgehend automatisiert ist, so ist es doch hilfreich, einige Grundregeln der Netzgestaltung zu kennen und ihre Einhaltung zu überprüfen. Eine ungünstige Netzgeometrie kann das Berechnungsergebnis verfälschen oder sogar zum Programmabsturz führen.

Bei der Erstellung eines Netzes sollte man bedenken, daß die Genauigkeit des Ergebnisses und die benötigte Rechenzeit hauptsächlich von der Anzahl der Knoten des gewählten Netzes abhängen. Ein grobes Netz mit einer geringen Knotenzahl wird ein weniger genaues Ergebnis als ein feines Netz liefern. Jedoch sind die benötigten Rechenzeiten und Kosten (dazu zählt auch die Zeit, die ein Mitarbeiter benötigt, um ein Netz zu verfeinern) umso höher, je engmaschiger das Netz ist. Leider ist es schwer, den Verfeinerungsgrad des Netzes im voraus abzuschätzen, welche eine akzeptable Lösung liefert. Daher ist der einzige Weg zur Genauigkeitsbestimmung die Wiederholung einer Rechnung mit einem sukzessiv verfeinerten Netz. Am besten ist es also, mit einem groben Netz zu beginnen, welches man im Laufe der Arbeit in besonders interessierenden Regionen verfeinert. Die numerischen Lösungen müssen bei zunehmender Verfeinerung gegen ein Ergebnis konvergieren.

Die Resultate des groben Netzes werden mit der verfeinerten Version verglichen. Wenn die Ergebnisse signifikant voneinander abweichen, so wird eine weitere Verfeinerung oder eine Überprüfung der Zeitschrittwahl notwendig sein.

Zur Erzeugung eines Finite-Element-Gitters, bei dem Arbeits- und Rechenaufwand in einem akzeptablen Verhältnis zum Genauigkeitsgrad des Ergebnisses stehen, ist ein beträchtliches Maß an Erfahrung notwendig. Viele Modellierer betrachten diesen Teil der Aufgabe immer noch als eine besondere „Kunst“. Insbesondere ist es für die Diskretisierung eines Grundwasserproblems hilfreich, wenn der Modellierer bereits Kenntnisse auf dem Gebiet der Grundwasserhydraulik vorweisen kann, so daß er das entstehende Gitter am Problem orientieren kann (z. B. Elementkanten an Stromlinien, Verfeinerungen in Bereichen mit starken Gradienten usw.). Es sei noch darauf hingewiesen, daß es kein „richtiges" Netz gibt: Dieselbe Lösung mit derselben Genauigkeit kann mit sehr unterschiedlichen Gittergeometrien erzeugt werden.

Im folgenden werden einige Hinweise zur korrekten Plazierung von Knotenpunkten und Elementen gegeben (s. auch Kap. 9).

Knotenpunkte

Grundsätzlich sind in jedem FE-Netz jedem Knoten die Knotenkoordinaten und eine Knotennummer zugeordnet. Die Knotennummern laufen von bis x (mit x = Anzahl der Knoten des Netzes). Es ist nicht gestattet, einzelne Nummern auszulassen oder zwei verschiedenen Knoten dieselbe Nummer zuzuordnen. Da die Optimierung der Knotennummern (z. B. nach dem Algorithmus von Cuthill-McKee (Schwarz 1984)) zur Reduktion der Rechenzeit sehr aufwendig sein kann, sollte sie in jedem Fall von einem Rechenprogramm übernommen werden. Knoten werden gesetzt an

- Rändern des Berechnungsgebiets
- Punktquellen ober -senken (z.B.: Extraktions- bzw. Infiltrationsbrunnen)
- jedem Punkt, an dem exakte Berechnungsergebnisse benötigt werden (z.B.: Beobachtungsbrunnen)
- einer Materialgrenze (z.B.: Schichtflächen)
- Knoten sollten dort möglichst dicht gesetzt werden, wo man erwartet, daß sich die Feldvariable schnell ändert (z.B.: starke Konzentrations- oder Druckgradienten).

Elemente

Jedes Element wird durch seine Eckknoten und ihre Koordinaten definiert. Die Anordnung der Knoten bestimmen Größe, Form und Lage der Elemente. In Gebieten mit komplizierter Geometrie (z.B.: starke Tiefenvariation der Aquiferbasis) oder Geologie (z.B.: Störungszonen, Klüfte) wird man viele Elemente benötigen, während einfache Aquifergeometrien (z.B.: Flußkiese gleichmäßiger Mächtigkeit auf söhliger Aquiferbasis) die Diskretisierung mit weniger Knoten und Elementen zulassen. Für jedes Element bzw. jede Elementgruppe sind Materialparameter anzugeben. Im folgenden werden einige Hinweise zur Wahl der Form und der Plazierung der Elemente gegeben.

- Die Ränder benachbarter Elemente dürfen sich weder überlappen noch dürfen Lücken entstehen.
- Elemente dürfen nicht die Grenze zwischen 2 Materialien schneiden, da die Materialparameter in einem Element konstant sind.

- Die Elementgröße bestimmt die Größe des Zeitschritts (vgl. Tabellen 6.2 u. 6.3). Daher ist die Verwendung von stark verzerrten Elementen, insbesondere bei der Berechnung instationärer Strömungen oder bei der Modellierung von Transportprozessen, zu vermeiden.
- Die Elementgröße darf nicht abrupt geändert werden. Übergangszonen sollten definiert werden.

7.8.2 Verifikation

Hat man sich für ein numerisches Modell entschlossen, so ist es zumindest vor seiner ersten Anwendung zu verifizieren. Das heißt, es ist zu überprüfen, ob das gewählte Rechenverfahren (Finite-Elemente, Finite-Differenzen, Random-Walk,...) unter Einhaltung der jeweiligen Stabilitätskriterien im mathematischen Sinn korrekte Lösungen liefert und ob Programmfehler vorliegen (vgl. Kap. 6). Segol (1994) hat hierzu eine grundlegende Arbeit mit diversen Benchmarktests (die deutsche Übersetzung könnte etwa lauten: Standardberechnungen als Vergleichsmöglichkeit) verfaßt. In Tabelle 7.10 sind 4 Möglichkeiten zur Verifikation von Grundwassermodellen zusammengefaßt. Sie werden im folgenden kurz erläutert.

Analytische Modelle bedürfen selbstverständlich keiner umfangreichen Verifikation. Manchmal kann es jedoch sinnvoll sein, ein Programm, das analytische Lösungen errechnet, an einfachen Beispielen mit einer Handrechnung zu überprüfen (denn: auch Programmierer machen zuweilen Fehler).

Tabelle 7.10 Zusammenfassung von Methoden zur Modellverifzierung

Verifikation von Grundwassermodellen
Vergleich numerischer und geschlossener (analytischer) Lösungen (vgl. Abschn. 6.4.1–6.4.3).
Vergleich der Ergebnisse unterschiedlicher numerischer Verfahren (z. B.: Finite-Elemente-Verfahren mit dem Finite-Differenzen-Verfahren oder Random-Walk-Verfahren (vgl. Abschn. 6.4.4)).
Orts- und Zeitschrittweitenvariation (Konvergenzbetrachtungen).
Vergleich numerischer Lösungen mit Resultaten von Labor- oder Feldexperimenten.

Meist ist es üblich, zunächst eine Problemstellung durchzurechnen, die auch analytischen Lösungsverfahren zugänglich ist. Die beiden sich ergebenden Lösungen sind miteinander zu vergleichen – dabei sollte bereits durch eine grobe Annäherung der Problemstellung durch eine Anzahl von Knotenpunkten bzw. Elementen eine zumindest qualitative Übereinstimmung mit den analytischen Ergebnissen zu erzielen sein (vgl. Abschn. 6.4.1-6.4.3 und z. B. Kinzelbach 1987; Lege 1990; Kröhn 1991; Kolditz u. Lege 1992; Kolditz 1993; Kolditz 1994b, c; Lege 1995).

Bei weiterer Verfeinerung des Gitters müssen die numerischen Resultate gegen die analytischen Lösungen konvergieren. Andernfalls hat entweder der Modellierer einen Fehler begangen (ungünstige Diskretisierung, Mißachtung von Stabilitätskriterien, falsche Rand- bzw. Anfangsbedingungen, falsche Parameterauswahl usw.) oder das ausgewählte numerische Modell ist ungeeignet für das zu lösende Problem. Dann muß ein anderes verwendet werden oder der Anwender muß überprüfen, ob er die Problematik korrekt abstrahiert hat.

Man kann heute von einem Grundwasserprogramm erwarten, daß es für viele Standardsituationen verifiziert ist. Die Verifikationsergebnisse sollten im Lieferumfang enthalten sein ebenso wie einige gut dokumentierte Beispiele für den eigenen Einstieg. So erspart sich der Anwender die mühsame Programmierung analytischer Lösungsansätze und die Durchführung eigener Verifikationsläufe.

Der andere Ansatz, ein Modell zu verifizieren, liegt in der Gitter- und Zeitschrittweitenvariation (vgl. Abschn. 7.8.1). Dabei wird dieselbe Aufgabenstellung mit verschiedenen Zeitschrittweiten, Gittergeometrien und Verfeinerungen berechnet. Die Ergebnisse müssen sich bei allen Variationen gleichen bzw. bei zunehmender Verfeinerung gegen eine Lösung konvergieren. Außerdem dürfen bei kleinen Gittergeometrieänderungen nur kleine Ergebnisänderungen akzeptiert werden (z.B. Istok 1989; Kolditz 1995c).

Darüber hinaus ist ein Vergleich der Ergebnisse, die mit verschiedenen numerischen Methoden gewonnen, wurden bei komplexeren Problemstellungen sinnvoll. Beispielhaft ist dies bei Kinzelbach (1987) durchgeführt. In diesem Band wird dieses Vorgehen in Kapitel 6.4 durch den Vergleich einer Finiten-Elemente-Lösung mit einer Random-Walk-Lösung dokumentiert.

Schließlich können Vergleiche zwischen numerischen Ergebnissen und Labor- oder Feldexperimenten durchgeführt werden. Dabei ist es wichtig, daß alle Einflußgrößen des Experiments bekannt sind (z. B. Kröhn 1991; Lege 1995).

Durch Verifikationsarbeiten erlangt man Erfahrung im Umgang mit einem numerischen Modell. Zu Beginn einer Programmnutzung sollte der hierfür notwendige Zeitaufwand nicht gescheut werden. Die gewonnene Sicherheit und die Kenntnis der Programmbesonderheiten zahlen sich in reduzierten Fehlerhäufigkeiten bei der späteren Anwendung aus. So können sich erhebliche Einsparungen an Arbeits- und Rechenzeit ergeben. Ist man bereits durch vorangegangene Projekte mit dem Rechenprogramm vertraut, so kann man den Verifikationsschritt natürlich auslassen.

Ist man bis hier fortgeschritten, kann man komplexere Strukturen modellieren, die nicht mehr analytisch zu lösen sind. Es ist ratsam, dabei Schritt für Schritt vorzugehen und sich so der zu behandelnden Problematik zu nähern. Nach jeder Rechnung sind die Lösungsfelder auf Stabilität und Plausibilität zu überprüfen. Treten Instabilitäten auf, so kann dem durch Überprüfung der Stabilitätskriterien (vgl. Abschn. 6.3: Courant-, Peclet-, Neumann-Zahl) und entsprechender Änderung der räumlichen und zeitlichen Diskretisierung entgegengetreten werden. Auch die Variation der frei wählbaren Randbedingungen eröffnet Optionen für die Stabilisierung. Man läuft allerdings Gefahr, sich bei den Anpassungsarbeiten von den natürlichen Gegebenheiten zu entfernen.

7.8.3 Kalibrierung

Der nächste wichtige Schritt in der Modellierung einer Deponie bzw. eines Grundwassersystems ist die Kalibrierung des Modells (der Begriff wird hier synonym mit Eichung verwendet). Dadurch wird die Schnittstelle zwischen dem mathematischen Modell und den Feldmessungen geschaffen.

Ein großer Teil der für die Simulation notwendigen Parameter sowie Anfangs- und Randbedingungen steht einer direkten Bestimmung durch Messungen nicht zur Verfügung (beispielsweise die Dispersionslängen). Ein Vergleich der simulierten Größen mit den Beobachtungsdaten eröffnet aber einen Weg zur *indirekten Bestimmung* der Modellparameter. Variationen der Modellparameter liefern während der Eichphase Informationen über die Sensitivität einzelner Kenngrößen und erhöhen die Einsicht in die spezielle Problematik. Insbesondere bei der Transportmodellierung ist es schwierig, die relevanten Größen (z.B.: Sorptionsverhalten) im Feld zu bestimmen. Hier ist die Modelleichung über den Vergleich der Rechenergebnisse mit im Feld gemessenen Konzentrationsverteilungen nahezu unerläßlich. Es ist ratsam, sich dabei an der am Standort beobachteten Entwicklung der Konzentrationsverteilung über die Zeit zu orientieren und ein *History-Matching* durchzuführen. Dabei wird die heute beobachtete Schadstoffwolke und ihre zeitliche Entwicklung in der Vergangenheit durch das numerische Modell berechnet.

Eine Strömungseichung allein auf der Basis gemessener Piezometerhöhen führt nicht notwendigerweise zur korrekten Kalibrierung eines Transportmodells. Deswegen wird eine gekoppelte Eichung von Strömungs- und Transportmodell empfohlen. Bei Carrera (1988) findet sich eine Übersicht über Schätzverfahren zur *Parameterbestimmung*. Die fehlenden Daten sind durch den Modellierer abzuschätzen. Dabei fließt im wesentlichen seine Erfahrung bei der manuellen Schätzung und anschließenden *Trial-and-Error*-Modellierung ein. Bei Kinzelbach (1987) wird auf analytische und numerische Verfahren zur Schätzung fehlender Parameter hingewiesen. Mit der Methode der *inversen Modellierung* (Häfner et al. 1992) hat man eine weitere Möglichkeit, die relevanten Systemparameter zu bestimmen.

Generell ist die Eichung eines Strömungs- und Transportmodells die zeitintensivste Aufgabe des Modellierungsprozesses. Gründliche Arbeit an dieser Stelle zahlt sich jedoch in teilweise erheblicher Zeitersparnis in den Schritten „Validierung“ und „Anwendung“ aus. Umgekehrt kann eine oberflächliche Abarbeitung dieses Punkts zu schweren Fehlern in der Ergebnisaussage führen, welche die Wiederholung der gesamten Arbeit zur Folge haben kann.

7.8.4 Validierung

Validierung bezeichnet hier die Überprüfung eines geeichten Modells mit einem Datensatz, der vom Eichdatensatz unabhängig ist.

Man kann z.B. ein Modell anhand der Durchbruchskurve eines Tracerversuchs eichen. Mit den hierbei bestimmten Parametern muß die Durchbruchskurve eines zweiten Tracertests, der unabhängig vom ersten durchgeführt wurde, mit genügender Genauigkeit bestimmt werden.

In einigen Literaturstellen wird unter Validierung auch der Prozeß verstanden, der hier unter dem Begriff Verifikation eingeordnet ist (z. B. Walton 1991; Walton 1992). Die Aufgabe der Überprüfung mit einem weiteren Tracertest bzw. einem unabhängigen Datensatz wird dort als Feld-Validierung bezeichnet.

Eine Validierung im strengen Sinne ist in der Praxis nur unter großem Aufwand zu erreichen. Es ist notwendig, eine genügend große Datenmenge über einen langen Zeitraum zu sammeln, um beispielsweise eine Vorhersage zu überprüfen.

7.9 Standortmodell

Nach Abschluß der bisher aufgeführten Arbeiten ist ein Standortmodell zu erstellen. Dabei kann hier kein Standardverfahren angeboten werden. Es gibt bei jedem Standort Besonderheiten, die sich nicht in ein festes Schema pressen lassen. Es seien an dieser Stelle einige Grundregeln genannt, die die Arbeit am und mit dem Standortmodell erleichtern.

History-Matching

Zunächst muß bei Altlasten die heute herrschende Verschmutzungssituation korrekt durch das Modell berechnet werden. Ist Datenmaterial aus der Vergangenheit verfügbar, ist die Entwicklung bis zur heutigen Situation mit dem numerischen Modell nachzuzeichnen. Diese Vorgehensweise wird im weiteren als *History-Matching* bezeichnet.

Selbstverständlich sollen die Rand- und Anfangsbedingungen, die in der Vergangenheit geherrscht haben, als Anfangsparameter dienen. Leider stehen diese Werte häufig nicht oder nicht vollständig zur Verfügung, und es müssen oft

Annahmen getroffen werden. Bei Altlasten sind insbesondere der Beginn des Schadstoffeintrags in das Grundwasser, die Menge und die Zusammensetzung der ausgetragenen Stoffe nicht exakt zu bestimmen. Oft liegt die Einlagerungsgeschichte völlig im Dunkeln. Bei der vielfach mangelhaften Datenbasis zur vergangenen Entwicklung ist das History-Matching oftmals die einzige Methode, den hydrogeologischen Werdegang des Systems sowie die ausgetragene Schadstoffmenge und Kombination abzuschätzen und auf dieser Basis eine Prognose für die Zukunft zu wagen.

So kann man beispielsweise eine Schadstoffverteilung in der Vergangenheit annehmen und den heutigen Systemstand auf dieser Basis „voraussagen". Ist man damit erfolgreich, so ist die Wahrscheinlichkeit hoch, daß die Prognoserechnungen für die Zukunft ebenfalls richtig sind.

Parametervariation

Ebenso wie beim Kalibrierungsprozeß sind die Modellparameter in vernünftigen Grenzen zu variieren und die Auswirkungen zu deuten. Es ist hilfreich, durch die Wahl der größten und kleinsten Durchlässigkeiten (oder anderer Parameter) obere und untere Grenzen der Modellergebnisse zu definieren. Das wahre Resultat liegt dann irgentwo dazwischen.

Alternative Sicherungskonzepte

Ebenso wie bei der Parametervariation können durch die Modellierung von Grenzfällen obere und untere Schranken für den Erfolg oder Mißerfolg von Maßnahmen aufgezeigt werden. Bei der geplanten Sanierung einer Altlast können beispielsweise die beiden Extrema modelliert werden:

- Keine Maßnahme wird ergriffen; der Standort wird sich selbst überlassen.
- Der Deponiekörper wird vollständig entfernt.

Damit läßt sich zeigen, welche Ziele erreichbar sind und welche Risiken durch die Ergreifung von Maßnahmen minimiert werden können.

Ergebnisdarstellung

Die Darstellung der Modellergebnisse erfolgt nach der Devise *„Wem will ich die Ergebnisse vorlegen und was will ich damit erreichen"*. Es geht dabei nicht darum, seinen Auftraggebern nachzuweisen, wie kenntnisreich und geschickt man ein besonders verzwicktes Problem löst. Hätte der Auftraggeber Zweifel an dieser Fähigkeit, so hätte sicher jemand anderes die Aufgabe bearbeitet.

Es geht darum, Menschen mit anderen Hintergründen, Erfahrungen, Absichten und Prioritäten die in der Natur herrschenden Verhältnisse und die Konsequenzen von Maßnahmen anschaulich und effektiv darzulegen. Dabei ist auf die möglichen Unsicherheiten und Risiken, die immer bei der Bearbeitung hydrogeologischer Fragestellungen auftauchen, hinzuweisen. Es sei hier noch angemerkt, daß ein raffiniertes Postprocessing mit einer hochauflösenden Grafik gute Ergebnisse auch gut darzustellen vermag. Schlechte oder falsche Resultate werden dadurch aber auch nicht besser.

Zusammengefassend sind einige Vorschläge zur *grafischen Ergebnisdarstellung* aufgeführt.

- Durchbruchskurven (c/t-Diagramme) mit logarithmischem oder doppelt logarithmischem Zeit- oder Konzentrationsmaßstab; Darstellung der Absolutwerte oder normiert auf Konzentrationsabsolutwerte, auf Einleitungs- oder Maximalkonzentration; Lageplan der Datenpunkte angeben
- Profile (c/x-Diagramme); Konzentrationsdarstellung wie bei c/t-Diagrammen
- 2-D-Konzentrations- oder Piezometerhöhenverteilungen (Isolinienplots; sog. Teppich-, Carpet- oder Gebirgeplots); in Farbe oder mit Graustufen eingefärbte Flächen
- Schnitte durch 3-D-Gebiete (darstellbar wie 2-D-Plots)
- Orientierung von Flächendarstellungen an markanten geographischen Punkten (Straßen, Fluß- oder Bachläufe, Waldränder, Gebäude, Hochspannungsleitungen usw.)
- Überlagerung der Ergebnissdarstellungen über eine digitalisierte Karte (z.B. aus Dateien von Geographischen Informationssystemen – GIS)
- Zeichnung nach Norden ausrichten und/oder Nordpfeil einbinden
- Maßstab einzeichnen
- Verzerrungen und Überhöhungen angeben
- Angaben der Ergebnisse in SI-Einheiten oder, in Ausnahmefällen, vom Auftraggeber gewohnten Einheiten

8 Exemplarische Anwendung des Leitfadens auf die ehemalige SAD Münchehagen

Die in Kap. 7 formulierte Vorgehensweise zur Modellierung des Grundwassersystems im Umfeld einer Deponie wird hier an Hand eines Beispiels verdeutlicht. Die Numerierung der Unterkapitel richtet sich streng nach der Numerierung des Kap. 7, um dem Leser die Zuordnung der Unteraufgaben zu erleichtern.

Als exemplarischer Anwendungsfall wird die Modellierung der ehemaligen SAD[11] Münchehagen in Niedersachsen vorgestellt.

Allgemeine Vorbemerkungen

Die ehemalige SAD Münchehagen ist seit Schließung im Jahre 1983 Gegenstand zahlreicher Untersuchungen gewesen und stand seitdem mehrmals auch überregional im Mittelpunkt des öffentlichen Interesses. Im August 1985 wurde mit den Berichten über den Austritt von dioxinhaltigem Sickerwasser der vorläufige Höhepunkt der öffentlichen Aufmerksamkeit erreicht.

Seit 1969 wurden zahlreiche Gutachten und Berichte zum Standort Münchehagen verfaßt und eine große Anzahl von hydrogeologischen, toxikologischen und anderen Messungen vorgenommen. Insbesondere seit 1983 wurden viele Arbeiten durchgeführt. Die Zahl der Grundwassermeßstellen hat die 100 überschritten, und das anstehende Gestein ist im Labor und in situ untersucht worden (Maier, 1992). Die ehemalige SAD Münchehagen war einer der Teststandorte des Verbundvorhabens „Deponieuntergrund" des BMBF[12] (Förderkennzeichen 146060 5 A0) und als solcher Gegenstand aktueller Forschungsprojekte (BGR[13] 1990-1994).

Für die beispielhafte Anwendung des Leitfadens können hier nicht sämtliche bisher erhobenen Informationen berücksichtigt und vom Modellierer ausgewertet werden. Es muß sich auf ein Teilaspekt der Problematik beschränkt und die Hilfe

---

[11] SAD – Sonderabfalldeponie

[12] BMBF – Bundesministerium für Bildung, Wissenschaft, Forschung und Technologie

[13] BGR – Bundesanstalt für Geowissenschaften und Rohstoffe

von erfahrenen Spezialisten bei der Auswahl der relevanten Daten in Anspruch genommen werden.

Man beobachtet im Grundwasserabstrom der ehemaligen SAD Münchehagen eine erheblich kleinere Schadstoffahne als man auf der Basis von Durchlässigkeitsversuchen erwarten würde. Die festgestellten Grundwasserfließgeschwindigkeiten sind so hoch, daß sich die Fahne im Laufe der letzten 15 Jahre bei konservativer Betrachtung bereits 600 m nach Unterstrom hätte ausbreiten müssen. In der Realität mißt man jedoch z.B. bei leichtflüchtigen Chlorkohlenwasserstoffen innerhalb einer 30–40 m langen Fließstrecke vom Rand der Deponie nach außen eine Schadstoffabnahme von annähernd Sättigungskonzentration bis zu Werten an der Nachweisgrenze.

Es wird vermutet, daß außer Advektion und hydrodynamischer Dispersion die sog. Matrixdiffusion sowie Sorptionsvorgänge den Transport im Grundwasser maßgeblich beeinflussen. Zur Klärung dieser Vermutung wurde ein umfangreiches Forschungsprogramm (Dörhöfer u. Maier 1992,1993,1994; Maier u. Dörhöfer 1994) mit Feld- und Laborversuchen durchgeführt. Zwei wichtige Teilaspekte der Versuche sind Tracerexperimente, die im unkontaminierten Anstrombereich durchgeführt wurden, und Laborexperimente zur Bestimmung der Diffusionskonstanten. Sie dienen der Kalibrierung und Validierung des numerischen Modells im Sinn der Abschn. 7.8.2 und 7.8.3 und geben Aufschluß über das unterschiedliche Transportverhalten auf den Klüften und in der Gesteinsmatrix der anstehenden geologischen Tonsteinbarriere.

Die numerische Modellierung, die im folgenden dargestellt wird, begleitete die Untersuchungen. Sie half, das Verständnis des Grundwassersystems zu verbessern und zu prüfen, ob Labordaten auf die Situation im Feld übertragbar sind. Schließlich war die Frage zu klären, ob unter Berücksichtigung der Matrixdiffusion die relativ kleine Schadstoffahne erklärt werden kann. Darauf aufbauend kann das Ergebnis verschiedener Sanierungsmaßnahmen mit Hilfe des numerischen Modells prognostiziert werden.

8.1 Einordnung des Problems

Zu Beginn der *Bestandsaufnahme* steht die Beantwortung der Fragen aus Tabelle 7.1, die in Kurzform in Tabelle 8.1 zusammengefaßt ist:

Tabelle 8.1. Bestandsaufnahme zur Einordnung des Problems (basiert auf Tabelle 7.1)

Lfd. Nr.	Fragestellung	Kurzantwort
1.	Wie ist die wissenschaftliche Fragestellung?	Einfluß der Matrixdiffusion auf den Stofftransport
2.	Welche Informationen muß das Ergebnis enthalten?	Beitrag der Matrixdiffusion zur Barrierewirkung des geklüfteten Tonstein
3.	Welche Informationen stehen zur Verfügung?	Zahlreiche Feld- und Laborexperimente
4.	Wem wird das Ergebnis vorgelegt?	Wissenschaftlern
5.	Welche Entscheidungen sollen auf der Grundlage der Ergebnisse getroffen werden?	Eignung klüftigen Tonsteins als geologische Barriere
6.	Wer trifft Entscheidungen auf der Basis der Modellergebnisse?	Spezialisten unterschiedlicher technischer Gebiete

zu 1: Fragestellung bzw. Zielsetzung: Rolle der Matrixdiffusion

Die Rolle der Matrixdiffusion bei der Schadstoffrückhaltung im klüftigen Tongestein ist zu erkunden und es ist ein Werkzeug zu entwickeln, mit dem Effektivität und Auswirkungen alternativer Sanierungsmaßnahmen unter Berücksichtigung der Matrixdiffusion im klüftigen Gestein als geologischer Barriere simuliert werden können.

Kalibrierung und Validierung

Das Ziel der Modellierung ist der Nachweis der Übertragbarkeit von im Labor gemessenen Diffusionsdaten auf in-situ-Verhältnisse. Es sind Verfahren zu entwickeln, die die Übertragbarkeit gewährleisten. Dazu ist es in erster Linie erforderlich, zwei voneinander unabhängig durchgeführte Tracerversuche im Tonstein Münchehagens numerisch zu modellieren. Dabei dient ein Experiment der Kalibrierung des Modells und das andere der Validierung. Konkret muß in der Ergebnisdarstellung der Verlauf der Durchbruchskurve der beiden Tracerversuche mit und ohne Matrixdiffusion sowie die Konzentrationsverteilung für beide Experimente im Versuchsfeld zu verschiedenen Zeitpunkten enthalten sein.

Es ist eine Modellvorstellung der natürlichen Verhältnisse zu entwickeln, mit dem ein geklüftet poröse Medium in einem Rechenmodell unter Berücksichtigung des advektiv-dispersiven Transports in der Kluft und des diffusiven Transports in der Matrix dargestellt werden kann.

Mit den gewonnenen Ergebnissen ist nachzuweisen, daß die heutige Ausdehnung der Schadstoffahne unter Berücksichtigung der Geschichte des Standorts modelliert werden kann (*History-matching*).

zu 2: Informationsgehalt der Ergebnisse

Für den Standort sind die Konzentrationsverteilungen 10 und 20 Jahre nach Beginn der Kontamination mit einem ausgewählten Beispieltracer darzustellen. Als Prognose sind die Auswirkungen zweier Extremsituationen als obere und untere Grenze der zukünftigen Entwicklung zu berechnen. Die Schadstoffahnen sind in geeigneten zeitlichen Abständen abzubilden. Ergänzend können Durchbruchskurven in ausgewählten Beobachtungspunkten berechnet werden. Als Extremsituationen sind ein vollständiger Stopp der Einleitung nach 20 Jahren ohne besondere Maßnahmen und eine ungestörte Weiterentwicklung unter den zur Zeit herrschenden hydrogeologischen Randbedingungen darzustellen.

Das vorgeschlagene Modell für die numerische Modellierung des Stofftransports im klüftigen Gestein unter Berücksichtigung der Matrixdiffusion ist ausführlich zu erläutern.

zu 3: a) Beschreibung des Standorts

Die ehemalige SAD Münchehagen liegt etwa 40 km westlich von Hannover in Niedersachsen. Der lokale Vorfluter ist die Ils, die über die Gehle in die Weser entwässert. Die Ils liegt in ca. 300 m Entfernung vom Deponiekörper im Grundwasserabstrom (vgl. Abb. 2.1).

Der Standort besteht aus 2 Teilen. In der westlichen Altdeponie, betrieben zwischen 1968 und 1973, sind diverse ölhaltige Abfälle abgelagert. Sie sind in flüssiger oder pastöser Form, teilweise in Fässern, in 6 m tiefen Poldern eingelagert.

In der östlichen sogenannten GSM[14]-Deponie sind von 1977–1983 in 25 m tiefen, speziell für die Sondermüllablagerung angelegten Poldern ca. 350.000 m^3 hauptsächlich feste und stichfeste Sonderabfälle nach Lagen und Rastern geordnet abgelagert worden.

[14] GSM – Gesellschaft für Sondermüllbeseitigung Münchehagen

Tabelle 8.2. Hydraulische Kennwerte und statistische Verteilung der ermittelten Durchlässigkeitsbeiwerte der geologischen Barriere in verschiedenen Teufenbereichen im Abstrom der Altlast Münchehagen (Aus Fritz et al. 1994)

Durchschnittliche Matrixdurchlässigkeit k_{fM}	Teufenabh. durchschn. Gebirgsdurchlässigkeit k_{fG}[m/s]			Spezifischer Speicherkoeffizient S_0	Aquifertyp
	0–15m	15-45m	> 45m		
10^{-9}–10^{-10}m/s	$1{,}2*10^{-5}$	$2*10^{-6}$	$< 10^{-6}$	0,001 m^{-1}	Kluftaquifer

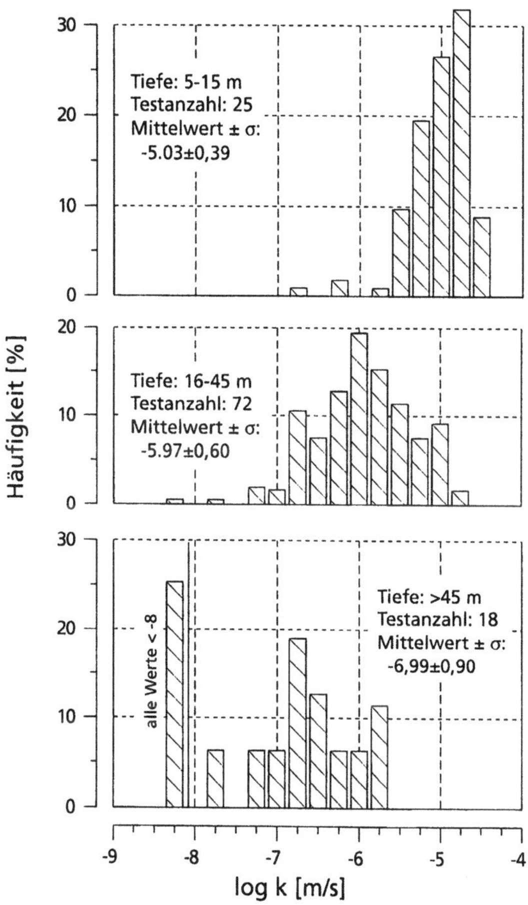

Seit 1983 dürfen keine weiteren Ablagerungen erfolgen. Die Zuständigkeit für die Erarbeitung eines Konzepts zur Sicherung der ehemaligen SAD liegt beim Land Niedersachsen, vertreten durch das NLfB[15].

Seit der Stillegung des Betriebs sind Sofortmaßnahmen, wie z.B. die Errichtung eines Tonriegels zwischen Altdeponie und benachbartem Wald oder das Abpumpen und die Behandlung von Deponiesickerwässern, getroffen worden. Diese sehen eine Dichtwand, eine Oberflächenabdeckung und hydraulische Maßnahmen vor.

Durch die geologisch-hydrogeologische und grundbauliche Standorterkundung, die Untersuchung des Deponiekörpers sowie einer Vielzahl von Spezialgutachten wurde eine umfangreiche Datenbasis für die Sanierungsplanungen erarbeitet (Maier 1992; Bartels-Langweige 1994).

zu 3: b) Hydrogeologie

Die geologische Barriere besteht aus einem flächenhaft verbreiteten, dunkelgrauen, marinen, stark schluffigen Tonstein der Unterkreide (Valangin). Der Tonstein ist diagenetisch vergleichsweise stark verfestigt, was nach Rohde (1992) auf eine zeitweilige, regional begrenzte Temperaturerhöhung durch magmatische Intrusionen zurückgeführt werden kann. Das Gestein ist tektonisch bedingt intensiv geklüftet.

Die hydraulischen Eigenschaften des Untergrundes der ehemaligen SAD Münchehagen sind durch eine große Zahl hochwertiger Daten beschrieben. Das Gestein weist über alle Teufen eine durchschnittliche Gebirgsdurchlässigkeit von $k_f = 0{,}5–1{,}0 * 10^{-6}$ m/s auf. Dabei beschränken sich die Grundwasserwegsamkeiten praktisch ausschließlich auf das vernetzte Kluftsystem. Laboruntersuchungen ergeben für die Gesteinsmatrix Werte von $k_f = 10^{-10}$ bis 10^{-9} m/s. Die Gebirgsdurchlässigkeit nimmt mit der Tiefe ab, da auch die Klufthäufigkeit geringer wird. Der Grundwasserflurabstand liegt zwischen 1 und 3 m. Das Grundwasser ist im Standortbereich „halbgespannt“. Der spezifische Speicherkoeffizient des Gesteins liegt bei 0,001 m^{-1}. Die Fließrichtung ist, mit kleineren lokalen Abweichungen, nach WSW gerichtet. Der lokale Vorfluter Ils wird teilweise unterströmt. Die Kennwerte sind in Tabelle 8.2 zusammengefaßt.

zu 3: c) Stofftransport

Abschätzungen über die Abstandsgeschwindigkeit lauten auf ca. 40 m/Jahr (Maier 1992). Es wird aber betont, daß für die Beschreibung des Schadstofftransports die Wechselwirkungen zwischen Gesteinsmatrix und in Lösung befindlichem Stoff, besonders infolge Matrixdiffusion und Sorption, ermittelt werden müssen. Vor allen Dingen werden die Matrixdiffusion und anschließende Sorptionsprozesse als

[15] NLfB – Niedersächsisches Landesamt für Bodenforschung, Hannover

entscheidende Einflußfaktoren bei der Abnahme der Konzentration der CKW von der Sättigungskonzentration auf Werte nahe der Nachweisgrenze auf den ersten 40 m Fließstrecke angesehen. Ein Einfluß der Deponie ist überhaupt nur bis 150 m im Grundwasserabstrom festzustellen.

zu 4-6: Zielgruppe
Zunächst dienen die hier durchgeführten Arbeiten dem Verstehen des komplexen Zusammenwirkens von advektivem und diffusivem Transportvorgang im geklüfteten Tonstein. Dazu wurden diverse Forschungsprojekte im Verbundvorhaben „Deponieuntergrund" (BGR 1992, 1993, 1994) durchgeführt. Die Interdisziplinarität des Verbundvorhabens erfordert dabei eine Darstellung, die auch für aufbauende Forschungen in anderen Fachrichtungen verständlich und schnell erfaßbar ist.

8.2 Transformation der Fragestellung

Aufgrund der vielfältigen Untersuchungen am Standort Münchehagen sind viele Hauptparameter für die geplante Modellierung bekannt. So sind die Ergebnisse der Markierungsversuche, die Grundwasserfließrichtung, die Standrohrspiegelhöhen und die hydraulischen Gradienten bekannt. Obwohl es für den Standort sicher jahreszeitliche Schwankungen und langfristige Abweichungen vom Mittelwert gibt, ist es für die hier vorgestellte Simulation bei relativ geringen Grundwassergeschwindigkeiten ausreichend, von einem *stationären Fließfeld* auszugehen. Die Schwankungen werden über die Dispersionslängen berücksichtigt.

Bei den Tracerversuchen ist das Grundwassergefälle für die gesamte Versuchsdauer konstant. Der Wasserspiegel senkte sich über den Versuchszeitraum um 0,4 m.

Für den Standort sind die Konzentrationsverteilungen einzelner Stoffe im Abstrom und für die Tracerversuche die Durchbruchskurven verschiedener Tracer ermittelt worden. Aus Laborversuchen kennt man die effektiven Diffusionskoeffizienten des Tonsteins für die eingesetzten Tracersubstanzen. Ein Maß für die Dispersionslänge ergab sich aus der Summenkurve von Tracerversuchen. Die Porosität und die Durchlässigkeit des Tonsteins sind bekannt, ebenso die durchschnittlichen Kluftöffnungsweiten und Kluftabstände. Für die Klüfte liegen nur Größenordnungen der Durchlässigkeiten und der Porosität vor.

Auf dem Weg der Modellierung sind folglich die Durchlässigkeit und die Porosität der Klüfte zu quantifizieren. Dieses Ziel kann durch systematische Variation der unbekannten Parameter in den gegebenen Grenzen und Vergleich der errechneten Durchbruchskurven mit den Meßdaten erreicht werden.

Einordnung der Fragestellung

Die Problematik läßt sich in 3 Teile gliedern:

8.2.1 Den Erkundungsabschnitt, in dem der komplexe Transportprozeß unter besonderer Berücksichtigung der Matrixdiffusion zu verstehen ist.

8.2.2 Den Prognoseabschnitt, in welchem das Systemverhalten unter artifiziellen Annahmen (vollständiger Stopp der Einleitung, keine besondere Maßnahme) berechnet wird.

8.2.3 Den Optimierungsabschnitt, in welchem alternative Szenarien einer möglichen Sanierung durchgespielt werden.

8.2.1 Erkundungsproblem

Es ist festgestellt worden, daß die Schadstoffahne der ehemaligen SAD Münchehagen wesentlich kleiner als erwartet ist. Es wird vermutet, daß die Ursachen hierfür die Matrixdiffusion (evtl. in Kombination mit Intrapartikeldiffusion und Sorption von Material an Tonmineralien) ist. Diese Prozesse wirken verzögernd und verdünnend auf die Kontaminationsausbreitung. Sie haben großen Einfluß auf die Effektivität von Sanierungsmaßnahmen. Das Stoffverhalten in der geologischen Barriere der SAD ist sowohl im Labor wie auch im Feldversuch zu erkunden. Weiterhin ist die Übertragbarkeit von Labormessungen auf den Feldmaßstab zu überprüfen.

Im vorliegenden Fall ist in Feldversuchen die *Kluftdurchlässigkeit* zu bestimmen. Die bisher angewandten Methoden lieferten als Ergebnis immer nur die *Gebirgsdurchlässigkeit* als Integral über das beprobte Gesteinspaket. Diese Werte sind für die Bestimmung der realen Transportgeschwindigkeit jedoch unbrauchbar, wie die Differenz zwischen prognostizierter und gemessener Schadstoffverteilung am Standort zeigt.

Die Bestimmung der Abstandsgeschwindigkeit über den Wert „Gebirgsdurchlässigkeit" läßt die vergleichsweise rapide Bewegung des Grundwassers auf bevorzugten Fließwegen in den Klüften und die vernachlässigbare Strömungsgeschwindigkeit in der Gesteinsmatrix unberücksichtigt. Für die Geschwindigkeit des Schadstofftransports ist aber die hohe Durchlässigkeit in der Kluft entscheidend. In Abschn. 4.1.2 „Grundwasserdynamik" ist der Unterschied zwischen Gebirgs- und Kluftdurchlässigkeit ausführlich dargelegt.

Zum anderen ist zu überprüfen, welchen Einfluß die Matrixdiffusion auf die Ausbreitungsgeschwindigkeit der Kontamination hat. Dazu liegen aus Laborversuchen Diffusionsdaten vor.

Es ist festzustellen, ob mit den im Labor bestimmten Diffusionskonstanten die gemessenen Durchbruchskurven von 2 voneinander unabhängigen Tracerversuchen erklärt werden können.

Zur Durchführung dieser Arbeiten ist eine Modellvorstellung zu entwickeln und in ein Modell umzusetzen, mit dem der advektive Transport in der Kluft und der diffusive Transport in der Matrix gekoppelt werden können.

Der Erkundungsschritt an 2 Tracerversuchen dient gleichzeitig der Eichung und Validierung der entwickelten Modellvorstellung. Nach erfolgreicher Eichung und Validierung ist der heutige Zustand des Gesamtstandorts nachzuvollziehen, zu berechnen und mit dem gemessenen Schadstoffverteilungen im Untergrund zu vergleichen.

8.2.2 Prognoseproblem

Ist der Erkundungsschritt erfolgreich abgeschlossen, so kann das numerische Modell zur Voraussage der zukünftigen Entwicklung der Schadstoffbelastung im Umfeld der ehem. SAD Münchehagen eingesetzt werden.

Da konkret geplante Maßnahmen zum Zeitpunkt der Arbeiten noch nicht bekannt waren, wird sich hier auf die Angabe von unteren und oberen Grenzfällen beschränkt. Es wird erstens angenommen, daß gar keine Maßnahmen ergriffen werden und sich die Grundwasserkontamination unbeeinflußt ausbreiten kann. Zweitens wird ein vollständiger Abtransport des Müllkörpers und die Wiederverfüllung mit unbelastetem Material gleicher hydraulischer Eigenschaften vorausgesetzt. Diese Annahmen definieren die Bandbreite, in der sich mögliche Sanierungsziele verwirklichen lassen. Sie geben erste Anregungen für die Ergreifung von geeigneten Maßnahmen.

8.2.3 Optimierungsproblem

Da im Rahmen dieser Arbeit einzelne Maßnahmen nicht berücksichigt werden können, wird hier keine Optimierung vorgestellt. Das entwickelte Modell könnte in Zukunft dazu benutzt werden, die Effektivität von Sanierungsbrunnen, des sukzessiven Abtransports des Müllkörpers, die Auswirkung von Dichtwänden und die Kombination der Maßnahmen abzuschätzen.

8.3 Anforderungen an das Modellergebnis

Es ist im Vorfeld der Modellierung eines Standorts wichtig, sich über die folgenden Teilaspekte klar zu sein, um zielgerichtet und effektiv arbeiten zu können. Für den Standort Münchehagen sind dazu die räumliche Abgrenzung, der zeitliche Bezug und die Genauigkeitsanforderungen zu definieren. In aller Kürze seien die Antworten auf die sich hier stellenden Fragen in Tabelle 8.3, die auf Tabelle 7.2 basiert, gegeben.

Tabelle 8.3. Definition der räumlichen Verteilung der benötigten Datenbasis und der Anforderungen an das Modellergebnis (basiert auf Tabelle 7.2)

Lfd. Nr.	Fragestellung	Kurzantwort
1.	Welche Ausdehnung hat mein Aussagegebiet?	0,5 km^2 (bis Vorfluter)
2.	Wie ist das Berechnungsgebiet zu gestalten?	Schadstoffwolke muß vollständig erfaßt sein; im Unterstrom Vorfluter als Rand
3.	Wie ist das Erkundungsgebiet zu wählen?	Schadstoffwolke muß erfaßt sein; Geologie im Einzugsbereich
4.	Welchen zeitlichen Bezug sollen Ergebnisse haben?	Systemverhalten der vergangenen 20 Jahre; Prognose auf 100 Jahre
5.	Wie hoch sind die Genauigkeitsanforderungen?	Promillebereich der Maximalkonzentration

8.3.1 Räumliche Abgrenzung

Erkundungsgebiet

Der Standort und sein Umfeld sind, wie in Abb. 8.1 dargestellt, sehr weiträumig erkundet. Außer den Bohrungen in unmittelbarer Nähe der Deponie liegen umfangreiche Arbeiten über die regionale Geologie und zahlreiche Gutachten vor. Einen zusammenfassenden Überblick der bisher durchgeführten Arbeiten geben Maier (1992) und Dörhöfer et al. (1994). Durch den langen Erkundungszeitraum liegen zahlreiche Daten in ausreichender Dichte vor, so daß eine für die hier behandelte spezielle Problematik angemessene Auswahl getroffen werden muß.

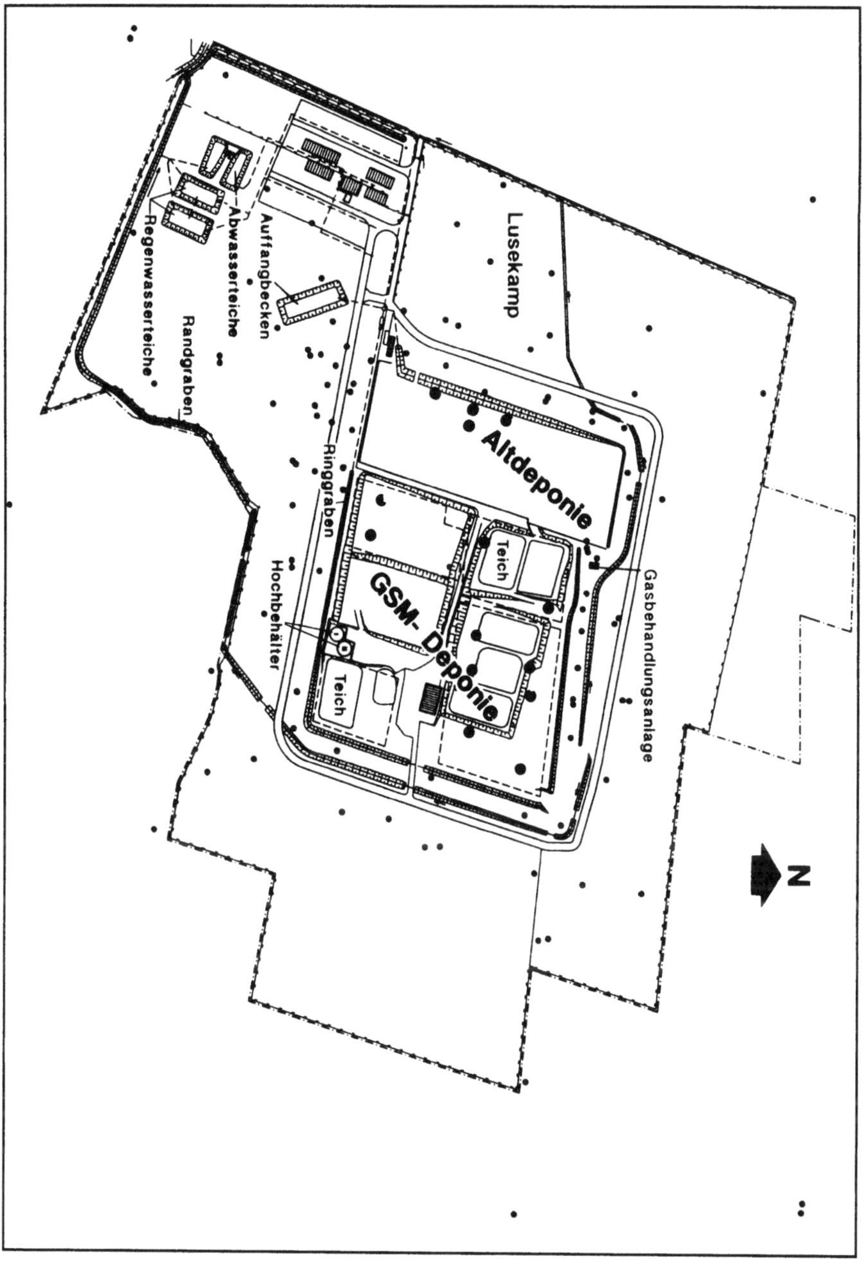

Abb 8.1. Der Standort Münchehagen mit niedergebrachten Bohrungen. (Aus Dörhöfer et al. 1994)

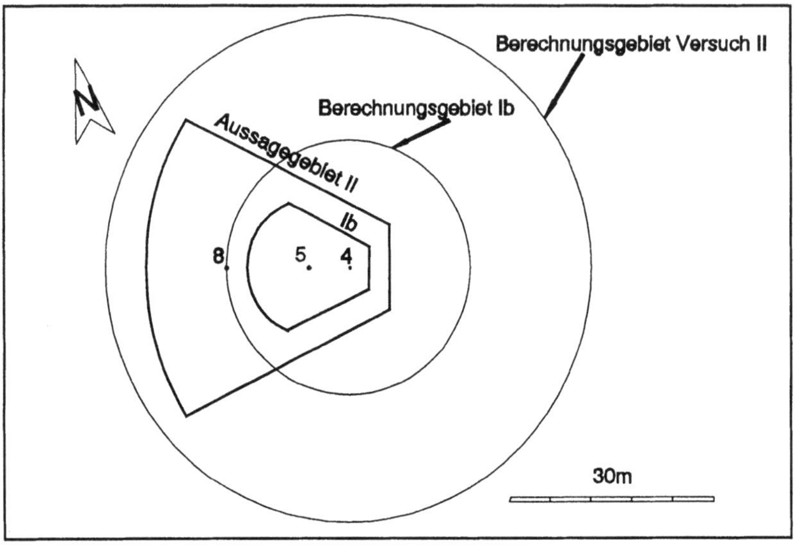

Abb. 8.2. Schematische Darstellung des Versuchsfelds II. Um die Bohrung 4 wurde ein radialsymmetrisch konvergentes Strömungsfeld aufgebaut, in die Bohrungen 5 bzw. 8 Tracer eingegeben

Für die räumlichen Abgrenzungen der Berechnungs- und Aussagegebiete sind *Fallunterscheidungen* zwischen der Modellierung der Tracerversuche und der Simulation des Gesamtstandorts notwendig.

Tracerversuche Ib und II

Die Tracerversuche wurden im Versuchsfeld II (Abb. 8.2) im unkontaminierten, oberstromigen Bereich des Standorts durchgeführt. Die Gesteinszusammensetzung ist bekannt. Die Standrohrspiegelhöhenverteilung wurde während der Versuchsdauer im Versuchsfeld nahezu konstant gehalten.

Aufgrund der Gleichförmigkeit der Geologie kann das Aussagegebiet in den gekennzeichneten Bereichen eingegrenzt werden. Die Ränder des Berechnungsgebiets sollten so weit entfernt liegen, daß sie keinen Einfluß auf das Aussagegebiet haben. In diesem Fall sind kreisförmige Berechnungsgebiete mit der Extraktionsbohrung als Mittelpunkt gewählt. Der Modellrand erhält eine vorgegebene Standrohrspiegelhöhe, um das radiale Fließfeld einzustellen. Die im Feld beobachtete Anisotropie bleibt im Modell unberücksichtigt.

Standort

Für die hier geplante Berechnung ist es notwendig, das über Jahre beobachtete Fließfeld zu kennen. In Anbetracht der geologischen Situation ist es erlaubt, ein weitgehend paralleles Fließfeld anzunehmen, das von Nordosten nach Südwesten zur Ils weist. Als Ränder des Berechnungsgebietes dienen die Stromlinien im Nordwesten und Südosten. Am nordöstlichen Rand werden, wie auch im Süd-Westen, Standrohrspiegelhöhen vorgegeben. Ein Teil des Modellrands wird durch das Flüßchen Ils gebildet. Um die angestrebte generelle Aussage über den Einfluß der Matrixdiffusion zu erhalten, ist es ausreichend, mit der Altdeponie als Verschmutzungsquelle zu rechnen. Die Berücksichtigung der GSM-Deponie würde die Kontaminationsquelle senkrecht zur Grundwasserfließrichtung erweitern. Darüberhinaus hat sie eine andere Poldergeometrie und eine abweichende Ablagerungsgeschichte. Bei der Evaluierung der Matrixdiffusion würde der Einbau des GSM-Bereichs zu einer Verkomplizierung des Modells führen, und es bestünde die Gefahr, daß verschiedene Einflußgrößen nicht mehr getrennt werden können. Außerdem lassen sich die Kontaminationsfahnen beider Deponiekörper durch ihre unterschiedliche Zusammensetzung gut unterscheiden.

Das Aussagegebiet soll den Raum umfassen, der bisher von Schadstoffen der Deponie beeinträchtigt ist, d.h. es erstreckt sich ca. 150 m über den Rand der Altdeponie nach Unterstrom. Nach Oberstrom reicht das Aussagegebiet ein wenig über den Rand der Deponie hinaus, um eventuell auftretende Diffusionseffekte zu erfassen. In Abb. 8.3 finden sich die Abgrenzungen des Berechnungs- und des Aussagegebiets.

8.3.2 Zeitlicher Bezug

Auch in diesem Abschnitt muß zwischen den Tracerversuchen und dem Gesamtstandort unterschieden werden. Zunächst wird auf die Tracerversuche eingegangen, wobei Kurzantworten auf die Fragen der Tabelle 7.3 in der Tabelle 8.4a gegeben werden. Anschließend werden in der Tabelle 8.4b die Kurzantworten für den Standort gegeben.

Tracerversuche

Das Strömungsfeld der Tracerversuche ist als stationäres Fließfeld anzusehen, da über die gesamte Versuchsdauer mit einer konstanten Rate von 0,3 m^3/h Grundwasser aus der Extraktionsbohrung gefördert wurde. Siedelt man das Modell in genügender Teufe (z. B. 5 m von der Geländeoberfläche) an, so kann man einen gespannten Aquifer annehmen. Im Laufe der Versuchsdurchführung ist ein Absinken des gesamten Grundwasserspiegels (auch außerhalb des Versuchsfelds) um etwa 0,4 m registriert worden. Die Pegelabsenkung betraf das Versuchsfeld gleichmäßig und wird daher in der numerischen Simulation nicht berücksichtigt.

Der Versuch Ib wurde mit einer einmaligen Tracergabe beaufschlagt, die Lösung im Bohrloch wurde nicht gegen unbelastetes Formationswasser ausgetauscht. Die Konzentration im Bohrloch verringerte sich im Laufe des Experiments

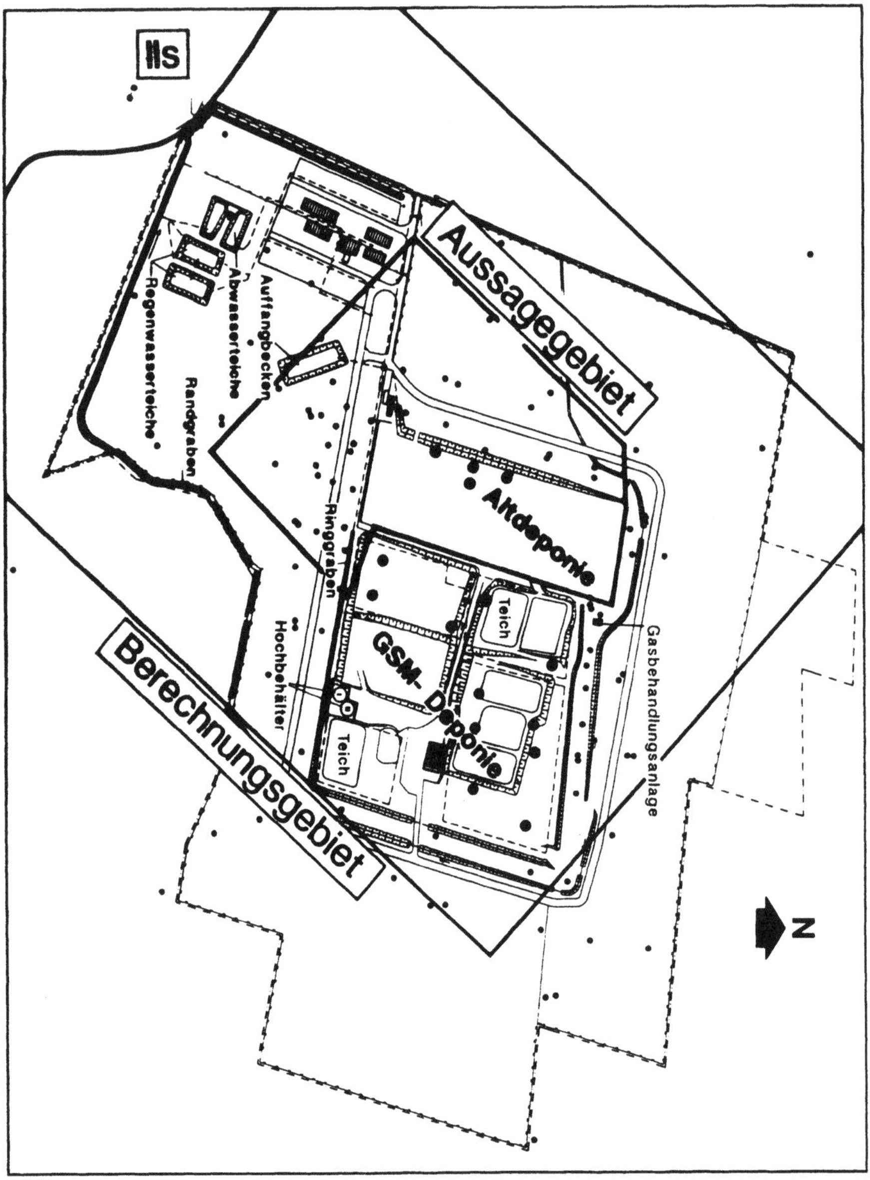

Abb. 8.3. Abgrenzung des Berechnungs- und des Aussagegebiets für die Standortmodellierung. Im Aussagegebiet wird die Diffusion in die Tonmatrix mit Hilfe einer 3-D-Modellierung simuliert

durch den Grundwasserstrom immer mehr. Beim Experiment II wurde mit einer 14tägigen konstanten Konzentration im Injektionsloch gearbeitet. Nach Ablauf dieser Frist wurde der Bohrlochinhalt mit unbelastetem Formationswasser ausgetauscht. Die Experimente hatten etwa die Dauer eines Jahres. Über diesen Zeitraum liegen kontinuierliche Meßwerte vor, danach wurden die Messungen eingestellt.

Tabelle 8.4a. Zeitlicher Bezug für die Modellierung der Tracerversuche (vgl. Tabelle 7.3)

Zeitlicher Bezug der Tracerversuche Ib und II		
Lfd. Nr.	Fragestellung	Kurzantwort
1.	Ändern sich die eingeleiteten Schadstoffkonzentrationen mit der Zeit?	Ib: Einmalige Injektion II: Injekt. über 14 Tage
2.	Ist das Strömungsfeld stationär oder transient?	Stationäres, radialsymmetrisches Fließfeld
3.	Handelt es sich um eine langanhaltende Kontaminationsquelle?	Kurzzeitige Tracerinjektionen
4.	Ist die Kontamination auf einen Unfall (Ausnahmeereignis) zurückzuführen?	Nein, kontrollierte Bedingungen während der „Kontaminationsphase“

Tabelle 8.4b. Zeitlicher Bezug des Standortmodells Münchehagen (basiert auf Tabelle 7.3)

Zeitlicher Bezug des Standortmodells		
Lfd. Nr.	Fragestellung	Kurzantwort
1.	Ändern sich die eingeleiteten Schadstoffkonzentrationen mit der Zeit?	Ja, genaue Werte aber unbekannt
2.	Ist das Strömungsfeld stationär oder transient?	Transient, im Mittel aber stationär
3.	Handelt es sich um eine langanhaltende Kontaminationsquelle?	Kontamination des Grundwassers seit Einlagerung
4.	Ist die Kontamination auf einen Unfall (Ausnahmeereignis) zurückzuführen?	Grundwasserkontamination infolge Deponierung

Auch für die Modellierung des Standorts wird das Strömungsfeld als stationär angenommen. Es wird davon ausgegangen, daß sich Schwankungen im Betrag der Strömungsgeschwindigkeit und Richtung herausmitteln. Der Beginn der Kontamination wird auf das Ende der Einlagerung in der Altdeponie 1973 festgelegt. Das sind 6 Jahre nach Beginn der Ablagerungen. Dies erscheint vernünftig, da sich die Schadstoffe zunächst einmal aus dem Deponiekörper herausbewegen müssen und während der Einlagerungszeit zumindest der offene Teil der ehemaligen Tongrube nicht unter Wasser stand. Generell ist der Beginn einer Kontamination bei Altlasten schwer festzustellen, da meist keinerlei Meßwerte vorliegen. Es wird angenommen, daß bereits 1973 am Rand der Deponie Sättigungskonzentration herrschte, die über den gesamten Zeitraum bis heute unverändert bleibt. So kommt man zumindest zu einer konservativen Abschätzung des heutigen Gefährdungspotentials.

8.3.3 Genauigkeitsanforderungen

Auch hier muß wieder zwischen der Modellierung der Tracerversuche und des Standorts unterschieden werden.

Tracerversuche

Als Ergebnisdarstellung der Simulation wird eine Konzentrationsdurchbruchskurve an der Extraktionsbohrung zum Vergleich mit den gemessenen Durchbruchskurven verlangt. Eine Darstellung der dreidimensionalen Konzentrationsverteilung in den Klüften und der Tonmatrix trägt wesentlich zum Verständnis des Ausbreitungsprozesses in diesem speziellen Gestein bei.

Für die Tracerversuche muß die Charakteristik der Durchbruchskurven zwischen Messung und Simulation übereinstimmen, das heißt Einsatzzeitpunkt, Anstieg und Abfall nach Erreichen des Konzentrationsmaximums müssen sich entsprechen. Da es um den Einfluß der Matrixdiffusion und die dadurch verursachte Verzögerung des Tracerdurchbruchs geht, ist es wichtig, daß das *Tailing* reproduziert wird. Darüberhinaus sollte der Zeitpunkt des Maximums gut mit den gemessenen Werten übereinstimmen.

Standort

Simuliert werden sollen die vergangenen 20 Jahre und 2 Prognosefälle für die kommenden 30 Jahre. Als Ergebnisdarstellung sind räumliche Konzentrationsverteilungen spezifischer Stoffe oder Stoffgruppen erwünscht, um sie mit der festgestellten heutigen Verteilung vergleichen zu können. Darüber hinaus sind Durchbruchskurven an ausgewählten Meßstellen interessant.

Bei der Modellierung des Standorts sollte die berechnete Konzentrationswolke dieselbe Form und Ausdehnung wie die gemessene Verteilung aufweisen. Beispielsweise sollte das Ergebnis der Berechnung für das organische Stoffspektrum einen Austrag darstellen, der auf den ersten 40 m Fließstrecke von Sättigungskonzentration auf Null zurückgehen. Im Fall der Sanierungsberechnung unter der Annahme „vollständiger Stopp der Einleitung" sind *Plausibilitätskontrollen* bezüglich der Rückdiffusion und damit verbundener Tailingeffekte durchzuführen.

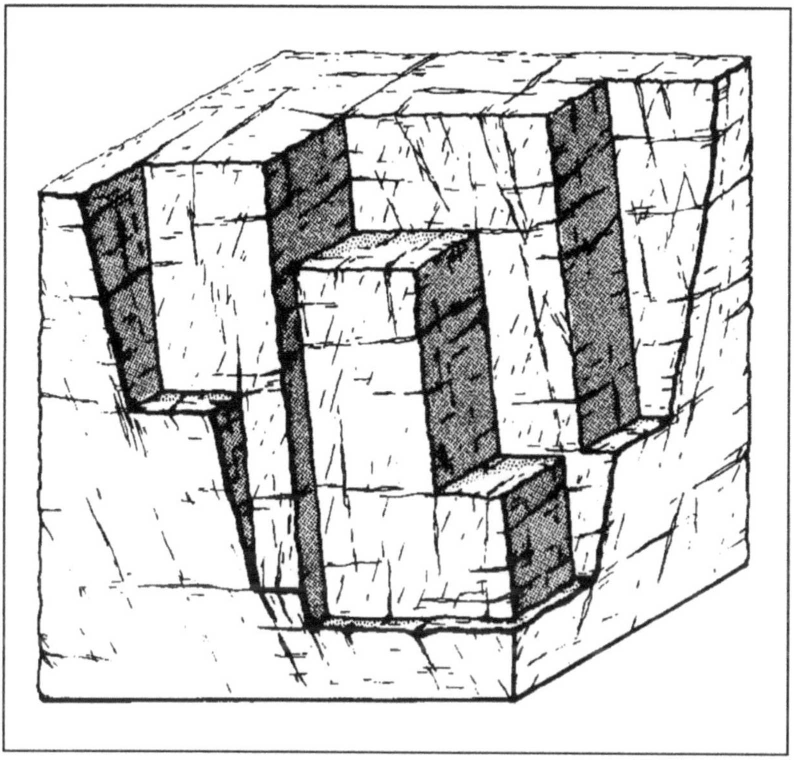

Abb. 8.4. Schematische Darstellung eines regelmäßig geklüfteten Gesteinskörpers als Gefügemodell der Tonsteine von Münchehagen. (Aus Maier u. Dörhöfer 1994)

8.4 Beschreibung des Systems

8.4.1 Datensammlung und Bewertung

Entgegen der ursprünglichen Annahme einer guten *hydraulischen Barrierewirkung* des anstehenden Tonsteins weist das Gebirge im Untergrund der Altlast Münchehagen eine relativ hohe Wasserwegsamkeit aufgrund intensiver Klüftung auf. Hydraulische Felduntersuchungen (Gronemeyer et al. 1990) ergeben eine mittlere Gebirgsdurchlässigkeit von $k_{fG} = 2 * 10^{-6}$ m/s. Das Grundwasser bewegt sich auf direkten Fließpfaden des Klufthohlraumvolumens, welches nach ersten Annahmen ca. 1% des Gebirgsvolumens ausmacht. Neuere Arbeiten von Dörhöfer u. Maier (1992, 1993, 1994) ergeben ein effektives Hohlraumvolumen von ≤ 0,1% bis 1% des Gebirgsvolumens, welches ausschließlich die Wasserwegsamkeit des Gebirges bestimmt. Das große Porenvolumen der tonig-schluffigen Gesteinsmatrix (10%–20%) kann aufgrund ihrer niedrigen Durchlässigkeitsbeiwerte (10^{-9} m/s < k_f < 10^{-10} m/s) für den advektiven Transport von Kontaminanten praktisch vernachlässigt werden. Für die Matrixdiffusion und die damit verbundenen *physikalische und geochemische Barrierenwirkung* ist es allerdings von entscheidener Bedeutung. Das Verhältnis von Gebirgsdurchlässigkeit zu Tonmatrixdurchlässigkeit ist in guter Übereinstimmung mit Daten, die an anderer Stelle in Feldexperimenten in ähnlichen Formationen festgestellt worden sind (McKay et al. 1993a, b, c).

Abb. 8.4 zeigt eine idealisierte Darstellung des Gebirgskörpers. Nach Dörhöfer u. Maier (1992, 1993, 1994) bilden die Klüfte ein zusammenhängendes System räumlich vernetzter, hydraulisch wirksamer Trennfugen. Bezüglich seiner grundwasserleitenden und -speichernden Eigenschaften verhält sich das Gebirge wie ein statistisch homogenes Kontinuum.

Nach der Betrachtung der Gesteinseigenschaften ist eine Modellvorstellung über das Gesamtsystem zu entwickeln. Dazu muß in bestimmten Bereichen wiederum nach Tracerversuch- und Standortmodell unterschieden werden. Zuerst folgt aber die Datensammlung anhand von Tabelle 7.5 aus Kapitel 7, die in der Tabelle 8.5 im folgenden zusammengefaßt ist. Ist bei einem Punkt zwischen Standort und Tracerversuch zu unterscheiden, so sind die Angaben für den Standort mit SAD und für den Tracerversuch mit TRAC gekennzeichnet.

Tabelle 8.5. Checkliste zur Datenakquisition; (nach Tabelle 7.5) ausgefüllt mit den für die Modellierung notwendigen und verfügbaren Daten. Ist in einem Punkt zwischen Tracerversuch und Standortmodell zu unterscheiden, so sind die Kürzel TRAC und SAD vorangestellt

Datenakquisition am Standort ehem. SAD Münchehagen			
Zeitunabhängige Faktoren des Grundwasserströmungsfelds (Hydraulik)			
Lfd. Nr.	Fragestellung	Benötigt	Erledigt
1.	Hydrogeologische Karte, aus der die Verbreitung, die Berandung und die Randbedingungen aller Aquifere zu entnehmen sind		
	TRAC: Im Versuchsfeld liegt nach Fritz et al. (1994) ein flächenhaft verbreitetes, mehr als 100 m mächtiges Gesteinspaket vor. Die Kluftdurchlässigkeit nimmt mit der Teufe ab, die Randbedingungen können als die eines unendlich ausgedehnten Aquifers angenommen werden. SAD: Der Lageplan und der Grundwassergleichenplan zeigen, daß die Altdeponie im Grundwasser liegt und daß ein mehr oder weniger paralleles Strömungsfeld von NO nach SW herrscht. Die Annahme eines stationären Strömungsfeldes als Mittelung über die vergangenen 20 Jahre erscheint unter den gegebenen klimatischen Einflüssen realistisch. Nach der Installation von Sicherungsmaßnahmen, die ein äußeres und inneres hydraulisches System beinhalten, ist diese Annahme zu korrigieren. Letzteres spielt bei den folgenden Berechnungen keine Rolle.		
2.	Topographische Karte mit Oberflächengewässern		
	Blätter L3520 und L3730 der topographischen Karte Niedersachsens		
3.	Grundwasserspiegel, Aquicludenbeschaffenheit, Mächtigkeit des Grundwasserkörpers		
	Grundwasserflurabstände betragen 1–3 m. Der Grundwasserkörper ist gespannt bis „halbgespannt" und hat eine Mächtigkeit von > 50 m.		

4.	Durchlässigkeit (Permeabilität, Transmissivität), Speicherkoeffizient und Porosität der Aquifere		
	Kluftdurchlässigkeit ist ein zu bestimmender Parameter, Schätzungen lauten Matrixdurchlässigkeit aus Labormessungen Gebirgsdurchlässigkeit (oberflächennah) Speicherkoeffizient Porosität der Gesteinsmatrix (vgl. lfd. Nr. 16) Beitrag der Klüfte zum effektiven Gebirgshohlraumvolumen in Oberflächennähe in Tiefen > 50 m Spätere Messungen ergaben kleinere Werte Kluftöffnungsweiten Kluftabstände TRAC: Für das Versuchsfeld II wurden in einem Pumpversuch Transmissivitäten bestimmt (vgl. lfd. Nr. 7).	 $k_{fK} \approx 5*10^{-5}$m/s $k_{fM} \approx 5*10^{-10}$m/s $k_{fG} = 2*10^{-6}$ m/s $S_0 = 0{,}001$ n = 10–20% 1,1% 0,6% ≤ 1,5‰. 10 µm–100 µm 0,1 m–1 m $T = 5{,}8*10^{-5}$ m^2/s (=> $k_{fG} \approx 2{,}5 * 10^{-6}$ m/s)	
5.	Schwankungsbreiten von Durchlässigkeit und Speicherkoeffizient im Aquifer.		
	Die Durchlässigkeit nimmt mit den Kluftöffnungsweiten zur Tiefe hin ab. Über den Speicherkoeffizienten gibt es keine Angaben.		
6.	Hydraulische Verbindungen zwischen Oberflächengewässern und Aquiferen		
	Die Ils im SW des Standorts ist Vorfluter des Grundwasserkörpers, wird aber teilweise unterströmt.		
7.	Anisotropien		
	Ein Pumpversuch im Versuchsfeld II ergab eine Transmissivitätsanisotropie: In ungefährer Ost-West-Richtung wurde ein Wert von $T_x = 1{,}1 *10^{-4}$ m^2/s, in ungefährer Nord-Süd-Richtung ein Wert von $T_y = 2{,}8 * 10^{-5}$ m^2/s bestimmt. Das geometrische Mittel der Transmissivitäten senkrecht (T_y) und parallel (T_x) zur größten Ausdehnung des Absenkungstrichters ergibt $T = 5{,}8 * 10^{-5}$ m^2/s (vgl. lfd. Nr. 4).		

8.	Störungszonen		
	Unmittelbar südlich des Versuchsfelds verläuft eine Störungszone in Ost-West streichender Richtung.		

Zeitunabhängige Faktoren des Transports (Stofftransport)

Lfd. Nr.	Fragestellung	Benötigt	Erledigt
9.	Wie groß ist die hydrodynamische Dispersion?		
	Aus der Extrapolation der Summenkurve des Tracerdurchgangs von Feldexperimenten ist die Dispersionslänge zu $\alpha_L \approx 8$ m bestimmt. Zur Querdispersionslänge finden sich keine Angaben.		
10.	Verteilung der effektiven Porosität		
	Die effektive Porosität ist auf das Kluftsystem beschränkt und liegt zwischen 0,1% und 1% des Gebirgsvolumens. Neuere Messungen ergeben noch kleinere Werte (≤ 1,5 ‰) (vgl. lfd. Nr. 4)		
11.	Geogener Stoffgehalt des Grundwassers		
	Die hydrochemische Situation durch verschiedene, vertikal aufeinanderfolgende Grundwassertypen: – bis ≈ 15 m unter Geländeoberkante gering mineralisiertes Ca-HCO_3-Wasser (elektrische Leitfähigkeit:ca. 300–1000 µS/cm^2) – zwischen 15 m und 35 m Na-HCO_3-Austauschwasser (1000–2000 µS/cm^2) und darunter hoch mineralisiertes Na-Cl-Wasser (> 5000 µS/cm^2), welches in größeren Tiefen (85 m mit 58.000 µS/cm^2) in Salzsolen übergeht – Die Süßwasser/Salzwassergrenze (Leitfähigkeitssprungschicht bei 5000 µS/cm^2) liegt nordöstlich der Deponie in einer Tiefe von 60–70 m und steigt südwestlich der Deponie bis zur Ils bis auf 10–20 m unter der Geländeoberkante an		
12.	Dichtevariation des Grundwassers und deren Einfluß		
	Die Erhöhung der Dichte mit der Tiefe behindert den vertikalen Grundwasseraustausch. Dadurch findet vornehmlich horizontale Grundwasserbewegung statt.		

13.	Abstandsgeschwindigkeiten		
	TRAC: Die eingestellten mittleren hydraulischen Gradienten zwischen Eingabe- und Förderbrunnen sind ca. 15- (Versuch II) bis 50mal (Versuch Ib) größer als das natürliche Grundwassergefälle von i = 0,005. Dementsprechend sind die Abstandsgeschwindigkeiten hier größer. SAD: Die Abstandsgeschwindigkeiten werden mit einem überschlägig ermittelten Wert von 40 m/a angegeben. Genaue Werte sind zu ermitteln.		
14.	Konzentrationsrandbedingungen		
	TRAC: Im Versuch Ib wurde eine einmalige Tracergabe in die Injektionsbohrung gegeben, während im Versuch II die Konzentration im Injektionsbrunnen über 14 Tage stabil gehalten wurde. Danach wurde das Brunnenwasser gegen unbelastetes Formationswasser ausgetauscht. SAD: Am Rand der Deponiepolder wird von einer Sättigungskonzentration, die über den Berechnungszeitraum konstant ist, ausgegangen.		
15.	Beschleunigte Ausbreitung auf dominanten Fließwegen (Störungszonen)		
	Die Ausbreitung findet hauptsächlich in den Klüften als dominante Fließwege mit einer erheblich über der mittleren Gebirgsdurchlässigkeit liegenden Durchlässigkeit statt. Der Einfluß der in lfd. Nr. 8 genannten Störungszone wird hier vernachlässigt.		
16.	Verzögerungsfaktoren: Matrixdiffusion, Tortuosität, Impedanzfaktor, Sorption, Abbau oder Zerfall		
	Die Matrixdiffusion ist der Hauptverzögerungsfaktor des Transports konservativer Tracer. In Laborexperimenten wurden für typische Stoffe Diffusionszellenversuche durchgeführt; die effektiven Diffusionskonstanten liegen zwischen $9{,}4 \cdot 10^{-10}$ m²/s und $2{,}5 \cdot 10^{-10}$ m²/s. Im Vergleich zur Diffusion in Wasser ergibt sich ein Impedanzfaktor von $\gamma \approx 0{,}1$. Die Tortuosität oder Impedanz wurde nicht direkt bestimmt, jedoch sind Diffusionsversuche zur Bestimmung der effektiven Diffusivität an Proben des Tonsteins durchgeführt worden. Batch-Sorptionsversuche wurden mit verschiedenen organischen Substanzen durchgeführt. Dabei zeigten sich sowohl lineare wie nicht lineare Adsorptionsisothermen. Auffällig war, daß das Desorptionsverhalten stark von den Gleichgewichtsverteilungen der bei den Adsorptionsversuchen bestimmten Isothermen abweicht, d.h., die Sorptionsprozesse sind nur bedingt reversibel (Hysteresis). Der Einfluß von Zerfall und Fällung wird für diese Studie nicht berücksichtigt.		

<table>
<tr><td></td><td colspan="3">Das Transportverhalten nicht mischbarer Stoffe ist nicht Gegenstand der Untersuchungen. Es wird von einer vollständigen Lösung der Kontaminanten im Grundwasser ohne Beeinflussung der Dichte ausgegangen. Es wird also ein Einphasensystem angenommen.</td></tr>
<tr><td colspan="4">Zeitabhängige Faktoren des Strömungsfelds</td></tr>
<tr><td>17.</td><td>Art und Ausbreitung von Grundwasserbildungsgebieten (Bewässerung, künstliche Versickerungen, Injektionsbohrungen, Rieselfelder, etc.)</td><td></td><td></td></tr>
<tr><td></td><td colspan="3">Das Strömungsfeld wird als stationär vorausgesetzt.
TRAC: Die Pumprate der Extraktionsbohrung beträgt über den gesamten Versuchszeitraum konstant 0,3 m^3/h. Das großräumige Absinken des Grundwasserspiegels um 0,4 m beeinflußt das stationäre Fließfeld in vernachlässigbarer Weise.
SAD: Das großräumige Fließfeld hat in den letzten 20 Jahren Änderungen durch klimatische und anthropogene Einflüsse erfahren. Daten liegen in wesentlichem Umfang vor, werden aber nicht verwandt. Die anthropogenen Eingriffe sind dabei durchaus von Relevanz. Da bei der vorgestellten Modellierung aber das Prozeßverständnis vertieft werden soll, wird auf diesen Aspekt nicht weiter eingegangen.</td></tr>
<tr><td>18.</td><td>Anthropogene Grundwasserentnahme (in Raum und Zeit)</td><td colspan="2">nicht berücksichtigt</td></tr>
<tr><td>19.</td><td>Wasserführung und -stände in Fließgewässern (Neubildung oder Verlust)</td><td colspan="2">- " -</td></tr>
<tr><td>20.</td><td>Niederschlag (Neubildung)</td><td colspan="2">- " -</td></tr>
<tr><td>21.</td><td>Seewasserstände (Neubildung oder Verlust)</td><td colspan="2">- " -</td></tr>
<tr><td>22.</td><td>Evapotranspiration (Verlust)</td><td colspan="2">- " -</td></tr>
<tr><td>23.</td><td>Grundwasseraustausch mit angrenzenden Aquiferen</td><td colspan="2">- " -</td></tr>
<tr><td colspan="4">Zeitabhängige Faktoren des Transportverhaltens</td></tr>
<tr><td>Lfd. Nr.</td><td>Fragestellung</td><td>Benötigt</td><td>Erledigt</td></tr>
<tr><td>24.</td><td>Räumliche u. zeitliche Verteilung geogener Inhaltsstoffe</td><td></td><td></td></tr>
</table>

	Im oberflächennahen Grundwasserabstrom der Deponie ist die natürliche Zonierung des Grundwasserkörpers durch den Sickerwasseraustrag überprägt, was sich u. a. durch eine Erhöhung des Gesamtlösungsinhaltes bzw. der elektischen Leitfähigkeit und eine Änderung der anorganischen Hauptkomponenten bemerkbar macht.		
25.	Wasserqualität in Raum und Zeit der Fließgewässer und Seen		
	Im Vorfluter Ils ist bislang kein relevanter Deponieeinfluß festzustellen.		
26.	Quellen und Quellstärken der Verschmutzungen		
	TRAC: Vergleiche lfd. Nr. 14 „Konzentrationsrandbedingungen". SAD: Die Menge, Zusammensetzung und Ablagerungsdichte des eingebrachten Mülls sind nur unzureichend bekannt. Für eine konservative Berechnung ist deshalb von einer konstanten Sättigungskonzentration am Deponierand auszugehen.		
Andere Faktoren			
27.	Geplante Änderungen und Wasser- und Landnutzung		
	Es sind Sanierungsmaßnahmen geplant, deren Art und Umfang bis Redaktionsschluß noch nicht im Einzelnen bekannt waren. Als provisorische Sicherungsmaßnahme besteht seit 1987 eine Wasserhaltung in den Schächten der GSM-Deponie. Weiterhin ist vorgesehen, eine Dichtwand mit Oberflächenabdeckung und hydraulischem System zu errichten.		
28.	Bereits vorhandene oder geplante Gutachten		
	Es sind bereits zahlreiche Arbeiten über die Problematik der Altlast Münchehagen verfaßt worden. Eine Zusammenfassung der Gutachten und Berichte findet sich bei Maier (1992) und Dörhöfer et al. (1994). Ihre Bandbreite reicht von hydrogeologischen Gutachten bis zur Untersuchung von Wildfleisch aus der unmittelbaren Umgebung der ehem. SAD auf Schadstoffe. Alle projektbetreffenden Arbeiten werden beim StAWA[16] Sulingen und in der evangelischen Akademie Loccum gesammelt und verwaltet.		

[16] StAWA – Staatliches Amt für Wasser und Abfall

Nachdem die Tabelle 8.5 abgearbeitet ist, hat man eine Vorstellung von dem vorliegenden Grundwassersystem und seiner Kontamination durch die ehemalige SAD Münchehagen bekommen. Die Ausdehnung der Schadstoffwolke ist weitgehend bekannt, die allgemeine Grundwasserfließrichtung und -geschwindigkeit und die Materialeigenschaften des Barrieregesteins sind weitgehend untersucht.

8.4.2 Datenergänzung

Aufgrund der umfassenden Untersuchungsergebnisse ist eine Datenergänzung zunächst nicht notwendig. Alle für eine Modellierung wesentlichen Daten können aus dem vorhandenen Material gewonnen werden. Zur Modellierung wird in diesem Fall eher eine vernünftige Abstraktion notwendig sein. Sonst besteht die Gefahr, daß sich der Modellierer zu sehr in Details verliert und den Gesamtstandort aus dem Auge verliert.

8.5 Abstraktion – Schematisierung des Systems

In diesem Abschnitt wird zunächst eine Vorberechnung mit einem analytischen Modell dargestellt. Dieses dient dazu, das System und seine Sensitivität bei Variation einzelner Parameter wie der Diffusionskonstanten, der Gebirgsdurchlässigkeit, der Dispersionslänge, der effektiven Porosität und des hydraulischen Gefälles kennenzulernen.

8.5.1 Allgemeines – analytische Vorbetrachtungen

Zunächst wird mit einem analytischen Modell eine Berechnung durchgeführt, die dem Modellierer den Einstieg in das zu lösende Problem erleichtern soll. Es wird also so vorgegangen, als sollten diese Vorberechnungen bereits das endgültige Ergebnis liefern. Die Überschriften der Abschn. 7.5–7.9 finden sich also in der folgenden, detaillierten Beschreibung auch dieser Vorberechnung wieder.

Modellbildung für analytische Vorberechnungen
Für die Modellbildung, die mit einem geschlossenen Algorithmus bearbeitet werden kann, wird, wie im Abschn. 7.5 empfohlen, vorgegangen.

In der Natur liegt eine flächenhafte Kontamination, in einem weitgehend parallelen und über lange Zeiträume näherungsweise stationären Strömungsfeld vor. In verschiedenen Voruntersuchungen wird konstatiert, daß der anstehende

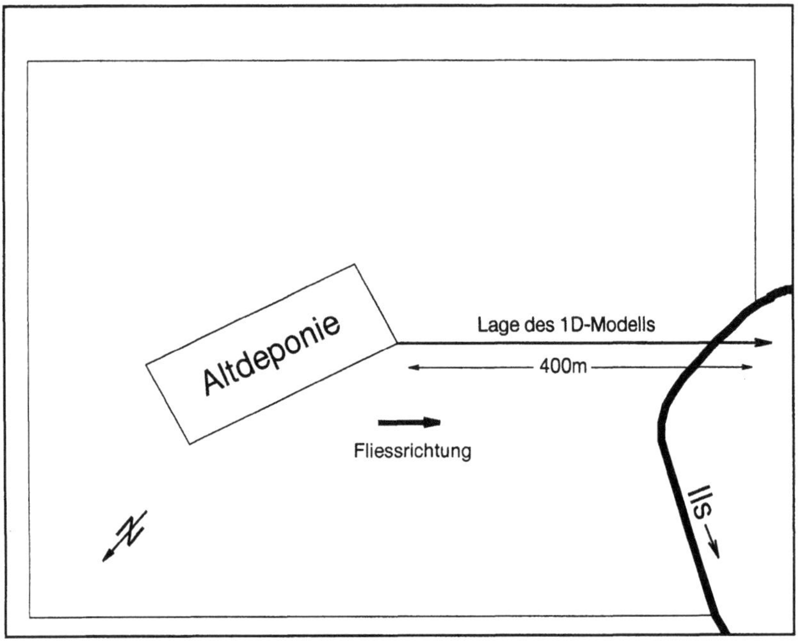

Abb. 8.5. Das eindimensionale Ersatzmodell liegt in Strömungsrichtung und im Zentrum der Kontaminationsfahne der Altdeponie

stark geklüftete Tonstein vereinfachend als ein äquivalent-poröses Medium zu behandeln ist. Die Durchlässigkeit und das hydraulische Gefälle sind bekannt.

Vereinfachend ist diese Situation in Abb. 8.5 gezeigt. Im Zentrum der Verschmutzung auf mittlerer Tiefe denke man sich eine Röhre parallel zur Oberfläche, die bis zur Ils und darüberhinaus reicht. Innerhalb dieses Schnitts durch den Aquifer kann man - ohne große Fehler zu machen - von einer eindimensionalen Stoffausbreitung ausgehen (vgl. Abb. 5.10). In erster Näherung wird von einem konservativen Stoffverhalten ausgegangen, da angenommen wird, daß die Wasserbewegung hauptsächlich in den Klüften als dominanten Fließwegen erfolgt. Dabei kommt nur ein geringer Anteil der Tonmineralien auf den Kluftoberflächen mit den Schadstoffen in Kontakt. Mit dieser Modellannahme können Sorptionsvorgänge zunächst vernachlässigt werden.

In der folgenden Tabelle 8.6 wird das mathematische Modell für die analytische Vorberechnung einer konservativen, eindimensionalen Schadstoffausbreitung zusammengefaßt. Dieses Advektions-Dispersionsmodell wurde von Ogata u. Banks (1961) untersucht (vgl. Abschn. 5.4.1).

Tabelle 8.6. Mathematisches Modell: Konservative, eindimensionale Schadstoffausbreitung

Eindimensionale Transportgleichung mit hydrodynamischer Dispersion
$$D_L * \frac{\partial^2 c}{\partial x^2} - v_x \frac{\partial c}{\partial x} = \frac{\partial c}{\partial t}$$
Die Konzentration c in einer Entfernung L von der Kontaminationsquelle c_0 zu einem Zeitpunkt t läßt sich nach Ogata u. Banks (1961) durch die folgende Gleichung mit erfc als komplementärer Errorfunktion lösen:
$$C = \frac{C_0}{2} * [\, erfc\,(\frac{L - v_x t}{2\sqrt{D_L t}}) + \exp(\frac{v_x L}{D_L}) * erfc\,(\frac{L + v_x t}{2\sqrt{D_L t}})]$$
Der longitudinale Dispersionskoeffizient berechnet sich mit der longitudinalen Dispersionslänge α_L nach dem Dispersionsansatz von Scheidegger zu:
$$D_L = \alpha_L * v_x + D^*$$
Die Geschwindigkeit ergibt sich zu :
$$v_x = k_f * \frac{i}{n_e}$$
D_L longitudinaler Dispersionskoeffizient c Konzentration v_x durchschnittliche Abstandsgeschwindigkeit in x-Richtung t Zeit D^* γ * D, effektiver Diffusionskoeffizient. i hydraulisches Gefälle n_e effektive Porosität

Modellauswahl: 1-D-Advektions-Dispersions-Gleichung

Die Formeln in Tabelle 8.6 sind in vielen Programmpaketen, die verschiedene analytische Ansätze bündeln, so oder in ähnlicher Form enthalten. Man kann sie jedoch auch mit relativ geringem Aufwand, wie hier geschehen, selbst programmieren. Die benötigte komplementäre Errorfunktion findet sich zum Beispiel als komplette Unterprogrammsammlung bei Press et al. (1989), in Fortran, C oder PASCAL.

Modellanwendung

Die Eingangsdaten des 1-D-Modells sind in Tabelle 8.7 zusammengestellt. Die Werte stellen eine Auswahl aus der Datensammlung der Tabelle 8.5 dar. Die Rechnungen sollen die Position der Kontaminationsfront nach 20 Jahren bestimmen.

Tabelle 8.7. Eingangsparameter für die Berechnung der Schadstoffausbreitung nach Ogata u. Banks (1961). Es werden Parametervariationen der effektiven Porosität n_e, des Durchlässigkeitsbeiwertes k_{fG} des Gebirges, der longitudinalen Dispersionslänge α_L und des hydraulischen Gradienten vorgestellt. Die Basiswerte der Variationsrechnung sind ***fett und kursiv*** hervorgehoben

Effektive Porosität des Gebirges n_{eG}	5%; 2%; ***1%***; 0,5%
Durchlässigkeitsbeiwert k_{fG} (Gebirgsdurchlässigkeit)	$1*10^{-5}$ m/s; $1*10^{-6}$ m/s; ***$5*10^{-6}$ m/s***; $1*10^{-7}$ m/s
Diffusionskoeffizient D (Tritium in Wasser)	$1{,}2 * 10^{-9}$ m²/s
Impedanzfaktor γ	0,1
Dispersionslänge α_L	***8 m***; 50 m; 100 m; 500 m
Hydraulischer Gradient i	0,004; ***0,005***; 0,006; 0,007
Länge des Modells	5000 m
Distanz zum Vorfluter x	300 m
Zeitraum t	20 Jahre = 7305 Tage

Bewertung der Ergebnisse

Die Variation der effektiven Porosität, wie in Abb. 8.6 dargestellt, in einem Bereich von 0,5–5% zeigt, daß sich bei den angenommenen sehr niedrigen effektiven Porositäten von ≤ 1% eine Ausbreitung der Kontaminationsfront von ≥ 2 km vom Deponierand ergeben würde. Dies ist nach den Feldmessungen nicht der Fall, da die Meßwerte nur auf einen Deponieeinfluß im Bereich der ersten 150 m Fließstrecke hinweisen. Würde man die effektive Porosität weiter reduzieren, erhielte man, durch die dadurch verursachte Erhöhung der Abstandsgeschwindigkeit (vgl. Tabelle 4.7), noch größere Ausbreitungsstrecken. Daher wurde hier auf eine Berechnung mit dem in Tabelle 8.5 auch genannten Wert von 0,15% verzichtet.

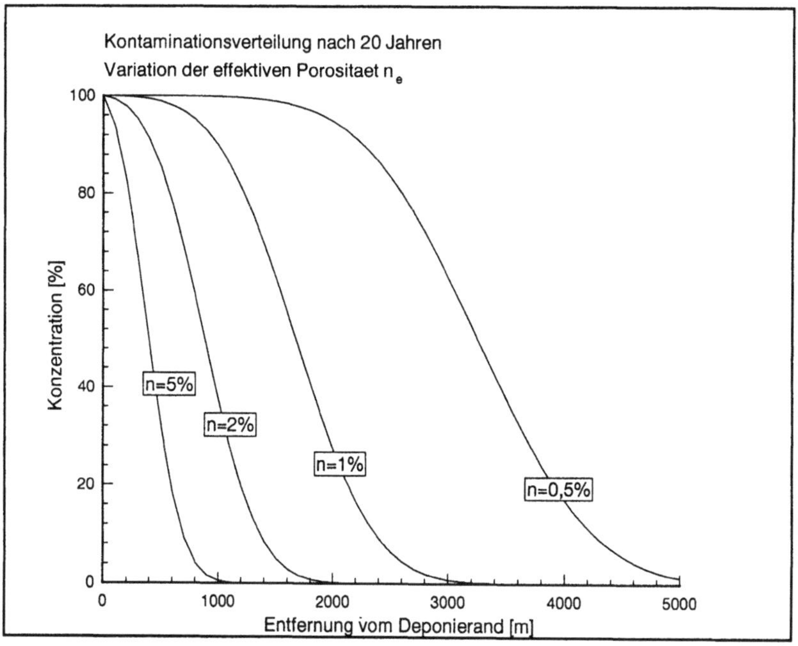

Abb. 8.6. Variation der effektiven Porosität; die Meßwerte der Kontaminationsfront liegen bei ca. 40 m Entfernung vom Deponierand

In Abb. 8.7 sind die Ergebnisse der Variation der Durchlässigkeitsbeiwerte verdeutlicht. Nur für eine relativ niedrige Gebirgsdurchlässigkeit von $k_{fG} = 1 * 10^{-7}$ m/s, die jedoch bei Pumpversuchen nicht festgestellt werden konnte, liegt man annähernd im gemessenen Bereich. Mit den anderen Werten erzielt man eine deutlich größere Migrationsgeschwindigkeit der Schadstoffe als im Feld festgestellt.

Als weiterer Parameter ist der Einfluß der longitudinalen Dispersionslänge α_L im Wertebereich von 8 m $\leq \alpha_L \leq$ 500 m untersucht worden. Der Wert α_L = 8 m ist von Dörhöfer u. Maier (1992, 1993, 1994) aus Tracerversuchen ermittelt worden, der Wert von 500 m lehnt sich an die Empfehlung von Fetter (1988) als 1/10 des betrachteten Intervalls an. Die Resultate sind als Verteilung der Konzentration über den Fließweg in Abb. 8.8 dargestellt. Deutlich wird bei den Rechnungen die Verschmierung der Kontaminationsfront durch hohe Dispersionslängen. Alle Szenarien mit unterschiedlicher Dispersionslänge zeigen nicht die im Feld beobachteten Schadstoffverteilungen.

Schließlich ergibt auch die Variation des hydraulischen Gefälles keine Annäherung an die Meßwerte (Abb. 8.9).

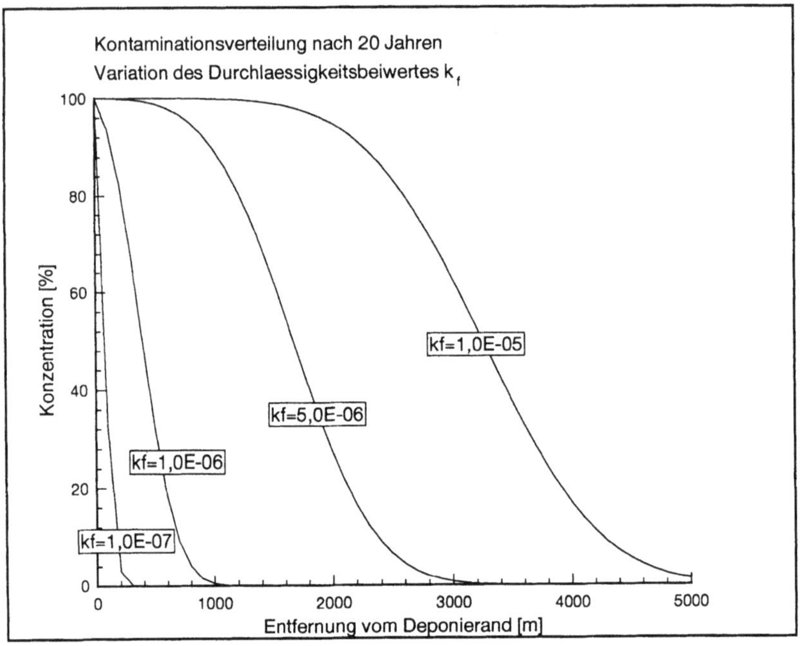

Abb. 8.7. Variation der Durchlässigkeitsbeiwerte

Die Ergebnisse dieser Rechnungen zeigen, daß die vereinfachende Annahme eines quasiporösen Kontinuums bei der Betrachtung des Stofftransports nicht die Realität trifft. Sonst hätten zumindest einige Parameterkombinationen ein wirklichkeitsnahes Ausbreitungsbild wiedergeben müssen. Dies ist aber in keinem Fall erreicht worden. Folglich ist es notwendig, von der Modellvorstellung des quasiporösen Kontinuums abzurücken und ein differenzierteres Bild des Grundwassersystems zu entwerfen.

8.5.2 Abstraktion – Schematisierung des Systems mit Matrixdiffusion

Wie die analytischen Berechnungen zeigen, ist zur Modellierung des Schadstofftransports die Annahme eines äquivalent-porösen Mediums nicht gerechtfertigt. Bei praktisch keiner im Feld gemessenen Parameterkombination kommt man den in der Natur beobachteten Kontaminationsverteilungen nahe.

In den ersten Untersuchungen von Dörhöfer u. Maier (1992) wird bereits die Vermutung geäußert, daß die Matrixdiffusion einen entscheidenden Einfluß auf das Ausbreitungsverhalten einer großen Bandbreite der Schadstoffe hat. Da die bisher vorgestellten Berechnungen keine befriedigenden Ergebnisse lieferten, wird ein

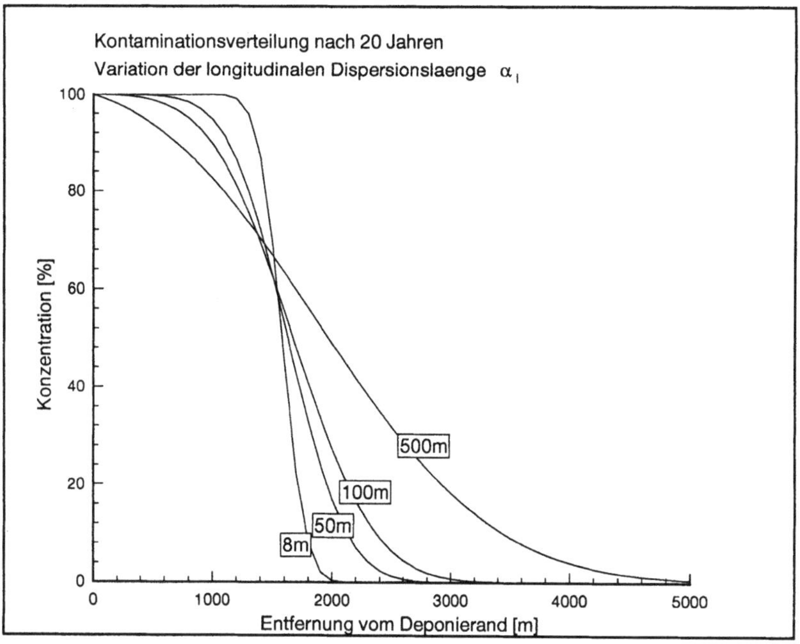

Abb. 8.8. Variation der longitudinalen Dispersionslänge

neues Modell entwickelt, mit welchem der Einfluß der Matrixdiffusion überprüft wird.

Zur Vereinfachung bzw. zur Durchführung der Kalibrierungsaufgaben und der Plausibilitätskontrolle wird zunächst das Transportverhalten in den wesentlich kleineren Einzugsgebieten der Tracerversuche Ib und II im Oberstrom der Deponie betrachtet. Hier sind die eingeleitete Kontaminationsmenge, der Beginn und das Ende der Kontamination und das Fließfeld sehr genau bekannt. Zunächst werden die Tracerversuche kurz vorgestellt.

Die Tracerversuche Ib und II

Im Bereich des Grundwasseranstroms der Altlast Münchehagen wurden im Versuchsfeld II 10 Bohrungen mit einheitlichen Filtertiefen von 5–25 m unter Gelände (vgl. Abb. 8.10) abgeteuft. Für die numerische Modellierung werden die Versuche Ib und II ausgewählt. Sie sollen grundsätzlich klären, ob unter Berücksichtigung der Matrixdiffusion die beobachteten Verzögerungen in der Schadstoffausbreitung erklärt werden können. Darüberhinaus dienen sie der Eichung (Ib) und der Validierung (II) des numerischen Modells.

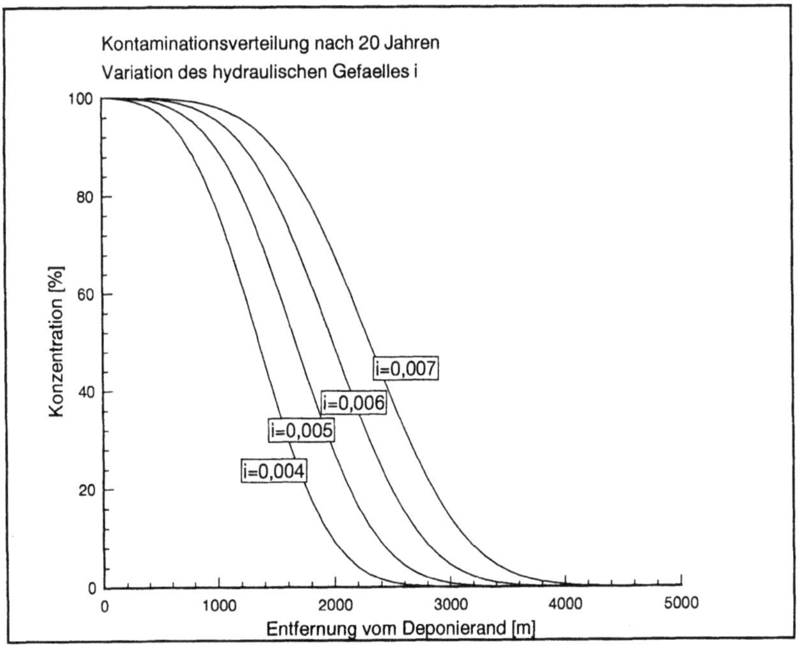

Abb. 8.9. Variation des hydraulischen Gefälles

Versuch Ib

In den Experimenten wird mit einer gleichbleibenden Förderrate ein stationäres, radial-konvergentes Grundwasserströmungsfeld um die Bohrung 8 eingestellt. In dem 6 m von dieser Senke entfernten Brunnen 6 wird eine einmalige Tracereingabe („pulse-input") von Mikropartikeln (Durchmesser = 1 µm) und Natriumnitrat vorgenommen.

Versuch II

In dem 18 m vom Brunnen 6 entfernten Brunnen 4 werden als Tracer Mikropartikel (Durchmesser = 2 µm; zur Unterscheidung von Versuch Ib) und Bromid mit einer konstanten Rate über 14 Tage („step-input") injiziert.

Ergebnisse der Versuche Ib und II

Die Mikropartikel werden beim Transport durch den geklüfteten Tonstein zum Großteil „abgesiebt", oder sie sedimentieren. Der verbleibende Anteil unterliegt keinerlei weiteren Rückhaltemechanismen und wird nur auf den dominanten Fließpfaden, repräsentiert durch die Klüfte, transportiert. Der Transport der im Grundwasser gelösten konservativen Tracer Nitrat bzw. Bromid wird jedoch durch die Matrixdiffusion verlangsamt.

Bei der Betrachtung der Durchbruchskurven eilt in der Folge die Partikelwolke der Nitratwolke voraus (vgl. Abb. 8.11). Unter den gegebenen Versuchsbedingungen läßt sich aus der Durchbruchskurve der Mikropartikel die vorherrschende Abstandsgeschwindigkeit des Grundwassers bestimmen. Der Versuchsaufbau ist ausführlicher bei Dörhöfer u. Maier (1992 u. 1993) beschrieben.

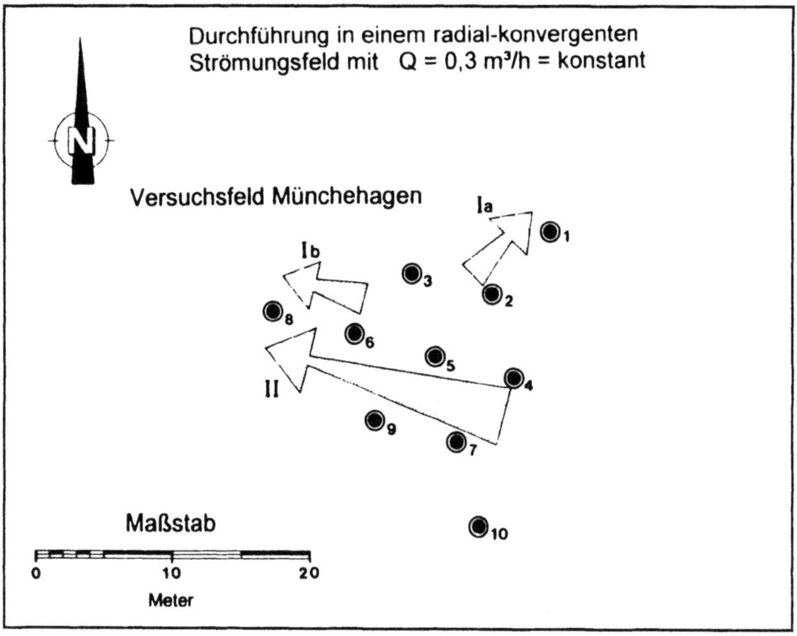

Abb. 8.10. Lageskizze des Versuchsfelds II bei Münchehagen. Die Experimente Ib und II dienen der Eichung und Validierung des numerischen Modells. (Aus Dörhöfer u. Maier 1993)

Von der Natur zum Modell

Eine getrennte Betrachtung der Durchlässigkeiten von Gesteinsmatrix und Gebirge liefert differenziertere Durchlässigkeitsbeiwerte von $k_{fM} \approx 10^{-10}$ m/s für die Matrix (aus Laborversuchen), welche eine hohe Porosität von 10-20% aufweist, und $k_{fG} \approx 5*10^{-6}$ m/s für die Gebirgsdurchlässigkeit (aus Pumpversuchen im Feld). Das Hohlraumvolumen der Klüfte hat einen Anteil von weniger als 1,5‰ am gesamten Gebirgsvolumen (Maier u. Dörhöfer 1994). Man kann also davon ausgehen, daß die advektive Grundwasserbewegung nur auf den diskreten Fließpfaden, die durch das Kluftholraumvolumen vorgegeben sind, erfolgt.

Die sehr unterschiedlichen hydraulischen Parameter von Klüften und Gesteinsmatrix erfordern eine getrennte Betrachtung des Transport von Tracern auf Klüften und in der Tonmatrix.

Modellansätze zur Matrixdiffusion

Von Grisack u. Pickens (1980) wird auf die Bedeutung der Matrixdiffusion beim Stofftransport in geklüfteten Medien aufmerksam gemacht. Für die Berücksichtigung der Matrixdiffusion im Feldversuch und in Simulationsrechnungen zur Prognostizierung der Stoffmigration im geklüfteten Gestein sind in letzter Zeit verschiedene Methoden angewandt worden (vgl. Bibby 1981; Noorishad u. Mehran 1982; Huyakorn et al. 1983; Wittke 1984; Chen 1986; Huyakorn et al. 1986; Stober 1986; Rowe u. Booker 1988; Kolditz 1990; Pfingsten 1990; Pfingsten u. Mull 1990; Heuer et al. 1991; Kröhn 1991; Kröhn u. Zielke 1991; Birgersson 1993; Maloszewski u. Zuber 1993; Pusch 1994; Veulliet 1994; Kolditz 1995c).

Siebert u. Eiben (1994) betrachten bei ihrer Modellierung des Standorts Münchehagen die Matrixdiffusion ähnlich wie die Adsorption als reinen Verzögerungsfaktor. Sie sehen die Diffusion von Kontaminanten aus den Klüften in die Gesteinsmatrix als „Zubringerprozeß" der Adsorption: Durch die Matrixdiffusion werden die inneren Gesteinsoberflächen für die Adsorptionsprozesse zugänglich, die den eigentlichen Rückhaltemechanismus darstellen. Die Betrachtung mündet in die Definition eines Retardierungsfaktors (vgl. Abschn. 4.2.5), der die beiden Prozesse zusammenfaßt.

Die Tracerexperimente von Dörhöfer u. Maier (1993) am selben Standort zeigen jedoch, daß die beiden Prozesse getrennt betrachtet werden müssen. Die Matrixdiffusion hat für sich betrachtet einen erheblichen Anteil an der Verzögerung der Transportgeschwindigkeit. Insbesondere bei konservativen Tracern wie Nitrat oder Bromid stellt die Matrixdiffusion nahezu den einzigen Verzögerungsfaktor dar. Daher ist eine getrennte Berücksichtigung dieses Prozesses unbedingt erforderlich.

Kunstmann (1994) verwendet zur Abschätzung des Einflusses der Matrixdiffusion auf den Transport eines Salztracers bei Dipolversuchen im Felslabor Grimsel einen Ansatz von Coats u. Smith (1964) in einem Double-porosity-Modell. Dabei beschreibt ein Austauschkoeffizient die Wechselwirkung zwischen Kluft- und Matrixhohlräumen.

Heer u. Hadermann (1994) verwenden ebenfalls ein Double-porosity-Modell, um den Tailing-Effekt von radioaktiven Tracern in den artifiziellen Dipolfeldern einer mit Verwerfungston („Fault-Gouge") gefüllten Störungszone im Granit des Felslabors Grimsel abzuschätzen (vgl. z. B. Baertschi et al. 1990; Frick et al. 1992). Da sowohl mit konservativen als auch mit nicht-konservativen Tracern gearbeitet wurde, führen die Autoren die beobachteten Verzögerungen auf Matrixdiffusionseffekte zurück. Die gemessenen Durchbruchskurven von Tracerinjektionen von relativ kurzer Dauer (Tage) können mit diesem Ansatz sehr gut nachgebildet werden. Mit einer Freilegung der Versuchsstrecke soll in naher Zukunft die Richtigkeit dieser Modellannahme überprüft werden (Frick 1994).

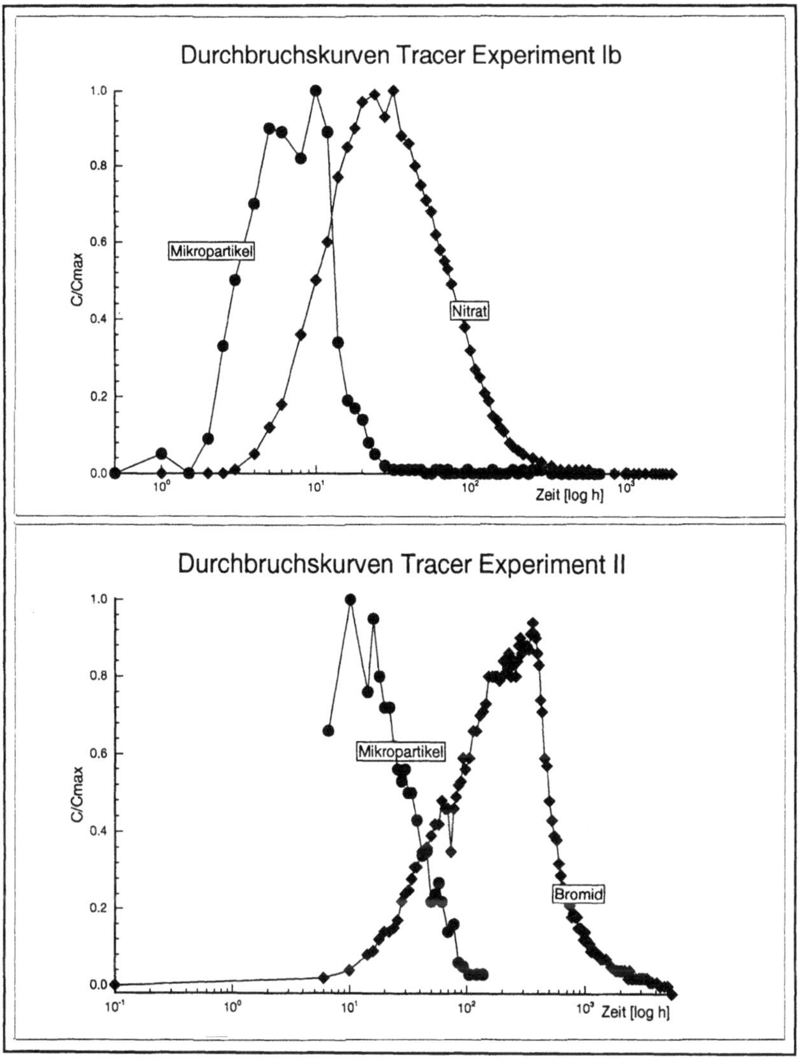

Abb. 8.11. Mikropartikel und Nitratdurchgang im Förderbrunnen 8; Tracerversuche Ib und II. (Aus: Dörhöfer u. Maier, 1993)

Zur Modellierung der Wärmediffusion, die bei der Gewinnung geothermischer Energie mit dem HDR[17]-Verfahren entscheidend ist, wurden von Diersch et al.

[17] HDR – Hot Dry Rock

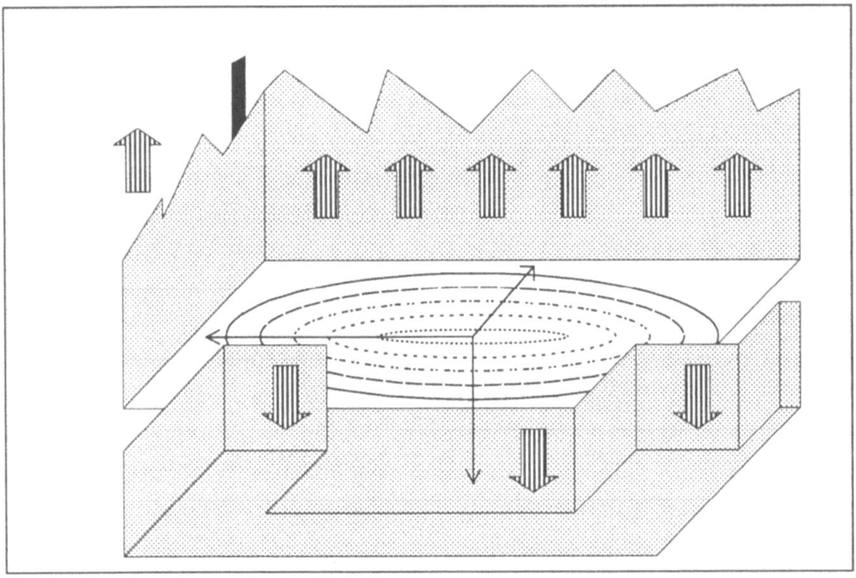

Abb. 8.12. Abstraktion der Tracerversuche. Die Kluftebene repräsentiert die advektiven Transportwege, aus Symmetriegründen reicht der halbe Kluftabstand zur Darstellung der Felsmatrix. (Nach Kolditz u. Lege 1992)

(1989), und Kolditz et al. (1995) zahlreiche Berechnungen mit der Methode der Finiten Elemente durchgeführt. Dabei wird durch die Kopplung von Elementen, die verschiedene Transportprozesse berechnen (advektiver Wärmetransport in der Kluft, diffusiver Wärmetransport in der Matrix), der Wärmeentzug aus dem Gebirge nachgebildet.

Darüber hinaus existiert noch eine Reihe von analytischen Lösungen für stark schematisierte Modellgeometrien, die bei Kolditz u. Lege (1992), Kolditz (1993), Kolditz (1994b,c) und in Kap. 5 dieses Buchs ausführlich dargestellt sind.

Diskrete Modellierung der Matrixdiffusion

Bis auf die numerischen Modelle zur Wärmediffusion ist allen Ansätzen gemeinsam, daß sie von einer Diffusion in ein unbegrenztes Reservoir ausgehen. Dadurch bleiben Sättigungseffekte unberücksichtigt, die bei langandauernden Kontaminationsprozessen durch eine Altlast oder eine Deponie wichtig werden. Dabei haben die endlichen Kluftabstände eines geklüfteten Mediums, das Matrixdiffusion zuläßt, einen erheblichen Einfluß. Je geringer die Abstände der mit advektiv bewegtem Kluftwasser gefüllten Klüfte, desto eher tritt ein Sättigungseffekt auf, der im Extremfall den Wegfall des Retardierungseffektes durch die Matrixdiffusion verursacht.

Wie in Abb. 8.12 angedeutet, wird in dieser Arbeit ein Modell erstellt, daß sich aus 2 verschiedenen Materialmodellen zusammensetzt: den Diffusionselementen der Gesteinsmatrix und den Advektionselementen der Kluft. Die beiden Elementgruppen sind über gemeinsame Knotenpunkte miteinander gekoppelt. Greift man sich einen Knoten in der Kluft heraus, so geht von ihm als Repräsentation der Matrix einen Verkettung von Linienelementen aus. In ihnen wird rein diffusiver Stofftransport gerechnet und an dem herausgegriffenen Knoten wird durch den advektiven Transportprozeß in der Kluft eine Art zeitabhängige Randbedingung eingesteuert. Die Länge und Anzahl der Linienelemente bestimmt den Kluftabstand und somit den Raum, der maximal für den diffundierenden Stoff zur Verfügung steht. So wird die maximale Masse, die der Kluft entzogen wird, festgelegt. Die diskrete Darstellung der Gesteinsmatrix und der darin stattfindenden diffusiven Transportprozesse hat gegenüber anderen Ansätzen den Vorteil, daß durch die Verwendung des 2. Fickschen Gesetzes der physikalische Prozeß der Diffusion ohne Verwendung von Ersatzparametern eingeschlossen wird. Diese Kombination eröffnet den Weg zu einer gezielten Modellierung von Sorptionsprozessen in der Gesteinsmatrix.

Darüber hinaus kann mit diesem Ansatz bei der Simulation der Rückdiffusion nach Kontaminationsende (z. B. nach einer Sanierung) im Fall der vorherigen Sättigung der Gesteinsmatrix die daraus resultierende endliche Abgabekapazität mit einbezogen werden.

Da man davon ausgehen kann, daß bei der Wahl von Mikropartikeln als Tracer der Transport nur in den Klüften stattfindet, wird zur Simulation des Durchbruchs der Mikropartikel der zweidimensionale Teil des Transportmodells genügen. Der 2-D-Ebene wird die Transmissivität der Kluft gegeben. In der Realität tragen viele Einzelklüfte einer Kluftschar zum Transport der Mikropartikel bei – hinzu kommt, daß mindestens eine weitere annähernd senkrecht zur Hauptstreichrichtung der ersten Schar verlaufende weitere Kluftschar existiert. Zur Schematisierung des Systems wird die Vorstellung paralleler Kluftscharen entwickelt, die als Ebenen die beteiligten Bohrlöcher miteinander verbinden. Es wird vereinfachend angenommen, daß nur eine transportwirksame Kluftschar existiert, die Kluftabstände äquidistant und die Öffnungsweiten aller Klüfte gleich sind. Damit kann man das hydrogeologische System auf die Modellierung einer Einzelkluft reduzieren. In Abb. 8.12 ist eine Darstellung des Modells mit den getroffenen Vereinfachungen zu sehen.

Für die Modellierung des Nitrattracerversuchs ist die Kombination von Kluft- und Matrixelementen notwendig. Gleichzeitig diffundiert ein Teil des eingegebenen Tracers in das Porenwasser des die Kluft umgebenden Tonsteins. Er unterliegt dort aufgrund des sehr geringen Durchlässigkeitsbeiwerts der Matrix praktisch keinem advektiven Transportvorgang mehr. Da für die Schematisierung der Natur angenommen wird, daß der Transport auf einer Anzahl paralleler Kluftebenen mit gleichbleibenden Abstand voneinander stattfindet (vgl. Abb. 8.12), ist es ausreichend, auch hier die Betrachtung auf eine Einzelkluft zu reduzieren für die eine mittlere Kluftdurchlässigkeit k_{fK} angenommen wird.

Die notwendigen Modellabstraktionen sind in Tabelle 8.8 für die Tracerversuche zusammenfassend dargestellt.

Für die Modellierung des Standorts wird, nachdem die Arbeiten an den Tracerversuchen abgeschlossen sind, die gleiche Aufteilung in 2 Elementgruppen vorgenommen. Auch hier werden in erster Näherung alle Klüfte zu einer Einzelkluft zusammengefaßt und die Matrix durch eindimensionale Elemente dargestellt. Im einzelnen sind die getroffenen Vereinfachungen in Tabelle 8.9 aufgeführt.

8.6 Modellauswahl

Zunächst erfolgt durch die Beantwortung der in Tabelle 7.8 gegebenen Anregungen in Tabelle 8.10 die Eingrenzung der zu berücksichtigenden Phänomene. Ist dies geschehen, so kann der Anwender den benötigten Satz der Feldgleichungen leichter angeben.

Die Beantwortung der Fragen aus Tabelle 7.9, die sich in Tabelle 8.11 findet, hilft bei der ersten Eingrenzung von Modellen. Es sollte v.a. bedacht werden, daß jede Beschaffung und die folgende Einarbeitung in ein neues, noch unbekanntes Modell erfahrungsgemäß einen erheblichen Zeitaufwand bedeutet. Darüber hinaus können zusätzliche Beschaffungen (Druckertreiber, Ausgabegeräte, Speichererweiterungen, spezielle Grafikkarten etc.) notwendig werden.

Die in Tabelle 8.11 geforderten Voraussetzungen werden von den Strömungs- und Transportmodulen SM2 und TM2 des Finite-Elemente-Programmsystems ROCKFLOW (Wollrath u. Zielke 1990; Kröhn u. Zielke 1991; Wollrath u. Helmig 1992; Lege u. Zielke 1992–1994; Kröhn u. Lege 1994) erfüllt. Es wurde in den letzten Jahren am Institut für Strömungsmechanik und Elektronisches Rechnen im Bauwesen der Universität Hannover auf Anregung und mit Förderung der BGR, des BMBF und der DFG entwickelt. Mit ihm können Strömungs- und Transportprozesse in porösen und geklüftet porösen Medien simuliert werden.

Tabelle 8.8. Modellbildung für die Tracerversuche Ib und II (basiert auf Tabelle 7.7)

<table>
<tr><th>Lfd. Nr.</th><th>Fragestellung</th></tr>
<tr><td>1.</td><td>Vereinfachung unregelmäßiger geometrischer Berandungen</td></tr>
<tr><td colspan="2">Kreisförmige Modellgeometrie ⇒ Erzeugung eines radial konvergenten Fließfeldes</td></tr>
<tr><td>2.</td><td>Bildung geohydraulischer Einheiten</td></tr>
<tr><td colspan="2">Das Gebiet ist als eine geohydraulische Einheit aufzufassen, Klüfte und Matrix werden getrennt und unter Ansatz unterschiedlicher Materialmodelle betrachtet</td></tr>
<tr><td>3.</td><td>Beschränkung der Fließvorgänge auf bevorzugte Richtungen (z.B. nur horizontale Strömungen)</td></tr>
<tr><td colspan="2">Modellierte Kluft wird subhorizontal angenommen, Anisotropien vernachlässigbar</td></tr>
<tr><td>4.</td><td>Beschränkung auf stationäres Fließfeld</td></tr>
<tr><td colspan="2">Die geringe Absenkung des Grundwasserspiegels läßt das artifizielle Fließfeld unbeeinflußt</td></tr>
<tr><td>5.</td><td>Bildung von zeitlichen und/oder räumlichen Mittelwerten der Anfangs- und Randbedingungen</td></tr>
<tr><td colspan="2">Hydraulische Randbedingung: konstante Standrohrspiegelhöhen
Anfangskonzentrationen: im gesamten Modellgebiet gleich Null</td></tr>
<tr><td>6.</td><td>Annahme konstanter/variabler Schadstoffeinleitung</td></tr>
<tr><td colspan="2">Versuch Ib: Injektionskonzentration als Anfangsverteilung;
Versuch II: Annahme konstanter Tracereingabe</td></tr>
<tr><td>7.</td><td>Beschränkung auf repräsentative Inhaltsstoffe</td></tr>
<tr><td colspan="2">Versuch Ib: Mikropartikel und Nitrat;
Versuch II Mikropartikel und Natriumbromid (im folgenden: Bromid genannt)</td></tr>
</table>

Tabelle 8.9. Modellbildung für das Standortmodell (basiert auf Tabelle 7.7)

<table>
<tr><th>Nr.</th><th>Fragestellung</th></tr>
<tr><td>1.</td><td>Vereinfachung unregelmäßiger geometrischer Berandungen</td></tr>
<tr><td colspan="2">Der Vorfluter bildet einen Teil des Randes; Stromlinien bilden geschlossenen Rand (NW u. SE); Zustromränder parallel zu den Potentiallinien (NE u. SW)</td></tr>
<tr><td>2.</td><td>Bildung geohydraulischer Einheiten</td></tr>
<tr><td colspan="2">Das Gebiet ist als eine geohydraulische Einheit aufzufassen, Klüfte und Matrix werden einzeln betrachtet</td></tr>
<tr><td>3.</td><td>Beschränkung der Fließvorgänge auf bevorzugte Richtungen (z.B. nur horizontale Strömungen)</td></tr>
<tr><td colspan="2">Die modellierte Kluft wird subhorizontal angenommen, Anisotropien werden vernachlässigt und die vorgegebene Fließrichtung und Geschwindigkeit eingestellt</td></tr>
<tr><td>4.</td><td>Beschränkung auf stationäres Fließfeld</td></tr>
<tr><td colspan="2">Die Schwankungen des Fließfeldes in der Vergangenheit werden vernachlässigt. Es ist hier das allgemeine Verständnis des Einflusses der Matrixdiffusion interessant, nicht so sehr die Auswirkungen von Pegelschwankungen</td></tr>
<tr><td>5.</td><td>Bildung von zeitlichen und/oder räumlichen Mittelwerten der Anfangs- und Randbedingungen</td></tr>
<tr><td colspan="2">Konstante Standrohrspiegelhöhen als Randbedingung; Anfangskonzentrationen gleich 100% im Müllkörper und 0% in der geologischen Barriere</td></tr>
<tr><td>6.</td><td>Annahme konstanter/variabler Schadstoffeinleitung</td></tr>
<tr><td colspan="2">Konstante Einleitung mit 100% am Rand des Müllkörpers in den Grundwasserleiter</td></tr>
<tr><td>7.</td><td>Beschränkung auf repräsentative Inhaltsstoffe</td></tr>
<tr><td colspan="2">Die Kontamination wird als konservativ angenommen</td></tr>
<tr><td>8.</td><td>Vernachlässigung der Wechselwirkung der Sickerwasserkomponenten</td></tr>
<tr><td colspan="2">Es werden keine Metaboliten mit anderen Inhaltsstoffen gebildet</td></tr>
<tr><td>9.</td><td>Lineare Adsorption/Desorption</td></tr>
<tr><td colspan="2">In diesem Schritt der Modellierung wird die Adsorption vernachlässigt. Der nächstliegende Arbeitsschritt wäre, den Einfluß von Sorptionsprozessen festzustellen.</td></tr>
</table>

Tabelle 8.10. Einordnung der relevanten physikalischen und chemischen Prozesse zur Erstellung des mathematischen Modells (basiert auf Tabelle 7.8)

Lfd. Nr.	Fragestellung	Kurzantwort
1.	Welche Gleichung beschreibt im konkreten Fall die Fließrichtung und die Grundwassergeschwindigkeit?	- Darcy-Gesetz; - Erweitertes Darcy-Gesetz, zur Beschreibung der turbulenten Strömung in Klüften; - Cubic law für Klufttransmissivitäten
2.	Welchen Wechselwirkungen unterliegt der transportierte Stoff?	- vgl. folgende Punkte
3.	Reagiert der transportierte Stoff mit dem Gestein des Aquifers oder geogenen Stoffgehalt des Grundwassers?	- Matrixdiffusion - Teilweise Adsorption/Desorption mit Hysteresiseffekt - Salzhaltiges tieferes Grundwasser verringert Verdünnungswirkung
4.	Ist der Schadstoff konservativ?	- i. A. ja, vernachlässigt
5.	Ist mit Abbau oder Fällung zu rechnen?	- i. A. ja, vernachlässigt
6.	Findet Matrixdiffusion statt?	- Ja, sie soll hier untersucht werden
7.	Reagieren die Inhaltsstoffe des Sickerwassers miteinander und wie gefährlich sind die entstehenden Metaboliten?	- Jier nicht relevant
8.	Liegt ein Mehrphasensystem vor, bei dem sich Grundwasser und Sickerwasser nicht vermischen?	- Nein
9.	Sind Dichteeinflüsse zu berücksichtigen?	- Hier nicht relevant

Tabelle 8.11. Grundsätzliche Überlegungen zur Modellauswahl (basiert auf Tabelle 7.9)

Lfd. Nr.	Fragestellung	Kurzantwort
1.	Was sind die Ziele meines Vorhabens?	Matrixdiffusion als Rückhaltemechanismus der geologischen Barriere
2.	Was weiß ich über das Aquifersystem?	Ausreichendes Datenmaterial und Meßergebnisse aus Labor- und Feldversuchen liegen vor und sind zugänglich
3.	Beinhaltet das Vorhaben Pläne, zusätzliche Daten zu erheben?	Ja, die Datenbasis wird von weiteren Teilnehmern des Verbundvorhabens „Deponieuntergrund" erweitert
4.	In welchem Zeitrahmen sind Ergebnisse zu liefern?	Innerhalb eines Jahres
5.	Welche Hardware steht zur Verfügung?	PC 486DX; 50 MHz; 16MB RAM; 500MB Speichermedium; DIN A4 Laserdrucker (sw); DIN A3 Ink Jet
6.	Welche Finanzmittel stehen bereit?	Personalmittel

8.7 Erstellung eines mathematischen Modells

Wie im vorangegangenen Abschnitt angesprochen, werden zur Modellierung der Tracerversuche und des Standorts die Strömungs- und Transportmodule SM2 und TM2 für inkompressible Fluide in gespannten Grundwasserleitern des Programmsystems ROCKFLOW eingesetzt.

Das Programmsystem war so einzusetzen, daß das zur Beurteilung Notwendige und Wesentliche reflektiert wird. Es ist dabei nicht erforderlich, die Verhältnisse am Standort so originalgetreu wie möglich widerzuspiegeln. Die Berücksichtigung von sehr vielen Parametern und Einzelprozessen führt eher zu größerer Unsicherheit, wenn der Einfluß der einzelnen Prozesse nicht vorher getrennt evaluiert wurde. Daher wird das in den folgenden beiden Unterabschnitten vorgestellte Verfahren gewählt. Zunächst wird der Leistungsumfang der verwendeten Strömungs- und Transportmodule beschrieben. Daran schließt sich die Darstellung der verwendeten Gleichungen zur Modellierung der Problemstellung an. Dabei ist die Kopplung von Elementen verschiedener Dimensionalität zur Simulation von Kluft und Matrix der entscheidende Faktor.

8.7.1 Strömungsmodell

Das Modul SM2 zur Berechnung von Strömungsprozessen in porösen und geklüftet porösen Medien wurde von Wollrath (1990) erstellt und von Helmig (1993) und Wollrath u. Helmig (1992) erweitert. Die Strömungsberechnung basiert auf einem erweiterten Darcy-Gesetz, mit dem auch die Simulation der Strömung zwischen planparallelen Platten als Option für die Kluftströmungsberechnung möglich ist:

$$\vec{v}_f = -\underline{k}_f \cdot (grad\ h)^{\alpha} \qquad (8.1)$$

in Kombination mit der Massenerhaltungsgleichung

$$S_0 \frac{\partial h}{\partial t} + div\ \vec{v}_f = q \qquad (8.2)$$

wobei $\alpha = 1$ ein lineares und $\alpha < 1$ ein nichtlineares Fließgesetz charakterisieren (Louis 1967).

Die möglichen Randbedingungen (vgl. Tabelle 4.4) sind entweder Dirichlet-

$$h = h_0 \qquad (8.3)$$

bzw. Neumann-Randbedingungen

$$\vec{v}_n = - \vec{n}\ \underline{k}_f\ grad\ h = \vec{v}_{n0} \qquad (8.4)$$

Mit (8.3) kann man an einem Knoten eine bestimmte Standrohrspiegelhöhe festlegen, mit (8.4) eine Geschwindigkeit und damit den Durchfluß angeben. Überall dort, wo keine Randbedingungen am Gebietsrand festgelegt werden, wird $\vec{v}_n = 0$ gesetzt.

In den Gleichungen (8.1–8.4) bedeuten:

S_0 spez. Speicherkoeffizient
$\vec{v}_f$ Filtergeschwindigkeit
$\underline{k}_f$ Durchlässigkeitstensor
h Standrohrspiegelhöhe
h_0 vorgegebene (bekannte) Standrohrspiegelhöhe
$\vec{v}_n$ Knotengeschwindigkeit in Richtung der Außennormalen
$\vec{v}_{n0}$ vorgegebene (bekannte) Knotengeschwindigkeit
$\vec{n}$ Normaleneinheitsvektor (senkrecht zum Gebietsrand, nach außen weisend)
t Zeit

Mit dem Strömungsmodul SM2 wurde ein stationäres Fließfeld nach Darcy in der durch zweidimensionale Scheibenelemente diskretisierten Kluft im Berechnungsgebiet eingestellt. Die Parameter S_0 und q wurden zu Null und $\alpha = 1$ gesetzt, so daß die Strömungsberechnung nach

$$div(k_f\, grad h) = 0 \tag{8.5}$$

erfolgte. Die Dirichlet-Randbedingungen (8.3) wurden derart gewählt, daß eine horizontale Strömung parallel zur Kluft eingestellt wurde. Die Repräsentation der Matrix durch orthogonal zur Kluft stehende Linienelemente hat zur Folge, daß kein Grundwasserstrom in ihnen stattfindet. Da zwischen der Kluft und der Tonmatrix ein Unterschied in den Durchässigkeitsbeiwerten von mehr als 4 Größenordnungen besteht, ist die Vereinfachung in bezug auf das Strömungsfeld plausibel.

8.7.2 Transportmodell

Das Transportmodul TM, welches auf der Basis der Filtergeschwindigkeiten SMs die Transportgleichung (8.6) löst, wurde von Kröhn (1991) erstellt und von vom Autor zu TM2 (Kröhn u. Lege 1994) erweitert. Es ist die Transportgleichung

$$n_e\frac{\partial c}{\partial t} + \frac{1}{R}\vec{v}_f \cdot grad c - div(\frac{1}{R} n_e \underline{D} \cdot grad c) + n_e c\lambda + \frac{1}{R} q(c - c_0) - \frac{r}{R} = 0. \tag{8.6}$$

implementiert.

Für die Transportberechnungen mit TM2 sind entweder Dirichlet-Randbedingungen

$$c = c_0 \tag{8.7}$$

und/oder Neumann-Randbedingung

$$J_n = c * \vec{v} * \vec{n} - (\underline{D}\ grad\ c * n) = J_{n0} \tag{8.8}$$

vorzugeben.

An den Rändern, wo ein Zufluß stattfindet, muß eine Dirichlet-Randbedingung angegeben werden. An allen geschlossenen Rändern wird automatisch $J_n = 0$ eingesetzt.

Es ist auch möglich, für Transportberechnungen Simulationsprozesse über einen Retardierungsfaktor nach dem K_D-Konzept (vgl. Tabelle 4.12) in die Berechnungen einfließen zu lassen.

In den Gleichungen (8.6–8.8) bedeuten

$\partial c/\partial t$	Konzentrationsänderung mit der Zeit,
$(\vec{v} * \text{grad } h)$	advektiver Transport,
$\text{div } \underline{D} * \text{grad } c$	Transport durch die molekulare Diffusion und Dispersion nach Scheidegger,
λc	radioaktiver Zerfall oder Mortalität von Bakterien
$\vec{v} * q\ (c - c_0)$	Einleitung von (nicht) kontaminierten Fluiden
r	Abbau- bzw. Produktionsterm.

Die Parameter stehen für:

$\underline{D}$ - Tensor der hydrodynamischen Dispersion
λ - Zerfallskonstante
$\vec{v}_a$ - Vektor der Abstandsgeschwindigkeit
q - Knotenzufluß
c - Konzentration
c_0 - vorgegebene Konzentration
$\vec{n}$ - Normaleneinheitsvektor
n_e- effektive Porosität
J_n - Fluß über den Gebietsrand
J_{n0} - vorgegebener Fluß

Für die Kluft wird hier ein advektiv-dispersiver Transportprozeß ohne Zerfall oder Sorption und für die Gesteinsmatrix ein rein diffusiver Transportvorgang angenommen. Im Modell werden daher zur numerischen Berechnung des Transports in der Kluft mit den aus dem Strömungsmodell berechneten Filtergeschwindigkeiten die Koeffizienten λ=q=r=0 und R=1 gesetzt. Damit ergibt sich aus (8.6) für die Modellierung der Tracerversuche die Transportgleichung

$$n_e \frac{\partial c}{\partial t} = -\vec{v}_f grad c + div\, n_e \underline{D} grad c\ , \tag{8.9}$$

die den advektiv-dispersiven Transport in der Kluft beschreibt. Die effektive Porosität n_e wird als konstant über das modellierte Teilgebiet (die Kluftebene) angenommen. Es sei hier darauf hingewiesen, daß n_e bei der Modellierung der Kluftebene im Sinne eines Rechenparameters und nicht als tatsächliche, in der Natur gemessene, physikalische Größe anzusehen ist. Die Division von (8.9) durch n_e liefert dann

$$\frac{\partial c}{\partial t} = -\frac{\vec{v}_f}{n_e} \operatorname{grad} c + \operatorname{div} D \operatorname{grad} c \ . \tag{8.10}$$

Zur Modellierung des Standorts wurde die x-Achse des Koordinatensystems des Berechnungsgebiets parallel und die y-Achse senkrecht zur Fließrichtung des Grundwassers in der Kluftebene gewählt. Die z-Achse steht orthogonal zur Kluftebene. Damit reduziert sich die Transportgleichung (8.10) für die Modellierung der Kluftebene zu

$$\frac{\partial c}{\partial t} = D_L \frac{\partial^2 c}{\partial x^2} + D_T \frac{\partial^2 c}{\partial y^2} - \frac{v_f}{n_e} \frac{\partial c}{\partial x} \tag{8.11}$$

In den beiden Glchgen 8.10 und 8.11 erkennt man, daß n_e nur in die Berechnung der Abstandsgeschwindigkeit

$$\vec{v}_a = \frac{\vec{v}_f}{n_e}$$

eingeht.

Die Tonsteinmatrix wird durch eindimensionale Elemente repräsentiert. Da durch die Wahl der Strömungsrandbedingungen in ihnen v_f=0 ist, entfällt der advektive Term der Transportgleichung (8.9). Nach Tabelle 4.11 ergibt sich bei $\vec{v}_f = 0$ für den Koeffizienten der hydrodynamischen Dispersion die Identität mit dem effektiven Diffusionskoeffizienten D^*. Somit lautet die Transportgleichung für die Tonsteinmatrix der Tracerversuchs- und Standortmodelle

$$\frac{\partial c}{\partial t} = -D^* \frac{\partial^2 c}{\partial z^2} \ , \tag{8.12}$$

das eindimensionale Ficksche Gesetz (vgl. Tabelle 4.5).

Die Kluft und die Gesteinsmatrix sind über gemeinsame Knoten miteinander gekoppelt. An den Kopplungspunkten findet der Übertritt der Konzentration aus dem Kluftmodell in das Matrixmodell statt.

Die vorgestellte Kombination nutzt die in ROCKFLOW implementierte Kombination von Elementen verschiedener Dimensionalität aus. Es wäre auch möglich gewesen, die Tonsteinmatrix mit dreidimensionalen Elementen zu modellieren. Die Wahl des vorliegenden Modells wird im folgenden begründet. Die Diskretisierung senkrecht zur Kluftebene mußte zur Einhaltung von Stabilitätskriterien sehr klein im Vergleich zur Diskretisierung der Kluft gewählt werden; dadurch ergab sich ein sehr ungünstiges Seitenverhältnis der dreidimensionalen Elemente. Darüber hinaus ergibt die Modellierung der Problemstellung mit 3-D-Elementen einen sehr viel größeren Rechenzeitverbrauch (ca. Faktor 10). Vergleichsrechnungen mit dreidimensionalen Modellen zeigten keinen wesentlichen Unterschiede zu den Ergebnissen mit der hier gewählten Abstraktion (Fischer 1994). Verifikationsrechnungen, die diesen Modellaufbau überprüften, lieferten sehr gute Übereinstimmungen mit analytischen Lösungen (Kolditz u. Lege 1992). Kolditz (1995b) weist allerdings für eine ähnliche Problemstellung (Wärmediffusion aus der Kluftebene in die Gesteinsmatrix) einen Dimensionalitätseffekt nach, der durch laterale Diffusion entsteht. In den Durchbruchskurven entstehen so Ergebnisunterschiede von ca. 10%. Da bei der Schadstoffdiffusion im Unterschied zur Wärmediffusion um mehrere Größenordnungen kleinere Diffusionskoeffizienten gelten, kann hier die laterale Stoffdiffusion parallel zur Kluftebene vernachlässigt werden.

Bei weitergehenden Untersuchungen auf der Basis dieser Arbeit können einfache geochemische Reaktionen (Adsorption) berücksichtigt werden.

8.7.3 Prä- und Postprozessoren

Die Präprozessoren NG2D und NG3D (Lege u. Taniguchi, 1994a/b) für die Diskretisierung großer Modelle sind Teil des Programmsystems ROCKFLOW. Für die Ergebnisdarstellung ist das kommerzielle Grafikpaket TECPLOT™ (1994) ausgewählt worden.

8.8 Modellanwendung

8.8.1 Verifikation

Für die Verifikation eines numerischen Modells stehen i. allg. 4 Verfahren zur Verfügung (vgl. Tabelle 7.10):

- Vergleich einer numerischen mit einer geschlossenen Lösung
- Vergleich der Lösungen zweier unterschiedlicher Modelle
- Gitterweiten und Zeitschrittvariation, Konvergenzbetrachtungen
- Vergleich mit experimentellen Ergebnissen

Zur Verifikation des hier angewandten Modells ROCKFLOW sei auf den Abschn. 6.4.3 verwiesen, wo das Transportmodul ROCKFLOW an hand einer analytischen Lösung und eines Vergleichs mit der Random-Walk-Methode verifiziert wird. Außerdem wird im Abschn. 6.4.4, als Brückenschlag zwischen Verifikation und Kalibrierung, eine Eichung an Meßdaten vorgestellt. Darüberhinaus sind, speziell zur Problematik der Matrixdiffusion, umfangreiche Arbeiten in Kolditz u. Lege (1992), Kolditz (1995c) und Lege (1995) dokumentiert.

8.8.2 Kalibrierung: die numerische Modellierung des Versuchs Ib

Definition der effektiven Kluftporosität n_{eK}

Das Hohlraumvolumen einer Kluft sei für sich betrachtet; bildlich gesprochen: Man stelle sich die Kluft als den Hohlraum zwischen 2 planparallelen Platten mit dem Abstand 2b vor; das Volumen zwischen den Platten sei V_{ges}. Das Material der Kluftfüllung befindet sich zwischen den beiden Platten und reduziert dadurch den verfügbaren Hohlraum; die Kluftfüllung habe das Volumen V_M. Der übrigbleibende Hohlraum zwischen diesen beiden Platten ist die Kluftporosität n_K im Sinne dieser Arbeit und berechnet sich nach

$$n_K = \frac{V_{ges} - V_M}{V_{ges}}$$

Die effektive Kluftporosität n_{eK} im Sinne der vorliegenden Arbeit ist der durchströmbare Anteil der Kluftporosität. Es gilt: $n_{eK} \leq n_K$.

Die Modellierung des Mikropartikelexperiments

Nimmt man an, daß der Mikropartikeltransport nur auf den dominanten Fließpfaden der Klüfte stattfindet, so kann man zur Bestimmung der hydraulisch wirksamen Parameter eine getrennte Betrachtung von Klüften und Matrix vornehmen. Dörhöfer u. Maier (1992) wenden zur Bestimmung der hydraulisch wirksamen

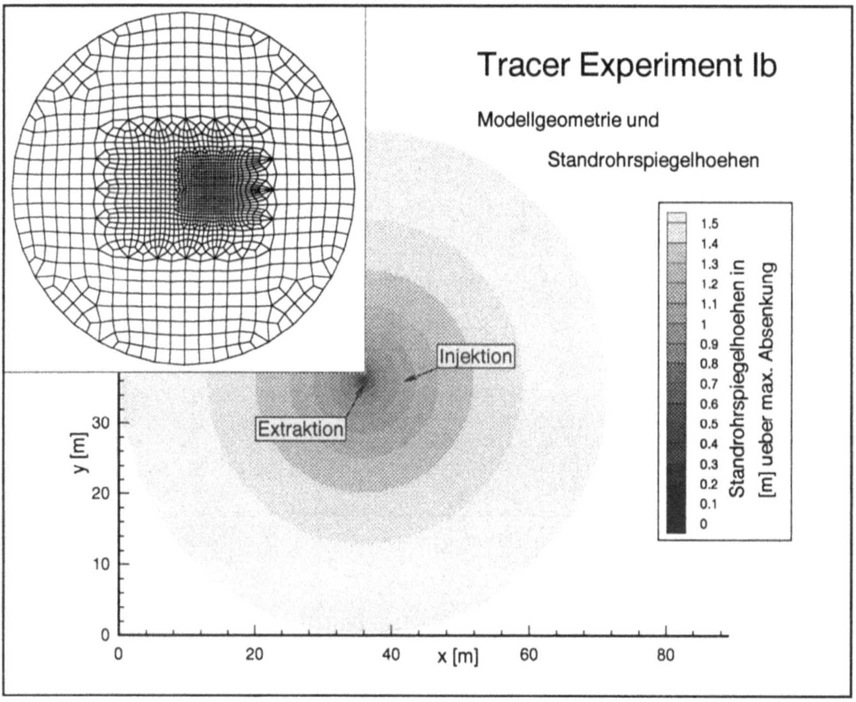

Abb. 8.13. Standrohrspiegelhöhenverteilung in einer Einzelkluft für die Simulation des Mikropartikelversuchs (1577 Knoten und 1540 Elemente). Verfeinerung um Tracereingabe- und Extraktionsbohrung

Porosität n_e die Beziehung

$$v_a = k_f * \frac{i}{n_e} \tag{8.13}$$

an. Zur Bestimmung des Betrags der Abstandsgeschwindigkeit v_a wird dort der Durchgang des Konzentrationsmaximums gewählt. Der Durchlässigkeitsbeiwert k_f ist aus hydraulischen Versuchen für das Gesamtsystem (Kluft und Matrix) bekannt und das hydraulische Gefälle ist auf i=0,19 eingestellt. Damit bestimmen die Autoren die effektive Gebirgsporosität n_e zu 0.09%.

Geht man jedoch davon aus, daß nur die Klüfte transportwirksam sind, so liefert (8.13) bei abgeschätzten *effektiven Kluftporositäten* n_{eK} von 40–80% Durchlässigkeitsbeiwerte von $3{,}5*10^{-4}$ m/s $\leq k_{fk} \leq 7*10^{-4}$ m/s für eine Einzelkluft. Der Modellierung des Mikropartikeldurchbruchs über eine zweidimensionale Transportberechnung sind somit diese Werte zugrundegelegt. Praktisch wird auf diese Weise eine Kluft aus dem Gesteinsverband herausgelöst und unabhängig von den

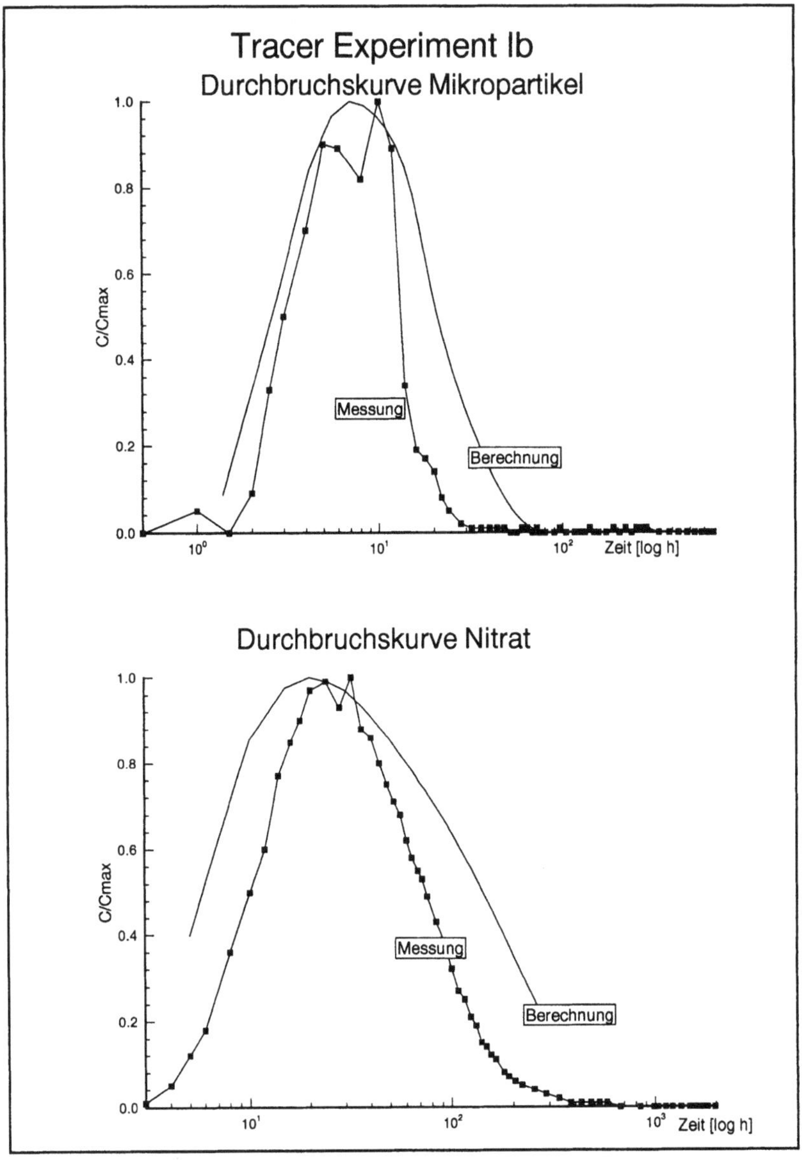

Abb. 8.14. Vergleich der Konzentrationskurven für den Mikropartikel- und Nitrattracerdurchbruch des Experiments Ib (Feldversuch und numerische Berechnung mit ROCKFLOW)

Einflüssen des Nebengebirges modelliert.

Die longitudinalen Dispersionslängen sind in Tabelle 8.5 mit α_L = 8 m angegeben. Die transversale Dispersionslänge wird zu $\alpha_T \approx 1/5 * \alpha_L$ gewählt. Die Daten sind in Tabelle 8.12 zusammengefaßt.

Tabelle 8.12. Materialparameter für die Modellierung des Mikropartikelexperiments Ib

k_{fK}	n_{eK}	b	i	α_L	α_T
$4*10^{-4}$ m/s	80%	100 µm	0,19	8m	1,6m

Die Diskretisierung des Modellgebiets und die Verteilung der Standrohrspiegelhöhen, ist in Abb. 8.13 zu sehen. Als Randbedingung des kreisrunden Gebietes ist eine Standrohrspiegelhöhe so gewählt, daß sich das angegebene hydraulische Gefälle ergibt. Um den Injektionspunkt ist ein engmaschiges Gitternetz gewählt, welches in Richtung Senke zunehmend gröber wird. Diese Diskretisierung ist notwendig, da die Abstandsgeschwindigkeit in Richtung auf die Senke zunimmt und zu allen Zeitpunkten und an jedem Ort der sich entwickelnden Tracerwolke das Courant-Kriterium (vgl. Tabelle 6.2) erfüllt sein muß.

In Abb. 8.14 sieht man einen Vergleich der im Feld gewonnenen Durchbruchskurve des Mikropartikeltracerversuchs und die numerischen Berechnungsergebnisse, die sich bei der Wahl eines k_{fK}-Wertes $4*10^{-4}$ m/s und α_L = 8 m für die Kluft ergeben. Das numerische Ergebnis erscheint glatter, da im Gegensatz zur Probennahme im Feld Ergebniswerte im Minutentakt anfallen. Der hier zu beobachtende Konzentrationsabfall in der numerischen Berechnung im Unterschied zum Versuchsergebnis kann auf die Differenzen in der gewählten Kluftgeometrie und das besondere Transportverhalten der Mikropartikel zurückgeführt werden. Zum einen kann es sein, daß die Kluftfläche in der Natur nicht über den gesamten Modellbereich durchhält, und es ist möglich, daß Mikropartikel, die einmal sedimentiert oder abgefiltert sind, im herrschenden Strömungsfeld nicht remobilisiert werden können. Channeling-Effekte, für welche die Mehrfachmaxima der Durchbruchskurven ein Indiz sind, wurden in diesem Modellansatz vernachlässigt.

Zur Veranschaulichung der Tracerverteilung in der Kluft ist in Abb. 8.15 die berechnete Konzentrationsverteilung in der Kluft zum Zeitpunkt des Maximums der Durchbruchskurve zu sehen.

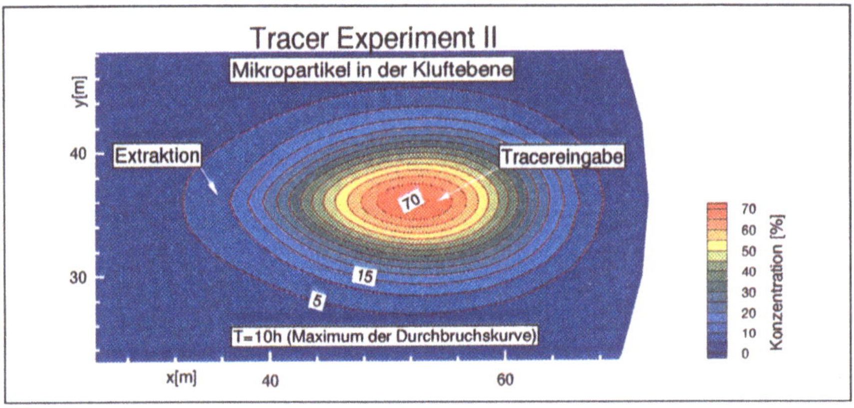

Abb. 8.15. Konzentrationsverteilung der Mikropartikel in der Kluft zum Zeitpunkt des Maximums der Durchbruchskurve

Modellierung des Nitratexperiments

Auf der Basis der im vorangegangenen Arbeitsschritt geeichten Kluftparameter werden im folgenden numerischen Experiment die im Labor bestimmten Diffusivitäten des Münchehagener Tonsteins eingebunden. Dazu wird der Nitratdurchbruch herangezogen.

Es wird angenommen, daß der durchteufte Bereich mit parallelen Klüften durchsetzt ist. Der Kluftabstand beträgt mehr als 0,1 m, so daß eine gegenseitige Beeinflussung der Klüfte oder eine Sättigung der Matrix mit Tracer während der Versuchsdauer ausgeschlossen werden kann. Unter diesen Voraussetzungen genügt es, zur Modellierung des Feldexperiments eine Einzelkluft mit umgebender Gesteinsmatrix zu betrachten. Weiterhin wird angenommen, daß sich der Tracer aus der Injektionsbohrung gleichmäßig auf alle angeschnittenen Klüfte verteilt. Dazu wird das mit Hilfe des Mikropartikeltracerversuchs erstellte 2-D-Modell einer Einzelkluft durch die Kopplung mit 3-D-Elementen auf ein Modell für ein Kluft-Matrix-System erweitert. Dabei ist es aus Symmetriegründen ausreichend, die 3–D–Elemente auf einer Seite der Kluft anzuschließen. Die Elementdicke wird durch das Neumann-Kriterium (vgl. Tabelle 6.2) vorgegeben. Der Matrix wird laut Tabelle 8.5 ein Durchlässigkeitsbeiwert von $1 * 10^{-10}$ m/s zugeordnet. Der im Labor bestimmte effektive Diffusionskoeffizient liegt zwischen $1{,}0 * 10^{-10}$ m^2/s und $2{,}7 * 10^{-10}$ m^2/s (Dörhöfer u. Maier 1994). Die Materialparameter sind in Tabelle 8.13 aufgelistet.

Tabelle 8.13. Materialparameter für die Modellierung des Nitratexperiments Ib. Die Indizes K und M bezeichnen die Kennwerte der Kluft beziehungsweise der Gesteinsmatrix.

k_{fK}	k_{fM}	n_{eK}	n_{eM}	i	b	α_L	α_T	D*
4,0* 10^{-4}m/s	10^{-10} m/s	80%	15%	0,19	100µm	8m	1,6m	2,5 * 10^{-10}m²/s

Die benötigten dreidimensionalen Elemente sind zur Erfüllung des Neumann-Kriteriums sehr dünn zu wählen. Ihre laterale Ausdehnung muß sich aber an den zweidimensionalen Elementen orientieren. Aufgrund der geringen Durchlässigkeit ist aber nicht mit einem signifikanten lateralen advektiven Transport zu rechnen, und der laterale diffusive Transport ist gegenüber dem vertikalen zu vernachlässigen. Testrechnungen von Fischer (1994) zeigen, daß die dreidimensionalen Elemente, die die Tonmatrix darstellen, in diesem Fall ohne Genauigkeitsverlust gegen senkrecht auf der Kluftebene stehende eindimensionale Elemente ausgetauscht werden können. Dadurch kann die Rechenzeit für eine Modellrechnung um ungefähr den Faktor 10 reduziert werden.

Die in Abb. 8.14 dargestellte Durchbruchskurve der Rechnung zeigt eine gute Übereinstimmung mit den im Feldexperiment gewonnenen Werten. Im Bereich des Tailings weist die Rechnung jedoch deutlich höhere Werte als die Meßergebnisse auf, was auf die Begrenzung der Matrixschichtdicke zurückzuführen ist, die eine Rückdiffusion in die Kluft in größerem Umfang als in der Natur zuläßt.

8.8.3 Validierung: Modellierung des Experiments II

Bei der Berechnung des Tracerexperiments Ib wird deutlich, daß die Durchbruchskurven mit den gewählten (Durchlässigkeit bzw. Transmissivität der Klüfte) und gemessenen Parametern (Matrixdurchlässigkeit, Kluftabstände, Kluftöffnungsweiten, Dispersionslängen, Diffusionskoeffizienten) angepaßt werden können.

Zur Validierung der zur Eichung eingesetzten Kennwerte des numerischen Modells wird der vom Versuch Ib teilweise unabhängige Datensatz des Versuchs II verwendet. Da der Versuch II im selben Versuchsfeld, teilweise auf demselben Fließweg (vgl. Abb. 8.10) durchgeführt wurde, sind beide Experimente jedoch nicht vollständig unabhängig voneinander. Leider standen andere geeignete Datensätze aber nicht zur Verfügung. Damit ist die folgende Frage zu beantworten: Ist das Modell so ausgelegt, daß die Durchbruchskurven dieses zweiten Experiments korrekt dargestellt werden?

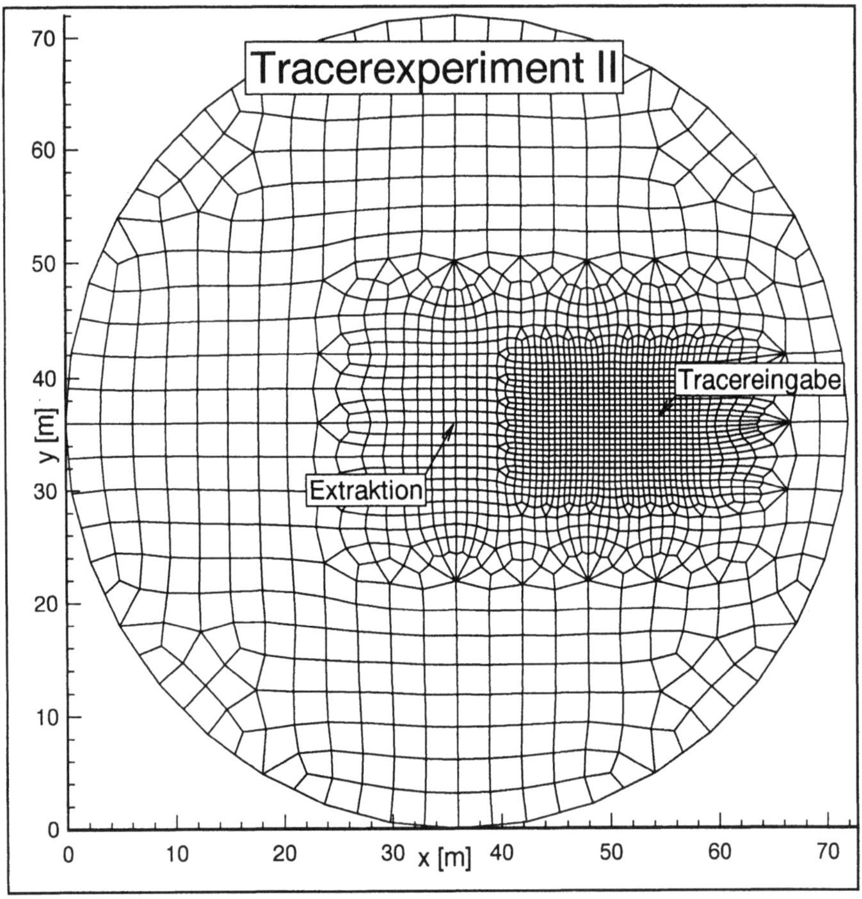

Abb. 8.16. Netzgeometrie für die Simulation des Tracerexperiments II (1939 Knoten; 1902 Elemente). Der Radius des Berechnungsgebietes beträgt 36 m. Das Aussagegebiet ist verfeinert

Mikropartikelexperiment

Die zweidimensionale Netzgeometrie ist weitgehend identisch mit dem in Ib gewählten Gitter. Da der Abstand der Bohrungen jedoch größer ist, dehnt sich der verfeinerte Bereich weiter aus, wodurch sich Knoten und Elementanzahl erhöhen (Abb. 8.16).

Die Meßergebnisse in Abb. 8.17 zeigen für den Mikropartikeldurchbruch ein viel schnelleres Erreichen des Durchbruchmaximums, als man aufgrund der Ergebnisse des Versuchs Ib erwartet hätte. Das zeigt sich insbesondere in der Meßkurve: Der erste nach 7 h gemessene Wert liegt fast auf dem Maximum, da ein so schneller Durchbruch nicht erwartet wurde. Laut Aussage des Experimentleiters (Maier, pers. Mitteilung) liegt die hierfür verantwortliche Variabilität der damit verbundenen unterschiedlichen Kluftdurchlässigkeiten im Rahmen anderer Beobachtungen. Es ist also vertretbar, den Durchlässigkeitsbeiwert an die Gegebenheiten anzupassen. Mit k_{fK} = 5,9 * 10^{-3} m/s wird eine zufriedenstellende Übereinstimmung der modellierten mit der gemessenen Kurve erreicht, wie in Abb. 8.17 zu sehen ist. Alle weiteren Kenngrößen sind unverändert aus dem Modell des Versuchs Ib übernommen und in Tabelle 8.14 dargestellt.

Tabelle 8.14. Materialparameter für die Modellierung des Mikropartikelexperiments II

k_{fK}	n_{eK}	i	b	α_L	α_T
5,9*10^{-3} m/s	80%	0,075	100 µm	8 m	1,6 m

Bromidexperiment

Das zweidimensionale Modell des Mikropartikeldurchbruchs wird ebenso wie in Ib mit eindimensionalen Matrixelementen, die senkrecht auf der Kluftfläche stehen, gekoppelt (bildlich gesprochen entsteht somit ein „Bürstenmodell"). Den eindimensionalen Elementen werden dieselben Eigenschaften wie bei Ib zugeordnet. Sie sind in Tabelle 8.15 zusammengefaßt.

Tabelle 8.15. Materialparameter für die Modellierung des Bromidexperiments II. Die Indizes K und M bezeichnen die Kennwerte der Kluft beziehungsweise der Gesteinsmatrix.

k_{fK}	k_{fM}	n_{eK}	n_{eM}	i	b	α_L	α_T	D*
5,9* 10^{-3}m/s	1,0* 10^{-10}m/s	80%	15%	0,075	100 µm	8 m	1,6 m	2,5 * 10^{-10}m²/s

Das Modell liefert die in Abb. 8.17 dargestellte Kurve für den Bromiddurchbruch. Sie stimmt zufriedenstellend mit den Meßergebnissen überein. Damit ist die Gültigkeit des numerischen Modells in bezug auf den Einfluß der Matrixdiffusion bei der Kontaminationsausbreitung in der geologischen Barriere der Altlast Münchehagen hinreichend nachgewiesen.

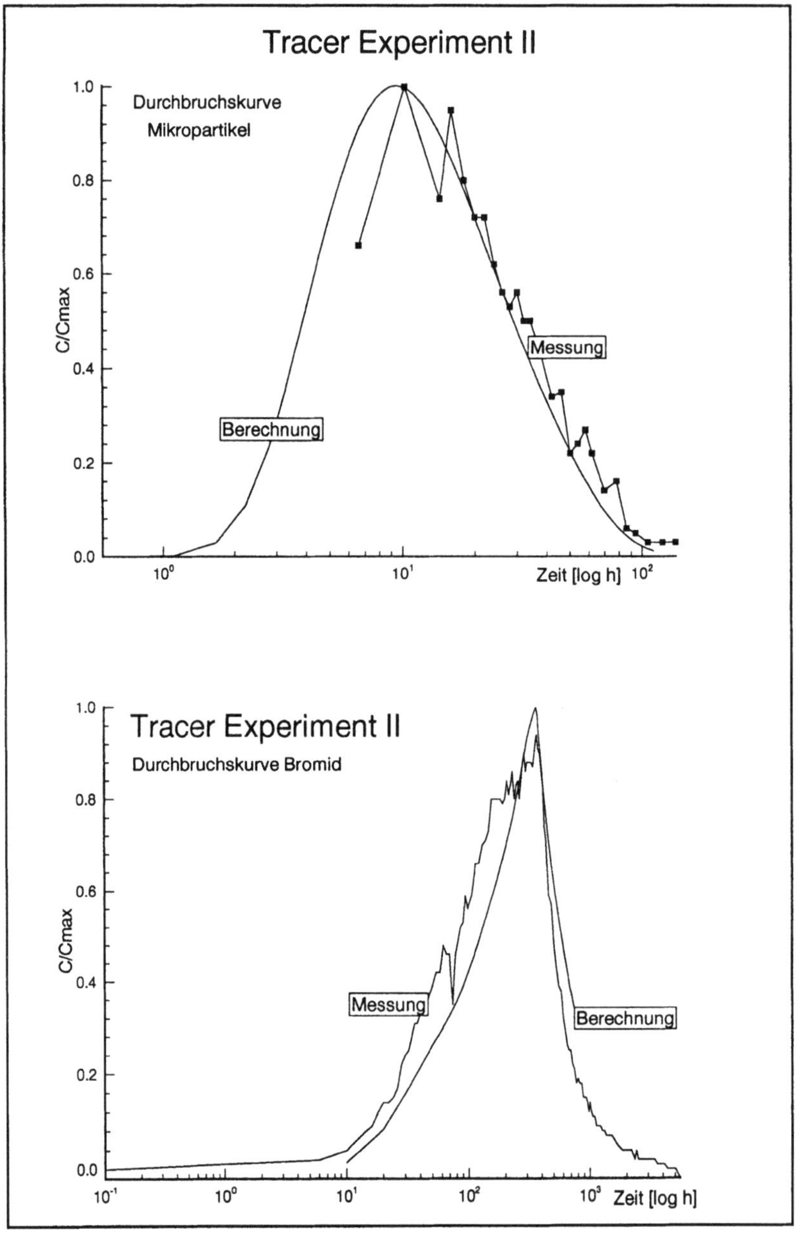

Abb. 8.17. Vergleich der Konzentrationskurven für den Mikropartikel- und Bromidtracerdurchbruch des Experiments II (Feldversuch und numerische Berechnung mit ROCKFLOW)

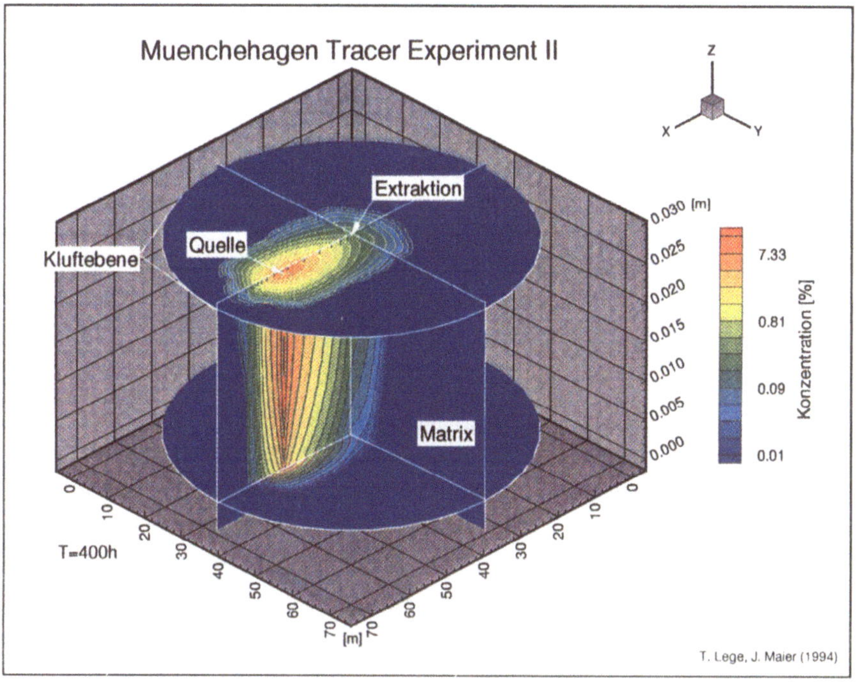

Abb. 8.18. Tracerverteilung 400 h nach Versuchsbeginn. Die z-Koordinate ist stark überhöht dargestellt.

Resümee: Labordaten zur Bestimmung von Diffusionskoeffizienten auf die Modellierung von Feldversuchen übertragbar

Die numerischen Berechnungen weisen nach, daß sich im Labor bestimmte Diffusivitäten auf In-situ-Verhältnisse übertragen lassen. Der Vergleich der numerischen Ergebnisse mit den Meßwerten der Tracerversuche Ib und II weist weiterhin nach, daß die Modellvorstellung von einer Kluft mit Matrixanschluß das Verhalten des natürlichen Untergrunds so genau darstellen kann, daß man die Geschwindigkeit der Ausbreitung der Schadstofffront abschätzen kann. Daraus kann ein Eindruck über die aktuelle Schadstoffverteilung im Untergrund gewonnen und eine zukünftige Entwicklung prognostiziert werden. Beispielhaft ist in Abb. 8.18 zu sehen, wie der Bromidtracer des Experiments II 400 h nach Versuchsbeginn in der Kluftebene und in der Tonmatrix verteilt ist. Die z-Achse ist stark überhöht dargestellt. Die hohe Aufnahmefähigkeit der Matrix wird hier deutlich erkennbar – aber auch das Potential der Gesteinsmatrix, bei Umkehrung des Konzentrationsgefälles den Tracer in das saubere Wasser der Kluft zurückdiffundieren zu lassen.

8.9 Standortmodell Münchehagen

In diesem Abschnitt wird die Reproduktion des bisherigen Kontaminationsverlaufs, häufig auch „History-Matching“ genannt, vorgestellt. Es soll die beobachtete Konzentrationsverteilung nach 20jähriger Einleitung im Abstrom der Deponie dargestellt werden. Nachdem diese Arbeit erfolgreich abgeschlossen ist, folgen zwei Prognoserechnungen als obere und untere Grenzsituation. In der ersten Prognose wird der Standort sich selbst überlassen während im zweiten Fall der Müllkörper vollständig entfernt wird. Zunächst wird die Diskretisierung und die Auswahl der Modellparameter vorgestellt.

8.9.1 Diskretisierung und Modellparameter

Nach den erfolgreich abgeschlossenen Eich- und Validierungsarbeiten erfolgt die Erstellung des Standortmodells. Dabei wird dieselbe Schematisierung („Bürstenmodell“) wie bei der Modellierung der beiden Tracerversuche verwendet:

- Advektiver Transport der Schadstoffe in einer zweidimensionalen Kluftebene
- Diffusiver Transport in die angekoppelte Gesteinsmatrix (durch 1-D-Elemente diskretisiert)

Da die Annahme einer horizontalen Kluftebene bei der Modellierung der Tracerversuche zufriedenstellende Ergebnisse liefert, wird in diesem Abschnitt dieselbe Abstraktion der natürlichen Verhältnisse gewählt. Dabei wird die ursprüngliche Gitterebene kopiert und mehrmals orthogonal zum Ursprungsgitter verschoben. Durch die Verbindung der Gitterebenen entstehen Schichten aus quaderförmigen Elementen. Das entstehende Schichtenmodell, bei dem die Elemente wie Backsteinlagen übereinanderliegen (vgl. Abb. 8.20), wird häufig auch als 2½-D-Modell bezeichnet. Schließlich werden die 3-D-Elemente der Gesteinsmatrix durch 1-D-Linienelemente mit äquivalenten Querschnittsflächen ersetzt. Dadurch läßt sich in erheblichem Umfang Rechenzeit einsparen. Lateraler diffusiver Transport parallel zur Kluftebene kann aufgrund der großen Erstreckung der 3-D-Elemente parallel zur Kluft vernachlässigt werden. Bevor jedoch die Ergebnisse des 3-D-Standortmodells vorgestellt werden, wird versucht, ob das History-Matching nicht doch mit einem vereinfachenden 2D-Modell zu realistischen Ergebnissen führt.

2-D-Modell

Dem endgültigen Standortmodell nähert man sich sukzessive unter Berücksichtigung von immer mehr Einzelheiten und Zwischenergebnissen. Einen Zwischen-

schritt stellt die Modellierung der geologischen Barriere als äquivalent-poröses Medium ohne Berücksichtigung der Matrixdiffusion dar.
Dieser zweidimensionale Ansatz rechnet mit der folgenden Transportgleichung, die sich aus der im Transportmodul TM2 ROCKFLOWs implementierten Gleichung (4.19) (vgl. Abschn. 4.2.7) ableiten läßt:

$$\frac{\partial c}{\partial t} = div\underline{D}grad\,c - \frac{\vec{v}_f}{n_e}grad\,c \qquad (8.14)$$

Die Berechnungen erfolgen mit den gemittelten hydraulischen und transportrelevanten Kenngrößen des Gesamtgebirges (vgl. Tabelle 8.16).

Tabelle 8.16. Parameter des numerischen 2-D-Modells

k_{fG}	n_e	α_L	α_T	i
1,21 * 10^{-7} m/s	10%	8,0 m	1,6 m	0,004

Sie repräsentieren die untere Grenze der gerade noch plausiblen Parameterkombinationen. Der Wert für die effektive Porosität ist hier in der Nähe der Porosität des Tonsteins gewählt worden. Die Erniedrigung der effektiven Porosität auf die von Dörhöfer u. Maier (1992 + 1993) angegebenen Promillewerte würde die Abstandsgeschwindigkeit v_f/n_e (8.14) extrem erhöhen und so eine sehr schnelle Schadstoffausbreitung zur Folge haben, die in der Natur nicht beobachtet wird. Jede weitere Absenkung des Durchlässigkeitsbeiwerts, der bereits nahezu eine Größenordnung unter vielen Meßwerten liegt (vgl. Tabelle 8.2), oder des hydraulischen Gefälles würde die Kenngrößen in Bereiche führen, die durch keine Messung bestätigt werden können. Die Variation der Dispersionslängen führt entweder zu einer schärferen Front oder einer stärkeren Verschmierung der Schadstoffahne.

In allen Fällen erreicht die Schadstoffwolke nahezu den Rand des Modellgebiets bereits nach 10 Jahren. Eine solch schnelle Ausbreitung wird jedoch in der Realität bei weitem nicht beobachtet. In Abb. 8.19 sind die Ergebnisse mit der in Tabelle 8.16 augelisteten Parameterkombination nach 10- und 20jähriger Auswaschung der Altdeponie dargestellt. Die weiten Ausbreitungen der analytischen Rechnungen des vorangegangenen Abschnitts werden auch vom zweidimensionalen numerischen Modell geliefert. Die Berücksichtigung der im Feld festgestellten Durchlässigkeitsanisotropie führt, wie bereits in Abb. 4.30 (vgl. Abschn. 4.2.6) dargestellt, zwar zu einer anderen Form der Fahne – die Ausbreitungsgeschwindigkeit ändert sich jedoch kaum. Auch wenn man Sorptionsprozesse als verzögernden

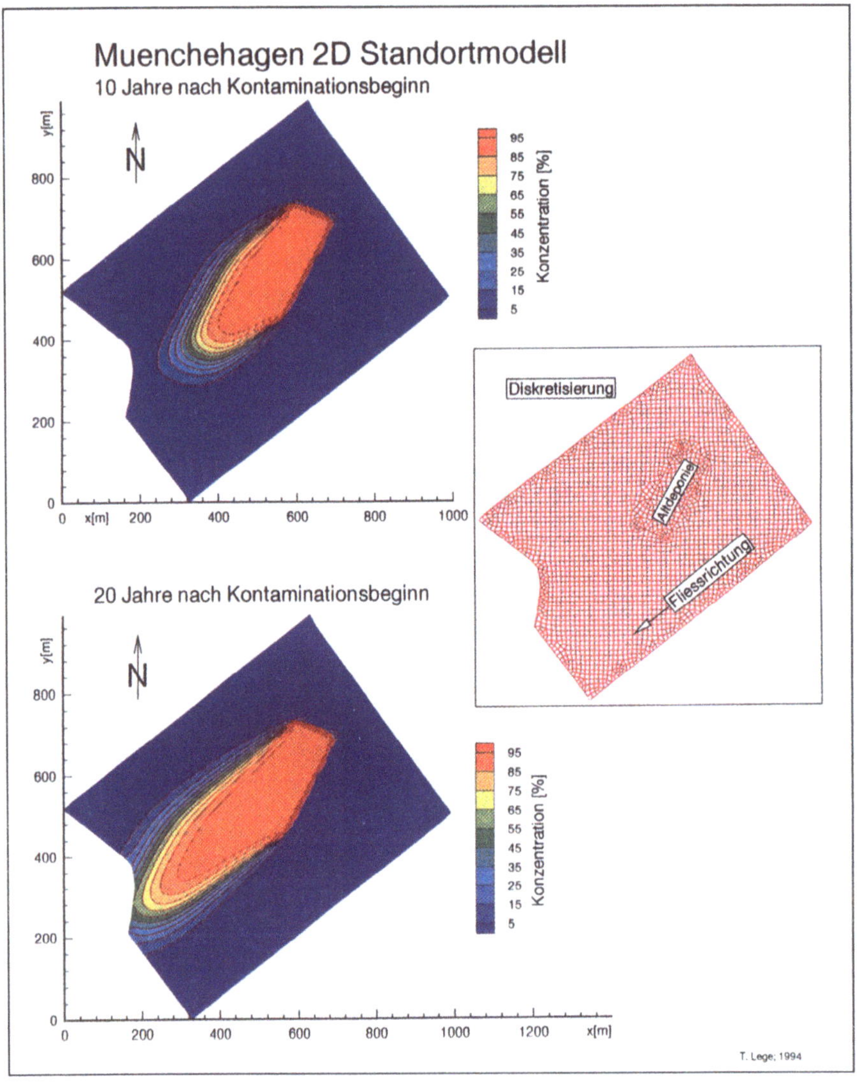

Abb. 8.19. Zweidimensionale Repräsentation des Standorts Münchehagen nur unter Berücksichtigung der Altdeponie. Diskretisierung und Kontaminationsfahne nach 10 und 20 Jahren

Faktor annimmt (hier nicht geschehen), beibt doch ungeklärt, ob bei der Bewegung des Wassers in den Klüften genügend Sorptionsplätze an den Kluftwandungen zur Verfügung stünden. Darüber hinaus zeigen Tracerversuche mit konservativen Stoffen (Nitrat, Bromid) ebenfalls eine erhebliche Verzögerung des Durchbruchs und ein starkes Tailing, was nicht durch Sorption erklärt werden kann (vgl. Abschn 8.5.2).

Resümee zur 2-D-Darstellung

Die Ergebnisse dieser Rechnungen zeigen, daß die vereinfachende Annahme eines quasiporösen Kontinuums bei der Betrachtung des Stofftransports nicht die Realität trifft. Sonst hätten zumindest einige Parameterkombinationen ein wirklichkeitsnahes Ausbreitungsbild wiedergeben müssen. Dies ist aber in keinem Fall erreicht worden. Folglich ist es notwendig, von der Modellvorstellung des quasiporösen Kontinuums abzurücken und ein differenzierteres Bild des Grundwassersystems zu entwerfen.

3-D-Modell

Da die Ergebnisse des zweidimensionalen Modells unbefriedigend sind, wird im folgenden ein dreidimensionales Modell mit spezieller Berücksichtigung der Matrixdiffusion als transportverzögerndem Faktor berechnet. Bei dem 3-D-Modell handelt es sich um die Erweiterung eines zweidimensionalen Modells. Dabei wird die ursprüngliche Gitterebene kopiert und orthogonal zum Ursprungsgitter verschoben. Durch Verbindung der neuen mit der alten Gitterebene entstehen Schichten aus quaderförmigen Elementen. Das entstehende Schichtenmodell wird auch als 2½-D-Modell bezeichnet. Bevor jedoch die Ergebnisse des 3-D-Standortmodells vorgestellt werden, seien die Annahmen und Vereinfachungen der Modellbildung angegeben.

Annahmen

In diesem Ansatz wird davon ausgegangen, daß insbesondere die Altdeponie eine Verschmutzung verursacht, wie es sich für den speziellen Fall der AOX-Fahne in Abb. 8.21 andeutet. Die Vernachlässigung der GSM-Deponie ist erlaubt, da für die Erlangung eines grundsätzlichen Verständnisses des Phänomens der Matrixdiffusion am Standort die Simulation der Altdeponie ausreichend ist.

Der Tonstein wird als vollständig wassergesättigt angenommen. Der Deponiekörper habe dieselben hydraulischen Parameter wie die 2-D-Ebene und werde ebenso durchströmt wie das umgebende Gestein. Innerhalb der Deponie sei das Grundwasser mit den Kontaminanten gesättigt. Es herrsche ein stationäres, paralleles Strömungsfeld mit einem hydraulischen Gradienten von $i = 0{,}005$. Die Schwankungen im hydraulischen Regime des Berechnungsgebiets (anthropogenen oder natürlichen Ursprungs) seien im Vergleich zum regionalen Grundwasserfließfeld vernachlässigbar. Das Grundwasser wird als gespannt und im Anstrom unbelastet angesehen. Die Aquifereigenschaften ändern sich im Berechnungsgebiet nicht. Für den Vorfluter Ils wird eine konstante Standrohrspiegelhöhe angenommen, auf dem nordöstlichen und südwestlichen Rand werden ebenfalls konstante Standrohrspiegelhöhen vorgegeben. Der nordwestliche und südöstliche Rand

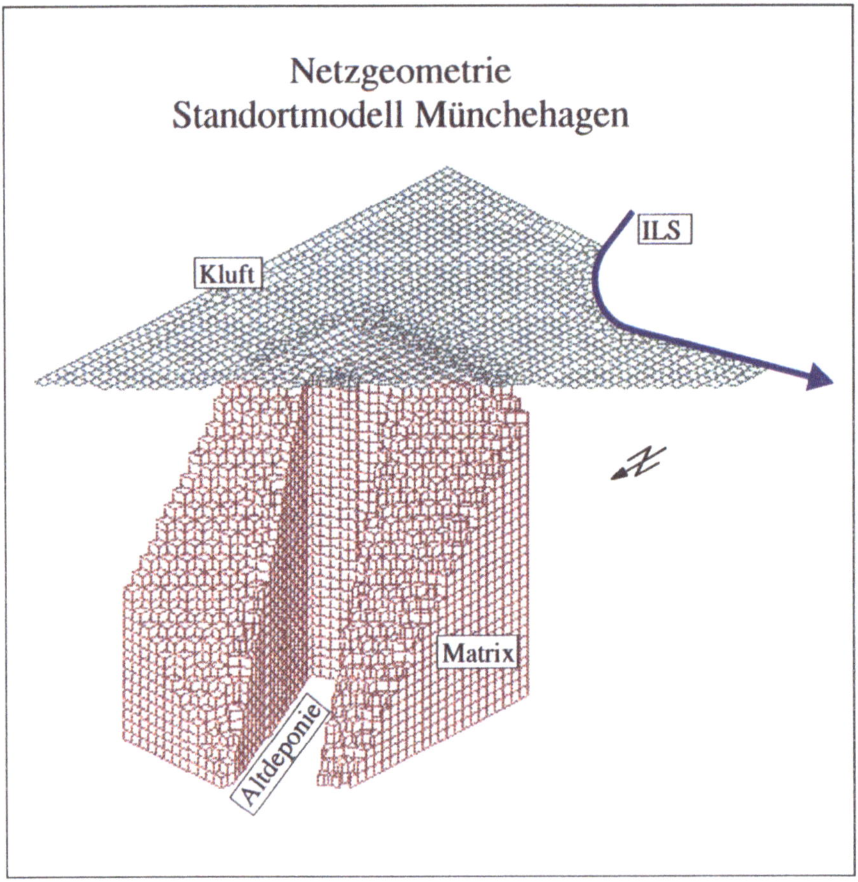

Abb 8.20. Stark überhöhter Schrägschnitt durch das FE-Gitter des Standortmodells Münchehagen. Die Kluftebene ist durch 2-D-Elemente dargestellt, die Matrix durch 1-D-Elemente (hier als Quader abgebildet)

werden von Stromlinien gebildet.

Die Annahme eines stationären Fließfeldes ist insofern berechtigt, als über den langen betrachteten Zeitraum (> 20 Jahre) eventuell auftretende kurzzeitige Schwankungen des Fließfeldes entweder nur in leichten Deformationen der entstehenden Schadstoffwolke resultieren, oder die Variationen der Hydraulik sind durch die ausgleichende Wirkung von Diffusion und Dispersion in der Schadstoffwolke nicht bemerkbar. Kommt es jedoch, beispielsweise nach der Durchführung von Sanierungsmaßnahmen, zu einer dauerhaften Veränderung im hydraulischen

Regime (Dichtwände, Extraktionsbrunnen, usw.), so ist dies für eine sichere Prognose unbedingt zu berücksichtigen.

Die Kontamination wird als konservatives Einkomponenten-System angesehen. Sie hat das gleiche Transportverhalten wie der Nitrat- bzw. Bromidtracer der Versuche Ib und II. In der Kluftebene erfolgt der Stofftransport advektiv-dispersiv, in der Tonmatrix diffusiv und orthogonal zur Kluftebene. Es werden relative Konzentrationen betrachtet, wobei sich die prozentuale Angabe auf die Sättigungskonzentration bezieht. Als Konzentrationsrandbedingung wird Sättigungskonzentration am Rand der Altdeponie vorgegeben. Der Deponiekörper erhält als Anfangsbedingung eine 100%ige Sättigung, das umgebende Gestein wird als unbelastet angesehen. Zur Verdeutlichung des Sättigungseffekts der Matrix werden Variationen über die Kluftabstände und Diffusionskoeffizienten untersucht.

In Tabelle 8.17 sind die verwendeten Parameter sowie die Rand- und Anfangsbedingungen zusammengefaßt. Sie wurden über die Eichung des numerischen Modells an den Tracerversuchen Ib und II gewonnen.

Die Diskretisierung des Standorts ist in Abb. 8.20 dargestellt. Eine Kluftebene ist zur Simulation des advektiven Transports im strömenden Kluftwasser mit zweidimensionalen Elementen diskretisiert. Die Matrix ist im Aussagegebiet bis zum halben Kluftabstand mit eindimensionalen Elementen dargestellt. Fischer (1994) weist nach, daß durch die Wahl der Symmetrieachse in der Mitte zwischen zwei Kluftebenen die Rechenergebnisse von ROCKFLOW keinen Genauigkeitsverlust zeigen.

Kolditz (1995b) untersucht den Dimensionalitätseffekt der Wärmediffusion in die Gesteinsmatrix. Dazu wurden Modelle mit räumlicher und zur Kluftebene orthogonaler Matrixdiffusion verglichen. Diese können analytisch behandelt werden. Für die um 4 Größenordnungen größeren Wärmediffusionskoeffizienten erhält man unter Berücksichtigung der räumlichen Matrixdiffusion nach einem Berechnungszeitraum von 20 Jahren bis um zu 10% abweichende Resultate. Daraus kann man schließen, daß für die hier verwendeten, sehr viel geringeren Diffusionskoeffizienten der 3-D-Effekt – im Unterschied zur Simulation der Wärmediffusion – vernachlässigbaren Einfluß hat. Das wird auch von Lege et al. (1994) und durch die Kalibrierungsarbeiten des Abschn. 8.8 bestätigt.

Die Modellgröße muß sich u. a. auch an der verfügbaren Rechenleistung orientieren. Da der Deponiekörper als vollständig mit Schadstoff gesättigt angesehen wird, kann man dort auf die eindimensionalen Elemente, welche die Gesteinsmatrix darstellen, verzichten. Ebenso muß die Tonmatrix nicht für das gesamte Gebiet nachgebildet werden. Es ist ausreichend, nur den Bereich der erwarteten Schadstoffwolke mit Matrixdiffusionselementen zu diskretisieren. Stellt sich im Verlauf der Rechnungen heraus, daß die Schadstofffront über das mit 1-D-Elementen versehene Gebiet hinausläuft, müssen schrittweise größere Bereiche mit Matrixelementen versehen werden. In Tabelle 8.18 sind die für die Rechenzeit wichtigen Parameter des Finite-Elemente-Modells zusammengefaßt.

Tabelle 8.17. Rand- und Anfangsbedingungen sowie Materialdaten des geklüfteten Tonsteins Münchehagen, die für die Standortmodellierung angenommen wurden. Die Indizes R und A stehen für Rand- bzw. Anfangsbedingung

Rand- und Anfangsbedingungen			
Zustromrand (NE)	$c_R = 0\%$		
Abstromrand (SW)	c_R: frei		
Stromlinienränder (NW, SE)	c_R: frei		
Rand der Altdeponie	$c_R = 100\%$		
Gebiet außerhalb des Deponiekörpers	$c_A = 0\%$		
Gebiet innerhalb des Deponiekörpers	$c_A = 100\%$		
Materialparameter der 3-D-Standortmodelle			
	Standort	Modell II	Modell III
Effektive Porosität n_e			
Kluft n_{eK}	80%		
Matrix n_{eM}	15%		
Durchlässigkeitsbeiwert k_f			
Kluft k_{fK}	$4 * 10^{-4}$ m/s		
Matrix k_{fM}	$1 * 10^{-10}$ m/s		
Effektiver Diffusionskoeffizient in der Tonsteinmatrix D^*	$2{,}5 * 10^{-10}$ m²/s	$2{,}5 * 10^{-10}$ m²/s	$9{,}4 * 10^{-10}$ m²/s
Longitudinale Dispersionslänge α_L (Kluft)	8 m		
Transversale Dispersionslänge α_T (Kluft)	1,6 m		
Hydraulisches Gefälle i	0,005		
Halbe Kluftöffnungsweite b	0,0001 m = 100 µm		
Halber Kluftabstand	0,390 m	0,195 m	0,195 m

Tabelle 8.18. Rechendaten des Standortmodells und der Modelle II und III

Daten zur Gittergeometrie der Standortmodelle Münchehagen			
	Standort	Modell II	Modell III
Anzahl 2-D-Elemente (Kluft)	2652	2652	2652
Anzahl 1-D-Elemente (Matrix)	19660	9840	4592
Anzahl Knoten	22437	12597	7349
2-D-Gitternetzweite	≈ 14 m (gemäß Courant-Kriterium Tabelle 6.2)		
1-D-Gitternetzweite	0,013 m (gemäß Neumann-Kriterium Tabelle 6.2)		
Berechnungszeitraum	100 Jahre		
Zeitschrittweite Δt	3 Tage (gemäß Courant- und Neumann-Kriterien)		
Anzahl Zeitschritte	12000		
CPU-Zeit pro Zeitschritt	7,2 s	5,3 s	3,3 s
CPU-Zeit insgesamt	≈ 1 Tag	18 h	11 h
Eingesetzter Rechner	PC486DX; 50 MHz; 16 MByte RAM		

Ergebnisdarstellung

In den folgenden Abschnitten wird zunächst die Reproduktion des bisherigen Kontaminationsverlaufs vorgestellt. Es wird die beobachtete Konzentrationsverteilung nach 20jähriger Einleitung im Abstrom der Deponie dargestellt. Das Modell, welches die beobachtete Schadstoffverteilung der Altdeponie (Abb. 8.21) am besten annähert, wird hier als Standortmodell bezeichnet. Danach folgen auf der Basis des Standortmodells 2 Prognoserechnungen als obere und untere Grenzsituationen. In der ersten Prognose wird der Standort sich selbst überlassen, während im zweiten Fall der Müllkörper vollständig entfernt wird. Daran schließt sich als Ergebnis von Parametervariationen ein Beispiel (Modell II) mit einem geringeren mittleren Kluftabstand und das Modell III mit einem höheren Diffusionskoeffizienten an.

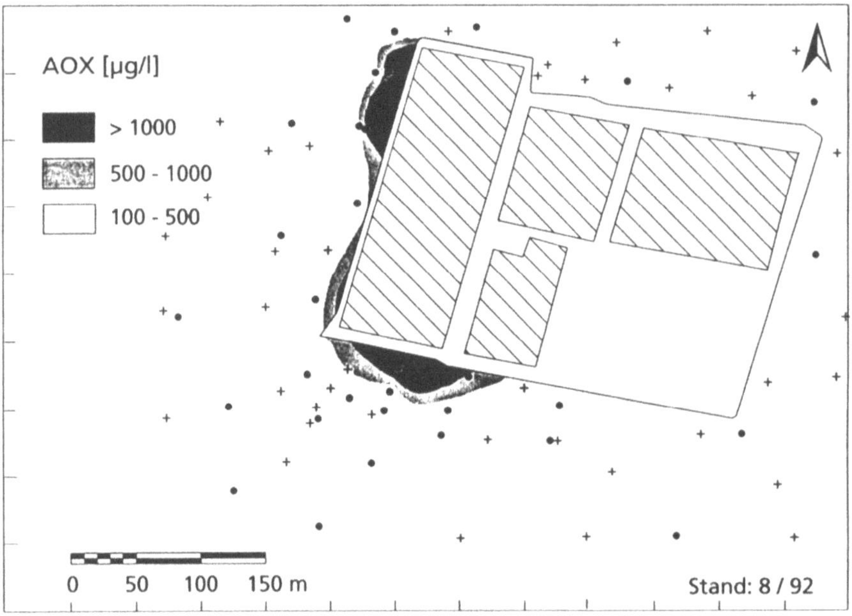

Abb 8.21. Grundwasserkontamination im Abstrom der Altlast Münchehagen. (Aus Fritz et al. 1994)

8.9.2 Standortmodell: History-Matching

Zunächst ist es zur Überprüfung des Modells sinnvoll, die heute herrschende Verschmutzungssituation der Altlast korrekt durch das Modell zu berechnen. Ist Datenmaterial aus der Vergangenheit verfügbar, wird die Entwicklung bis zur heutigen Situation mit dem numerischen Modell nachgezeichnet. Diese Vorgehensweise wird im weiteren als *History-Matching* bezeichnet.

Die Rand- und Anfangsbedingungen, die in der Vergangenheit geherrscht haben, dienen als Anfangsparameter. Leider stehen diese Werte häufig nicht oder nur unvollständig zur Verfügung, und es müssen Annahmen getroffen werden. Der Beginn des Schadstoffeintrags in das Grundwasser, die Menge und die Zusammensetzung der ausgetragenen Stoffe sind nicht exakt bestimmbar. Die Einlagerungsgeschichte liegt, wie oft, im Dunkeln. Bei der vielfach mangelhaften Datenbasis zur vergangenen Entwicklung ist das History-Matching oftmals die einzige Methode, die hydrogeologische Evolution des Systems sowie die ausgetragene Schadstoffmenge und Kombination abzuschätzen und auf dieser Basis eine Prognose für die Zukunft zu wagen.

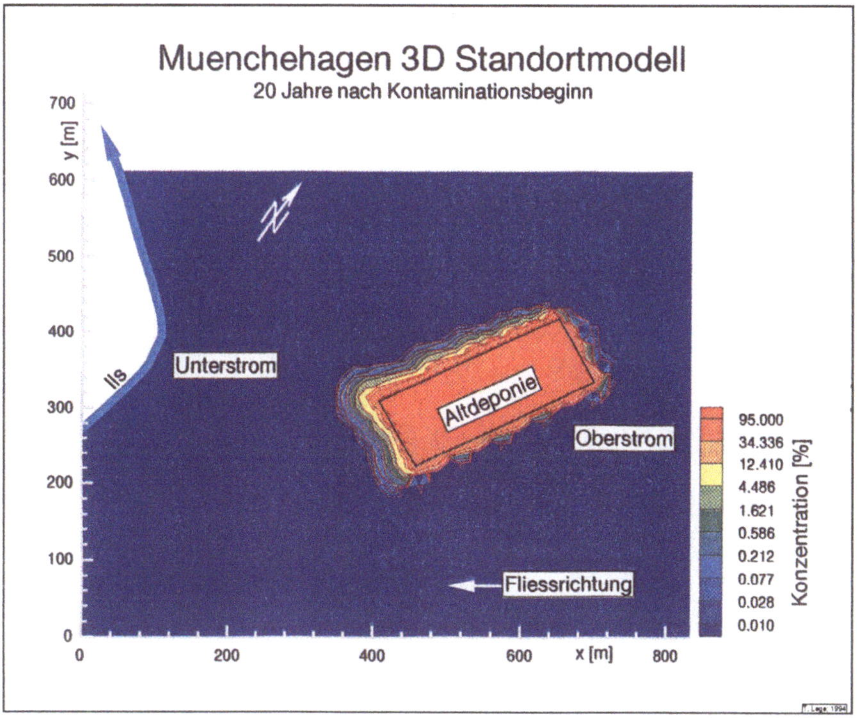

Abb. 8.22. Kontaminationsfahne der Altdeponie nach 20 Jahren permanenter Ausbreitung im Grundwasserstrom

Durch das History-Matching wird das Modell und die Wahl der Modellparameter nochmals überprüft. Insofern ist diese Technik ein Teil des Kalibrierungs- und Validierungsprozesses, da hier eine weitere Übereinstimmung des Modells mit der Natur nachgewiesen wird.

Ergebnisse

In Abb. 8.22 und der Ausschnittsvergrößerung 8.23 ist die Schadstoffverteilung im Grundwasserabstrom der Altdeponie dargestellt. Nach 20jähriger Standzeit ohne Gegenmaßnahmen hat sich die Schadstoffwolke in ihrer äußersten Erstrekkung ca. 70 m vom Deponierand nach Unterstrom ausgedehnt. Die Konzentrationen liegen an der Front um mehr als 4 Größenordnungen unter der eingesteuerten Sättigungskonzentration. Nur im unmittelbaren Nahbereich der Deponie lassen sich sehr hohe Verunreinigungsgrade feststellen. Man beachte, daß der Maßstab der Legende logarithmisch ist.

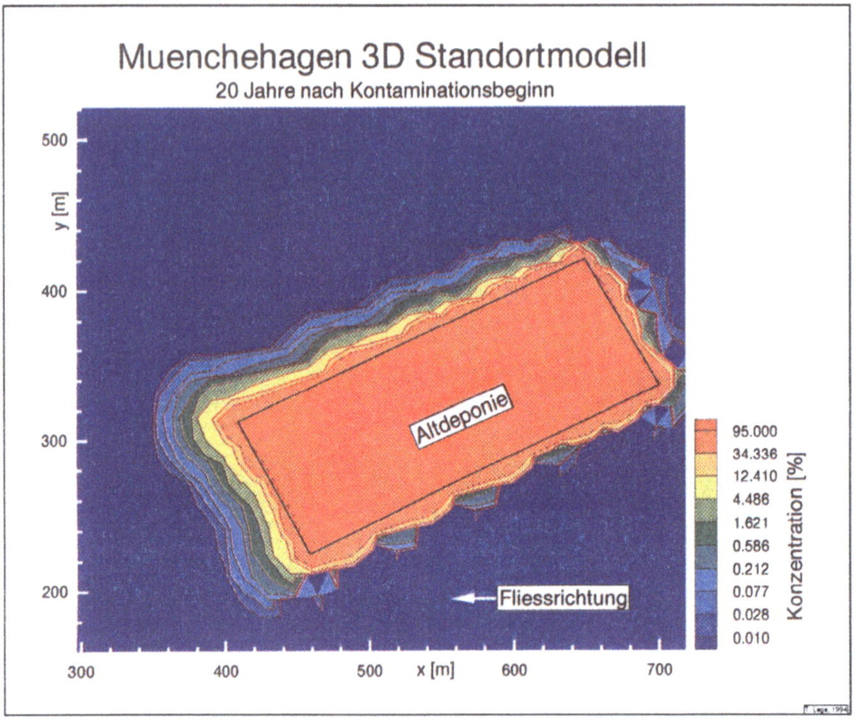

Abb. 8.23. Ausschnittsvergrößerung der Abb. 8.22. Nach 20 Jahren nimmt die Konzentration nach ca. 70 m Fließstrecke um 4 Größenordnungen ab (vgl. auch Abb. 8.25)

Beim Vergleich der Abb. 8.23 und 8.21 sieht man, daß die Reproduktion der Schadstoffkonzentrationsverteilung sehr gute Übereinstimmungen mit den in der Natur festgestellten Werten aufweist. Die Kontamination hat im Süden der Altdeponie in beiden Darstellungen auf weniger als 10% des Ausgangswertes abgenommen. Im numerischen Modell stellt man allerdings eine kräftigere Konzentrationsabnahme fest, als in Abb. 8.21 dargestellt. Dieser Effekt dürfte auf die Wahl recht großer Kluftabstände im Modell zurückzuführen sein, die an der oberen Grenze der im Feld gemessenen Werte liegen. Weiter hinten vorgestellte (Abschn. 8.9.5; Abb. 8.31–8.34) Berechnungen mit geringeren Kluftabständen zeigen eine schnellere Ausdehnung der Schadstofffront, was die natürlichen Gegebenheiten eher widerspiegelt. Die „gezackte" Front an der Westseite des numerischen Models kann auf den Interpolationsalgorithmus des Postprozessors und auf Gittereffekte bei der Darstellung kleiner Zahlenwerte zurückgeführt werden. Die Eindellungen an der Westseite der in der Natur beobachteten Kontaminationsverteilung (vgl. Abb. 8.21) können von Inhomogenitäten im Untergrund

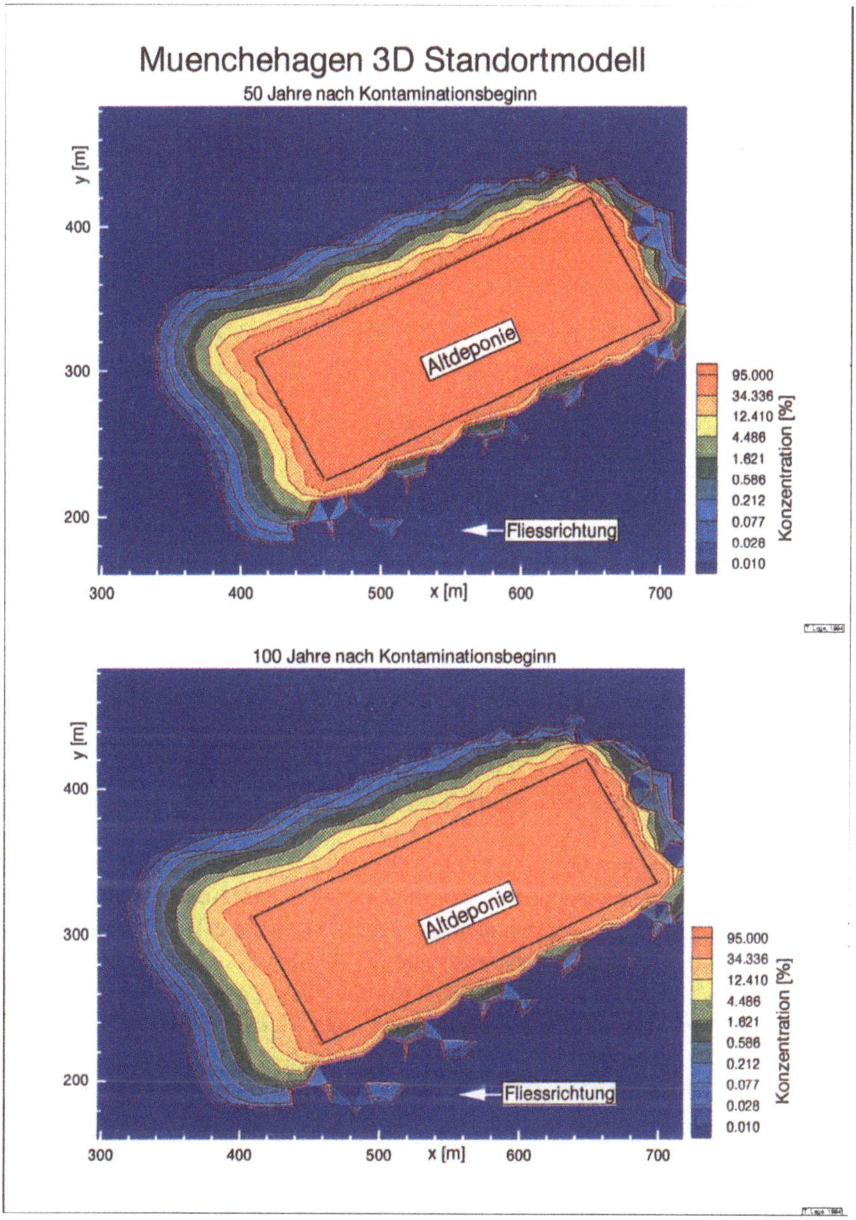

Abb. 8.24. Die Situation um die ehemalige SAD Münchehagen nach 50 und 100 Jahren ohne Eingriff. Die unregelmäßigen Peaks im Oberstrom sind numerischer Natur

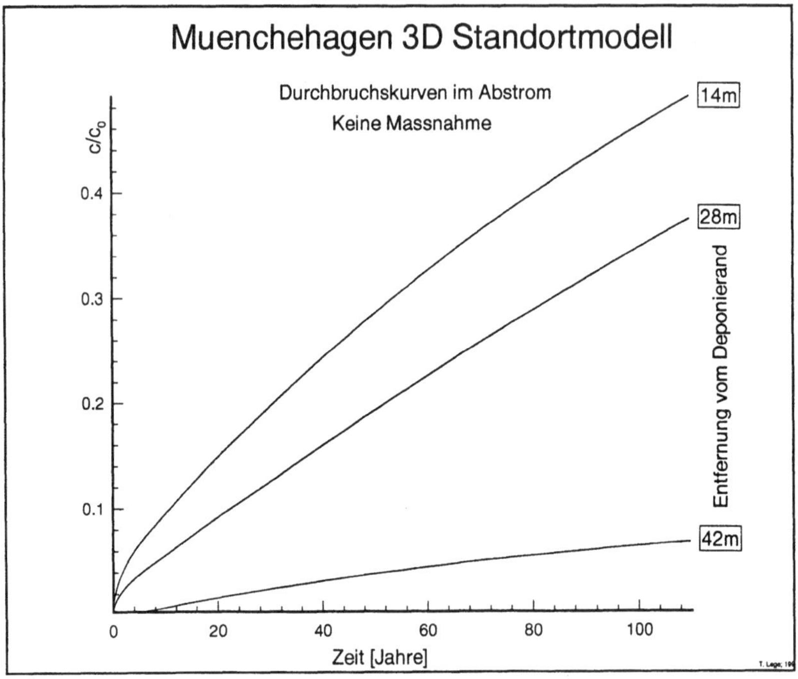

Abb. 8.25. Durchbruchskurven in angenommenen Meßbrunnen im Abstrom der Altlast im Abstand von 14, 28 und 42 m

oder der eingelagerten Abfallstoffe herrühren. Sie konnten im numerischen Modell nicht berücksichtigt werden.

Auch die Durchbruchskurven (Abb. 8.25 und 8.26) stehen in guter Übereinstimmung mit dem beobachteten Abklingen von Konzentrationen bestimmter Stoffe von Sättigungskonzentrationen am Rande der Deponie zu Werten an der Nachweisgrenze auf einer Fließstrecke von 30–40 m (vgl. Abschn. 8.1). Zusammenfassend ist festzustellen, daß das History-Matching die heutige Schadstoffverteilung um den Standort Münchehagen trotz der stark simplifizierten Modellgeometrie sehr gut nachbildet.

Die „Konzentrationsflecken" im Anstrom sind auf numerische Effekte zurückzuführen, die in der Natur nicht zu beobachten sind (vgl. Abschn. 6.4.3). Durch die logarithmische Darstellung fällt dieser Effekt hier besonders stark ins Auge. Abbildungen 8.22 und 8.23 sowie die Verifikationsrechnungen in Abschn. 6.4.3 verdeutlichen aber, daß diese Effekte auf die Rechenergebnisse im Abstrom keinen Einfluß haben.

Im Vergleich zu den Ergebnissen der analytischen Berechnungen (Abschn. 8.5.1) und des zweidimensionalen Standortmodells (Abb. 8.19) fällt die

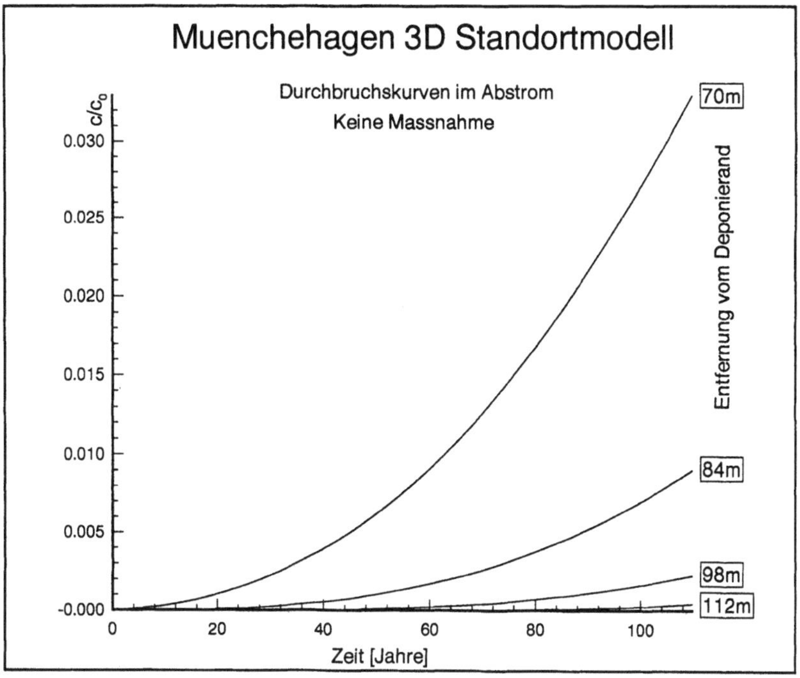

Abb. 8.26. Durchbruchskurven im Fernfeld der ehemaligen Deponie. Der Maximalwert der Konzentration ist ungefähr um den Faktor 15 geringer als in Abb. 8.25

sehr geringe Ausdehnung der Kontaminationsfahne auf. Große Anteile des Schadstoffs sind in das unbewegte Porenwasser der Matrix, die durch 1-D-Elemente repräsentiert ist (Abb. 8.20), diffundiert. So ist dem strömenden Kluftwasser der Schadstoff entzogen worden. Es sei hier darauf hingewiesen, daß im Unterschied zu analytischen Modellen, welche die Matrixdiffusion in den unendlichen Halbraum simulieren (vgl. Abschn. 6.4.2 und 5.6.2), die hier vorgestellte Methode den Vorteil eines endlichen Diffusionsraums bietet. Das wird durch die diskrete Modellierung der Kluftabstände und durch die begrenzte Anzahl von 1-D-Elementen, die an die Knoten des 2-D-Netzes gekoppelt sind, erreicht. Da die Menge der 1-D-Elemente endlich ist, läßt sich auch die begrenzte und damit irgendwann erschöpfte Aufnahmekapazität der Gesteinsmatrix modellieren (vgl. Abschn. 8.9.5 und 8.9.6).

In Abb. 8.25 sind die Konzentrationen in Kontrollbrunnen, die im Nahbereich des Deponieabstroms plaziert sind, dargestellt. In den Brunnen in 14 und 28 m Entfernung ist ein früher und steiler Konzentrationsanstieg zu verzeichnen. Die Kurve in 42 m Entfernung ist dagegen deutlich abgeflacht. In Abb. 8.26 sind die Durchbruchskurven weiter entfernt liegender Brunnen mit einer anderen y-Achsen-

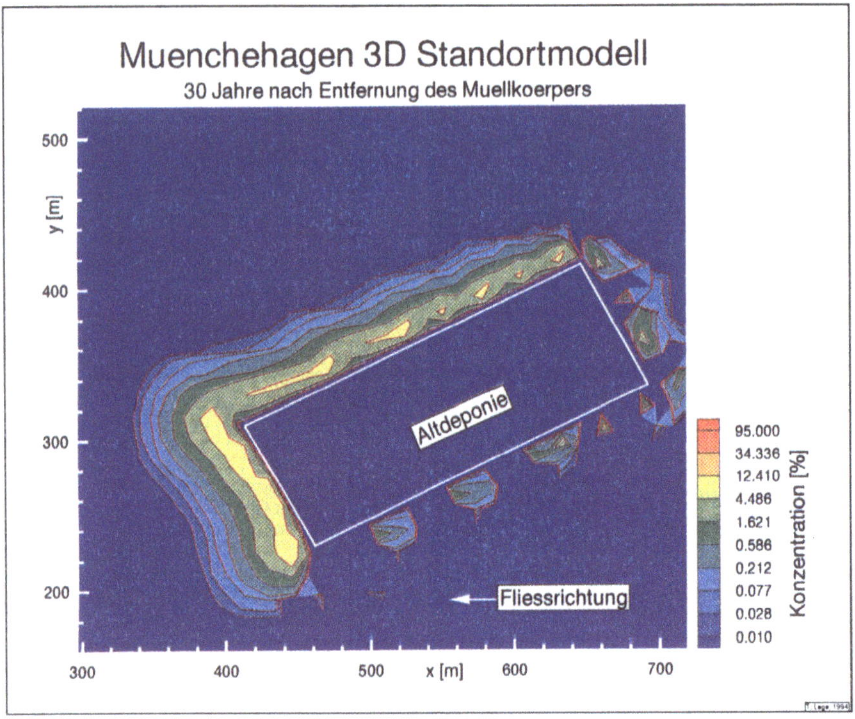

Abb. 8.27. 30 Jahre nach vollständiger Entfernung des Müllkörpers sind die Maximalkonzentrationen im Grundwasser auf Werte um 10% der Sättigungskonzentration zurückgegangen

Einteilung dargestellt. Es sei hier darauf hingewiesen, daß man in 112 m Entfernung selbst nach 80 Jahren kaum einen Deponieeinfluß feststellen kann. Es sei an dieser Stelle bemerkt, daß die Durchbruchskurven aus den Rechenergebnissen jedes Zeitschritts gebildet sind. Die vollständige Abwesenheit von numerischen Oszillationen oder plötzlichen Sprüngen in den Kurven ist ein guter Nachweis für die Stabilität und Plausibilität der Berechnungen.

8.9.3 Prognoserechnung I: keine Sanierungsmaßnahme

Annahmen

Das folgende Szenario geht davon aus, daß der Standort sich selbst überlassen wird und sich die Schadstoffe weiter ungehindert wie bisher im Grundwasser der geologischen Barriere ausbreiten können. Die hydraulischen Bedingungen bleiben

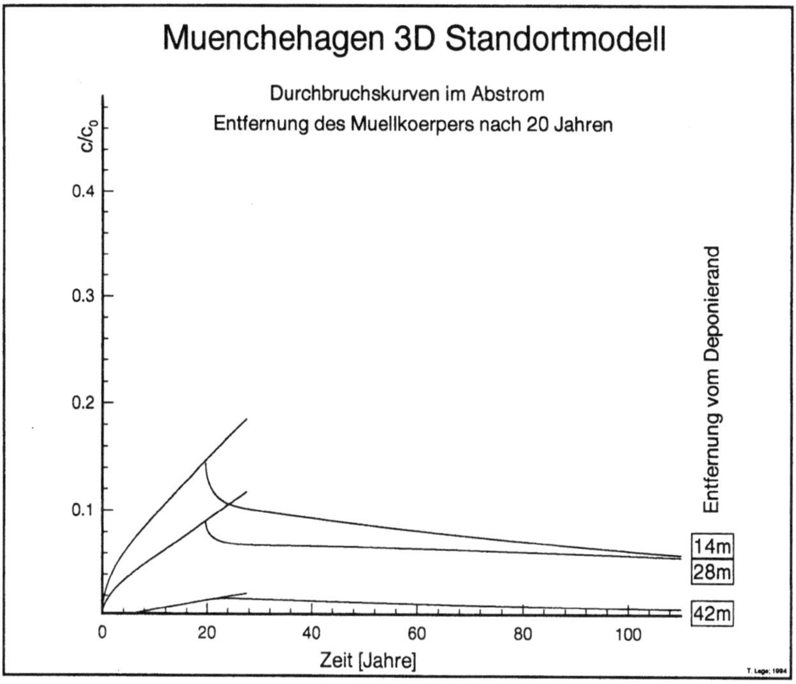

Abb. 8.28. Durchbruchskurven der zweiten Prognoserechnung. Zur besseren Orientierung ist der Kurvenanstieg für den Fall „Keine Maßnahme" angedeutet

stationär und der Deponiekörper liefert genügend Material, so daß am Deponierand weiterhin Sättigungskonzentration herrscht.

Ergebnisse

Auffällig ist, daß sich die Schadstofffront nach 100 Jahren erst ca. 100 m vom Deponierand entfernt hat (vgl. Abb. 8.24). Eine lineare Interpolation der nach 20 Jahren zurückgelegten ca. 55 m Fließstrecke ist bei dieser geologischen Barriere folglich nicht erlaubt. Die Front müßte sonst bereits 275 m weit fortgeschritten sein und hätte den Vorfluter Ils nahezu erreicht.

Die Verlangsamung der Schadstoffausbreitung ist durch die Abnahme der Konzentration im Kluftwasser mit zunehmendem Abstand vom Deponierand bedingt. Und gerade in größerer Entfernung steht die noch weitgehend unbelastete Gesteinsmatrix der geringen Konzentration im Kluftwasser gegenüber. Somit bleibt das Konzentrationsgefälle erhalten, und der Diffusionsprozeß entzieht dem Kluftwasser einen großen Teil der gelösten Stoffe. Die Kontamination wird auf einem relativ kleinen Gebiet in der geologischen Barriere gespeichert.

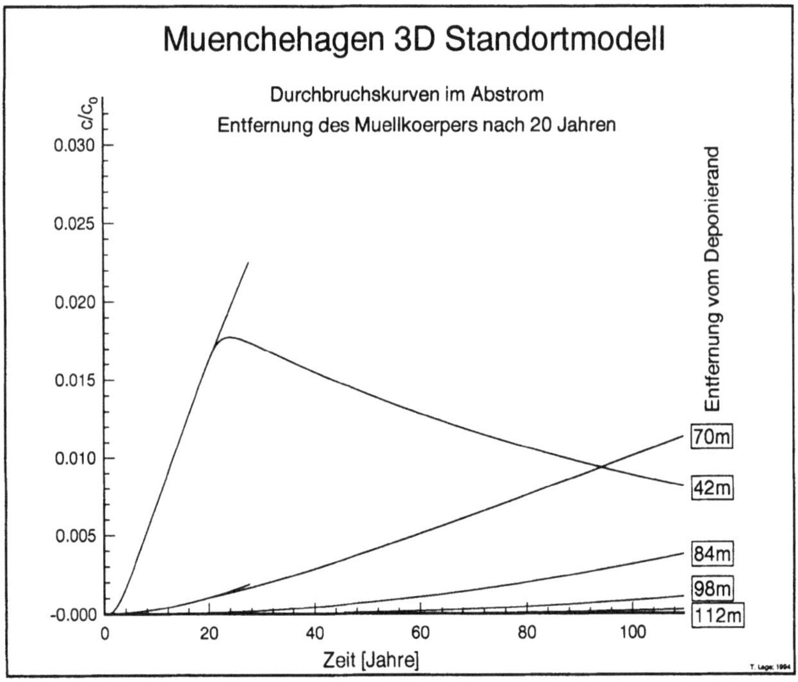

Abb. 8.29. Durchbruchskurven der Prognoserechnung II – weiter entfernt gelegene Brunnen. Die Kurven der Prognoserechnung I sind angedeutet

In den Abb. 8.25 und 8.26 kann man sich durch die Betrachtung der Durchbruchskurven in den Kontrollbrunnen in verschiedenen Abständen im Abstrom der Deponie ein genaues Bild von der weiteren zeitlichen Entwicklung der Grundwasserkontamination machen. Interessant ist, daß die Durchbruchskurven schon in der für den Zeitraum geringen Entfernung von 84 m nur noch geringe Konzentrationen aufweisen.

8.9.4 Prognoserechnung II: Entfernung des Deponiekörpers

Annahmen

Nachdem im vorangegangenen Abschnitt die Selbstüberlassung als ein Extremfall vorgestellt wurde, soll jetzt die sofortige und vollständige Entfernung des Müllkörpers angenommen werden. Das Restloch werde mit einem Material aufgefüllt, das dieselben Eigenschaften wie die geologische Barriere aufweist. Der natürliche hydraulische Gradient stellt sich wieder ein. Der Übergangszeitraum wird in der Simulation nicht berücksichtigt. Als neue Randbedingung wird eine Nullkonzen-

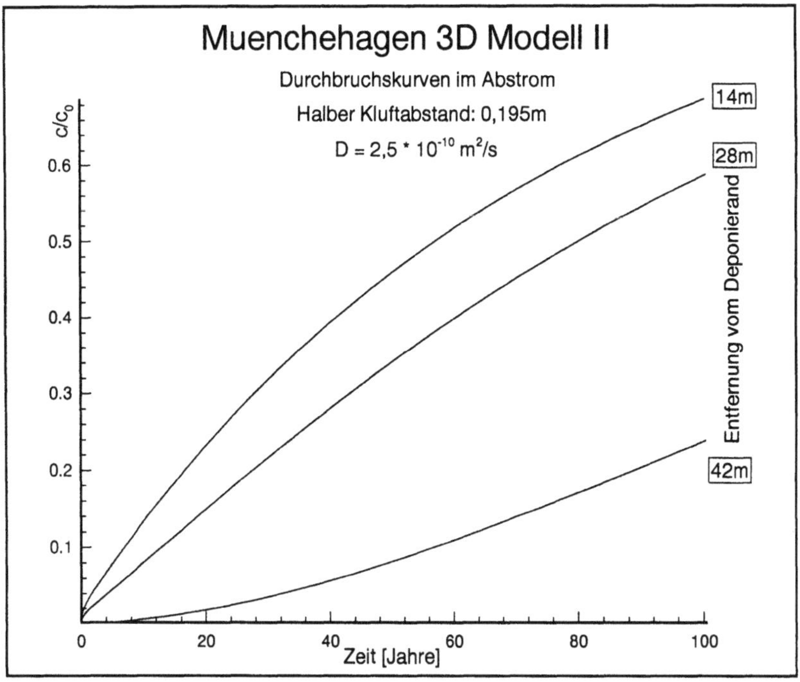

Abb. 8.30. Durchbruchskurven des Modells II – im Unterschied zum Standortmodell mit halbem Kluftabstand. Deponienahe Meßstellen

tration am (ehemaligen) Deponierand in das Modell eingesteuert. Die Anfangsbedingungen in der geologischen Barriere sind durch die Modellergebnisse nach 20 Jahren ungestörter Einleitung und Ausbreitung (vgl. Abb. 8.22 und 8.24) vorgegeben. Das Verfüllmaterial ist unkontaminiert. Dekontaminationsmaßnahmen im Abstrom werden nicht ergriffen.

Ergebnisse

Um eine bessere Vergleichbarkeit der Ergebnisse mit der Prognoserechnung I zu ermöglichen, sind hier sowohl bei der Isoliniendarstellung (Abb. 8.27) als auch bei den Durchbruchskurven (Abb. 8.28 und 8.29) die gleichen Skalierungen wie im vorangegangenen Abschnitt gewählt.

In Abb. 8.27 ist die Konzentrationsverteilung nach 50 Jahren (entspricht 30 Jahren nach Entfernung des Deponiekörpers) dargestellt. Die Front ist weiter vorangedrungen und liegt jetzt in ca. 70 m Entfernung vom ehemaligen Deponierand. Die Maximalkonzentrationen haben dagegen deutlich abgenommen. Ein Vergleich mit der ungestörten Ausbreitung nach 50 Jahren (Abb. 8.25) zeigt, daß die Fronten beider Modelle etwa dieselbe Entfernung zurückgelegt haben. Die

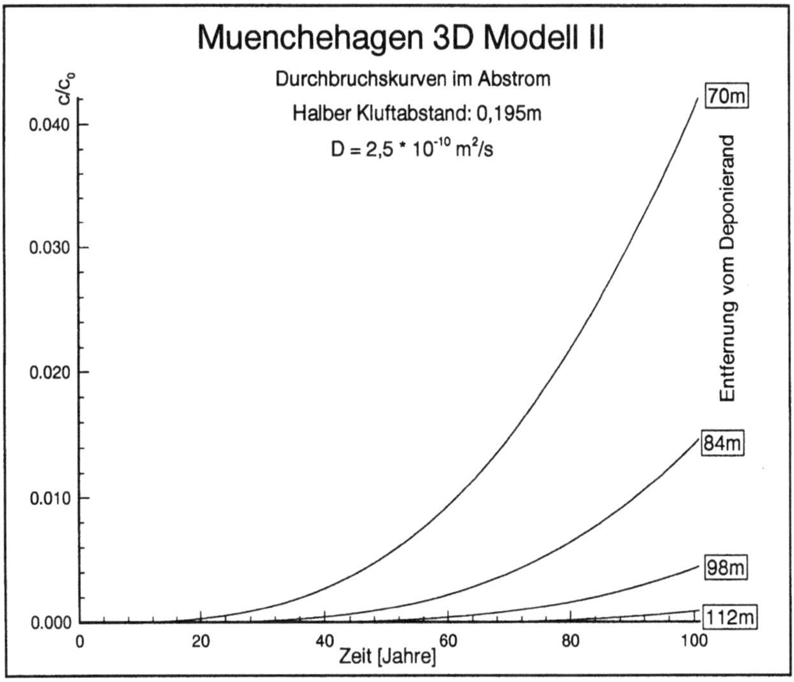

Abb. 8.31. Durchbruchskurven des Modells II – im Unterschied zum Standortmodell mit halbem Kluftabstand. Deponieferne Meßstellen

Rückdiffusion aus der stark belasteten Gesteinsmatrix in das Kluftsystem wirkt jetzt wie eine Schadstoffquelle, vergleichbar dem numerischen Experiment in Abschn. 4.2.4 (Abb. 4.21–4.28).

Ein interessantes Bild bieten die Durchbruchskurven in Abb. 8.28. Im Nahbereich der ehemaligen Deponie folgt einem schnellen, steilen Konzentrationsabfall lange Zeit ein fast konstanter Konzentrationspegel, während im Fernfeld (Abb. 8.29) noch über einen langen Zeitraum ansteigende Werte zu verzeichnen sind.

8.9.5 Modell II: Variation der Kluftabstände

Im Unterschied zum Standortmodell wird hier der Kluftabstand halb so groß gewählt. Alle weiteren Parameter sowie die Rand- und Anfangsbedingungen bleiben gleich (vgl. Tabelle 8.17). Die effektive Porosität des Gesamtgebirges n_{eG} erhöht sich auf das doppelte, weil die Kluftöffnungsweite 2b gleich geblieben ist: Da jetzt aber doppelt so viele Klüfte das Gebirgsvolumen durchziehen und so der Grundwasserdurchstrom ebenfalls verdoppelt wird, erhöht sich nach (4.1) und (4.2)

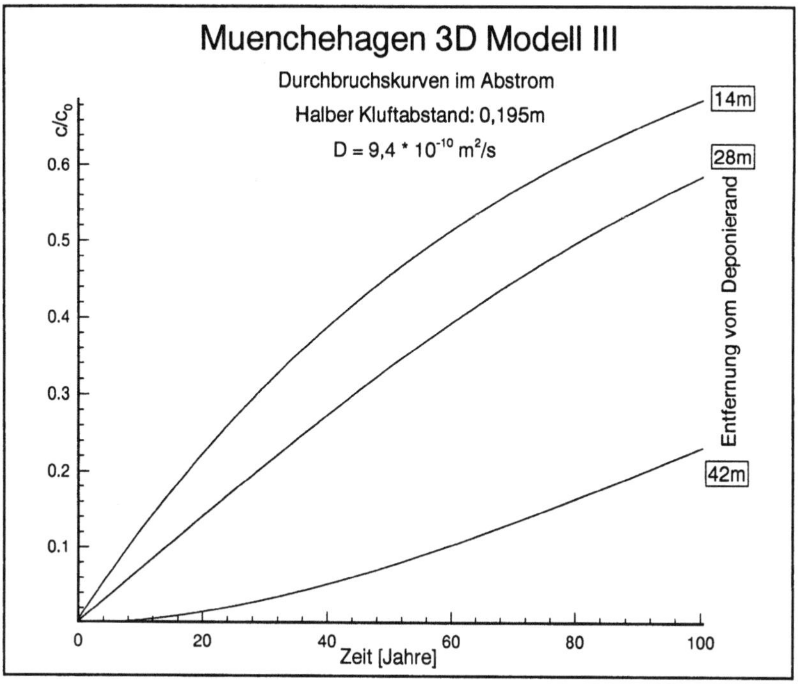

Abb. 8.32. Durchbruchskurven des Modells III – im Unterschied zum Standortmodell mit halbem Kluftabstand und höherem Diffusionskoeffizienten. Deponienahe Meßstellen

auch die Gebirgsdurchlässigkeit k_{fG}. Da dieser Parameter aber in keine der hier angewandten Gleichungen eingeht (es geht nur die effektive Kluftporosität n_{eK} bei der Berechnung der Abstandsgeschwindigkeit in der Kluftebene ein; vgl. Abschn. 8.8.2), ändert sich die transportrelevante Abstandsgeschwindigkeit in der Kluft nicht. Darüber hinaus würden nach Tabelle 4.9 die Erhöhungen von k_{fG} und n_{eG} auch bei der Berechnung der transportwirksamen Abstandsgeschwindigkeit für das Gesamtgebirge gegeneinander gekürzt.

Da in den vorgestellten Berechnungen nicht die Absolutwerte des Schadstoffaustrags, sondern relative Konzentrationen betrachtet werden, ist die Wahl einer unveränderten Kluftöffnungsweite für alle Variationen aus Gründen der Vergleichbarkeit der Resultate notwendig.

Die Menge der 2-D-Elemente ändert sich nicht. Die Anzahl der Knoten und 1–D–Elemente reduziert sich auf nahezu die Hälfte. Dadurch benötigte der Simulationslauf nur 18 b Rechenzeit, während für das Standortmodell 24 h verbraucht wurden (vgl. Tabelle 8.18).

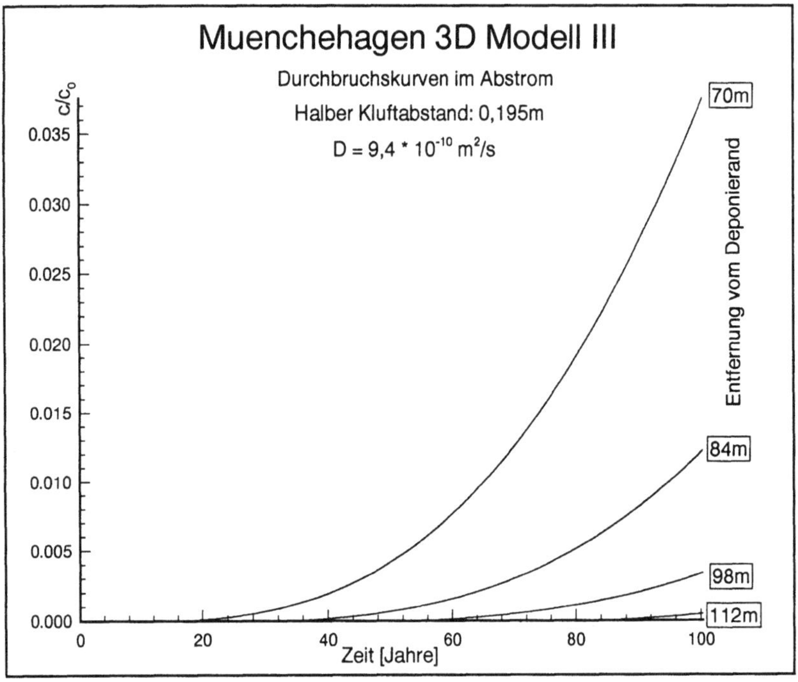

Abb. 8.33. Durchbruchskurven des Modells III – im Unterschied zum Standortmodell mit halbem Kluftabstand und größerem Diffusionskoeffizienten. Deponieferne Meßstellen

Die Darstellung der Durchbruchskurven, die an denselben Punkten wie beim Standortmodell gewonnen wurden, zeigt deutlich den Einfluß der Sättigung des nun verkleinerten Diffusionsraums. Der Anstieg in den deponienahen Meßbrunnen (Abb. 8.30) ist steiler, und es wird nach 100 Jahren fast die doppelte Konzentration wie im Standortmodell erreicht. Die deponiefernen Meßstellen (Abb. 8.31) zeigen zunächst einen ähnlichen Verlauf, wie man ihn in Abb. 8.26 erkennen kann. Die Steigung der Konzentrationskurven nimmt zu einem längeren Zeitraum hin dann aber schneller zu als beim Standortmodell.

Aus plausiblen Gründen breitet sich die Schadstoffahne des Modells II schneller aus (vgl. Abb. 8.34): es ist weniger Totwasser vorhanden, um die aus dem Kluftwasser in die Matrix diffundierenden Substanzen aufzunehmen. In größerer Entfernung von der Deponie macht sich dieser Sättigungseffekt zunächst nicht bemerkbar. In den ersten Jahren der Simulation verbleibt der Großteil des Schadstoffs im deponienahen Bereich. Ist der Nahbereich gesättigt, so verschwindet dort der Verzögerungseinfluß der Matrixdiffusion und der Schadstoff kann sich ungehindert in fernere, noch unbelastete Regionen ausbreiten.

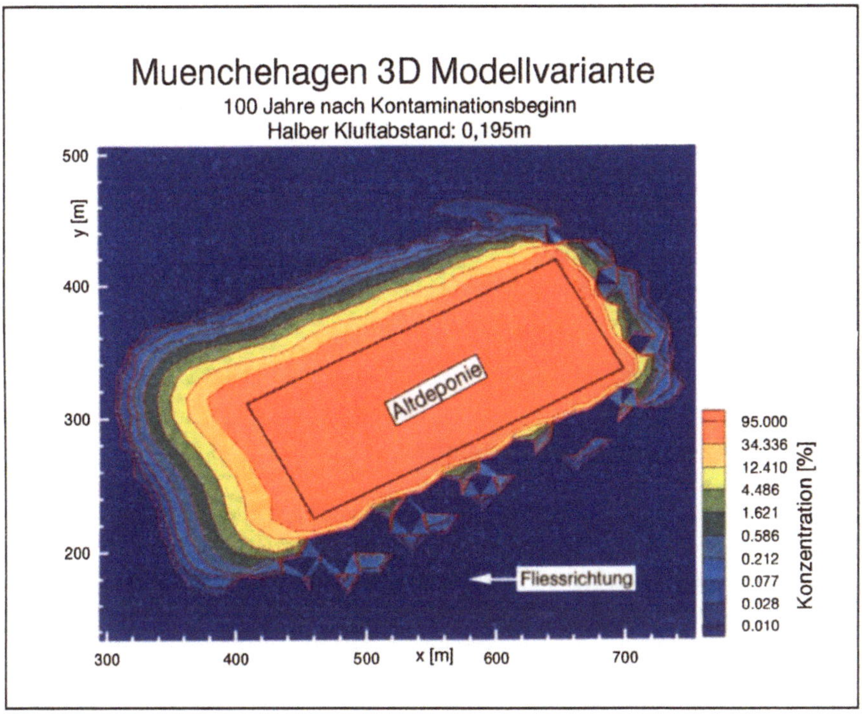

Abb. 8.34. Modell II mit im Vergleich zum Standortmodell halbem Kluftabstand; 100 Jahre sind seit dem Kontaminationsbeginn ohne Eingriff vergangen

8.9.6 Modell III: Variation des Diffusionskoeffizienten

Für das Modell III wurde im Unterschied zu Modell II ein höherer Diffusionskoeffizient verwendet. Alle anderen Parameter sowie Rand- und Anfangsbedingungen sind mit Modell II identisch (vgl. Tabelle 8.17). Durch die Änderung des Diffusionskoeffizienten mußte die Länge der 1-D-Diffusionselemente vergrößert werden, um bei gleichbleibender Zeitschrittweite das Neumann-Kriterium (vgl. Tabelle 6.2) einhalten zu können. So konnte der halbe Kluftabstand von 0,195 m mit weniger Elementen dargestellt werden, so daß sich die Rechenzeit für das numerische Modell auf 11 h verkürzte (vgl. Tabelle 8.18).

Die Durchbruchskurven der deponienahen Knotenpunkte (Abb. 8.32) zeigen einen ähnlich starken Anstieg wie bei Modell II. Die Sättigung des Diffusionsraums wird durch den schnelleren Diffusionsvorgang eher erreicht. Zu Beginn des Simulationszeitraums wird der Schadstoff dem advektiv bewegten Kluftwasser in der unmittelbaren Nähe der Verschmutzungsquelle aber auch schneller entzogen. Dadurch ist der Anstieg der Kurven in weiter entfernt liegenden Brunnen (Abb. 8.33) zunächst gegenüber dem Modell II verzögert. Er verstärkt sich aber nach Eintritt der Matrixsättigung in Quellnähe.

Höhere Diffusionskoeffizienten haben zunächst eine Verstärkung der Barrierewirkung des geklüfteten Tonsteins zur Folge. Die Speicher- und Verdünnungswirkung der Matrix ist aber auch schneller erschöpft. Man muß im Abstrom in diesem Fall mit einem plötzlichen starken Anstieg der Konzentrationen in weiter entfernt liegenden Meßbrunnen rechnen. Im Sanierungsfall ließe sich ein solches Material wegen der kürzeren Rückdiffusionszeiten schneller reinigen. Aber auch hier vergehen immer noch Jahre, bis alles Material aus der Matrix zurückdiffundiert ist.

8.9.7 Zusammenfassende Ergebnisdarstellung

Es wurde ein Standortmodell für die Altlast Münchehagen erstellt und ein History-Matching, bei dem die Parameter der Kalibrierung verwendet wurden, durchgeführt. Prognoserechnungen für 2 Sanierungsszenarien (keine Maßnahme und vollständige Entfernung des Müllkörpers) zeigten eindrucksvoll, daß auch nach Entfernung der Kontaminationsquelle durch Rückdiffusionseffekte aus der Gesteinsmatrix mit einem weiteren Fortschreiten der Kontaminationsfront nach Unterstrom zur rechnen ist, das mindestens die nächsten 30 Jahre ungestört anhält. Darüber hinaus wurde durch die Modellrechnungen nachgewiesen, daß klüftiger Tonstein durch die Matrixdiffusion trotz seiner hohen hydraulischen Leitfähigkeit ein geeignetes Barrieregestein für Deponien darstellt.

Parametervariationen der Kluftabstände und der Diffusionskoeffizienten zeigten, daß eine Verminderung des Kluftabstandes ein schnelleres Ansteigen der Kontaminationswerte im Abstrom zur Folge hat. Eine Erhöhung des Diffusionskoeffizienten wirkt sich im Nahfeld kaum aus, reduziert aber die Ausbreitungsgeschwindigkeit der Schadstofffront.

In den folgenden beiden Unterabschnitten werden die spezifischen Vorteile des entwickelten Modellansatzes und die Schlußfolgerungen aus den Simulationsergebnissen zusammengefaßt.

Rechenmodell

Die Modellierung der Matrixdiffusion wurde mit der Methode der Finiten Elemente unter erstmaligem Einsatz diskreter Matrixdiffusionselemente durchgeführt. Die Methode weist, auch im Unterschied zur Simulation der Matrixdiffusion mit einem Retardierungsfaktor (z.B.: Siebert u. Eiben 1994) bzw. Doppelporositätsmodellen (Kunstmann 1994; Heer u. Hadermann 1994; Frick 1994), folgende Vorteile auf:

- Die begrenzte Aufnahmekapazität der Gesteinsmatrix und ihre daraus folgende Sättigung läßt sich durch diskrete Eingabe der Kluftabstände in dieser Modellrechnung genauer quantifizieren.
- Die aktuelle Eindringtiefe des Schadstoffs in die Matrix läßt sich berechnen. Daraus lassen sich die noch freien Diffusionskapazitäten der geologischen Barriere bestimmen.
- Die genaue Modellierung der Rückdiffusion nach Kontaminationsende wird möglich – auch hier kann die endliche Abgabekapazität der Matrix mit einbezogen werden.
- Im Laborexperiment bestimmte effektive Diffusionskoeffizienten für die Gesteinsmatrix können in der Modellrechnung ohne weitere Umrechnungen verwendet werden.

Die Darstellung des geklüfteten Tonsteins durch das hier angewandte, stark abstrahierte „Bürstenmodell" ermöglicht gute Aussagen über die realen Vorgänge in der Natur. Zukünftige Simulationsansätze sollten den Einfluß der räumlichen Verteilung der angetroffenen Kluftscharen stärker in Betracht ziehen und die Unterschiede zum Bürstenmodell herausarbeiten.

Simulationsergebnisse

Die Reproduktion des bisherigen Kontaminationsverlaufs, das History-Matching, ist mit dem gewählten Modellansatz gelungen. Dabei wird, insbesondere im Vergleich zu den Simulationsläufen ohne Matrixdiffusion, die große Aufnahmekapazität der tonigen Gesteinsmatrix deutlich. Es kann daher festgestellt werden, daß die geologische Barriere sich nicht allein über ihre hydraulische Durchlässigkeit definieren läßt. Zusätzlich müssen der wirksame Transportmechanismus und die Reaktivität der geologischen Barriere in Betracht gezogen werden. Im vorliegenden Fall kann die geochemische Barrierenwirkung – die Sorptionsfähigkeit des Tonsteins – erst durch den Transportvorgang der Matrixdiffusion wirksam werden.

Die Simulationsergebnisse zeigen, daß die Matrixdiffusion einen in hohem Maße wirksamen Rückhaltemechanismus darstellt. Es wird aber auch deutlich, daß mit der Matrixdiffusion allein die geringe Ausbreitung der Schadstoffahne, die heute am Standort Münchehagen beobachtet wird, nicht erklärt werden kann.

Das Standortmodell, welches der heutigen Verteilung am nächsten kommt, geht mit einem Kluftabstand von 0,78 m von der oberen Grenze der im Feld festgestellten Werte aus. Außerdem vernachlässigt es die weitere Zerteilung der Gesteinsmatrix durch mindestens eine weitere Kluftschar und Mikroklüfte. Dadurch sind in der Natur die Tonblöcke, die per Diffusion Stoffe aufnehmen können, kleiner und haben eine größere Oberfläche. In Deponienähe wird folglich, wie in den Modellen II und III, mit geringerem Kluftabstand zu rechnen sein. Der Rückhalteeffekt durch Sättigung wird eher aufgebraucht sein. Die in den Modellen II und III errechneten Kontaminationsverteilungen wären somit realistischer unter der Voraussetzung, daß die Matrixdiffusion die einzige Ursache der Schadstoffrückhaltung wäre. Diese Interpretation wird durch die Beobachtung der schnelleren Ausbreitung der weitgehend konservativen Stoffe Chlorid und Sulfat (Fritz et al. 1994) im Abstrom Münchehagens gestützt.

Die Begrenzung des Austrags organischer Schadstoffe ist hingegen auf einen sehr schmalen Bereich im Grundwasserabstrom der Altlast beschränkt. Das kann nur durch die kombinierte Wirkung von Matrixdiffusion und weiteren Rückhalteprozessen – wie der Sorption – erklärt werden, die im vorliegenden Fall nicht berücksichtigt werden. Darauf weisen auch die Sorptionsversuche von Maier u. Dörhöfer (1994) hin. Die Autoren stellen bei organischen Stoffen eine sehr hohe Sorptionsfähigkeit fest. Ein Diffusionsexperiment mit Phenanthren zeigte, daß „95% der in die Gesteinsmatrix diffundierten Substanzmenge innerhalb einer Diffusionsstrecke von nur einem Millimeter festgelegt“ wurden.

Weiterhin verdeutlichen die Berechnungen, daß der in Münchehagen anstehende Tonstein trotz seiner relativ hohen Gebirgsdurchlässigkeit ($k_f \approx 10^{-6}$ m/s) ein großes Rückhaltepotential aufweist. Es wird daher angeregt, daß bei der Charakterisierung der geologischen Barriere für Deponien außer den hydrodynamischen Forderungen nach einer geringen Durchlässigkeit ($k_f \leq 10^{-7}$ m/s) auch die physikalisch-chemischen Vorgänge berücksichtigt werden, die einem Gestein Barrierewirkung gegen den Schadstofftransport mit dem Grundwasser verleihen.

Die Simulationsergebnisse sind auf vergleichbare Gesteine, wie die in Niedersachsen weit verbreiteten geklüfteten Tonsteine der Unterkreide (Asch et al. 1991), übertragbar. Allerdings sind dabei die hydrogeologischen und physikalisch-chemischen Kenndaten jedes anderen Standorts individuell zu erkunden und mit den Stoffverbindungen, die zurückgehalten werden sollen, in Relation zu setzen.

Die vorgestellten Prognoserechnungen deuten auch die Schwierigkeiten an, die durch zukünftige Sanierungsmaßnahmen zu lösen sind. Selbst durch eine vollständige Entfernung des Deponiekörpers wird das Fortschreiten der Kontaminationsfront in den kommenden Jahrzehnten kaum beeinflußt werden. Durch Rückdiffusion aus der Tonmatrix werden weiterhin Schadstoffe in das mobile Grundwasser gelangen. Wäre es das Ziel einer Sanierungsmaßnahme das Fortschreiten der Kontaminationsfront in Richtung des Grundwasserabstroms zu verhindern, käme sie nicht ohne den Schutzschirm einer Extraktionsbrunnengalerie in Höhe der jetzigen Schadstofffront aus. Entscheidend bei der Installation solcher Brunnen ist, daß sie voraussichtlich über Jahrzehnte betrieben werden müssen, um die bereits in den Tonstein hineindiffundierten Stoffe zu beseitigen. Der Grund hierfür liegt in der langsamen Rückdiffusion der Schadstoffe aus der Tonmatrix. Das numerische Rechenbeispiel im Abschn. 4.2.4 stellt dieses Phänomen des Tailing eindrucksvoll dar.

Aufgrund der geringen Ergiebigkeit des Tonsteins ist im betrachteten Gebiet langfristig keine intensive Grundwassernutzung abzusehen. Auch wurde von Müller (1994) festgestellt, daß eine Belastung der land- und forstwirtschaftlich genutzten Böden der näheren Umgebung über das Grundwasser nicht stattfindet.

In Anbetracht der zu erwartenden langen Extraktionszeiten für eine sinnvolle und vollständige Dekontamination des Standorts Münchehagen und eines vergleichsweise geringen Risikos ist zu erwägen, ob man nach der Sicherung des Deponiekörpers auf eine aktive Grundwasserreinigung durch Extraktionsbrunnen verzichtet. Die bereits vorhandene Kontamination würde durch Verdünnung und weiter fortschreitende Matrixdiffusion im Lauf der Zeit auf ein vertretbares Maß absinken. Neuere Forschungsergebnisse von Maier u. Dörhöfer (1994) stellen zudem die gute Sorptionsfähigkeit des anstehenden Tonsteins unter Beweis.

9 Geometriemodelle

H. Kasper

Die Notwendigkeit radioaktiven oder chemischen Abfall zu lagern, führte in den letzten 20 Jahren zur Entwicklung von Methoden für die Vorhersage von Strömungs– und Transportprozessen in geologischen Strukturen unter Berücksichtigung eingeschlossener Kluftflächen. Dies führte zur Erforschung und Vorhersage von Grundwasserströmungen in großskaligen geologischen Medien und der Umgebung von kleinskaligen Strukturen, wie Kavernen, Schächten, Tunneln oder anderen Lagerungssystemen unter Verwendung von mathematischen Modellen. Wegen der unregelmäßigen Struktur des Untergrunds wurden zunehmend Finite–Elemente–Methoden (FEM) angewandt, da sie gegenüber den Differenzenverfahren ein höheres Maß an Flexibilität in der Ortsapproximation erreichen. Eine grundlegende Aufgabe in der Anwendung der FEM ist es, zunächst ein geometrisches Modell zu entwickeln und es im nachhinein als Berechnungsgitter mit Rechenmodellparametern zu verknüpfen. Diese Parameter können Randbedingungen, Materialeigenschaften und Lastfälle beinhalten. Die Finite–Element–Analyse kann danach automatisch durchgeführt werden. Die Leistungsfähigkeit moderner Computer erlaubt es inzwischen, zwei– und dreidimensionale Modelle mit und ohne Klüften zu berechnen. Fortschritte der *geometrischen Modellierung* haben es möglich gemacht, den Analyseprozeß innerhalb des Modellaufbaus zu vereinfachen. Für zweidimensionale Probleme konnten bereits vollautomatische Methoden zur Generierung der Berechnungsgitter entwickelt werden. Diese Methoden können dadurch definiert werden, daß sie eine geometrische Repräsentation des Objekts und zugehörige Netzkontrollparameter als Eingabe nutzen, um daraus ein für die Finite–Elemente–Analyse geeignetes Netz zu erzeugen. Für komplexe dreidimensionale Problemstellungen, insbesondere unter Berücksichtigung von Kluft und Gesteinsmatrix, ist dagegen noch Forschungsarbeit zu leisten.

9.1 Modellbildung

Allen Gesteinen ist gemeinsam, daß sie keine homogenen Körper bilden, sondern örtlich Diskontinuitäten oder Inhomogenitäten aufweisen. Diese strukturellen Heterogenitäten lassen sich folgendermaßen zusammenfassen:

Diskontinuitäten:

- Mikro– oder Kleinklüfte
- Klüfte
- Schichtfugen
- Störungsflächen
- großräumige Verwerfungen

Inhomogenitäten:

- Materialwechsel
- Zerrüttungszonen

Sowohl Inhomogenitäten als auch großräumige Verschiebungen und Störungsflächen müssen in jedem Fall in einem konzeptionellen Modell zur Berechnung der Strömungs– und Transportprozesse berücksichtigt werden. Inwieweit kleinere Diskontinuitäten berücksichtigt werden müssen, hängt einerseits von der Größe des Untersuchungsgebietes und andererseits vom Abstand der größeren Diskontinuitäten zueinander ab.

9.1.1 Von der Natur zum Modell

Kluftnetzwerk–Modelle

Kolditz (1995c) gibt einen Überblick über derzeit verwendete *Kluftnetzwerkmodelle*, die hier zusammenfassend dargestellt werden sollen:

Aufgrund der eingeschränkten Datenbasis für die Beschreibung natürlicher Kluftsysteme, die vornehmlich aus Bohrungen oder Bergwerken gewonnen werden, und somit ein–bzw. zweidimensionaler Natur ist, müssen zur räumlichen Konstruktion der Modellgeometrie entsprechende Annahmen getroffen werden.

Beim *stochastischen Modellkonzept* werden Klüfte entsprechend statistischer Auswertungen konstruiert. Diese Modellansätze verwenden Verteilungsfunktionen der Häufigkeit und Orientierung von Klüften verschiedener Scharen zur Generierung von Kluftnetzwerken. Zur Einschränkung der Variabilitäten können auch fraktale Techniken zum Einsatz gelangen.

Deterministische Modellkonzepte gehen davon aus, daß Kluftscharen durch die Mittelwerte ihrer Häufigkeiten und Orientierungen repräsentiert werden können. So erlaubt die bevorzugte Ausrichtung einer Kluftgruppe eine abstrahierende Darstellung als Schar paralleler Klüfte. Mehrere Kluftgruppen mit bevorzugten Orientierungen werden hier zu regulären Berechnungsgittern zusammengefaßt.

2–D–Kluftnetzwerkmodelle

Für erste Modellbetrachtungen werden vereinfachte Annahmen zur Kluftgeometrie getroffen. Die Geometrie des geklüftet porösen Mediums wird dabei häufig in der Weise idealisiert, daß verschneidende Parallelkluftscharen entstehen, die homogene poröse Matrixblöcke einschließen. Im Ergebnis entstehen reguläre Berechnungsgitter.

3–D–Kluftnetzwerkmodelle

Mit Hilfe statistischer Auswertungen von Kluftaufnahmen können Kluftfamilien identifiziert werden, die bevorzugte Orientierungen besitzen. Die einzelnen Klüfte streuen dabei um eine mittlere bestimmte Ausrichtung. Wie auch im 2–D–Fall kann die Geometrie weiter idealisiert werden, so daß auch hier reguläre Netzwerke entstehen.

Dreidimensionale Kluftnetzwerke können unterschiedliche *Vernetzungsgrade* aufweisen, deren Parameter nach statistischen oder fraktalen Methoden ermittelt werden. *Kluftscharen* entstehen durch Zusammenfassung von Einzelklüften mit ähnlicher *Orientierung*. Die *Verteilung der Parameter Klüftungsdichte* und *Orientierung* bestimmt dabei, ob sich das System eher wie ein Kontinuum oder wie ein diskretes Kluftsystem verhält. Trotz *hohen Idealisierungsgrades* ergeben sich komplizierte, heterogene Systeme aus Gesteinsmatrix und endlichen Kluftebenen, da Bereiche mit kleinen und großen Kluftdichten auftreten.

9.1.2 Diskretisierung

Abbildung 9.1. zeigt, wie bei verschiedenen Größen und Lagen des Untersuchungsgebietes die Bedeutung der strukturellen Heterogenitäten variiert. Zwischen den einzelnen Klüften befindet sich die Gesteinsmatrix (Region A) mit den darin enthaltenen Poren. Für diesen Bereich ungestörten Festgesteins läßt sich durch Mittelwertbildung ein äquivalentes Kontinuum finden. Dieses wird bei Modellen zur Berechnung der Grundwasserströmung in porösen Medien als bereichsweise konstant betrachtet. Gleiches gilt für Region B, wo sich das Kontinuum aus einem Kluftnetzwerk zusammensetzt, das hinreichend stark vernetzt ist. Das in Region C dargestellte System läßt sich durch wenige Klüfte, die die Gesteinsmatrix zerlegen, charakterisieren, so daß hier eine Mittelwertbildung zur Bestimmung eines äquivalenten Kontinuums nicht möglich ist. Das System in Region D kann als Kluftnetz beschrieben werden, das durch großräumige Störungen unterbrochen ist. Mit zunehmender Größe des Untersuchungsgebietes kann auch hier die diskrete Erfassung der einzelnen Klüfte an Bedeutung verlieren. Hier können Bereiche zwischen den Störungszonen durch ein äquivalentes Kontinuum ersetzt werden. Die Störungen selbst müssen diskret erfaßt werden.

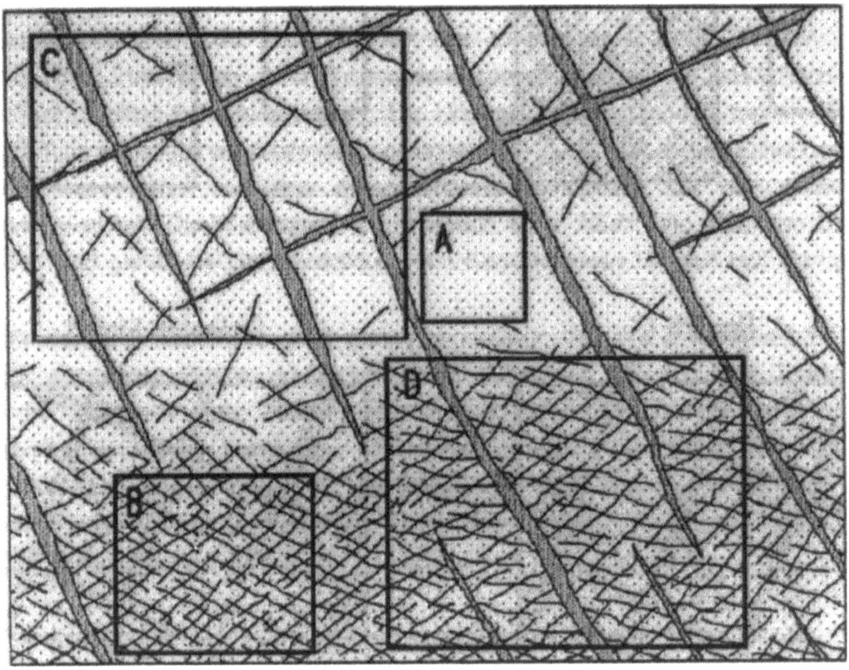

Abb. 9.1. Vereinfachte Darstellung klüftigen Gesteins (AUS KRÖHN 1991)

Sowohl die Strömungs– als auch die Transportgleichung sind bis auf wenige, einfache Ausnahmefälle nicht, oder nur mit unverhältnismäßigen großem Aufwand analytisch zu lösen. Daher wurden numerische Berechnungsverfahren entwickelt, die eine Näherungslösung der Differentialgleichung berechnen. Eine Methode der mathematischen Aufbereitung ist die *Methode der Finiten Elemente*, die eine Zerlegung des Gebietes in Teilbereiche, den finiten Elementen, erfordert. Es können dabei unterschiedliche Elementformen zum Einsatz kommen. In den vergangenen Jahren wurde am Institut für Strömungsmechanik und Elektronisches Rechnen im Bauwesen in Zusammenarbeit mit der BGR und Unterstützung des BMBF das Programmsystem *ROCKFLOW* zur Berechnung von Strömung und Transport in geklüftet porösen Medien entwickelt. Die grundlegenden Arbeiten wurden von Wollrath (1990) und Kröhn (1991) durchgeführt. Die geometrische Modellkonzeption soll hier zusammenfassend vorgestellt werden:

Wenn das Gebiet B (Abb. 9.2.) groß genug ist, um eine große Menge von Klüften aufzunehmen, welche eine ausreichende Dichte und Vernetzung aufweisen, kann das geklüftete Medium durch ein poröses Medium ersetzt werden. Das Modell repräsentiert dann ein *Kontinuum*. In kleineren Gebieten mit weniger Klüften kann ein poröses Medium nicht mehr genau genug sein, um ein Strömungssystem zu repräsentieren.

Abb. 9.2. Poröses Medium; a) Regionen A und B, b) Kontinuum–Modell

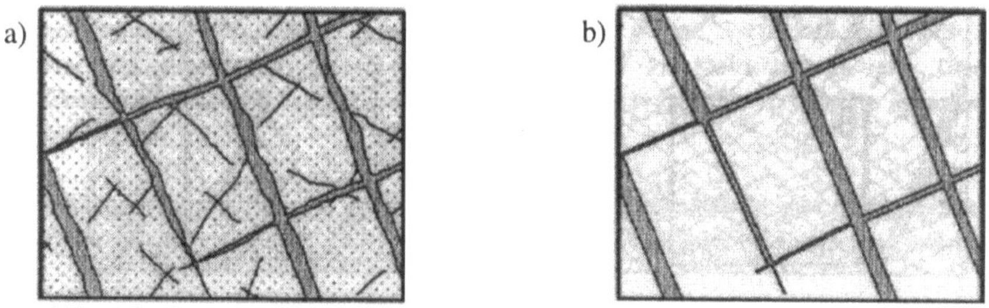

Abb. 9.3. diskretes Kluftmodell; a) Region C, b) diskretes Modell

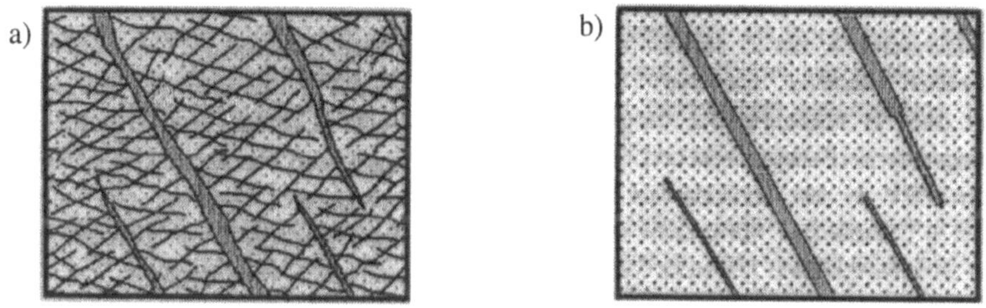

Abb. 9.4. gekoppeltes Modell; a) Region D, b) gekoppeltes diskretes und Kontinuum–Modell

Das Strömungs– und Transportverhalten in Region C (Abb. 9.3.) wird von wenigen großen Klüften bestimmt. In diesen Fällen muß ein *diskretes Kluftmodell* verwendet werden. In Region D schließlich (Abb. 9.4.) ist ein *hybrides Modell* erforderlich, da hier kein äquivalentes Kontinuum für das gesamte Untersuchungsgebiet gefunden werden kann. Lediglich kontinuierliche Bereiche zwischen den großen Klüften repräsentieren die kleinen Klüfte und ggf. die Gesteinsmatrix. Die großen Klüfte sind diskret zu beschreiben.

Die geologische Erkundung eines Untersuchungsgebietes durch Oberflächenkartierung und geophysikalische Verfahren erlaubt im allgemeinen die geometrische Fixierung von großräumigen Diskontinuitäten und Inhomogenitäten. Für die kleinräumigen Diskontinuitäten (Klüfte) lassen sich generell Raumlage oder sonstige Eigenschaften wie Abmessungen, Öffnungsweiten etc. nur lokal deterministisch bestimmen. Hier werden geostatistische Verfahren für die Ermittlung der regionalen Verteilung herangezogen. Abbildung 9.5. zeigt verschiedene Elementtypen zur Modellbildung. Während die homogenen Bereiche mehr oder weniger durch dreidimensionale Elemente beschrieben werden können, lassen sich die Diskontinuitäten (Klüfte) durch flächige zweidimensionale Elemente darstellen. Außerdem können in einem Untersuchungsgebiet Bohrlöcher oder Brunnen angeordnet sein, welche durch linienförmige Elemente beschrieben werden. Zur geometrischen Modellbildung für ein solches Untersuchungsgebiet müssen die verschiedenen Elementtypen nebeneinander angeordnet und zur Berechnung miteinander gekoppelt werden. Das Einbeziehen verschiedendimensionaler Elemente zur Darstellung von Gesteinsmatrix, Kluftflächen und Röhren verbessert die Anpassung des Modells an die Natur.

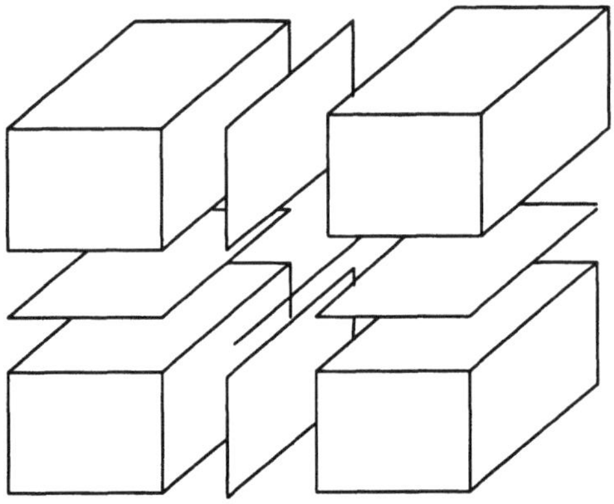

Abb. 9.5. Kopplung verschiedener Elementtypen

Im Programmsystem *ROCKFLOW* (Zielke et al. 1991) werden die Elementtypen Hexaeder, Viereck und Linie verwandt, um den Diskretisierungsfehler und die Zeit zum Aufbau der Elementmatrizen klein zu halten. Da die Verknüpfung der Elemente über deren Knoten erfolgt, dürfen Elementknoten nicht auf Elementkanten benachbarter Elemente liegen, sondern nur auf Eckpunkten: In diesem Fall gäbe es irreguläre Knoten im Modell, die vom Lösungsverfahren gesondert behandelt werden müssen.

9.2 Gitternetzgenerierung

Eine grundlegende Aufgabe des Präprozessings ist es, dem wissenschaftlich und praktisch tätigen Hydrologen und Ingenieur Netzgeneratoren an die Hand zu geben, die es ermöglichen, die Modellgeometrie des Deponieuntergrundes effizient zu erstellen. In diesem Kapitel werden einige neu entwickelte Methoden zusammenfassend dargestellt.

9.2.1 Allgemeine Anforderungen

Das Anforderungsprofil an Netzgeneratoren zur Erzeugung der Modellgeometrie ergibt sich aus der komplexen Struktur der Geologie. Die Erstellung der Berechnungsgitter wird dabei oft derart aufwendig, daß nur eine weitgehend automatische Vernetzung fehlerfreie Netze gewährleisten kann. Die hier zur Anwendung kommenden Netzgeneratoren müssen daher

- zuverlässig und robust arbeiten,
- eine gute Netzqualität erzeugen,
- einfach zu bedienen und anwenderfreundlich gestaltet sein.

Um diesen Anforderungen gerecht zu werden, müssen die Netzgeneratoren mindestens folgende Funktionen umfassen:

- Definition des Gebietes
- Generierung des Randes
- Vernetzung des Randes
- Vernetzung des Volumens
- Verbesserung der Netzqualität

Tabelle 9.1 Trends bei der Diskretisierung

Trends	
2–D–Probleme	3–D–Probleme
Dreiecke, Vierecke	Tetraeder, Hexaeder
Einfach zu visualisieren	Schwer zu visualisieren
Generell anwendbar	Speziell anwendbar

Tabelle 9.1 gibt einen kurzen Überblick über Entwicklungstrends in der Modelldiskretisierung und deren Bezug zur Gitternetzgenerierung. Während es für zweidimensionale Problemstellungen möglich ist, Methoden zu entwickeln, die einen breiten Anwendungsbereich haben, ist dieses im Dreidimensionalen nicht mehr möglich. Die Methoden sind eng an die speziellen geometrischen Probleme gekoppelt.

9.2.2 Klassifikation von Gitternetzen

Die Diskretisierungen, welche in konzeptionellen Modellen (Kolditz 1994) verwendet werden, können grob in *strukturierte* und *unstrukturierte* Gitternetze eingeteilt werden. In Abb. 9.6. sind diese Formen dargestellt. Die *Topologie* eines Gitternetzes beschreibt die Nachbarschaftsbeziehungen der Knoten untereinander. Die *Geometrie* dagegen beschreibt die örtliche Lage der Knotenpunkte. Kennzeichen des strukturierten Netzes ist der *Nachbarschaftsgrad* eines Innenknotens i, der genau 4 im zweidimensionalen bzw. 6 Knoten im dreidimensionalen Fall beträgt.

Abb. 9.6. Netzformen; a) strukturiertes Gitternetz, b) unstrukturiertes Gitternetz

Das strukturierte Gitternetz ist durch eine einfache Topologie gekennzeichnet, die es erlaubt Elemente mit hoher *geometrischer Qualität* zu generieren. Wegen der starren Struktur dieser Netzform können allerdings beliebig berandete Gebiete nicht, oder nur sehr schwer beschrieben werden. Die Netzform kann daher nur auf Untersuchungsgebiete mit relativ einfacher Geometrie, wie z.B. Parallelkluftsysteme, angewandt werden. Auf komplexe Geometrien, wie etwa endliche Kluftsysteme, ist diese Netzform nur dann anwendbar, wenn ein sehr hoher Idealisierungsgrad für die Modellgeometrie zulässig ist. Gegenüber dem strukturierten Netz besitzt das unstrukturierte Gitternetz eine sehr komplexe Topologie. Es sind beliebig große Nachbarschaftsgrade der Knoten untereinander zulässig. Dies erlaubt es, komplexe Geometrien zu modellieren. Je höher der Nachbarschaftsgrad gewählt wird, desto schlechter wird allerdings die geometrische Qualität der Elemente. Eine Beschränkung der Nachbarschaftsgrade kann daher auch hier wünschenswert sein.

9.2.3 Methoden der Gitternetzgenerierung

Zur Generierung von *zweidimensionalen* unstrukturierten Gitternetzen wurden in der Literatur verschiedene Methoden vorgestellt, wobei deren Eignung zur Erstellung von Dreiecks– bzw. Vierecksnetzen und der Generierung von inneren und äußeren

Gebietsberandungen unterschiedlich ist. Ein Schema zur Klassifizierung von Methoden zur Gitternetzgenerierung wurde von Ho–Le (1988) angegeben. Wesentlich ist, daß nicht alle Verfahren vollautomatisch Gitternetze erzeugen können. Zu den wichtigsten Verfahren, welche auch auf geologische Strukturen anwendbar sind, gehören

- die Quadtree–Technik,
- die Advancing–Front–Methode,
- und die Delaunay–Triangulation.

Alle 3 Verfahren sind etwa gleichwertig in der Erzeugung von Dreiecksnetzen, jedoch unterschiedlich in Bezug auf komplizierte Berandungen und Zwangsbedingungen innerhalb des Gebietes.

Quadtree Methode

Mit der *Quadtree–Technik* wird das Objekt als eine Menge von verschieden großen Quadraten repräsentiert. Der Quadtree eines ebenen Objektes wird zunächst durch Definition eines Quadrates, welches das gesamte Objekt umhüllt, und eines korrespondierenden Integerbaums aufgebaut. Dieses Quadrat wird danach in vier Quadranten unterteilt, wovon jeder überprüft wird, ob er vollständig innerhalb, vollständig außerhalb, oder teilweise innen und außen liegt. Die homogenen, entweder innerhalb oder außerhalb liegenden Quadranten werden markiert und nicht weiter verfeinert. Die teilweise innen oder außen liegenden Quadranten werden dagegen solange weiter unterteilt, bis die gewünschte Auflösung der Gebietsberandung erreicht ist. Abbildung 9.7. zeigt den Quadtree eines Kreises. Die entstandenen Quadrate können durch Einfügen von Diagonalen in Dreiecke umgewandelt werden. Obwohl der Quadtree durch seine einfache Konzeption als Netzgenerator attraktiv ist, eignet er sich nur bedingt für die Finite–Elemente–Analyse. Im Inneren des Objektes wird nur eine grobe Auflösung erreicht. Da an Gebietsrändern, die nicht horizontal oder vertikal verlaufen, die Quadranten geschnitten werden, müssen diese Zonen gesondert behandelt und modifiziert werden.

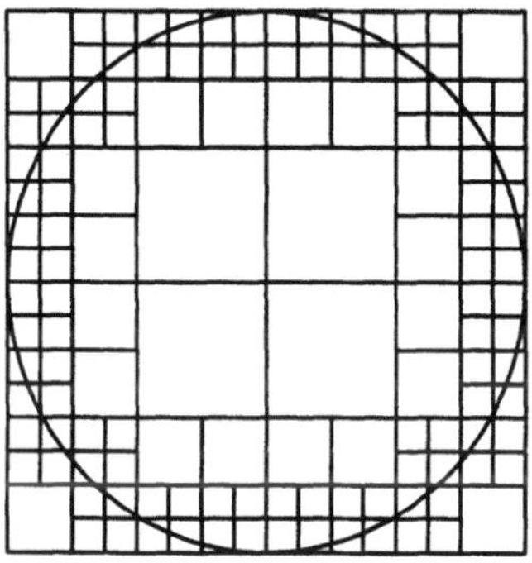

Abb. 9.7. Quadtree eines Kreises

Eine 3–D–Erweiterung der Quadtree–Technik schlagen Yerry u. Shephard (1984) vor. Entsprechend des Quadtrees ist der *Octree* geeignet, um dreidimensionale Objekte zu diskretisieren. Aber auch hier ist die Diskretisierung nicht für die Finite–Element–Methode geeignet und muß daher modifiziert werden. Die *Octree–Technik* repräsentiert ein dreidimensionales Objekt als eine Sammlung verschieden großer Würfel. Dies entspricht der Quadtree–Technik, welche ein ebenes Objekt als eine Menge von Quadraten repräsentiert. Die Modifikationen, die am Octree durchgeführt werden müssen, um beliebig berandete Gebiete zu modellieren, sind den Modifikationen des Quadtrees durchaus ähnlich, allerdings wesentlich umfassender. Während in einer zweidimensionalen Situation nur 16 verschiedene Fälle zu behandeln sind, beträgt die Anzahl im dreidimensionalen Fall bereits 4096. Nach Durchführung der Modifikationen können durch Einfügen von zusätzlichen Kanten Tetraedernetze generiert werden.

Eine sowohl der Quadtree–Technik, als auch der Octree–Technik anhaftende Unzulänglichkeit ist, daß die Zerlegung des Gebietes durch die Orientierung der Quadranten/Oktanten vordefiniert ist und somit interne und externe Gebietsbegrenzungen nicht flexibel genug angepaßt werden können. Das Konzept der *cut–octants* erlaubt zwar die Anpassung an äußere Gebietsgrenzen, aber die Triangulierungen auf den Kontaktflächen benachbarter Teilgebiete sind dann i. allg. nicht identisch.

Delaunay–Triangulation

Viele Netzgeneratoren generieren Netze, indem sie zunächst alle Knoten erzeugen und diese hinterher zu Dreiecken verbinden. Von Bedeutung ist daher die Fragestellung, welches die *beste* Triangulation eines gegebenen Satzes von Punkten ist. Ein besonderes Schema, die *Delaunay–Triangulation* (Delaunay 1934), wird von vielen Wissenschaftlern als am besten für die Finite–Elemente–Methode geeignet angesehen. Diese Triangulation maximiert den kleinsten Winkel aller Dreiecke, so daß schmale Elemente nach Möglichkeit vermieden werden. Per Definition hat jeder Eckpunkt einer *Dirichlet–Tessalation* (Dirichlet 1850, Thiessen 1991) den gleichen Abstand zu den Punkten, die ein Delaunay–Dreieck bilden. Somit ist jeder Punkt einer Dirichlet Tessalation genau einem Delaunay–Dreieck zugeordnet und befindet sich im Zentrum des Umkreises. Daraus folgt die Konstruktionsvorschrift: Die Knoten werden in der Weise miteinander zu Dreiecken verbunden, daß ihre Umkreise keine weiteren Punkte als ihre eigenen beinhalten. Die Delaunay–Triangulation ist vollständig, wenn sich kein Punkt innerhalb des Umkreises eines weiteren als des eigenen Dreiecks befindet (Abb. 9.8.). Die Dirichlet Tessalation, manchmal auch *Voronoi– Diagramm* genannt, eines Satzes von n Punkten in der Ebene besteht aus n Polygonen V(i), von denen jedes den Punkt i in der Weise umschließt, daß alle Punkte, die sich innerhalb des Polygons befinden, näher am Punkt i als zu jedem anderen Punkt liegen. Im wesentlichen ist die Delaunay–Triangulation, die einem Satz von Punkten zuge-

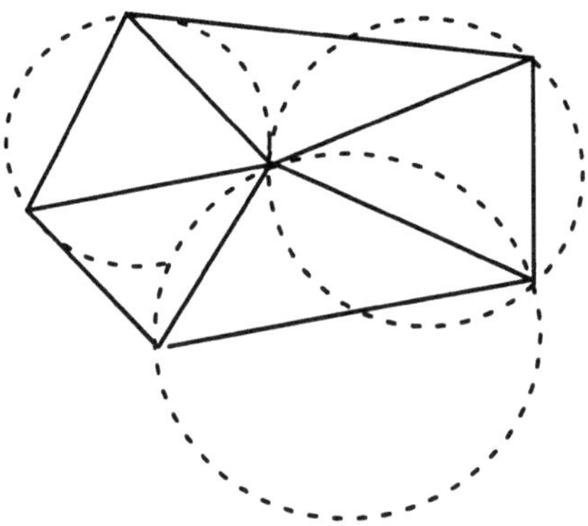

Abb. 9.8. Delaunay–Triangulation

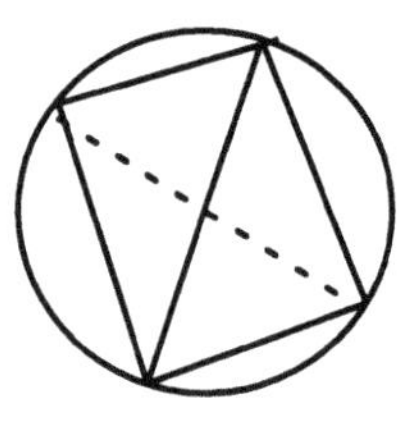

Abb. 9.9. Degenerierungsfall

ordnet ist, eindeutig. Es gibt jedoch einige Fälle, in denen die Triangulation nicht eindeutig ist. Diese werden degeneriert genannt. Ein einfaches Beispiel einer degenerierten Triangulation, wo vier Datenpunkte ein Quadrat bilden, ist in Abb. 9.9. dargestellt. Die Umkreise der benachbarten Dreiecke fallen hier zusammen, so daß nicht eindeutig ist, welche Diagonale gewählt werden muß. Weiterhin liefert die Triangulation (Sloan 1987) als Ergebnis nur konvexe Gebiete, d.h. komplexe Gebietsberandungen können nicht bearbeitet werden (Weatherhill 1990). Eine Modifikation einer Delaunay–Triangulation zu beliebig berandeten Gebieten wurde von Taniguchi und Ohta (1991a,c, 1992) vorgestellt.

Ein weiteres Problem besteht darin, daß Grenzen (z.B. Schichtgrenzen geologischer Formationen) im Inneren des Gebietes generiert werden müssen. Während es im Zweidimensionalen möglich ist, Dreiecksnetze zu modifizieren, ist für den dreidimensionalen Fall kein Verfahren bekannt, das durch Kanten–/Flächentauschen Tetraedernetze modifizieren kann.

Advancing Front Methode

Während die Delaunay–Triangulation nur konvexe Gebiete vermaschen kann, geht bei der *Advancing–Front–Methode* die Randinformation des Gebietes in den Generierungsprozeß mit ein (Lo 1991a,b). Abbildung 9.10. zeigt einen Zwischenzustand während des Generierungsprozesses. Nachdem zuvor das Gebiet definiert wurde und Innenknoten erzeugt wurden, besteht die Generierungsfront zu Anfang der Triangulation exakt aus den Randkanten. Während der Gebietsrand unverändert bleibt, ändert sich die Generierungsfront im Verlauf der Triangulation, wann immer ein Knoten eingefügt wird. Das Verfahren wird beendet, wenn die Generierungsfront verschwindet. Welche Knoten zu Kanten verbunden werden, kann durch verschiedene Kriterien, z.B. auch das Delaunay–Kriterium, definiert werden. Dies erlaubt Geometrie– und Topologiekriterien zu verwenden, die an das spezielle Problem angepaßt sind. Da dieses Verfahren heuristisch arbeitet, hängt die Güte des Ergebnisses sowohl von einer geeigneten Wahl der Kriterien als auch von der Geometrie des Gebietes ab.

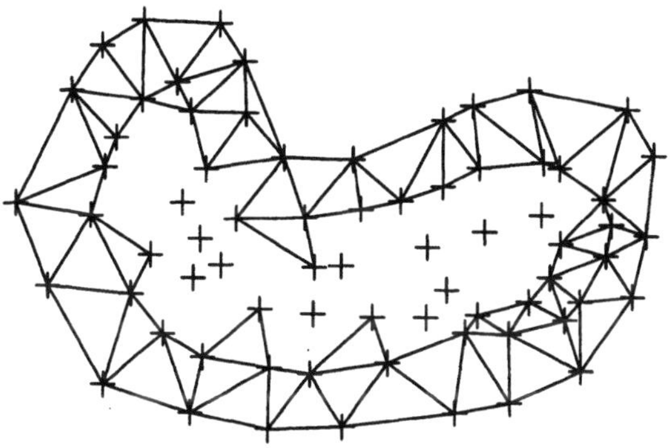

Abb. 9.10. Advancing Front Methode

9.2.4 Delaunay–Triangulation

Ein Zugang zur vollautomatischen Netzgenerierung in zwei und drei Dimensionen ist die Anwendung des Delaunay–Kriteriums. Die im Rahmen des Forschungsvorhabens entwickelten Methoden basieren auf der Delaunay–Triangulation. Eine Delaunay–Triangulation, welche einem Punkthaufen im n–dimensionalen Raum zugeordnet ist, kann folgendermaßen definiert werden:

Definition: Es sei N eine Menge aus m einzelnen, beliebig verteilten Punkten im n–dimensionalen Raum. Dann existiert für jeden Punkt $P_i \in N$ eine Region V_i, für die gilt:

$$V_i = \{X : \| X - P_i \| < \| X - P_j \| \ \textit{für alle } j \neq i\}.$$

Die Menge aller Regionen $V = \{V_i, i=1,m\}$ wird Dirichlet–Tessalation genannt. Im 2–D–Fall sind die Regionen V_i konvexe Polygone, im dreidimensionalen sind es konvexe Polyeder.

Die 3–D–Delaunay–Triangulation ist eine geometrische Volumenzerlegung eines konvexen Gebiets in eine Menge von Tetraedern, wobei die umhüllende Kugel eines jeden Tetraeders keinen weiteren Knoten als die Knoten, die das Tetraeder beschreiben und auf seiner Oberfläche liegen. Ein zweidimensionales Beispiel ist in Abb. 9.8. dargestellt. In dieser Abbildung können wir sehen, daß jeder Umkreis eines Dreiecks nur die 3 Knoten enthält, aus denen das Dreieck selbst gebildet wird. Wenn mehrere Dreiecke den gleichen Umkreis besitzen, existiert ein Degenerierungsfall. Ein solcher ist in Abb. 9.9. dargestellt. In diesem Fall liegen 4 Knoten auf einem Kreis, die Delaunay–Triangulation kann also mehr als eine Lösung besitzen.

Algorithmus: Wie im 2–D–Fall beginnt der Algorithmus von Taniguchi und Ohta (1991b) mit dem Setzen eines Supertetraeders, der alle Datenpunkte umhüllt. Danach werden inkrementell neue Tetraeder durch Einfügen der Punkte in eine bestehende Triangulation erzeugt. Zu einem bestimmten Zeitpunkt beim Einfügen eines Punktes werden alle existierenden Tetraeder untersucht, ob ihr Umkreis den neuen Punkt enthält. Diese Tetraeder werden entfernt und hinterlassen ein Polyeder, welches den Punkt enthält. Danach werden Kanten vom Punkt zu jedem Dreieck an der Oberfläche des Polyeders erzeugt. Diese Kanten definieren Tetraeder, die das Polyeder ausfüllen. Durch Kombination mit den übrigen Tetraedern außerhalb des Polyeders wird eine Delaunay–Triangulation hergestellt, welche den neu eingefügten Punkt enthält. Die Triangulation wird beendet, wenn alle Punkte eingefügt sind.

9.2.5 Transformation von Dreiecksnetzen zu Vierecksnetzen

Die Verwendung von isoparametrischen Vierecks– und Hexaederelementen im Programmsystem ROCKFLOW vereinigt die Vorteile variabler Geometrie mit gewissen

Vorteilen strukturierter Gitternetze. Da die Mehrzahl der Methoden zur Netzgenerierung Dreiecksnetze erzeugen, müssen die so erhaltenen Netze transformiert werden. Diese können allerdings leicht aus Dreiecksnetzen erhalten werden, indem benachbarte Dreiecke zu einem Viereck zusammengefaßt werden (Abb. 9.11.). Anschließend werden die übriggebliebenen Dreiecke in 3, und die Vierecke in 4 Vierecke unterteilt. Diese Methode wird im folgenden als *Quadrilateration* bezeichnet (Lo 1989, Taniguchi & Fukuoka 1992).

Abb. 9.11. Transformation von Dreiecken zu Vierecken

9.2.6 Triangulation von Kluftsystemen

Wenn eine dreidimensionale, geologische Struktur mit inneren Gebietsgrenzen, wie z.B. Kluftflächen, behandelt wird, muß das Finite–Elemente–Modell folgende Anforderungen erfüllen:

1) Das Gebiet muß vollständig in finite Elemente zerlegt sein.
2) Die inneren Gebietsgrenzen müssen generiert und in finite Elemente zerlegt sein.

Sofern das Gebiet konvex ist, kann die erste Anforderung leicht durch Anwendung der Delaunay–Triangulation erfüllt werden, indem alle Knoten auf der Oberfläche des Gebietes und alle Knoten auf den Gebietsgrenzen vernetzt werden. Die zweite Bedingung erfordert, daß alle inneren Gebietsgrenzen aus Dreiecken bestehen, welche aus Dreiecksoberflächen der durch die Delaunay–Triangulation generierten Tetraeder bestehen.

Ein konvexes Gebiet wird durch mehrere Kluftflächen, die es vollständig durchschneiden, in eine Menge von konvexen Teilgebieten zerlegt. Diese Teilgebiete werden von den Kluftflächen und/oder der Oberfläche des Gebietes begrenzt (Kasper et al. 1995, Taniguchi et al. 1994).

Da das Ergebnis der Delaunay–Triangulation einzig von der Lage der Knotenpunkte abhängt, kann sie nicht angewandt werden, um Kluftflächen aus den Oberflächen von Tetraedern zu generieren. Der Grund liegt darin, daß Tetraeder generiert werden können, die die Kluftflächen schneiden. Daher muß die Delaunay–Triangulation so kontrolliert werden, daß diese Tetraeder nicht generiert werden. Um dreidimensionale Kluftflächen zu generieren, muß zum einen jedes Teilgebiet in Tetraeder im Sinne der Delaunay–Triangulation zerlegt werden und zum anderen müssen die Triangulationen auf den Kluftflächen benachbarter Teilgebiete identisch sein.

Die unabhängige Anwendung der Delaunay–Triangulation auf jedes der Teilgebiete generiert Tetraeder im Sinne der Delaunay–Triangulation, aber die Unterteilung auf den Oberflächen benachbarter Teilgebiete kann unterschiedlich sein. Taniguchi et al. (1994) geben ein Verfahren an, um dieses Problem zu lösen und zeigen, daß eine identische Triangulation auf den Kluftflächen generiert werden kann, wenn für jedes Teilgebiet die Knotenpunkte in der Reihenfolge ihres Abstandes von einem beliebigen Punkt in eine bestehende Delaunay–Triangulation eingeführt werden.

9.2.7 Transformation von Tetraedernetzen in Hexaedernetze

Ein Tetraeder hat 4 Knoten, 6 Kanten und 4 dreieckige Oberflächen. Für einen gegebenen Tetraeder werden zunächst 11 zusätzliche Knoten gesetzt: ein Mittelknoten auf jeder Kante, ein neuer Knoten im Schwerpunkt jeder dreieckigen Fläche und ein Knoten im inneren des Tetraeders. Wie in Abb. 9.12. dargestellt, wird der Tetraeder anschließend in 4 Hexaeder eingeteilt. Dieselbe Prozedur wird für alle Tetraeder im Gebiet durchgeführt.

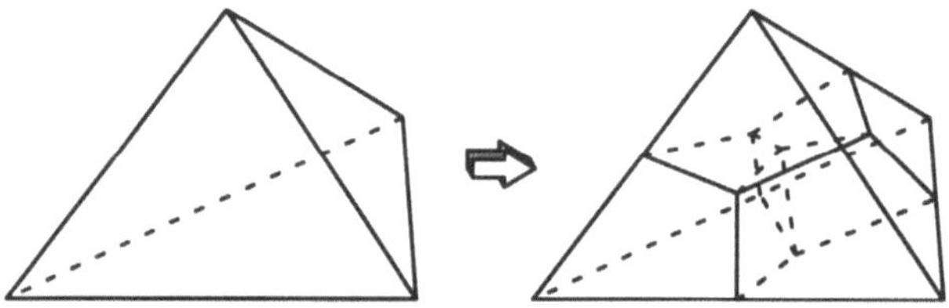

Abb. 9.12. Transformation von Tetraeder zu Hexaeder

Die Mitten der Kanten sowie die Knoten im Schwerpunkt der Flächen stellen sicher, daß die gleichen Knoten an benachbarten Tetraedern erzeugt werden. Vorzug dieser Methode ist, daß sie einfach zu entwickeln ist. Die geometrische Qualität der Hexaeder ist allerdings nicht sehr gut. Weitergehende Methoden wurden von Kasper et al. (1995) vorgestellt.

9.2.8 Geometrische Qualität von Gitternetzen

Die geometrische Form der finiten Elemente beeinflußt die Güte der numerischen Lösung. Die besten Ergebnisse können erzeugt werden, wenn die Form möglichst gedrungen ist, d.h. Dreiecke gleichseitig und Vierecke rechtwinklig sind. Elemente, die durch automatische Gitternetzgeneratoren erzeugt werden, weisen häufig für die numerische Berechnung ungünstige Formen auf. In diesen Fällen ist es sinnvoll, Glättungstechniken (*Smoothing*) anzuwenden, um die *geometrische Qualität* der Elemente zu verbessern. Eine a priori Beurteilung der geometrischen Qualität der finiten Elemente kann unter Verwendung einiger Maßzahlen vorgenommen werden. Nach Lo (1989) kann die geometrische Qualität eines Dreiecks ABC durch

$$\alpha(ABC) = 2\sqrt{3}\,\frac{\vec{CA} \times \vec{CB} \cdot \vec{n}}{\|CA\|^2 + \|AB\|^2 + \|BC\|^2}$$

definiert werden. n ist dabei ein Einheitsnormalenvektor des Dreiecks und $2\sqrt{3}$ ein Normalisierungsfaktor, so daß gleichseitige Dreiecke einen maximalen α–Wert von 1 haben. Die *α–Qualitäten* einiger typischer Dreiecke sind in Abb. 9.13. gegeben.

α=1.0 α=0.866 α = 0.7637 α=0.75

Abb. 9.13. α–Qualität einiger Dreiecke

Aus einem Viereck (Abb. 9.14.) können 4 Dreiecke dadurch erhalten werden, daß das Viereck ABCD entlang der Diagonalen AC und BD geteilt wird. Unter Verwendung der α–Qualitäten α_1, α_2, α_3, α_4 der Dreiecke ABC, ACD, ABD, BCD, welche nach absteigender Größe geordnet sind, kann ein *Verzerrungskoeffizient β*

$$\beta = \frac{\alpha_3\alpha_4}{\alpha_1\alpha_2}$$

$$wobei\ \{\alpha_1,\alpha_2,\alpha_3,\alpha_4\} = \{\alpha(ABC),\alpha(ACD),\alpha(ABD),\alpha(BCD)\}$$

$$\text{und } \alpha_1 \le \alpha_2 \le \alpha_3 \le \alpha_4$$

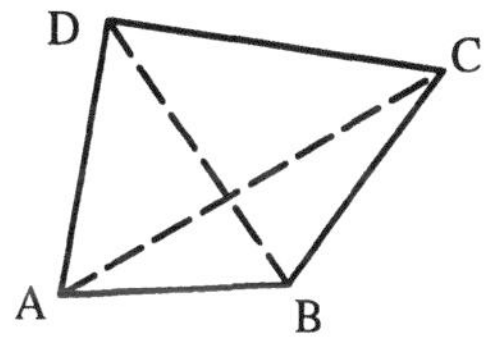

Abb. 9.14. Viereck ABCD

für Vierecke definiert werden. β liegt zwischen 0 und 1 für ein konvexes (valides) Viereck. Für Rechtecke erreicht β ein Maximum von 1, wogegen es für Vierecke, welche zu Dreiecken degenerieren, 0 annimmt. Je größer der β–Wert ist, desto besser ist die Qualität des Vierecks gegenüber den 2 besten Dreiecken, die durch die Teilung entlang einer der Diagonalen entstehen. Daraus folgt, daß qualitativ hochwertige Vierecke erzeugt werden können, wenn sie einen großen β–Wert besitzen. Die β–Werte einiger typischer Vierecke sind in Abb. 9.15. angegeben.

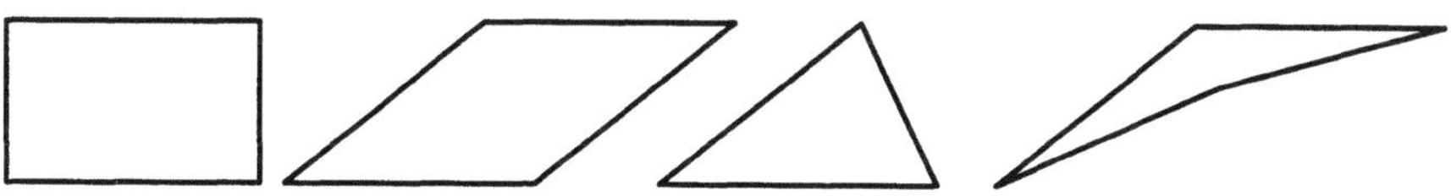

β = 1.0 β = 0.75 β = 0.0 β < 0.0

Abb. 9.15. Verzerrungskoeffizient β einiger Vierecke

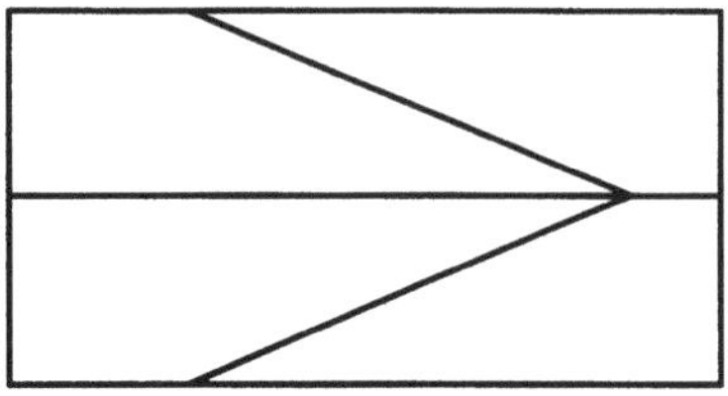
Abb. 9.16. verzerrtes Gitter-

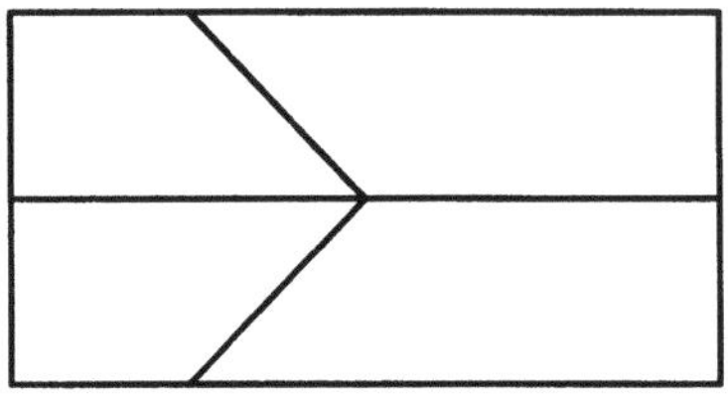
Abb. 9.17. Laplace opt. Netz

Diese *geometrischen Kriterien* können durch a priori *Formoptimierungen* angenähert werden. Beispielhaft ist in Abb. 9.16. ein Netz dargestellt, dessen Elemente stark verzerrt sind. A priori kann man sagen, daß eine Anordnung des Knotens i ein Stück weiter nach links sinnvoller wäre, da dadurch die geometrische Qualität der anschließenden Elemente verbessert würde. Eine der verbreitesten Formoptimierung ist die *Laplace–Methode*, welche die Knoten in der Weise verschiebt, daß jeder Knoten im Schwerpunkt des Polygons (Knotenpatch) liegt, welches aus den angrenzenden Elementen gebildet wird. Da dieser Vorgang auch die benachbarten Knotenpatches beeinflußt, werden vielfach iterativ arbeitende Algorithmen implementiert. Erfahrungsgemäß reichen 5–15 Iterationen aus. Abb. 9.17. zeigt das Ergebnis der *Laplace–Formoptimierung*. Die Elemente weisen gegenüber der Ausgangslage eine wesentlich gedrungenere Form auf, eine weitere Verbesserung kann durch Anwendung der isoparametrischen Optimierung erreicht werden.

In einigen Fällen, wie z.B. in Abb. 9.17. dargestellt, liefert die Laplace–Formoptimierung keine zufriedenstellenden Ergebnisse. Diesem Problem angepaßt, schlägt Herrmann (1976) die Repositionierung eines Knotens i in folgender Weise vor:

$$P_i = \frac{1}{N(2-w)} \sum_{n=1}^{N} (P_{nj} + P_{nl} - wP_{nk})$$

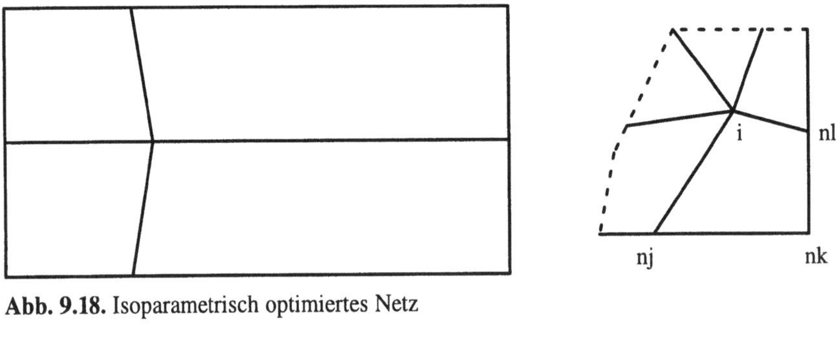

Abb. 9.18. Isoparametrisch optimiertes Netz

Abbildung 9.18. zeigt das Ergebnis nach der *isoparametrischen Formoptimierung*. Gegenüber der Laplace–Formoptimierung werden die am Knotenpatch gebildeten Winkel optimiert.

9.3 Entwickelte Netzgenerierungssoftware

Im Rahmen dieses Forschungsprojektes wurden die zuvor theoretisch dargestellten Methoden der *geometrischen Modellierung* angewandt und entwickelt. Dadurch wurde es möglich, den Analyseprozeß innerhalb des Modellaufbaus zu vereinfachen. Für zweidimensionale Probleme konnten bereits vollautomatische Methoden zur Generierung der Berechnungsgitter entwickelt werden. Diese Methoden können dadurch definiert werden, daß sie eine geometrische Repräsentation des Objekts und zugehörige Netzkontrollparameter als Eingabe nutzen, um daraus ein für die Finite–Elemente–Analyse geeignetes Netz zu erzeugen. Für komplexe dreidimensionale Problemstellungen konnte die Methodik bis hin zu Schichtenmodellen weiterentwikkelt werden. Zur Erstellung der Modellgeometrie zur Untersuchung von Kluft–Matrix–Systemen konnten theoretische Grundlagen erarbeitet werden.

Entsprechend der modularen Struktur des Programmsystems *ROCKFLOW* stützen sich die Entwicklungen auf in sich abgeschlossene, effizient strukturierte Konzepte. In den folgenden Tabellen werden die im Rahmen des Projektes entwickelten Methoden zur Netzgenerierung, deren Funktionen, sowie deren programmtechnische Realisierung vorgestellt.

Tabelle 9.2 gibt einen Überblick über der entwickelten Netzgeneratoren hinsichtlich der Topologie der Gitternetze.

Tabelle 9.2 Zusammenstellung der Netzgeneratoren bzgl. der Topologie

	SM	NG 2D	NG 3D	DALI	3D–GEO	3D–MGEO	3D–FRACT
Netztopologie							
Generierung strukturierter Netze 2D	⊕			⊕			
Generierung strukturierter Netze 3D	⊕						
Generierung unstrukturierter Netze 2D		⊕		⊕			
Generierung von Schichtenmodellen aus unstrukturierten 2–D–Netzen			⊕	⊕			
Generierung unstrukturierter Netze 3D					⊕	⊕	⊕

Entsprechend dem für die hydrogeologische Untersuchung gewählten Modellkonzept für Verteilung, Häufigkeit und Orientierung der Klüfte ergeben sich geometrische Modelle mit unterschiedlich hohem Idealisierungsgrad, welche durch geeignete Methoden in Berechnungsgitter umgesetzt werden müssen. Der jeweilige Einsatzbereich der Methoden ist in Tabelle 9.3 zusammengefaßt.

Tabelle 9.3 Zusammenstellung der Netzgeneratoren bzgl. der Modellgeometrie

	SM	NG 2D	NG 3D	DALI	3D–GEO	3D–MGEO	3D–FRACT
2–D–Parallelkluftsysteme	⊕			⊕			
3–D–Parallelkluftsysteme	⊕						
deterministische oder stochastische Kluftnetzwerkmodelle im 3–D–Raum				⊕			⊕
3–D gekoppelte, unstrukturierte Kluft–Matrix–Systeme					⊕	⊕	

Der anwenderfreundiche Umgang mit der Modellgeometrie bedingt die interaktive Bearbeitung, sowie die lokale und globale Verfeinerung der Berechnungsgitter. Als vollständig interaktives System wurde das am Institut für Strömungsmechanik entwickelte Programmsystem *DALI* (Behrendt et al. 1991) in die Modulkette des Programmsystems *ROCKFLOW* integriert. *DALI* wird zur Bearbeitung und graphischen Kontrolle der Modellgeometrie eingesetzt. Als interaktives System umfaßt *DALI* Funktionen zur Definition des Modellgebietes sowie des Gebietsrandes. Es wurden Werkzeuge implementiert, die das Editieren, wie z.B. das Hinzufügen und Entfernen von Elementen und Knoten, bestehender Gitternetzen erlauben. Weiterhin stehen Funktionen zur Verbesserung der Modellgeometrie zur Verfügung. Diese Funktionen können sowohl global als auch lokal angewandt werden. Eine zusammenfassende Darstellung der Eigenschaften der Programme ist in Tabelle 9.4 dargestellt.

Tabelle 9.4 Bearbeitung der Gitternetze

	SM	NG 2D	NG 3D	DALI	3D–GEO	3D–MGEO	3D–FRACT
interaktive Netzbearbeitung				⊕			
lokale Netzverfeinerung		⊕	⊕	⊕			
globale Netzverfeinerung				⊕			

Um zu erreichen, daß das Programmsystem ROCKFLOW sowohl für den wissenschaftlich als auch für den praktisch tätigen Hydrologen und Ingenieur einsetzbar ist, wurde streng auf die Verwendung ausschließlich standartisierter Sprachelemente sowie auf die Portierbarkeit der Software auf andere Computersysteme geachtet. Für die nichtgrafisch bedienbaren Module wurde die Programmiersprache FORTRAN verwendet. Die Implementierung des Moduls *DALI* in Ansi–C erlaubte die Entwicklung einer grafischen Benutzeroberfläche (Liebisch 1994), welche sowohl zur Bearbeitung und Kontrolle der Modellgeometrie als auch zur Zuordnung von Modellparametern dient. Für umfangreiche Untersuchungen, wie Parameterstudien, wurde darauf geachtet, daß alle Module im Batchbetrieb eingesetzt werden können. Eine zusammenfassende Darstellung über Betrieb und Entwicklung der Programme ist in Tabelle 9.5 dargestellt.

Tabelle 9.5 Betrieb und Entwicklung der Netzgeneratoren

	SM	NG 2D	NG 3D	DALI	3D–GEO	3D–MGEO	3D–FRACT
Erstellung von Eingabedateien für ROCKFLOW SM/TM		⊕	⊕	⊕			
Betrieb der Methode		b	b	i/b	b	b	b
Beschränkung in der Anzahl Knoten/Elemente	ja	ja	ja	nein	ja	ja	ja

⊕ Methode verfügbar
i Methode interaktiv grafisch einsetzbar
b Methode im Batch einsetzbar

9.4 Anwendungsbeispiele

9.4.1 Vierecksnetze

Der Generierungsprozeß umfaßt folgende Arbeitsschritte:

- Definition des Gebietes
- grobe Triangulierung des Gebietsrandes
- Automatisches Plazieren von zusätzlichen Knoten
- Quadrilateration
- Formoptimierung

Im folgenden wird der Generierungsprozeß an einem einfachen Beispiel vorgestellt. Zunächst wird der äußere Rand des zu vermaschenden Gebietes festgelegt. Das U–förmige Gebiet wird durch ein Polygon mit 8 Knoten (Abb. 9.19.) beschrieben. Randpolygone, welche gegen den Uhrzeigersinn nummeriert werden, beschreiben äußere Ränder, Randpolygone im Uhrzeigersinn dagegen innere Gebietsgrenzen wie etwa Grenzen geologischer Formation. Der erste Schritt zur Erzeugung des Gitternetzes ist die Durchführung der Delaunay–Triangulation. Das Ergebnis ist in Abb. 9.20. dargestellt. Man beachte, daß in diesem Schritt keine neuen Knoten erzeugt wurden. Das auf diese Weise erzeugte grobe Dreiecksnetz muß noch verfeinert werden, d.h. es müssen neue Knoten eingefügt werden.

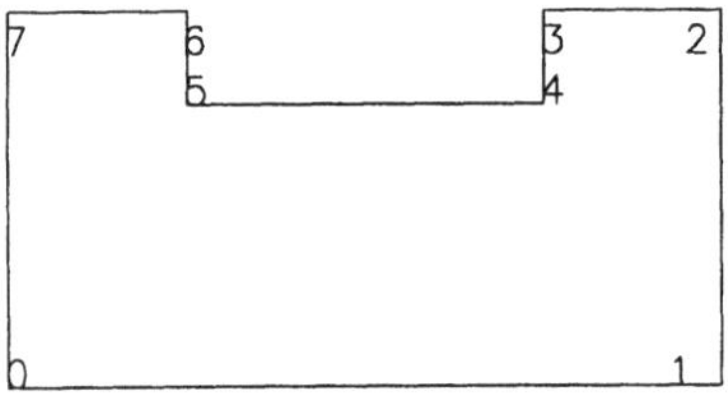

Abb. 9.19. Randpolygon

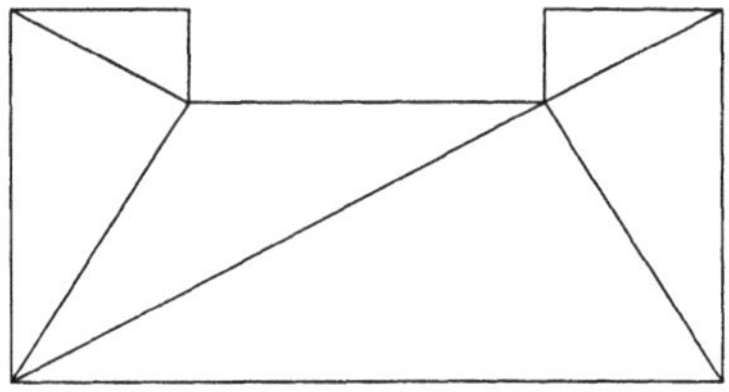

Abb. 9.20. grobe Triangulierung

Die Gitternetzverfeinerung kann für verschiedene Kanten (Berührungslinie zweier Dreiecke), wie Ränder, 2–D–Klüfte, Kluftverschneidungslinien bzw. Innenkanten getrennt durchgeführt werden. Es werden soviele Knoten erzeugt (Verfeinerung), bis jede entsprechende Kante kürzer als eine vorgegebene Länge ist. Das Ergebnis dieser Prozedur ist in Abb. 9.21. dargestellt. Das entstandene Dreiecksnetz dient als Eingangsnetz für die Quadrilateration, welche in Kapitel 9.2.5 beschrieben ist. Die Güte der erzeugten Vierecke hängt von der Konfiguration des Dreiecksnetzes ab. Das Dreiecksnetz in Abb. 9.21. weist in einigen Bereichen Dreiecke mit sehr kleinen α–Qualitäten auf. Es wäre angebracht, bereits nach dem Schritt der Verfeinerung eine Formoptimierung durchzuführen. Im vorliegenden Beispiel wurde jedoch darauf verzichtet.

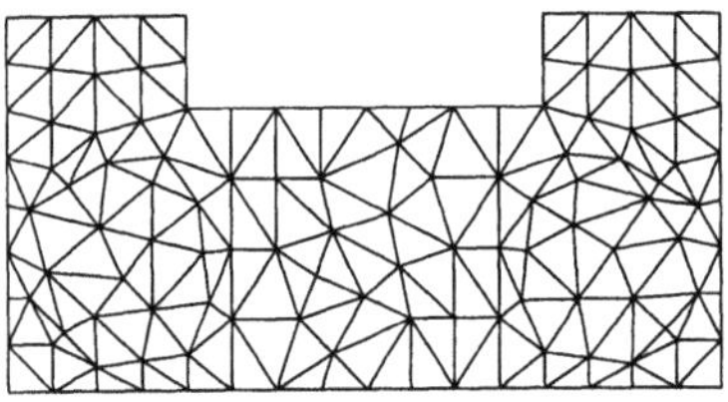

Abb. 9.21. feine Triangulierung

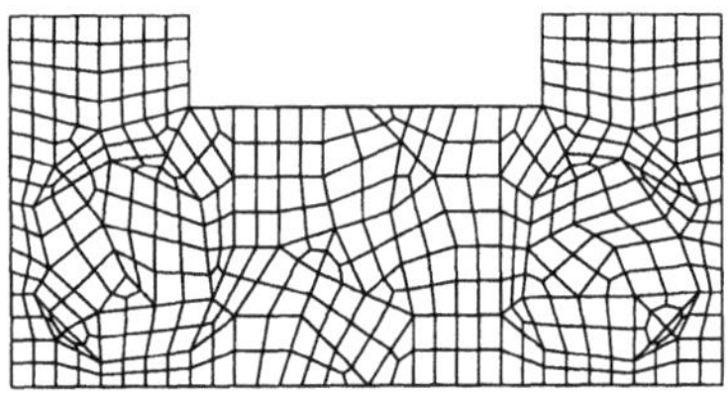

Abb. 9.22. Quadrilateration (0.1)

Die Quadrilateration wurde direkt mit den Wichtungsfaktoren $\gamma=0.1$, $\gamma=0.5$ und $\gamma=0.9$ durchgeführt, d.h. zwei Dreiecke wurden genau dann zu Vierecken zusammengefasst, wenn γ größer als der in Kap. 9.2.8 beschriebene Verzerrungskoeffizient β ist. Die Abbildung 9.22. zeigt das Ergebnis für $\gamma=0.1$. Ein kleiner γ–Wert erzeugt sehr viele Vierecke. In einigen Bereichen weisen diese allerdings sehr spitze Winkel auf. Die Abbildungen 9.23. und 9.24. zeigen die Vierecksnetze für $\gamma=0.9$ und $\gamma=0.5$. Verglichen mit $\gamma=0.1$ werden deutlich weniger Vierecke generiert. Erfahrungen zeigen, daß γ–Werte zwischen 0.1–0.5 hochwertige Vierecksnetze erzeugen.

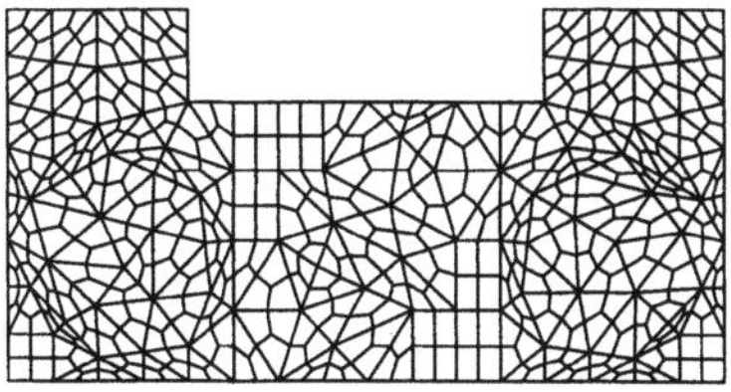

Abb. 9.23. Quadrilateration (0.9)

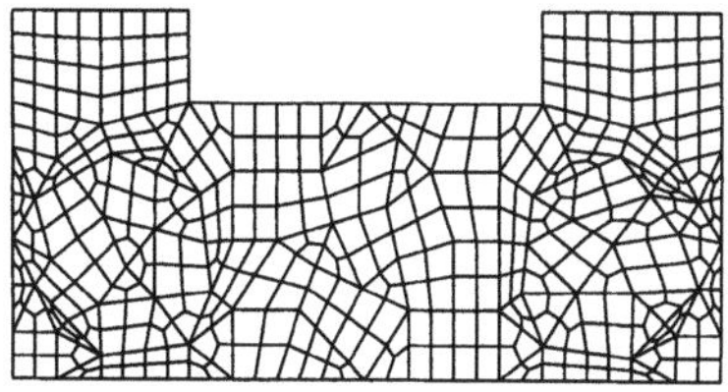

Abb. 9.24. Quadrilateration (0.5)

Auf das Vierecksnetz (Abb. 9.22., γ=0.1) wurde im letzten Schritt die Formoptimierung angewandt. In diesem Beispiel sind die Laplace–Formoptimierung (Abb. 9.25.) und die Isoparametrische Formoptimierung (Abb. 9.26.), relativ gleichwertig. Dennoch sind einige Unterschiede zu erkennen. Abb. 9.25. zeigt eine gleichmäßige Verteilung der Knotenpunkte, d.h. die Knotenpunkte liegen in den Schwerpunkten des Knotenpatches. In Abb. 9.26. dagegen werden die Knoten in der Weise verschoben, daß die an einem Knoten gebildeten Winkel möglichst groß werden, d.h. die Knotendichte in einzelnen Bereichen des Gebietes wird erhöht.

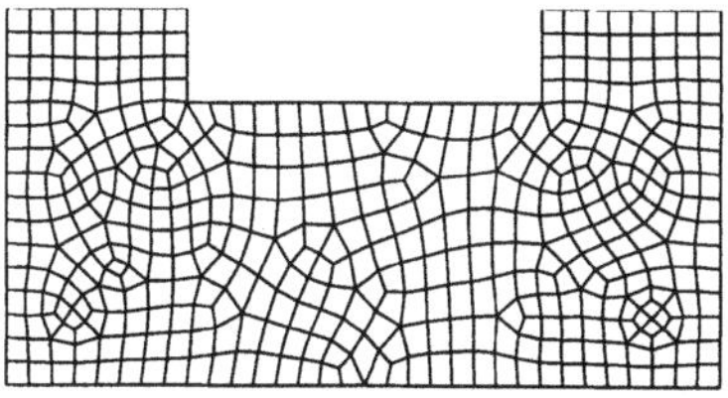

Abb. 9.25. Laplace–Optimierung

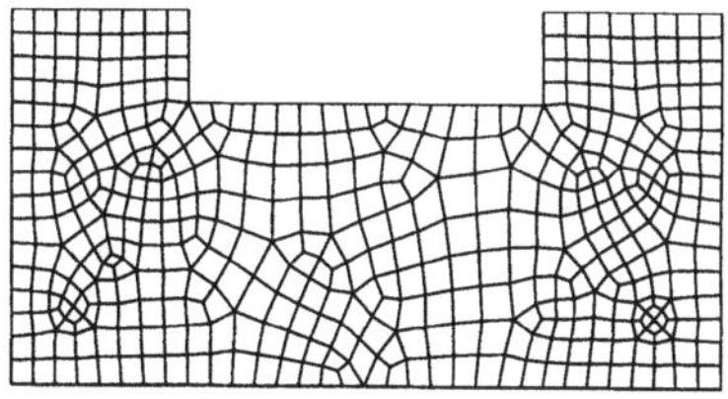

Abb. 9.26. Isopara. Optimierung

9.4.2 Sich im Raum verschneidende Kluftsysteme

Abbildung 9.27.a zeigt einen Block, welcher durch 4 Kluftebenen geschnitten wird. Die Definition des Blockes erfolgt durch die Angabe der Koordinaten seiner 8 Eckpunkte, die der Kluftflächen durch ihre Ebenengleichungen. Im ersten Schritt der Gitternetzgenerierung erfolgt die Zerlegung des Blocks in konvexe Teilblöcke (Subdomains). Diese Teilblöcke werden anschließend mit Hilfe der 3–D–Delaunay–Triangulation in Tetraeder zerlegt. Das Ergebnis ist ein Netzwerk aus Tetraedern, welches an den benachbarten Flächen der Teilblöcke konform ist, d.h. die Verschneidungslinien der Klüfte werden unbedingt erzeugt und die Triangulationen benachbarter Flächen sind identisch.

a) b)

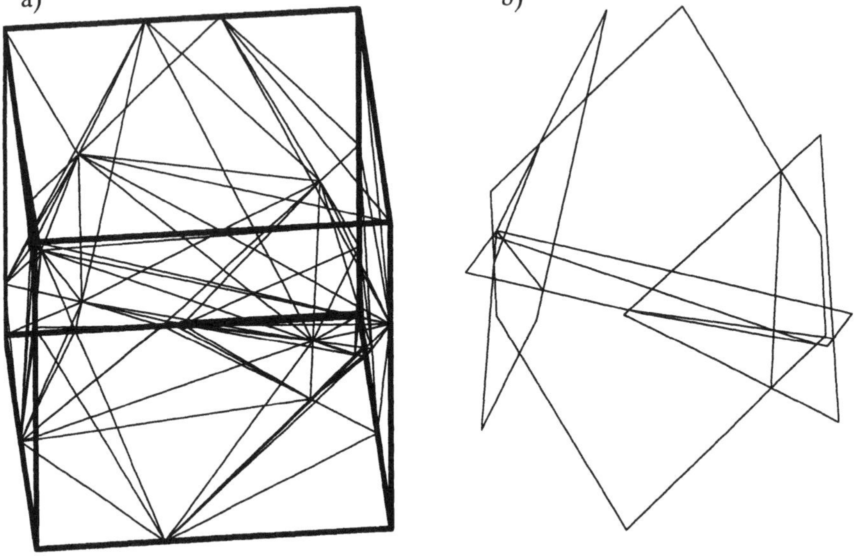

Abb. 9.27. Gesteinsblock; a) Tetraedernetz, b) Extrahierte Kluftflächen

Zur Veranschaulichung sind daneben die Verschneidungslinien und die Randlinien der Kluftflächen dargestellt (Abb. 31 b). Diese werden später zur Gitternetzverfeinerung benötigt. Die Ermittlung der Dreiecke auf den Oberflächen benachbarter Teilblöcke ergibt das grobe Dreiecksnetz. Das auf diese Weise erhaltene Netz ist nach Entfernen der Tetraeder in Abb. 9.28. dargestellt und dient als Ausgangsnetz der Gitternetzverfeinerung.

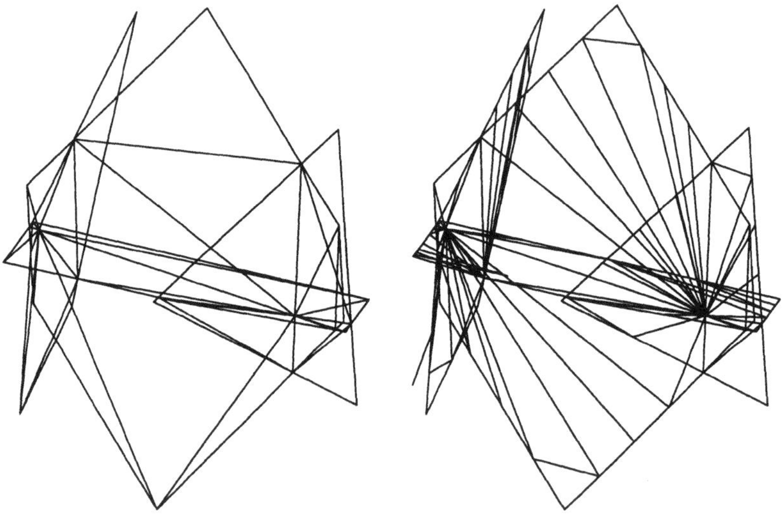

Abb. 9.28. Grobe Triangulation und Randverfeinerung

Die Verfeinerung wird stufenweise durchgeführt, um gezielt Verschneidungslinien, Randkanten und Kanten innerhalb der Kluftflächen bearbeiten zu können. In Abb. 9.29. ist im ersten Schritt eine Verfeinerung der Randkanten durchgeführt worden.

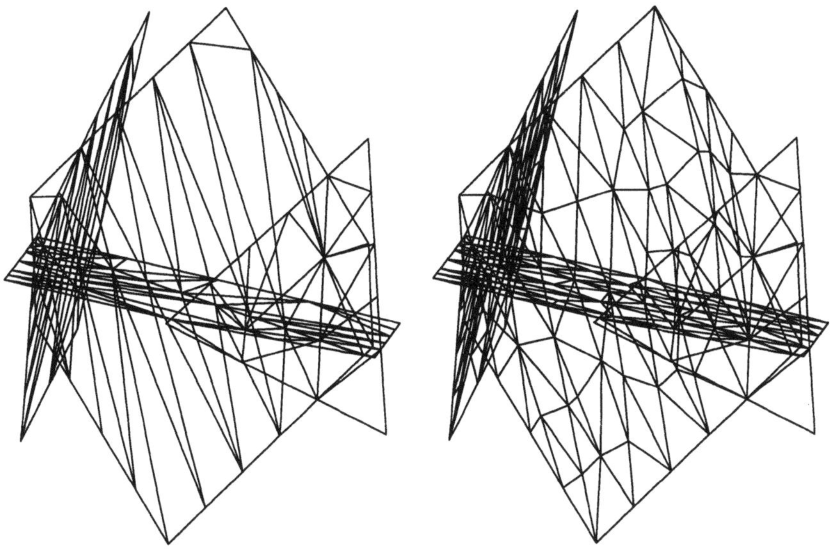

Abb. 9.29. Verfeinerung entlang der Verschneidung und im Gebiet

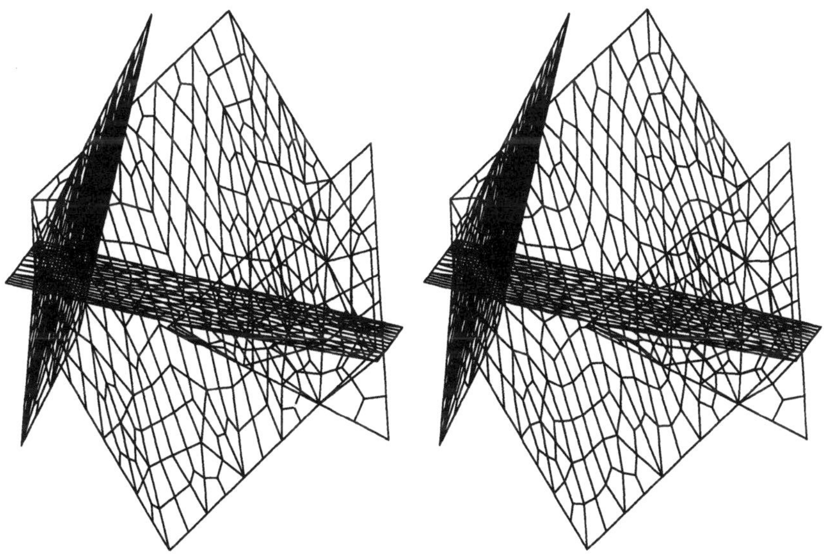

Abb. 9.30. Quadrilateration und formoptimiertes Netz

Die Verschneidungslinien wurden im vorliegenden Fall gesondert behandelt. Abbildung 9.29. zeigt das Ergebnis dieser Verfeinerung und auch der Verfeinerung im Inneren des Gebietes. Je nach gewünschter Auflösung des Gitternetzes sollte die Wahl der Kantenlänge gewählt werden. Es ist jedoch zu beachten, daß durch die anschließende Quadrilateration jede Kante noch mindestens ein weiteres Mal geteilt wird. In Abb. 9.30. ist die Quadrilateration mit einem Wichtungsfaktor γ=0.5 durchgeführt worden. Abschließend wurde die Laplace–Formoptimierung angewandt.

9.5 Zusammenfassung

Basierend auf der Delaunay–Triangulation konnten für zweidimensionale Problemstellungen effiziente Algorithmen zur Vernetzung von beliebig berandeten Gebieten entwickelt werden. Während diese 2–D–Methoden erfolgreich angewandt werden konnten, sind die Algorithmen zur Diskretisierung von dreidimensionalen Objekten basierend auf der Delaunay–Triangulation zunächst einigen Einschränkungen unterworfen.

Die Anwendung der Delaunay–Triangulation erlaubt es hier, beliebige dreidimensionale geologische Strukturen, welche durch konvexe Randkonfigurationen begrenzt sind, in Tetraeder zu zerlegen. Im Finite–Elemente–System ROCKFLOW werden allerdings Hexaeder den Tetraedern bevorzugt angewandt, weil einerseits der Diskretisierungsfehler klein gehalten werden kann und andereseits der Aufbau der Elementmatrizen weniger Rechenzeit in Anspruch nimmt. Anders als im Zweidimensionalen sind im Dreidimensionalen jedoch keine Methoden bekannt, welche durch Tauschen vón Kanten bzw. Flächen Modifikationen am Netz vornehmen. Diese Methoden sind notwendig, um sich inneren Gebietsgrenzen, wie z.B. hydrogeologischen Schichtgrenzen oder Kluftflächen, anzupassen. Weiterhin sind keine Werkzeuge bekannt, welche durch Zusammenfügen von 5 oder 6 Tetraedern zu einem Hexaeder und anschließender Transformation von Tetraedern und Hexaedern Hexaedernetze generieren.

Zur Gitternetzgenerierung von geologischen Strukturen mit inneren Gebietsgrenzen, die entweder endlich oder nichtkonvex sind, besteht noch erheblicher Forschungsbedarf. Dies gilt insbesondere für Hexaedernetze.

10. Graphische Datenverarbeitung

F. Häger

In its simplest form, learning is the process by which inputs of information in the past lead to images of the future in the present.
(Kenneth Boulding)

Die graphische Datenverarbeitung und die wissenschaftliche Visualisierung werden in vielen klein– und großskaligen Modellierungsvorgängen benötigt und eingesetzt. Dabei werden Techniken verwendet, die viele Aspekte numerischer Modellierungen in sehr effizienter Weise unterstützen. Der Bogen, den diese Unterstützung spannen kann, reicht von der Datenaufnahme, der Datenhaltung, dem Datenmanagement über die Modellbildung (Aggregation von Modellierungsdaten) bis hin zur Ergebnisvisualisierung, –verifikation und –validierung.

Der Vorteil der graphischen Datenverarbeitung gegenüber den althergebrachten, an Listen und starren Eingabemasken orientierten, 'Benutzerschnittstellen' liegt in der visuellen Interaktion mit den Methoden und Werkzeugen, welche ihnen erlauben, die in das Simulationsmodell eingehenden Daten und die von dem Simulationsmodell produzierten Datensätze auf vielfältige Weise zu bearbeiten und zu befragen. Die wissenschaftliche Visualisierung hilft dabei sicherzustellen, daß alle Details vorausgegangener Bearbeitungsschritte aufgedeckt, betrachtet und verifiziert werden, bevor der nächste Schritt des Modellierungsvorgangs vorgenommen wird.

Im Abschn. 10.1 dieses Kapitels soll zunächst auf einige allgemeine Aspekte der wissenschaftlichen Visualisierung eingegangen werden.

Der Abschn. 10.2 versucht darzulegen, mit welchen Werkzeugen und Techniken eine Modellierungsumgebung geschaffen werden kann, die den Modellierungsvorgang mittels integrierter Methoden zu einem transparenten Vorgang werden läßt.

Im Abschn. 10.3 werden einige besondere Merkmale der hydrogeologischen Modellierung beschrieben und der Aufbau eines Hydrogeologischen Modellierungssystems (HGMS) vorgeschlagen.

Mit dem Abschn. 10.4 werden die bis zu diesem Zeitpunkt am *Institut für Strömungsmechanik* verfügbaren Komponenten eines zukünftigen Modellierungssystems vorgestellt.

Eine kurze Schlußbetrachtung wird im Abschn. 10.5 angestellt. Es folgen 2 Beispiele zur Visualisierung (Abschn. 10.6), die einen Eindruck von der Komplexität dreidimensionaler Modellierung vermitteln sollen.

10.1 Wissenschaftliche Visualisierung

Wissenschaftliche Visualisierung wird bei folgenden Aufgaben der mathematisch–numerischen Simulation eingesetzt:
- Datenaufbereitung und Prüfung der Datenintegrität
- Fehlersuche im Modell und Steigerung der Programmperformance
- Interpretation und Präsentation von Berechnungsergebnissen.

Bei der Bewerkstelligung dieser Aufgaben entstehen Probleme, die nicht nur im Bereich der Visualisierungstechniken und –konzepte, sondern auch im betriebstechnischen Umfeld (Hardware/Software) zu sehen sind. Modellierer haben es sowohl mit unterschiedlichen Arbeitsplatzrechnern als auch mit verschiedenen Betriebssystemen und Softwarewerkzeugen zu tun. Dazu kommt, daß die Entwicklung der Graphik im Hard– und Softwarebereich einer steilen Wachstumskurve unterliegt. Anwendern wissenschaftlicher Visualisierung wird an dieser Stelle nahegelegt, mit diesen Entwicklungen bewußt Schritt zu halten. Dabei sollte dann von einer (guten) Software erwartet werden, daß sie sich auf neue Visualisierungskonzepte leicht einstellen läßt.

Nachfolgend werden in einem kurzen Überblick die oben erwähnten Einsatzbereiche der wissenschaftlichen Visualisierung behandelt.

10.1.1 Datenaufbereitung und Datenintegrität

Die Komplexität der Modellbildung (z.B. Rand– und Anfangsbedingung und Variabilität der Bodeneigenschaften) kann eine entmutigende Aufgabe darstellen. Bei Kalibrierungsvorgängen kann die Datenaufbereitung viele Iterationschleifen betragen. Der graphische Bildschirm bietet daher in vielen Fällen die effizienteste Art der Dateneingabe und –aufbereitung. Am Bildschirm und mit der Maus können graphische Objekte manipuliert werden, um Datensätze zu erzeugen bzw. zu bearbeiten.

Die nun folgenden Beispiele zeigen einen Ausschnitt aus den vielfältigen Möglichkeiten, die sich mit dem Einsatz graphischer Hilfsmittel und entsprechender Algorithmen ergeben:

Durch Auswahl eines Modellausschnitts (Umfahren eines Gebiets mit dem Mauszeiger) kann festgestellt werden, wie viele finite Elemente sich innerhalb des Gebiets befinden bzw. von welcher Güte diese Elemente sind. Die dabei nach bestimmten Kriterien ausgewählten Elemente (z.B Kantenlänge, Fläche, formbeschreibende Parameter etc.) können vom System markiert und so der weiteren Bearbeitung zugänglich gemacht werden.

In ähnlicher Weise verknüpft man die im Ausschnitt befindlichen Elemente und Knoten mit hydraulischen Eigenschaften oder mit Zeitkurven (z.B. instationäre Randbedingungen). Diese Verknüpfungen sind Referenzen und dienen als Attribute zusammen mit dem Modellgebiet und Steuerparametern als Eingabe für die Simulation.

Diese Vorgehensweise kann mit einer objektorientierten Datenbankmanipulation verglichen werden. Im Prinzip werden Objekte ausgewählt und mit einer bestimmten Methode bearbeitet bzw. befragt.

Schließlich werden mittels Visualisierungstechniken Fehler bzw. Inkonsistenzen in großen Datensätzen lokalisiert, welche ohne ein graphisches Hilfsmittel nur schwer oder gar nicht zu entdecken wären.

10.1.2 Fehlersuche im Modell und Steigerung der Programmperformance

Beim traditionellen Modellierungsvorgang bleibt nach dem Starten des Simulationslaufs nur das Abwarten des Ergebnisses. Möglicherweise laufen einige Meldungen über den Bildschirm; der Code jedoch setzt die Abarbeitung seiner Instruktionen, das 'number crunching', fort.

Werden die Ergebnisse in Problemzonen des Modellierungsgebiets zeitgleich mit der Berechnung auf dem Bildschirm angezeigt, sind wichtige Informationen über das Verhalten und die Güte des Simulationsmodells zu gewinnen. So kann die Simulation bei Fehlverhalten abgebrochen werden und damit wertvolle Zeit eingespart werden.

Weiterhin ist es möglich, die Simulation zu steuern und sogar Zwischenkalibrierungen durchzuführen. Zudem kann die graphische Darstellung auch Aufschluß über Gründe numerischer Instabilitäten geben, indem Ort und Zeitpunkt der entstehenden Instabilitäten gleich am Bildschirm mitverfolgt werden und ggf. in Zusammenhang mit anderen Größen (Wassertiefe, Konzentration, Geschwindigkeit) gesehen werden. Diese Vorgehensweise setzt jedoch handhabbare Modellgrößen voraus, denn die graphische Darstellung ist natürlich mit einem gewissen Zeitaufwand verbunden. Abhilfe schafft die Verteilung von Simulation und Visualisierung auf verschiedene Rechner und eine Ausschnittsbetrachtung zu bestimmten Zeiten.

Im Bereich der Optimierung der Programmperformance kann die Visualisierung Aufschluß über die relative Wichtigkeit von Funktionen und Unterprogrammen geben, indem z.B. die Häufigkeit des Aufrufs und die Verweildauer in einem bestimmten Unterprogramm als Histogramm dargestellt wird (sog. Profiling).

In komplizierten Programmen lasssen sich der logische Datenfluß und die funktionalen Abhängigkeiten in einem Netzwerk mit Ausführungspfeilen und farblichen Aktiv-/Passiv-Zuständen darstellen. Speziell beim Arbeiten auf parallelen Rechnerarchitekturen wird diese Vorgehensweise wertvoll, wenn es nämlich darauf ankommt, die Berechnungslast möglichst gleichmäßig auf die Prozessoren zu verteilen.

10.1.3 Interpretation und Präsentation von Berechnungsergebnissen

Graphische Werkzeuge und moderne Visualisierungsmethoden helfen mit den gewaltigen Datensätzen umzugehen, welche die hochentwickelten Modelle liefern. Das menschliche Gehirn besitzt nur eine geringe Aufnahmefähigkeit für Zahlen, jedoch erstaunliche Fähigkeiten bei der Verarbeitung visueller Daten. Visualisierung ist allerdings mehr als nur die erhöhte Aufnahmefähigkeit von Daten; sie bietet neue wissenschaftliche Möglichkeiten, indem versteckte Strukturen und Parametervariabilitäten in den Simulationsergebnissen aufgezeigt werden. Ein Zitat von R.W. Hamming macht die zentrale Rolle der Visualisierung deutlich: *"The purpose of computing is insight, not numbers"*.

Visualisierung vereinfacht den wissenschaftlichen Informationsaustausch. Dies wird durch den intelligenten Einsatz von Farben, Texturen, Transparenz und Licht in teilweise photorealistischer Qualität erreicht. Dreidimensionale, zeitabhängige Datensätze sind schwierig auszuwerten. Berechnungen müssen häufig mit verschiedenen Parametervariationen wiederholt werden. Die Visualisierung hilft dabei sicherzustellen, daß alle notwendigen und verfügbaren Details in einem Datensatz konsistent eingearbeitet sind, bevor die erneute Berechnung gestartet wird.

Des weiteren bieten Methdoden zur Erstellung von Filmsequenzen oft die einzige Möglichkeit, in Berechnungsergebnissen zeitabhängige Verknüpfungen bzw. Abhängigkeiten darzustellen, ja sie manchmal erst einmal zu erkennen. Solche Methoden sind heutzutage in vielen High–End–Visualisierungssystemen (s. auch Abschn. 10.2.2) integriert und erlauben eine verhältnismäßig einfache Erstellung von eigenen Videos.

10.2 Aufbau einer Modellierungsumgebung

Die numerische Berechnung hydrodynamischer Problemstellungen (z.B. bei der Beurteilung und Sanierung von Abfalldeponien und Altlastenstandorten) erfolgt eingebettet in einen Modellierungsvorgang, der aus Datengewinnung, Modellbildung (struktureller und stofflicher Aufbau in räumlicher Hinsicht mit seiner zeitlichen Veränderung), Simulation, Visualisierung und Validierung besteht.

Die Modellierung von Strömungs– und Transportprozessen im Untergrund ist stark auf die Verwendung "natürlicher Daten" (Meßdaten) angewiesen. Diese Daten dienen zum einen als Eingangsgrößen des numerischen Modells und zum anderen der Validierung von Berechnungsergebnissen (s. Abb. 10.1).

Der Datenfluß, wie er sich z.B. für die hydrogeologische Modellierung darstellt, ist folgendermaßen zu beschreiben (vgl. auch Abb. 10.1). Die aus geologischen Erkundungen bzw. Laboruntersuchungen gewonnenen Daten (oberste Ebene) werden mit verschiedenen Methoden (2. Ebene) zur Netzerstellung, zur Gewinnung von Rand– und Anfangsbedingungen und zur Bestimmung von Modellparametern verwendet (3. Ebene). Nach der Simulationsrechnung (4. Ebene) werden aus der gemeinsamen Datenbasis Validierungsdaten gewonnen, die mit den Ergebnissen verglichen werden (5. Ebene) und je nach Fehler zu einer erneuten Datenaufbereitung oder zur Weiterverarbeitung verwendet werden (6. Ebene).

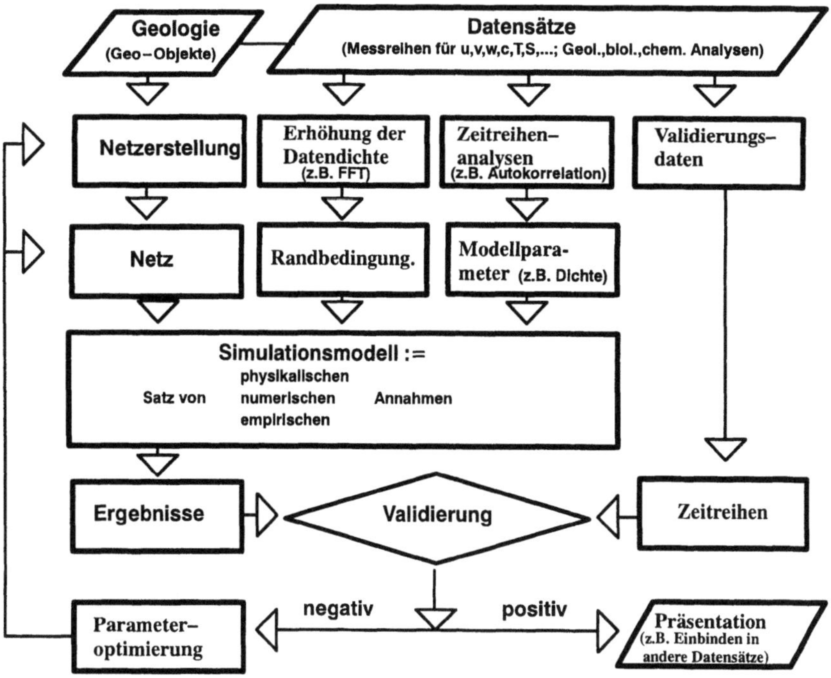

Abb 10.1. Aktivitäten der Modellanwendung

Wünschenswert ist eine Integration der beim Modellierungsvorgang eingesetzten Methoden und Werkzeuge in eine einheitliche Modellierungsumgebung. Sie sollte Anwender unterstützen, sich auf Modellerstellung, Simulation und Validierung zu konzentrieren, ohne dabei noch auf Schnittstellenformate, Zahlendarstellungen, Rechnerarchitekturen, uneinheitliche Betriebssysteme etc. achten zu müssen.

Kostengünstige Lösungsvarianten dieses Integrationsproblems sind nicht einfach zu finden. Insbesondere nicht, wenn Simulationsvorgänge mit unterschiedlichen numerischen Modellen (z.B. Strömungs–/Transportberechnung von ein– bzw. mehrphasigen dichteabhängigen Strömungen) durchgeführt werden und die Modelle gar gekoppelt werden sollen. Noch ist man gezwungen, selbst bei der Gestaltung einer Modellierungsumgebung mitzuwirken. Daher wird in diesem Abschnitt zuerst der Einsatz graphischer Entwicklungswerkzeuge für den Aufbau der Modellierungsumgebung diskutiert und deren Charakteristika vorgestellt. Dann wird der Einsatz von User–Interface– Management–Systemen für die Entwicklung von interaktiven Mensch–Maschine–Schnittstellen behandelt. Im letzten Teil des Abschnitts werden Programmiersprachen der nächsten Generation, die beim Aufbau und beim Betrieb einer Modellierungsumgebung eingesetzt werden können, allgemein vorgestellt, allerdings ohne dabei auf die bei dieser Aufgabe entstehende spezielle Problematik bei der Umsetzung einzugehen.

10.2.1 Programmiersprachen der nächsten Generationen

Eine Programmiersprache der nächsten Generation wird für die Entwicklung der Modellierungsumgebung am *Institut für Strömungsmechanik der Universität Hannover* als Datenbankmanipulationswerkzeug für eine objektorientierte Datenbank (O_2) eingesetzt. Da sich die Erprobung dieser Datenbank im Mai 1995 erst im Anfangsstadium befand, sei im folgenden Abschnitt nur ein kurzer Überblick über Programmiersprachen der nächsten Generation im allgemeinen gegeben. Eine detailliertere Beschreibung der Einsatzmöglichkeiten dieser Sprachen im Zusammenhang mit der Abfrage und Konfiguration einer objektorientierten Datenbank im Rahmen des Aufbaus und Betriebs einer Modellierungsumgebung kann zu diesem Zeitpunkt noch nicht gegeben werden. Allerdings sei an dieser Stelle bemerkt, daß die in den Abschn. 10.2.2 und 10.2.3 vorgestellten graphischen Entwicklungsumgebungen und User–Interface–Management–Systeme ebenfalls in die nachfolgend beschriebenen Tools bzw. Programmiersprachen einzuordnen sind.

Kurzbeschreibung von Next–Generation–Languages (NGL)

Seit Anfang der 80er Jahre wurden neue Werkzeuge und Techniken zur Programmierung entwickelt. Es entstanden Sprachen der 4. und 5. Generation bzw. Anwendungsgeneratoren (hier im folgenden zusammenfassend Next–Generatio–Languages bzw. NGL genannt).

Diese Werkzeuge lassen sich schwer formal beschreiben, da sich die Produkte auch in ihrer Zielrichtung stark unterscheiden können. Einige von den mächtigeren Werkzeugen erscheinen auf den ersten Blick umständlich und unhandlich, andere bieten eine exzellente graphische (Benutzer–)Oberfläche. Manche sind für Endbenutzer oder DV–Fachleute vorgesehen, andere sind für beide Gruppen gedacht. In vielen NGL werden u.a. prozedurale Sprachen benutzt bzw. können eingebunden werden. Einige Systeme setzen auf einem eigenen Datenbankmanagement auf, andere können mit vielen verschiedene Datentypen umgehen.

Eine Gemeinsamkeit dieser Sprachen ist jedoch der Gedanke, daß EndbenutzerInnen in die Lage versetzt werden sollen, eigene Anwendungen zu erstellen – ohne die üblichen Schwierigkeiten beim Erlernen und Anwenden einer prozeduralen Sprache zu haben. Für DV–Fachleute sollen die NGL eine möglichst hohe Wiederverwendbarkeitsquote ihrer Anwendungen garantieren. Dieser Gedanke spielt natürlich beim Aufbau einer Modellierungsumgebung eine große Rolle.

Viele NGL stützen sich auf Datenbanken, die neben Daten auch noch die Formate von Formblättern, Dialogstrukturen, Datenassoziationen, Prüfmechanismen, Sicherheitskontrollen, Methoden zur Ableitung von Daten und logische Verknüpfungen zwischen Daten enthalten bzw. verwalten. Ein beachtenswerter Punkt bei der Auswahl von NGL ist die Infrastruktur (z.B. Wörterbücher, Datenbanken und Bibliotheken), die zur Unterstützung gebraucht wird.

Anwendungen
Typische Anwendungen für NGL sind:
- (objektorientierte) Datenbank–Management–Systeme
- (Datenbank–)Abfragesprachen
- Code–Generatoren (z.B. AVS und UIMS, vgl. 10.2.2 und 10.2.3)
- Bericht–Generatoren
- Integrierte Software–Pakete (z.B. AVS, vgl. 10.2.2)
- CASE–Tools, Expertensysteme, ...

Diese Werkzeuge bilden die Hauptkomponenten eines Next–Generation–Environment (NGE).

Zielvorstellungen
Durch Verwendung von NGL kann man folgende Zielvorstellungen verwirklichen:
- Beschleunigung der Anwendungsentwicklung
- Reduktion der Wartungskosten
- Minimierung der Fehlersuche
- Generierung von fehlerfreiem Code
- Schaffung anwenderfreundlicher Sprachen
- Code bis zu einer Größenordnung kleiner als bei prozeduralen Sprachen
- Formblätter, interaktive Dialoge, Graphik

Die beiden Aufzählungen machen deutlich, daß die Verwendung solcher 'Sprachen' ihrem Verwendungszweck und ihren Zielvorstellungen nach sinnvoll und erleichternd für den Aufbau einer Modellierungsumgebung ist.

Objektorientierte Programmiersprachen
Objektorientierte Programmiersprachen (z.B. C++, Smalltalk, Simula) fallen ebenfalls unter die Kategorie NGL und werden für intelligente Schnittstellen, Graphik, Datenbankprogrammierung usw. verwendet. Sie arbeiten nach folgendem Konzept :
- *Objekte*: aktiver Teil des Systems, beinhalten etwas Speicher *(Daten)* und einen Operations–Set *(Methoden)*. Die Kommunikation erfolgt über Nachrichten (*Messages*).
- *Klassen*: Gruppierung eines Satzes von Objekten
- *Instanzen*: individuelle Objekte, die von einer Klasse beschrieben bzw. aus ihr abgeleitet werden

Evolution der NGL
Die Motivation, einfache Programmierschnittstellen zu entwickeln, entsprang dem Anspruch, den Aufwand des Programmierens, den ein Systementwicklungszyklus beansprucht, zu reduzieren. Anwendungssoftware soll verläßlich, rechtzeitig fertiggestellt und einfach zu warten sein.

Technologische Entwicklungen entstehen hauptsächlich aus 3 Schritten:
- Stadium der Werkzeugentwicklung, in dem der menschliche Geist die menschliche Energie lenkt, z.B. ein Hammer
- Stadium der Maschinenentwicklung, in dem der menschliche Geist eine nicht-menschliche Energiequelle lenkt, z.B. Autos, Computer
- Stadium der Automation, in dem die Automaten sich selbst lenken und den menschlichen Geist und Energie ersetzen, z.B. ein vollautomatisiertes, sich selbst verwaltendes (Büro–)Informationssystem oder vollautomatisierte Fertigungsstraßen

Die Entwicklungsmethoden von Softwarewerkzeugen und –anwendungen folgen dem gleichen evolutionären Pfad. Werkzeuge aus dem Computer–Aided–Software–Engineering (CASE) sind zwar noch nicht genügend umfassend, um den Entwicklungsprozeß von Anwendungen vollständig zu automatisieren, werden aber als bedeutender Schritt in diese Richtung gesehen. Die NGL sind Hilfsmittel dieser Entwicklung.

NGL und Datenbanken

Die ersten Datenbanken waren noch an Macroassembler, FORTRAN oder COBOL gebunden. Spätere Datenbanken brachten Abfragesprachen, wie z.B. SQL oder QUEL. Die Abfragesprachen bilden eine zusätzliche Ebene zwischen DBMS und den BenutzerInnen. Diese Ebene bildete die Grundlage für die Entwicklung der NGL.

Zusammen mit diesen Abfragesprachen konnten komplette Anwendungen innerhalb der gleichen Entwicklungsumgebung erstellt werden. Diese werden DBMS/NGL oder anwendungsorientierte Sprachen genannt (z.B. DB2 von IBM).

10.2.2 Einsatz graphischer Entwicklungswerkzeuge

Der Aufbau einer Modellierungsumgebung geschieht am besten durch Verwendung von leistungsfähigen Anwendungsentwicklungswerkzeugen, welche die Integration von bereits bestehenden Methoden und Werkzeugen erlauben und ihrerseits eine hohe Leistungsfähigkeit bei der Visualisierung von Ergebnisdaten bieten.

Bei diesen Werkzeugen spielt folgender Gedanke eine große Rolle: AnwenderInnen sollen in die Lage versetzt werden, ohne Programmieraufwand eigene Anwendungen zu erstellen; fortgeschrittene BenutzerInnen sollten aber auch die Möglichkeit haben, eigene Methoden als neues Werkzeug in die Umgebung zu integrieren. Dabei wird eine hohe Wiederverwendbarkeitsquote der entwickelten Werkzeuge erreicht (vgl. auch 10.2.1).

Beispiele graphischer Entwicklungswerkzeuge:
- Data Visualization Explorer von IBM
- Data Explorer von SGI
- KHOROS (public domain software)
- AVS Application–Visualization–System

Charakteristiken graphischer Entwicklungswerkzeuge

Graphische Entwicklungswerkzeuge verbinden Softwaremodule dynamisch zu Datenflußnetzwerken (vgl. Abb. 10.2). Dabei bieten sie i. allg. schon eine große Auswahl von Methoden und Werkzeugen zur Datenbearbeitung bzw. Datenvisualisierung.

Dies wird erreicht durch eine Form des visuellen Informationsaustauschs. Ein Netzwerkeditor (bei AVS) ermöglicht ein flexibles Kombinieren dieser Methoden (welche im weiteren als 'Module' bezeichnet werden), sowie einen einfachen Austausch von Modulen durch andere vorhandene bzw. selbstgeschriebene Module (in Abb. 10.2 z.B. ROCKFLOW–SM). Die Verbindungen zwischen den Modulen repräsentieren den Datenfluß durch das Netzwerk.

Das nachstehend abgebildete Netzwerk (hier in AVS) zeigt die Verknüpfung der Module, die notwendig sind, um z.B. die skalaren Ergebnisgrößen des ROCKFLOW–Strömungsmoduls SM während der Berechnung in einem Viewer darzustellen. Dabei werden bis auf das ROCKFLOW–SM Modul alle dazu benötigten Module von AVS zur Verfügung gestellt und ermöglichen, von Endanwendern selbst auf einer Bildschirmarbeitsfläche (Netzwerkeditor) zusammengestellt, eine ansprechende (3–D–)Visualisierung (vgl. auch Abschn. 10.5).

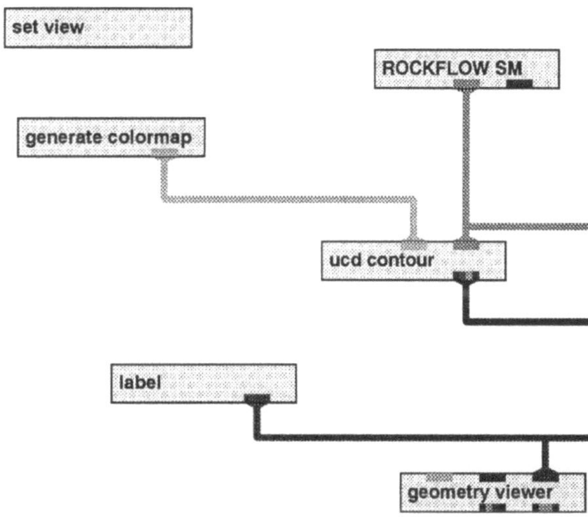

Abb. 10.2. AVS–Datenflußnetzwerk für ROCKFLOW–SM Simulationsläufe und die Visualisierung von skalaren Ergebnisgrößen (Standrohrspiegelhöhen)

Die große Stärke einer Datenflußarchitektur liegt in der Flexibilität, Erweiterbarkeit und den interaktiven Manipulationsmöglichkeiten. Durch diese Fähigkeiten ermöglichen die graphischen Entwicklungswerkzeuge eine Anbindung bzw. sogar die Integration von o.g. Präprozessoren, numerischen Simulationsprogrammen, Datenbanken und ggf. eigenen Visualisierungswerkzeugen, wobei eine Verteilung von Prozessen auf verschiedene (heterogene) Rechnerarchitekturen in recht einfacher Weise unterstützt wird (via Interprozeßkommunikation, Remote Procedure Calls oder TCP–Sockets).

Der Datenfluß zwischen den Modulen muß nicht mehr von Anwendern bzw. Entwicklern realisiert werden, sondern wird durch das System bewerkstelligt. Es sollte allerdings nicht unerwähnt bleiben, daß die Anbindung selbstgeschriebener Module (in Fortran oder in C) einen fortgeschrittenen Kenner des jeweiligen Systems erfordert. Aus diesem Grund wurde vom Autor ein Application–Control–Environment (ACE) geschaffen (vgl. Abschn. 10.4), welches die Anbindung von numerischen Programmen (FE–, FD–, FV–Modelle) durch Bündelung und Kapselung der Programmierschnittstellen von AVS erleichtert, im einfachsten Fall sogar schematisiert (Behrendt 1994).

Am *Institut für Strömungsmechanik der Universität Hannover* wird AVS als graphisches Entwicklungs– und Visualisierungswerkzeug für den Aufbau der Modellierungsumgebung eingesetzt.

Bei AVS werden mehrere Datentypen unterschieden: Geometrie, strukturierte und unstrukturierte Gitternetze mit Knoten bzw. Elementergebnissen, Zahlen, Zeichenfolgen, benutzerdefinierbare Datenstrukturen. Die Softwaremodule können wahlweise in Fortran oder C geschrieben werden; ein Modulgenerator unterstützt die Generierung des Quellcodes. Jedes Modul kann sowohl mit eigenen Parametern zu seiner Steuerung als auch mit sogenannten Ports, welche dem Im– und Export bestimmter Datentypen dienen, versehen werden. Die Kontrolle über die Parameter wird von der AVS–Menükontrolle übernommen.

AVS ist auf den meisten Computerplattformen (SGI, HP, IBM, DEC, Sun, Cray, Convex, Siemens Fujitsu, ...) und Betriebssystemen (UNIX, Windows–NT) erhältlich. Bei den anderen Systemen müssen in dieser Hinsicht z.Z. noch Einschränkungen in Kauf genommen werden.

10.2.3 Einsatz von User–Interface–Management–Systemen

Für die Entwicklung von interaktiven Bedieneroberflächen, die für eine ergonomische Benutzerführung in einer Modellierungsumgebung unerläßlich sind, stehen eine Reihe von sog. User–Interface–Management–Systemen (UIMS) zur Verfügung. Die Vorteile von UIMS liegen in einem verringerten Entwicklungsaufwand und einer Unterstützung des Programm–Prototyping. Ein solches UIMS ist das Programmsystem "Toolmaster UIM/X" von AVS/UNIRAS.

Am *Institut für Strömungsmechanik der Universität Hannover* wurde ein Konzept für eine benutzerfreundliche Bedieneroberfläche erarbeitet (Liebisch 1994). Umgesetzt wurde es am Beispiel des Prä–/Postprozessors DALI (Behrendt et al. 1991; Behrendt et al. 1993) und bildet die Grundlage für die Schaffung einer effektiven Interaktion eines Anwenders mit der Modellbildungskomponente einer Modellierungsumgebung (Liebisch 1994).

UIMS unterstützen bei der Erstellung einer Dialogsteuerung. Ein Merkmal ist, daß mit Hilfe eines Testmodus die zuvor am Bildschirm zusammengestellten Dialogfenster in ihrer Dynamik getestet werden können, ohne daß das eigentliche Programm, welches vom jeweiligen UIMS generiert wird, übersetzt werden muß. Im Toolmaster steht dafür der sog. Interpreter zur Verfügung.

Ein wichtiges Konzept ist die Definition von Klassen für Dialogstrukturen mit gemeinsamen Eigenschaften. Dies wird erreicht durch die Verwendung objektorientierter Techniken, ohne die Verwendung einer ebensolchen Programmiersprache. Auf diese Weise können z.B. für Fenster Darstellungsattribute wie die Hintergrundfarbe, aber auch komplexere Eigenschaften wie die Menüstruktur, an einer Stelle in einer Anwendung festgelegt und für alle abgeleiteten und weiterhin erweiterbaren Dialoginstanzen wiederverwendet werden.

In Abb. 10.3 wird die Bedieneroberfläche des Prozessors DALI dargestellt. Es wurde Wert darauf gelegt, daß die meisten Bedienelemente, sofern nicht zu komplex, innerhalb desselben Hauptfensters zu bedienen sind. Man erkennt eine Pulldown–Menuleiste, in der alle Funktionen gefunden werden können, eine Symbolleiste mit den am häufigsten gebrauchten Befehlssymbolen, eine Statuszeile für Systemvariablen und Meldungen, sowie einen größeren Bereich – die Editform – in dem die zu den einzelnen Befehlen gehörenden Parameter gesichtet, bzw. editiert werden können. Der zentrale Bereich wird von einer Zeichenfläche gebildet, in der momentan ein dreidimensionales Kluftscharsystem zu sehen ist.

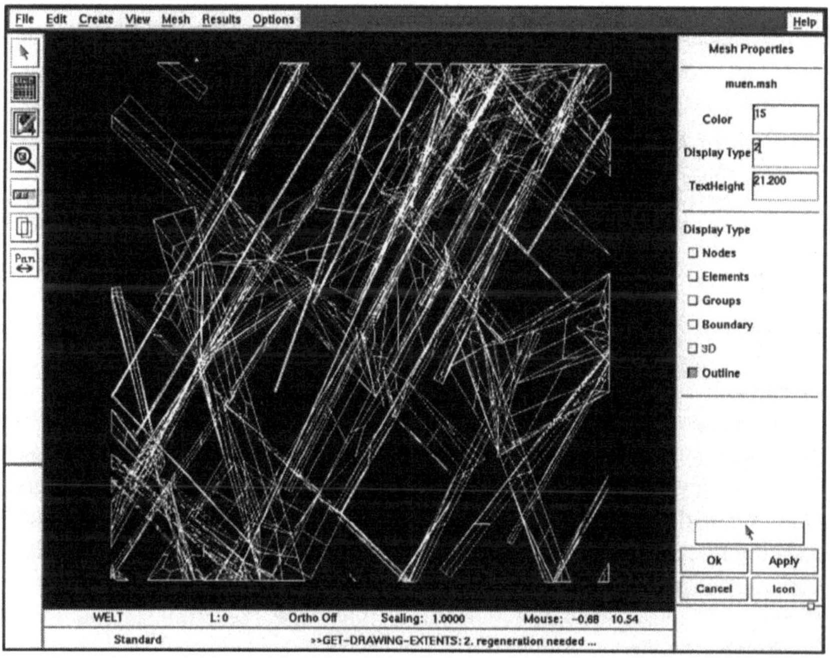

Abb. 10.3. Die graphische Bedieneroberfläche des Prozessors DALI

Der Einsatz von UIMS stellt eine enorme Erleichterung bei der Entwicklung interaktiver Bedieneroberflächen dar. Die Bedieneroberflächen selbst bilden den 'offensichtlichsten' Aspekt einer Anwendung. Auf eine ergonomische Realisierung sollte daher besonders viel Wert gelegt werden (Abb. 10.3).

10.3 Hydrogeologisches Modellierungssystem

Ein hydrogeologisches Modell (HGM) ist eine Abstraktion des Untergrunds. Die Genauigkeit der hydrogeologischen Simulation, die auf dieses Modell angewendet wird, ist in starkem Maße davon abhängig, wie gut das HGM relevante Untergrundeigenschaften beinhaltet. Die Abstraktion des Untersuchungsgebiets geschieht nicht nur durch die einfache geometrische Darstellung von Geo–Objekten, sondern erfordert die Integration von geeigneten Methoden und Datenstrukturen in das HGM in der Weise, daß es für verschiedene Datenmodelle gültig ist (z.B. Variationen für verschiedene Parameter).

Ein hydrogeologisches Modellierungssystem wird als das geeignete Werkzeug für die Lösung von umweltschutz– und resourcenbezogenen Fragestellungen angesehen. Es verknüpft thematische Informationen mit ihrem räumlichen Bezug, stellt topologische Beziehungen her und führt diese Informationen den Simulationsprogrammen zu. Dadurch können nach der Erfassung, Speicherung, Aufbereitung und Simulation viele Analysen objektiver, effizienter und transparenter durchgeführt werden.

In diesem Abschnitt wird nun auf die speziellen Anforderungen an die Modellierungsumgebung im Hinblick auf den Einsatz für die Modellierung hydrogeologischer Problemstellungen eingegangen. Zuerst wird der Aufbau eines hydrogeologischen Modellierungssystems (HGMS) beschrieben. Danach werden einige Aspekte der Datenerfassung und Datenhaltung diskutiert. Im dritten Teil werden die Ansprüche an die Funktionalität des HGMS aufgezeigt. Dann wird die Integrationsproblematik behandelt und zuletzt wird der Nutzen eines HGMS erläutert.

10.3.1 Aufbau

Bei naturähnlicher Modellauflösung ergeben sich teilweise sehr große Systeme mit entsprechend großen Datenmengen unterschiedlichster Art. Diese Datenmengen weisen einen starken Orts– bzw. Zeitbezug auf. Um diese Beziehungen geometrisch und hydrogeologisch zu erfassen und aufzubereiten, werden neben Grundwassersimulationsmodellen (ROCKFLOW–Familie, Zielke et al. 1986–1994) neue Softwarewerkzeuge und –methoden entwickelt (Prä–/Postprozessor bzw. Modellbildungskomponente DALI) und zusammen mit kommerziellen Komponenten (Visualisierung und Datenbanksystemen) als integrierte Programmsysteme in das hydrogeologische Modellierungssystem eingebunden.

Für die Modellanwendung sowie die Präsentation und Analyse der hydrogeologischen Basisdaten ist die konsistente Verknüpfung aller raumbezogenen Daten erforderlich. Dies soll durch den Aufbau und die Anwendung eines HGM, dessen Kern ein digitales Volumenmodell (DVM) ist, gewährleistet werden. Die Modellierung von Grundwasserströmungen erfordert die Umsetzung der hydrogeologischen Basisdaten in Eingangsgrößen des Simulationsmodells. In diesem

Zusammenhang ist die Bereitstellung, Modellierung und Integration dieser Basisdaten in Form von Geo–Objekten mit assoziierten Sachdaten in einem einheitlichen räumlichen und zeitlichen Bezugssystem eine der grundlegenden Aufgaben, denen das HGM genügen muß. Dies stellt hohe Anforderungen an das zugrundeliegende Datenmodell sowie an die Interaktion der Anwender mit dem Programmsystem.

Die Enwicklung des hydrogeologischen Modells wird in Form von drei zum Teil zeitlich parallel laufenden Arbeitsschritten durchgeführt.

Im ersten Schritt wird die Entwicklung des DVM unter Berücksichtigung objektorientierter Datenmodelle (Rumbaugh 1991) durchgeführt. Die Schnittstellen und Methoden zur Ableitung der hydrogeologischen Basidaten für das Grundwassermodell und den Gitternetzgenerator werden in einem weiteren Arbeitsschwerpunkt entwickelt. Im Mittelpunkt des letzten Arbeitsschritts steht die programmtechnische Umsetzung der entwickelten Datenstrukturen und Methoden.

Der Aufbau des HGM soll unter Beantwortung folgender Fragestellungen vorgenommen werden:

Wie sind Methoden und Datenstrukturen in ein HGM zu integrieren, um

- notwendige Basisdaten für die Modellierung von Strömungs– und Transportprozessen verfügbar zu halten,
- Grundwasserfragestellungen umfassend und schnell beantworten zu können,
- aus der Modellierung abgeleitete Informationen effektiv vorzuhalten und optimal zu präsentieren?

Die eingesetzten Werkzeuge sollen dabei anwendungsneutral integriert werden. Die Implementierung muß dem in Abb. 10.4 dargestellten Datenfluß genügen.

In dem kleinen Diagramm wird der Datenfluß im hydrogeologischen Modell grob schematisiert: Nach der Dateneingabe, welche in objektorientierte Strukturen erfolgt, werden die Datenobjekte, die einen geometriebezogenen und einen thematischen Teil besitzen, im HGM verwaltet. Für die Analyse werden Methoden eingesetzt, die mit den Objekten verknüpft werden, und ebenfalls eine geometrie– und eine themabezogene Komponente besitzen. Nach erfolgter Bearbeitung schließt sich die Präsentation an.

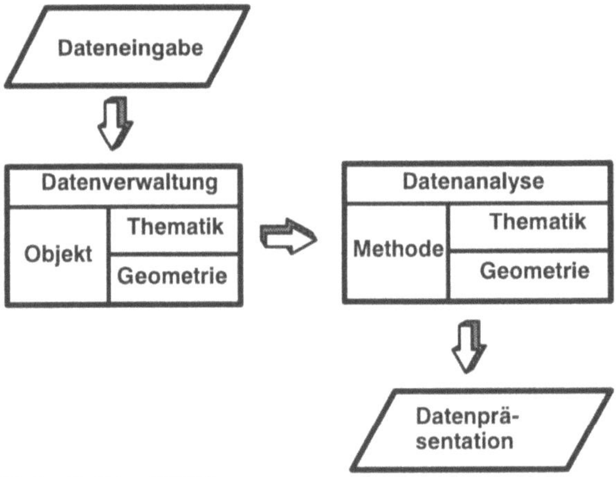

Abb. 10.4. Datenfluß im HGM

10.3.2 Datenerfassung und Datenhaltung

Zur Datenerfassung und Datenhaltung in großen und komplexen Modellen erscheinen auf den ersten Blick Datenbanken oder schon existierende Geoinformationssysteme (GIS) geeignet. Sie weisen jedoch bezüglich der anstehenden Aufgabe schwerwiegende Nachteile auf: Herkömmliche (relationale) Datenbanksysteme sind für die Verwaltung von komplexen, in Raum und Zeit variablen Datenmengen (Basisdaten) ungeeignet, da sie einerseits den Benutzer mit der Datenbank in unnatürlicher Weise umgehen lassen (z.B. beim Datenmodellieren bzw. Abfragen) und andererseits eine unzureichende Effizienz hinsichtlich Antwortzeiten und Speicherbedarf aufweisen.

Raumbezogene Datenbanksysteme (zwei– bis zweieinhalbdimensional) sind heutzutage in einer großen Vielzahl von Geoinformationssystemen (GIS) in der Anwendung, wobei man nur bei wenigen von Standardsystemen sprechen kann (z.B. bei ArcInfo, Sicad, Atkis). Diese Informationssysteme kommen jedoch wegen ihrer für die zeitabhängige Bearbeitung von dreidimensionalen Geo–Objekten ungeeigneten Datenstrukturen für die hydrogeologische Modellierung nicht in Frage.

So ergibt sich ein Bedarf an Nicht–Standard–Datenbanksystemen bzw. objektorientierten Datenbankmanagementsystemen (ODBMS, vgl. auch 10.2.1), die eine Grundlage (hydro–)geologischer Software bilden.

Beispiele für diese These sind der CAD–Bereich, die Karthographie und Geographie bzw. Geologie. Turner (1992) diskutiert den Stand der Technik im Bereich der geologischen Software in bezug zur räumlichen Datenhaltung, zur dreidimensionalen Modellierung sowie zu bisherigen Anwendungen: Die existierenden geowissenschaftlichen Softwaresysteme — teilweise als Prototypen (Kavouras 1987, 1989, 1992; Paradis u. Belcher 1990; Mallet 1992; Waterfeld u. Schek 1992) im Einsatz — orientieren sich an deterministischen und/oder stochastischen Methoden zur geologischen Datenerfassung und Modellerstellung. Sie genügen darüberhinaus jedoch, ganzheitlich betrachtet, nicht den Anforderungen, die sich bei der Modellerstellung und Modellbearbeitung im Hinblick auf hydrogeologische Simulationen und Gitternetzgenerierung ergeben. Sie sind stark angelehnt an die zu bearbeitenden geologischen Problemgebiete, auf die sie angewendet wurden.

Insgesamt betrachtet ist geowissenschaftliche Software eher selten im Verbund mit hydrodynamischen Strömungs– und Transportsimulationen eingesetzt worden (Turner 1992).

10.3.3 Funktionalität

Das zu entwickelnde hydrogeologische Modell orientiert sich hinsichtlich seiner Funktionalität an den Anforderungen, die sich bei der Modellerstellung ergeben. Diese Anforderungen sind die digitale Erfassung, Speicherung und Korrektur von raum– bzw. volumenbezogenen Daten, welche reorganisiert, modelliert, analysiert und alphanumerisch/graphisch präsentiert werden müssen:

Besondere Anforderungen an das Modell sind:

- schneller, effizienter Zugriff auf die Geo–Objekte
- Abfragen hinsichtlich Existenz, Position, Eigenschaften und Konsistenz der Geo–Objekte
- Interaktionsfähigkeit
- Abspeicherung von Bearbeitungszuständen

Seine Charakteristika sind:

- x–, y– ,z–Koordinaten werden in hinreichender Dichte gespeichert.
- Beschreibung eines komplexen Gebiets durch Teilkörper (Geo–Objekte), aus denen es aufgebaut ist
- Der Aufbau des Gebiets geschieht durch die Boole–Operatoren Addition, Subtraktion und Durchschnitt.
- Es wird ein Zeitparameter mitgeführt.

Eingabe:

- Es müssen vektorielle, skalare und thematische (sachbezogene) Daten verarbeitet werden.
- Die Konvertierung von Rasterdaten (z.B. aus Scanner–Aufnahmen) zur Automatisierung der Datengewinnung muß möglich sein.
- Ein Standard für Datenaustauschformate muß festgelegt sein.

Datenverwaltung:
- geeignete Datenstrukturen zur Verarbeitung der Eingangsdaten
- Verwendung objektorientierter Ansätze zur Speicherung und zum Zugriff auf die Geo–Objekte, da nur damit eine freie, dynamische Verknüpfung von Datenstrukturen mit Methoden möglich ist
- Bereitstellung einer raum– und zeitbezogenen Datenbeschreibung

Datentypen und –analyse:
Zu verarbeitende Datentypen sind Raster–, Vektor– und Sachdaten. Unter Verwendung geeigneter Datenbankmanagementsysteme werden Datenanalysen durch Anwendung von Operationen auf sinnvolle Kombinationen der Datentypen möglich. Im Sinne des hydrogeologischen Modells besteht an dieser Stelle ein Entwicklungsbedarf an Methoden und Algorithmen ebenso wie bei der Schaffung von Abfrageräumen für Geometrie– und Sachdaten.

Datenpräsentation und Datenaustausch:
Hohe Anforderungen werden gestellt an die Standardisierung des Datenaustauschs, an die Generalisierung hinsichtlich verschiedener Aggregationsstufen (Maßstabsbereiche) und an die Präsentations– und Visualisierungstechniken.

10.3.4 Integration von Methoden zum Datenmanagement, zur Modellbildung, Simulationssteuerung und Visualisierung

Die bisher mehrfach erwähnte Integration muß schließlich realisiert werden. Zu diesem Zweck sollte ein einheitliches Schnittstellen– und Datenaustauschformat verwendet werden. Die genaue Vorgehensweise ist dabei z.Z. (Mai 1995) noch Forschungsgegenstand. Die mit dieser Integration verbundene Zielsetzung und die sich daraus ergebenden Vorteile werden in diesem Abschnitt erläutert. Abschließend wird kurz auf Standardformate eingegangen und der Nutzen eines integrierten Modellierungssystems dargelegt.

Integration von Methoden in ein Modellierungssystem
Die Integration von Simulationsprogrammen (hier: die Module des Grundwasserprogramms ROCKFLOW, s. Abschn. 10.4.1) und des Präprozessors (hier: DALI, s. Abschn. 10.4.2) in das HGMS erfolgt unter einer gekapselten Verwendung der Benutzerschnittstellenbibliothek ACE (s. Abschn. 10.4.3), die das graphische Entwicklungswerkzeug AVS (s. auch Abschn. 10.2.2) bietet .

Zielsetzung der Integration

Bei der Integration werden folgende Ziele verfolgt:

- Modellbildung in einem Kreislauf mit Simulation und Visualisierung
- 2–D–/3–D–Visualisierung und Animation während und nach der Simulation
- Echtzeitsteuerung von Simulationsprogrammen
- Vereinfachung von Parametervariationen
- Rechnen und Visualisieren auf verteilten Computersystemen (auch Vektorrechner) unter Verwendung von einheitlichen Benutzeroberflächen

Vorteile der Integration

Ergebnisse können sofort bei der Berechnung (online) visualisiert werden, so daß der Fokus auf ein Gebiet erhöhten Interesses visuell und interaktiv erfolgen kann:

- Die Graphik ist während der Berechnung beeinflußbar.
- Ein frühzeitiges Abbrechen bei Instabilitäten oder Varianten, die nicht den gewünschten Erfolg erzielen, wird leicht möglich.

Dabei wird Plattenkapazität eingespart, da nur die Speicherung der Ergebnisse zu erfolgen braucht, die für die weitere Bearbeitung vorgesehen sind. Man sollte natürlich entscheiden können, welche Ergebnisse auf welche Weise und mit welcher Dichte abgespeichert werden sollen.

Die Auswahl eines Restart–Zeitpunkts kann visuell erfolgen oder durch die Meldung nachgeschalteter Module, die ein Ergebnis auf bestimmte Kriterien prüfen, bestimmt werden. Fehler werden dann genauso wie Ergebnisse visualisiert und diesen gegenübergestellt.

Die Integration erlaubt eine leistungsfähige Visualisierung instationärer Vorgänge. Damit verbindet sich der Vorteil der Animation mit dem visuellen Bezug zum Verhältnis Rechenzeit ↔ Simulationszeit.

Sensitivitätsanalysen, Eich–, Kalibrierungsvorgänge und Parameterverifikationen werden durch unmittelbare oder automatische Parametermanipulation unterstützt Bei Softwareentwicklung am numerischen Modell gilt dann: *"What you see is what you implemented"*.

Verwendung von Standarddatenformaten

Der vielleicht wichtigste Aspekt bei der Integration der Komponenten in ein offenes und konzeptorientiertes Modellierungssystem ist die Verwendung eines einheitlichen, wissenschaftlichen (Standard–)Datenformats. Die Verwendung dieses Formats muß einerseits für den Modellierer völlig transparent erfolgen und andererseits den einfachen Im– und Export von Daten (sowohl über Dateien als auch mit Interprozeßkommunikation) erlauben.

Diese Untersuchungen stehen am *Institut für Strömungsmechanik* am Anfang; an dieser Stelle wird ein kurzer Einblick in die Anforderungen gegeben. Der Analyse und dem Aufbau des dem Daten– und Steuerfluß im HGMS zugrundeliegenden Datenformats wird eine hohe Bedeutung beigemessen.

Anforderungen an das Standarddatenformat

- Das Format muß benutzerdefinierte Datenstrukturen verarbeiten können.
- Es muß flexibel zu handhaben sein, um für unterschiedliche Applikationen verwendet werden zu können.
- Schnittstellen zu gängigen CAD–, GIS–, CFD– und Rasterformaten sind vorzusehen.
- Ein einfacher Zugriff auf die Datenstrukturen über eine eigene Bibliothek muß ermöglicht werden.
- Das Format darf keinen großen Overhead produzieren.
- Die Daten müssen redundanzfrei gespeichert werden.

10.3.5 Nutzen

Mit der interaktiv–graphischen Modellierung wird ein besseres Verständnis des Anwenders für das Modell, dessen Benutzung und die Ergebnisse erreicht. Das Prä– und Postprocessing wird in den Modellierungsvorgang integriert und als vorwiegend graphische Input–/Output–Operation realisiert. Dabei stehen die Modellierung des "Real World"–Problems, die sie bestimmenden Prozesse und deren Wechselwirkungen im Zentrum des Interesses. Erst mit dem Einsatz der in den vorherigen Abschnitten genannten Techniken wird der Aufbau und der Betrieb eines Simulationsmodells mit einer Größenordnung von meherer Millionen Knoten möglich.
Das HGMS kann wesentliche Entscheidungskriterien für die Beurteilung vieler Umweltschutzfragen zur Verfügung stellen:

- Lagerung chemischer, biologischer oder radioaktiver Abfälle
- alte und neue Deponiestandorte
- Geothermie
- Grundwasserentnahme und Aquifersanierung
- Untersuchung der Sohldruckverteilung auf felsgegründeten Bauwerken.

10.4 Entwicklungsstand

Dieser Abschnitt stellt die bisher am *Institut für Strömungsmechanik* verfügbaren und implementierten Komponenten des hydrogeologischen Modellierungssystems vor.

10.4.1 ROCKFLOW

In den vergangenen Jahren ist das Programmsystem ROCKFLOW entwickelt worden (Zielke et al. 1986 – 1994). ROCKFLOW ist ein Grundwassersimulationsprogramm für Strömungs– und Transportprozesse von einer oder mehreren Phasen in klüftigem Gestein. Die komplexe Geometrie wird durch 1–D–Elemente für Fließkanäle, 2–D–Elemente für Kluftflächen und 3–D–Elemente für die poröse Gesteinsmatrix beschrieben.

ROCKFLOW wurde und wird derzeit in zahlreichen Fragestellungen im Zusammenhang mit Problemen der Lagerung chemischer, biologischer und radioaktiver Abfälle, Geothermie, sowie der Grundwasserentnahme und Aquifersanierung weiterentwickelt und verifiziert.

Die ausführliche Beschreibung der Leistungsfähigkeit und der mit ROCKFLOW bearbeiteten Problemstellungen findet sich in den Kap. 1 – 8 dieses Buchs.

10.4.2 DALI

Um einen wirkungsvollen Präprozessor für die Modellierung von Gebieten, in denen hydrodynamische Vorgänge zu untersuchen sind, zu erstellen, wurden Methoden zur Modellbildung entwickelt, die den Benutzer unmittelbar interaktiv an der Modellierung seines Problems am Bildschirm unterstützen und einbeziehen (Programmsystem DALI, Liebisch 1994).

Aufbau
Der Kern des Graphiksystems DALI basiert auf einer Verwaltung von Zeichnungselementen (z.B. Punkt, Polylinie, Diagramm, FE–Netz, Isolinien, Isoflächen, Vektoren und Attribute) in doppelt verketteten Listen. Die Zugriffe auf die Elemente der Liste, welche erforderlich sind, um z.B. Löschvorgänge, Verschieben, Ändern von Attributinhalten oder Zuordnung von Referenzen zu ermöglichen, erfolgen mit objektorientierten Programmiertechniken.

Funktionalität
DALI besitzt CAD–Eigenschaften, die z.B. das Editieren und das Optimieren von FE–Netzgeometrien ermöglichen. Die Segmentierung von Zeichnungselementen wird durch eine Fenster– und Layertechnik realisiert. Ein Browser gibt einen Überblick über die in der Zeichnung befindlichen Objekte und ermöglicht ein einfaches Bearbeiten der Objekte durch Anwenden verschiedenster Funktionen auf diese Objekte.

Mehrere Interpolationsfunktionen (kub. Splines, Akima, Bezier) unterstützen den Anwender bei der Zuordnung von Meßwerten zu z.B. zeitlichen Randbedingungen.

Mittels einer Fast–Fourier–Transformation lassen sich Polylinien (z.B. Meßwertreihen) im Frequenzraum untersuchen und dort editieren (z.B. hohe Frequenzen filtern).

Es wurde ein Netzgenerator integriert (vgl. Kap. 10 dieses Buchs), der beliebige zweidimensionale und im beschränktem Maße auch dreidimensionale Gebiete mit verschiedenen Techniken vernetzt. Durch die Verwendung von speziellen Methoden werden aus Dreiecken bzw. Tetraedern Vierecks– und Hexaederelemente erzeugt und optimiert.

Mehrere Arten der zweidimensionalen Ergebnisvisualisierung (Isolinien, Isoflächen, Vektordarstellung, Legende) wurden implementiert und erlauben die grundlegenden Darstellungsmöglichkeiten von Ergebnissen, die auf unterschiedliche Weisen importiert werden können und einheitlich im Programmsystem mit Browser–Techniken verwaltet werden.

Zur Beschriftung der Zeichnungen werden Vektorfonts verwendet, die genau wie der Zeichnungsinhalt stets skalierbar sind.

Mit einer variablen Diagrammdarstellung werden Zeitkurven oder instationäre Randbedingungen dargestellt.

Der jeweilige Bearbeitungszustand kann gesichert und zu einem späteren Zeitpunkt wieder aufgenommen werden.

Die Möglichkeit zur Generierung von Macros (Scripts) erlaubt ein Verkürzen des Bearbeitungsvorgangs, wenn sich Bearbeitungsschritte wiederholen.
Über Referenzierung von Attributen, die im übrigen genau wie Zeichnungsinhalte erzeugt und bearbeitet werden können, erfolgt die Zuordnung von z.B. Materialeigenschaften zu Elementgruppen oder die Zuordnung von Randbedingungen zu Randknoten.

Software / Hardware
DALI ist eine X–Window–Anwendung und läuft auf allen gängigen Hardwareplattformen, sofern diese X–Windows unterstützen. Druckformate: HPGL, GIF, PostScript, Softwareanbindung: Textverarbeitungen, rasterbildverarbeitende Systeme.

Weiterentwicklungen
Die Geometrie eines Modellgebiets kann über Referenzierungen zu Attributen mit physikalischen Eigenschaften verknüpft werden. Der weitere Verlauf der Entwicklung sieht vor, damit die Eingabedaten hydrodynamischer Simulationsprogramme vollständig graphisch zu verwalten. DALI läuft momentan als selbstständiger Prozessor. Wie in Abschn. 10.2.2 erwähnt, ermöglicht ein graphisches Entwicklungswerkzeug wie AVS die Integration einer solchen Komponente in eine Modellierungsumgebung. Diese Integration ist geplant.

10.4.3 Application–Control–Environment (ACE)

Für die Integration von auf FORTRAN basierender numerischer Modelle und Prozessoren in eine Modellierungsumgebung, die z.B. auf AVS aufbaut, wurde ein Fortran–Application–Control–Environment (F–ACE) entwickelt (Behrendt 1994). F–ACE kapselt, bündelt und vereinfacht die Nutzung der Benutzer–Schnittstellen–Bibliothek des graphischen Entwicklungswerkzeugs AVS.

Aufbau
Aus Sicht des Benutzers besteht F–ACE (neben einer Bibliothek von Funktionen, die die Komunikation mit AVS ermöglichen) aus einer Gruppe von Funktionen, die als

Gerüst für einen eigenen FORTRAN–Quellcode zur Verfügung stehen. Neben F–ACE wird die gleiche Funktionalität für auf C basierende Prozessoren entwickelt (→ C–ACE).

Innerhalb des Quellcodes der Unterprogramme sind Bereiche markiert, in denen der Benutzer beispielhaft ACE–Aufrufe vorfindet, die ausreichend dokumentiert sind. Mit diesen ACE–Aufrufen werden die Geometrie (FE–Netz), die Ergebnisse und ggf. geänderte Parameter dem System eingegeben bzw. abgefragt.

Funktionalität

ACE stellt Funktionen zur Verfügung, um Einstellungen, die der Anwender innerhalb der Menükontrolle von AVS vorgenommen hat, abfragen zu können, oder z.B. die Zahlendarstellungsgenauigkeit von doppelt in einfach umzuwandeln.
Das Gerüst ist so aufgebaut, daß jeweils eine Funktion

- die Definition von Parametern, die in der Menüsteuerung von AVS erscheinen sollen, erlaubt,
- eine Initialisierung der Simulation (Einlesen der Eingabedatei bzw. Übernahme der entsprechenden Modelldaten über die zu implementierende ACE–Schnittstelle von DALI) und Ausgabe der Geometrie (als strukturierte oder unstrukturierte Gitternetze) an AVS ermöglicht,
- die Berechnung eines Zeitschritts (die Zeitschrittsteuerung wird von ACE übernommen) von der restlichen Bearbeitung kapselt,
- eine graphische Ausgabe der Ergebnisse an AVS unterstützt,
- die Ausgabe von (Simulationssteuerungs)–Parametern an die Menüsteuerung von AVS übernimmt,
- die Abfrage von Parametern, die in der Menüsteuerung vom Benutzer eingegeben wurden, durchführt.

Das Simulationsprogramm besitzt nach Anbindung an ACE kein eigenes Hauptprogramm mehr. Die Simulationsprogramme können jedoch nach Anbindung an ACE weiterhin selbstständig laufen (ohne AVS zu starten). Nach erfolgter Anbindung erscheinen die Simulationsprogramme zusammen mit der graphischen Benutzeroberfläche von AVS einheitlich auf dem Bildschirm. Der Benutzer kann mittels des Layout–Editors von AVS die Oberfläche äußerst einfach verändern und sie seinen Bedürfnissen anpassen.

Weiterentwicklungen

Wie in den vorangegangenen Ausführungen deutlich wurde, bildet die Integration von Methoden und Werkzeugen aus den verschiedenen Aufgabenbereichen der Hydrodynamischen Modellierung in einen einheitlichen Daten– bzw. Steuerungsfluß eine vordringliche Rolle.

Im weiteren Verlauf der Entwicklungen ist vorgesehen, den graphischen Prozessor DALI und andere Werkzeuge, die der ein–, zwei– bzw. dreidimensionalen Datenanalyse,– aufbereitung und –visualisierung dienen (z.b. UNIRAS agX, 3D–Netzgeneratoren und das public domain tool XMGR) mit ACE in die Modellierungsumgebung zu integrieren.

Da diese Werkzeuge teilweise ereignisgesteuert, also nicht–sequentiell, arbeiten, wird das Gerüst von Funktionen, das für das Schema Initialisierung, Zeitschrittrechnung und Ausgabe vorgesehen ist, nicht gebraucht. Bei dieser Integration werden die Funktionen von ACE verwendet, welche die Kommunikation des Benutzers mit AVS vereinfachen bzw. kapseln.

10.5 Schlußbetrachtung

Die Anforderungen an ein Modellierungssystem, wie oben beschrieben, sind hoch; dennoch lohnt sich der Weg dorthin, denn im Zuge der ständigen Weiterentwicklungen auf dem numerischen Sektor kann keine zusätzliche Zeit mehr für erneute Anpassungen der wissenschaftlichen Visualisierung und Datenhaltung an ein weiteres Simulationsmodell aufgewendet werden. Ebenso wird der Austausch von Modellen bzw. die Integration neuer Methoden vereinfacht.

Die Entwicklung eines HGMS geschieht nicht unabhängig von der täglichen Modellierungsarbeit, sie muß vielmehr Hand in Hand mit Softwarentwicklern, die den Modellierungsprozeß sorgfältig analysieren müssen, vollzogen werden. An diesem Projekt sollten Anwender– und Entwicklerseite eng zusammenarbeiten. Anforderungskataloge, Analysen der Modellierungsvorgänge und viele Gespräche mit Kollegen weltweit bringen die Entwicklung ins Rollen.

10.6 Beispiele

10.6.1 Strömungen im verschneidenden Kluftsystem (Münchehagen)

Die Kluftstrukturen sind grob aufgelöst in DALI eingegeben und nachträglich verfeinert worden. Anschließend wurden konstante Standrohrspiegelhöhen als Randbedingungen vorgegeben und das System mit ROCKFLOW–SM berechnet. Die Simulation ist in AVS als Modul integriert und und liefert die unten abgebildete Darstellung der in den Klüften enstehenden Standrohrspiegelhöhen online während der Berechnung (Abb. 10.5).

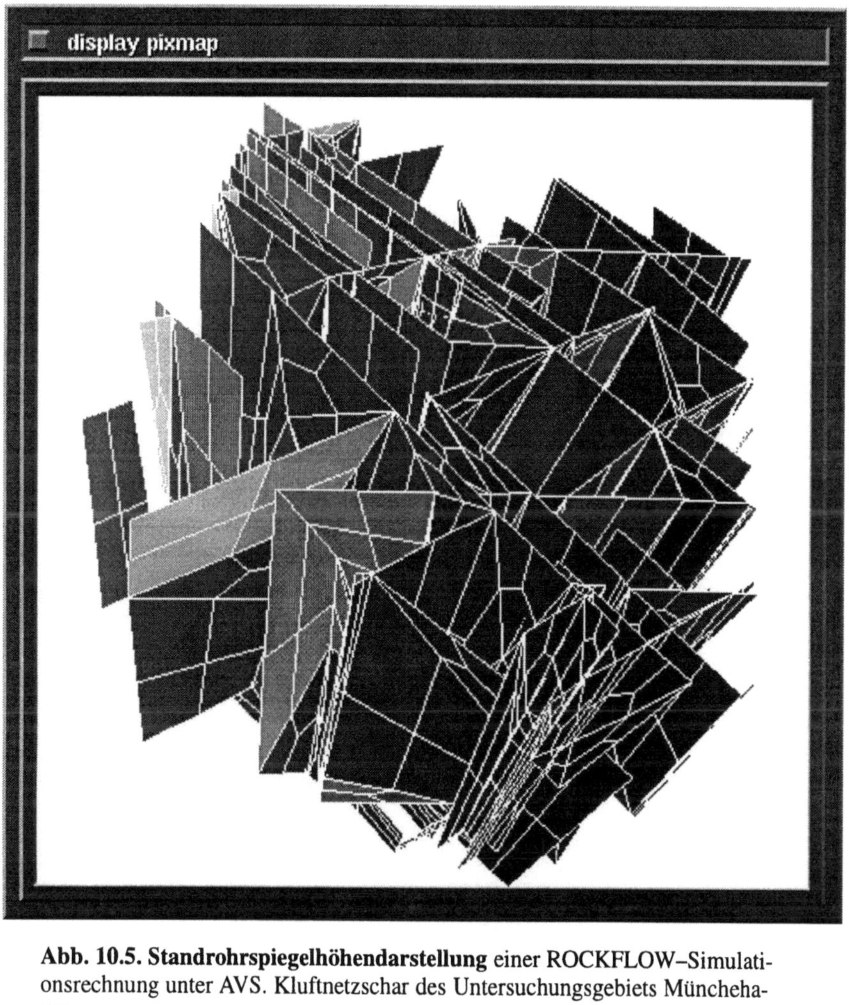

Abb. 10.5. Standrohrspiegelhöhendarstellung einer ROCKFLOW–Simulationsrechnung unter AVS. Kluftnetzschar des Untersuchungsgebiets Münchehagen

10.6.2 Darstellung des Felslabors Grimsel

Ein Beispiel für die dreidimensionale Modellbildung ist das Felslabor Grimsel in der Schweiz. In diesem Felslabor werden u.a. strömungsmechanische Versuche und Untersuchungen in Granitgestein durchgeführt. Die geometrische Modellbildung für die numerische Simulation umfaßt neben der Generierung von Finiten Elementen auf den im Untergrund erfaßten Klüften (s. Abb. 10.6) auch die Vermaschung der Gesteinsmatrix. Mittels graphischer Visualisierungstechniken kann die Güte der Netzgenerierung kontrolliert werden. Der in der Abb. 10.6 zu sehende Stollen führt zu einem Versuchsgebiet der Bundesanstalt für Geowissenschaften und Rohstoffe, Hannover. Die Netzgenerierung erfolgte mit dem Netzgenerator von Prof. Takeo Taniguchi, Okayama, Japan (s. auch Kap. 10).

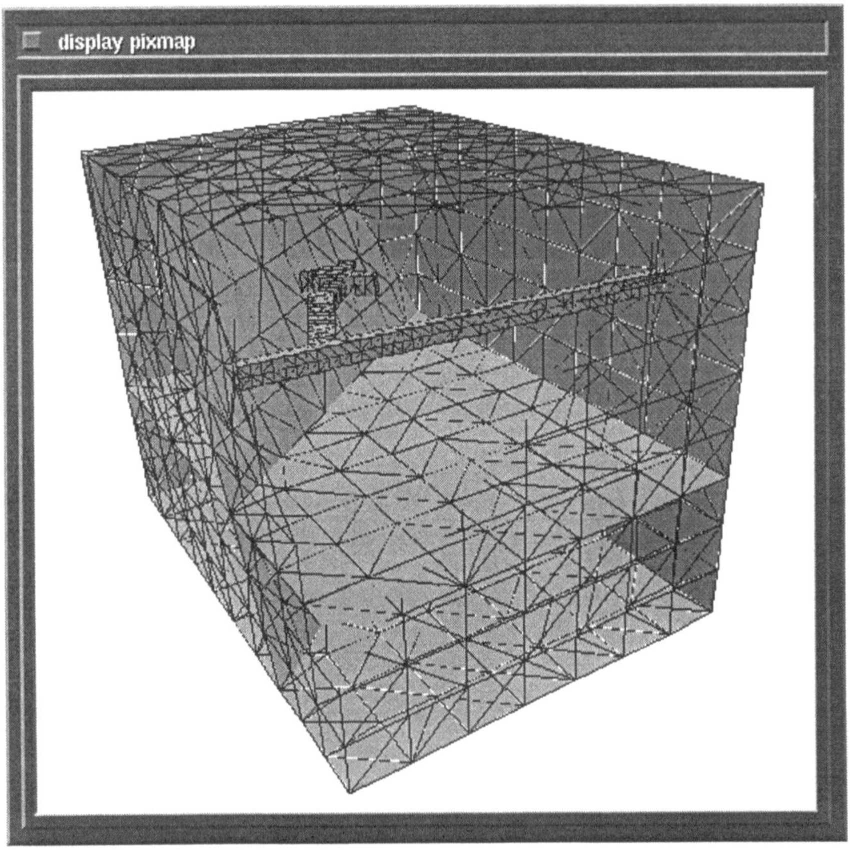

Abb. 10.6. Darstellung des Felslabors Grimsel, Schweiz.

Anhang A

Checkliste
für
Grundwasserprogramme

Hydraulik
Transport
Quellen und Senken
Modellgeometrie
Datenorganisation
Softwareeigenschaften

HYDRAULIK		
Eigenschaft	Bedarf	Software Angebot
Fluideigenschaften		
Inkompressibles Fluid (Wasser)		
Kompressibles Fluid (Gas)		
Konstante Dichte		
Variable Dichte		
Konstante Temperatur		
Variable Temperatur		
Konstante Viskosität		
Variable Viskosität		
Aquifereigenschaften		
Anfangsbedingungen		
Stationär		
Instationär		
Geichförmig porös		
Geklüftet		
Doppelt porös		
Gesättigt		
Ungesättigt		
Kompressibel		
Inkompressibel		
Stochastische Porositätsverteilung		
Gespannter Aquifer		
Halbgespannter Aquifer (leaky Aquifer)		
Maximale Leakage Rate		
Speicherfähigkeit des Aquifers		
Speicherfähigkeit der Aquitarde		
Ungespannte Verhältnisse (freie Grundwasseroberfläche)		
Versickerung		

Flächenhafte Entwässerung		
Hydraulische Eigenschaften des Systems		
Homogen		
Heterogen		
Isotrop		
Anisotrop		
Klüftig		
Dominante Fließwege		
Schichtiges Gefüge		
1-D-Poroelastische Deformation (Landsenkung, Setzung, druckabhängige Permeabilitäten)		
2-D-Poroelastische Deformation (Landsenkung, Setzungen, druckabhängige Permeabilitäten)		
3-D-Poroelastische Deformation (Landsenkung, Setzungen, druckabhängige Permeabilitäten)		
Randbedingungen		
Geschlossener Rand		
Dirichlet; konstant (Standrohrspiegelhöhe, Druck)		
Neumann; konstant (Durchfluß, Geschwindigkeiten)		
Dirichlet; zeitabhängig (Standrohrspiegelhöhe, Druck)		
Neumann; zeitabhängig (Durchfluß, Geschwindigkeiten)		
Cauchy		
Diskontinuitäten		
Numerisches Verfahren zur Lösung der Strömungsaufgabe		
Finite Differenzen		
Finite Elemente		
Andere Verfahren		
Darcy-Gleichung (gesättigt)		
Richards-Gleichung (ungesättigt)		
Nichtlineare Fließgesetze (z.B.: Kluftströmung)		
Andere Fließgesetze (z.B.: Poroelastizität)		
Direkter Gleichungslöser (z.B.: Gauß-Elimination)		

Iterativer Gleichungslöser (z.B.: CG-Verfahren)		
Multigrid-Löser		
Andere Gleichungslöser		

TRANSPORT			
Eigenschaft		Bedarf	Software Angebot
Massentransport			
Anfangsbedingungen			
Advektion			
Diffusion (Fick'sches Gesetz)			
Matrixdiffusion			
Konstante Dispersion			
Variable Dispersion			
Sorption	im Aquifer		
	in der Aquiclude		
	lineare Gleichgewichtsadsorption		
	Freundlich-Isotherme		
	Langmuir-Isotherme		
	Nichtgleichgewichtsadsorption		
	andere		
Radioaktiver Zerfall			
Radioaktive Zerfallsketten			
Mortalität von Bakterien oder Viren im Grundwasser			
Nahfeldkomponente			
Chemische Reaktionen			
Biochemische Reaktionen			
Lösungsvorgänge			
Mehrphasensystem			
NAPLs (Non Aquaous Phase Liquids)			
Süß-/Salzwassergrenze			
Wärmetransport			
Speicherung			
Wärmeleitung			
Advektion (Fluidbewegung durch Potentialströmung)			

Konvektion (Wärmeinduzierte Fluidbewegung)		
Dispersion		
Numerisches Verfahren zur Lösung der Transportaufgabe		
Finite Differenzen		
Finite Elemente		
Random Walk		
Charakteristiken Verfahren		
Andere Verfahren		
Direkter Gleichungslöser (z.B.: Gauß-Elimination)		
Iterativer Gleichungslöser (z.B.: CG-Verfahren)		
Multigrid Gleichungslöser		
Andere Gleichungslöser		

QUELLEN UND SENKEN		
Eigenschaft	Bedarf	Software Angebot
Quellen		
Vollkommener Brunnen		
Unvollkommener Brunnen		
Kontinuierliche Quelle		
Variable Quelle		
Konstante Injektionsrate		
Variable Injektionsrate		
Konzentrationseinleitung		
Konzentrationsbelastete Injektion		
Plötzliche Erhöhung (Puls-Test)		
Injektionsbrunnen		
Oberflächengewässer		
Ungesättigte Bedingungen unter Oberflächengewässer		
Konstanter Wasserspiegel im Oberflächengewässer		
Variabler Wasserspiegel im Oberflächengewässer		
Einfluß von Oberflächengewässern auf mehrere Schichten		
Trockenfallen von Oberflächengewässern		
Punktquellen (rein hydraulisch)		
Linienhafte Versickerung		
Flächenhafte Versickerung		
Punktförmige Konzentrationsquellen		
Linienhafte Konzentrationsquellen		
Flächenhafte Konzentrationsquellen		
Senken		
Extraktionsbrunnen		
Standrohrspiegelhöhe im Brunnen		
Vollkommener Brunnen		
Unvollkommener Brunnen		

Speicherkapazität des Brunnenraums			
Probenahmebrunnen			
Multilevel-Brunnen			
Brunnen durch mehrere Aquifere			
Evapotranspiration			
Oberflächengewässer, die den Aquifer			
	voll anschneiden		
	teilweise anschneiden		
	über ihr Flußbett anschneiden		
Ausfließende Brunnen/Quellen, die den Aquifer			
	voll anschneiden		
	teilweise anschneiden		
Bergwerksschächte, die den Aquifer			
	voll anschneiden		
	teilweise anschneiden		
Bergwerksstollen, die den Aquifer			
	voll anschneiden		
	teilweise anschneiden		
Entwässerungsbrunnen			
Drainagen			

Modellgeometrie		
Eigenschaft	Bedarf	Software Angebot
Dimensionalität		
1D (kartesisches Koordinatensystem)		
2D (kartesisches Koordinatensystem)		
3D (kartesisches Koordinatensystem)		
1D (Zylinderkoordinatensystem)		
2D (Zylinderkoordinatensystem)		
3D (Zylinderkoordinatensystem)		
Aquiferschichtung		
Einschichtfall		
Zweischichtfall		
Mehrschichtfall		
Auskeilende Schichten		
Schichtversätze		
Komplexere geologische Strukturen		
Maximale Anzahl der Schichten		
Gittereigenschaften		
Gleichabständiges Gitter		
Variable Gitterabstände		
Verfeinerungsmöglichkeiten		
Blockcentered		
Pointcentered		
1-D-Linienelemente		
2-D-Dreieckelemente		
2-D-Viereckelemente		
3-D-Tetraederelemente		
3-D-Hexaederelemente		
Andere Elemente		
Maximale Anzahl von Elementreihen		

Maximale Anzahl von Elementspalten		
Maximale Anzahl von Knotenreihen		
Maximale Anzahl von Knotenspalten		
Maximale Anzahl von Elementen bzw. Knoten		
≤ 1 000		
≤ 5 000		
≤ 10 000		
≤ 50 000		
≤ 100 000		
> 100 000		

Datenorganisation			
Eigenschaft		**Bedarf**	**Software Angebot**
Dateneingabe			
Gittergenerator			
Gitterverfeinerung			
Schnittstelle zu Datenbanksystem			
Digitalisierung			
Grafische Darstellung der Eingabedaten			
Präprozessor	mit interaktiver Abfrage		
	mit interaktiver Grafik		
Dateigesteuerte Eingabe	formatierte Eingabedatei		
	unformatierte Eingabedatei		
	(Teile) eine(r) Datei		
	Dateienkombination		
Datenausgabe (Format)			
Formatierte Dateien			
Unformatierte Dateien			
Binäre Dateien			
Dateien im grafiklesbarem Format			
Kontinuierliche grafische Darstellung aktueller Rechenergeb nisse			
Datenausgabe (Parameter)			
Standrohrspiegelhöhe			
Grundwasseroberfläche			
Druck			
Durchfluß			
Stromlinien			
Massenbilanz der Grundwasserströmung			
Filtergeschwindigkeit (Darcy-Geschwindigkeit)			
Abstandsgeschwindigkeiten			

Konzentration		
Massenstrom		
Massenbilanz des Stofftransports		
Temperatur		
Energiebilanz		
Nutzergesteuerte Auswahl der Ausgabedaten		
Automatische Auswahl der Ausgabedaten		
Vollständige Ausgabe aller anfallenden Rechenergebnisse		
Postprozessoren		
Eigenes Grafiksystem		
Grafiksystem von anderem Hersteller		
Darstellungsmöglichkeiten		
p(t) bzw. h(t)		
p(x,y,z) bzw. h(x,y,z)		
C(t) bzw. T(t)		
C(x,y,z) bzw. T(x,y,z)		
Konturplot		
Gebirgeplot (carpet plot)		
Geschwindigkeitsplot		
Stromlinien		
Partikel -Tracking		
Massenbilanzen (Budget)		
Differenzen (z. B.: zwischen 2 Zeitschritten)		
Farbplot		
Schwarz-Weiß-Plot		
Schnitte durch 3-D-Räume		
3-D-Darstellung von 3-D-Ergebnissen		
Ausgabeformate (z.B.: HPGL, Postscript, TIFF, etc.)		

SOFTWAREEIGENSCHAFTEN		
Eigenschaft	Bedarf	Software Angebot
Dokumentation		
Handbuch		
Demoversion		
Testbeispiele		
Literatur		
Referenzfälle (zugänglich ?)		
Verifikation (dokumentiert ?, nachvollziehbar ?)		
Online Hilfefunktion		
Hardware		
Mainframe		
Workstation		
PC		
Monitor		
Nötige Periferie (Plotter, Drucker, Digitalisiertisch,...)		
Support		
Beantwortung von Anwenderfragen (telefonisch, schriftlich, Qualität der Antworten)		
Lehrgänge		
Installation		
Anwender-Tagungen		
Adressen anderer Anwender		
Einarbeitungsaufwand		
Updates		
Kosten		

Anhang B

Tabellarischer Leitfaden

zu Tabelle 7.1	Einordnung des Problems	
Lfd. Nr.	Fragestellung	Kurzantwort
1.	Wie ist die Fragestellung?	
2.	Welche Informationen muß das Ergebnis enthalten?	
3.	Welche Informationen stehen zur Verfügung?	
4.	Wem wird das Ergebnis vorgelegt?	
5.	Welche Entscheidungen sollen auf der Grundlage der Ergebnisse getroffen werden?	
6.	Wer trifft Entscheidungen auf der Basis der Modellergebnisse?	

zu Tabelle 7.2	Anforderungen an das Modellergebnis	
Lfd. Nr.	Fragestellung	Kurzantwort
1.	Welche Ausdehnung hat mein Aussagegebiet?	
2.	Wie ist das Berechnungsgebiet zu gestalten?	
3.	Wie ist das Erkundungsgebiet zu wählen?	
4.	Welchen zeitlichen Bezug müssen die Resultate haben?	
5.	Wie hoch sind die Genauigkeitsanforderungen?	

Platz für eine Skizze.

zu Tabelle 7.3	Zeitlicher Bezug	
Lfd. Nr.	Fragestellung	Kurzantwort
1.	Ist das Strömungsfeld stationär oder transient?	
2.	Ändern sich die eingeleiteten Schadstoffkonzentrationen mit der Zeit?	
3.	Handelt es sich um eine langanhaltende Kontaminationsquelle?	
4.	Ist die Kontamination auf einen Unfall (Ausnahmeereignis) zurückzuführen?	

zu Tabelle 7.4	Checkliste zur Datenakquisition		
Zeitunabhängige Faktoren des Grundwasserströmungsfeldes			
Lfd. Nr.	Fragestellung	Kurzantwort	ok
1.	Hydrologische Karte, aus der die Verbreitung, die Berandung und die Randbedingungen aller Aquifere zu entnehmen ist		
2.	Topographische Karte mit Oberflächengewässern		
3.	Grundwasserspiegel, Aquicludenbeschaffenheit, Mächtigkeit des Grundwasserkörpers		
4.	Durchlässigkeit (Permeabilität, Transmissivität), Speicherkoeffizient und Porosität der Aquifere		
5.	Durchlässigkeit (Permeabilität, Transmissivität), Speicherkoeffizient und Porosität der Aquicluden und Aquitarden		

6.	Schwankungsbreiten von Durchlässigkeit und Speicherkoeffizient im Aquifer		
7.	Hydraulische Verbindungen zwischen Oberflächengewässern und Aquiferen		
8.	Anisotropien		
9.	Verhältnis von Sättigung und Durchlässigkeit		
10.	Störungszonen		
11.			
12.			
13.			
14.			

zu Tabelle 7.5 (Fortsetzung a)

Zeitunabhängige Faktoren des Transports (Einphasensysteme)

Lfd. Nr.	Fragestellung	Kurzantwort	ok
15.	Wie groß ist die hydrodynamische Dispersion ?		
16.	Verteilung der effektiven Porosität		

17.	Geogener Stoffgehalt des Grundwassers		
18.	Dichtevariation des Grundwassers und deren Einfluß		
19.	Fließgeschwindigkeiten (Abstandsgeschwindigkeiten)		
20.	Konzentrationsrandbedingungen		
21.	Beschleunigte Ausbreitung auf dominanten Fließwegen (Störungszonen)		
22.	Verzögerungsfaktoren: Matrixdiffusion, Tortuosität, Impedanzfaktor, Sorption, Abbau oder Zerfall		
23.	Anfangsverteilungen		
24.			
25.			
26.			
27.			

Zeitunabhängige Faktoren des Transports (Mehrphasensysteme)			
Lfd. Nr.	Fragestellung	Kurzantwort	ok
28.	Mischbarkeit, Löslichkeit		
29.	Emulsionsbildung		
30.	Dichteeffekte		
31.	Relative Permeabilitäten		
32.			
33.			
Zeitabhängige Faktoren des Strömungsfeldes			
34.	Art und Ausbreitung von Grundwasserbildungsgebieten (Bewässerung, künstliche Versickerungen, Injektionsbohrungen, Rieselfelder etc.)		
35.	Anthropogene Grundwasserentnahme (in Raum und Zeit)		
36.	Wasserführung und Stände in Fließgewässern (Neubildung oder Verlust)		
37.	Niederschlag (Neubildung)		
38.	Seewasserstände (Neubildung oder Verlust)		

39.	Evapotranspiration (Verlust)		
40.	Grundwasseraustausch mit angrenzenden Aquiferen		
41.			
42.			

zu Tabelle 7.5 (Fortsetzung c)

Zeitabhängige Faktoren des Transportverhaltens			
Lfd. Nr.	Fragestellung	Kurzantwort	ok
43.	Räumliche und zeitliche Verteilung geogener Inhaltsstoffe		
44.	Wasserqualität in Raum und Zeit der Fließgewässer und Seen		
45.	Quellen und Quellstärken der Verschmutzungen		
46.	Beginn der Kontamination		

47.			
Andere Faktoren			
48.	Rechtliche Situation und Verwaltungsvorschriften		
49.	Umweltgesichtspunkte		
50.	Geplante Änderungen und Wasser- und Landnutzung		
51.	Bereits vorhandene oder geplante Gutachten		
52.	Entscheidungsträger bzw. Entscheidungsgremien		
53.			

zu Tabelle 7.7	Modellbildung	
Lfd. Nr.	Fragestellung	Kurzantwort
1.	Vereinfachung unregelmäßiger geometrischer Berandungen	
2.	Bildung geohydraulischer Einheiten	
3.	Beschränkung der Fließvorgänge auf bevorzugte Richtungen (z.B.: nur horizontale Strömungen)	
4.	Beschränkung auf stationäres Fließfeld	
5.	Bildung von zeitlichen und/oder räumlichen Mittelwerten der Anfangs- und Randbedingungen	
6.	Annahme konstanter/variabler Schadstoffeinleitung	
7.	Beschränkung auf repräsentative Inhaltsstoffe	
8.	Vernachlässigung der Wechselwirkung der Sikerwasserkomponenten untereinander	
9.	Lineare Adsorption/Desorption	
10.	Zusammenfassung verschiedener chemischer und biologischer Prozesse	

zu Tabelle 7.8	Erstellung eines mathematischen Modells	
Lfd. Nr.	Fragestellung	Kurzantwort
1.	Welche Gleichung beschreibt im konkreten Fall die Fließrichtung und die Grundwassergeschwindigkeit?	
2.	Welchen Prozessen unterliegt der transportierte Stoff?	
3.	Reagiert der transportierte Stoff mit dem Gestein des Aquifers oder dem geogenem Stoffgehalt des Grundwassers?	
4.	Ist der Schadstoff konservativ?	
5.	Ist mit Abbau oder Fällung zu rechnen?	
6.	Findet Matrixdiffusion statt?	
7.	Reagieren die Inhaltsstoffe des Sickerwassers miteinander und wie gefährlich sind die entstehenden Metaboliten?	
8.	Liegt ein Mehrphasensystem vor, bei dem sich Grundwasser und Sickerwasser nicht vermischen?	
9.	Sind Dichteeinflüsse zu berücksichtigen?	
10.	etc.	

zu Tabelle 7.9 Grundsätzliche Überlegungen zur Modellauswahl		
Lfd. Nr.	Fragestellung	Kurzantwort
1.	Was sind die Ziele meines Vorhabens?	
2.	Was und wieviel weiß ich über das Aquifersystem?	
3.	Gibt es Pläne zusätzliche Daten zu erheben?	
4.	In welchem Zeitrahmen sind Ergebnisse zu liefern?	
5.	Welche Hardware steht zur Verfügung?	
6.	Welche Finanzmittel stehen bereit?	
Eine sehr detaillierte Checkliste zur Programmauswahl findet sich im Anhang A		

Literaturverzeichnis

Abriola LM (1987) Modeling contaminant transport in the subsurface: An interdisciplinary challenge. Rev Geophys 25(2) : 125-134

Allen HE, Perdue EM, Brown DS (1993) Metals in Groundwater. Lewis Publishers, Boca Raton, Ann Arbor, London, Tokyo

Asch K, Dörhöfer G, Siebert H (1991) Verbreitung potentieller Barrieregesteine für die Anlage von Siedlungsabfalldeponien in Niedersachsen. Deponien, Nds. Umweltministerium, Nds. Landesamt für Bodenforschung

Avdonin NA (1964) Some formulas for the calculation of the temperature field in a host rock with thermal injection (in Russian). Izv Vyssh Uchebn Zaved Neft' Gaz 7(3) : 37-41

Baccini P (1989) The landfill - reactor and final storage. In: Lecture Notes in Earth Sciences Vol 20 Springer, Berlin Heidelberg New York

Baertschi P, Alexander WR, Dollinger H (1990) Grimsel test site: uranium migration in crystallin rock: capillary solution transport in the granite of the Grimsel test site, Switzerland. NTB 90-14, Nagra, Wettingen

Ball WP, Roberts PV (1991a) Long-term sorption of halogenated organic chemicals by aqifer material, 1. Equilibrium. Environ Sci Technol 25 : 1223-1237

Ball WP, Roberts PV (1991b) Long-term sorption of halogenated organic chemicals by aqifer material, 2. Intraparticle diffusion. Environ Sci Technol 25 : 1237-1249

Banks RB, Ali I (1964) Dispersion and adsorption in porous media flow. J Hydraulics Div, Proc Am Soc Civ Eng (HY5): 13-31

Barenblatt GI, Entov VM, Ryzhik VM (1990) Theory of fluid flows through natural rocks. Kluwer, Dordrecht Boston London

Bartels-Langweige J (1994) Innovative Entnahmetechnologie und Behandlungsprozesse zur Sanierung der Altlast Münchehagen. In: Dörhöfer G, Thein J, Wiggering H (Hrsg.) Altlast Sonderabfalldeponie Münchehagen, Umweltgeologie heute, 4: 183-188 Ernst & Sohn, Berlin

Bear J (1972) Dynamics of fluids in porous media . Elsevier, New York

Bear J (1979) Hydraulics of ground water. Mc Graw-Hill series in water resources and environmental engineering, New York

Bear J, Bachmat Y (1990) Introduction to modeling of transport phenomena in porous media, theory and applications of transport in porous media. Kluwer, Dordrecht Boston London

Bear J, Jacobs M (1965) On the movement of water bodies injected into aquifer. J Hydrol. 3(1): 37-57

Behrendt F, Kasper H, Liebisch N, (1991-1993) Dali. Ein Pre- und Postprozessor für hydrodynamisch - numerische Simulationsprogramme. Command Reference, Univ Hannover, Inst. f. Strömungsmechanik

Behrendt F (1994a) ACE - Application Control Environment. Interner Bericht, Univ Hannover, Inst. f. Strömungsmechanik

Behrendt F (1994b) 4GLs - Fourth Generation Languages. Folien zum Vortrag Klausurtagung des Inst f Strömungsmechanik, Univ Hannover

Behrendt F (1995) AVS am Institut für Strömungsmechanik und am CAD-Pool. Interner Bericht, Univ Hannover, Inst f Strömungsmechanik

Beims U (1980) EDV-gestützte Brunnenberechnung in der DDR. Techn. Uni. Dresden, Sektion Wasserwesen, Habilitation

Beims U (1983) Planung, Durchführung und Auswertung von Gütepumpversuchen - Geohydrodynamische Erkundung (25). Z angew Geol 29(10): 482-490

Bergs CG, Dreyer S, Neuenhahn P, Radde CA (1993) Abfallwirtschaft in Forschung und Praxis. Schmidt, Berlin

Berner R (1971) Principles of chemical sedimentology. McGraw Hill, New York

BGR - Bundesanstalt für Geowissenschaften und Rohstoffe (1990-1994) Verbundvorhaben "Methoden zur Erkundung und Beschreibung des Untergrundes von Deponien und Altlasten", Informationen der Projektleitung Nr. 1-5 und 1.-3. Statusseminar, Hrsg.: Bundesanstalt für Geowissenschaften und Rohstoffe, Archivnr. 109492

BGR - Bundesanstalt für Geowissenschaften und Rohstoffe (1996) Methodenhandbuch Deponieuntergrund: Bodenphysik und Tonmineralogie. Springer, Berlin Heidelberg New York Tokyo

Bibby R (1981) Mass transport in dual porosity media. Water Resour Res. 17: 1075-1081

Birgersson L, Moreno L, Neretnieks I, Widen H Agren T, (1993) A tracer experiment in a small fracture zone in granite. Water Resour Res. 29 (12) : 3867-3878

Blakey NC (1992) model prediction of landfill leachate production. In: Christensen TM, Cossu R, Stegmann R (eds) Landfilling of waste, leachate.- Elsevier , London New York, pp 17-34

Boettcher J, Strebel O, Duynisfeld WHM (1989) Kinetik und Modellierung gekoppelter Stoffumsetzungen im Grundwasser eines Lockergesteinsaquifers. Geol Jb C 51: 3-40

Bogacki W, Daniels H (1989) Optimal design of well location and automatic optimization of pumping rates for aquifer cleanup. In: Kobus W, Kinzelbach W(eds), Contaminat transport in groundwater. Balkema, Rotterdam, pp 363-370

Boochs PW, Mull R (1990) Analyse und Prognose von Schadstoffausbreitungen im Grundwasser im Umfeld von Altablagerungen.- Bericht des Institutes für Wasserwirtschaft, Hydrologie und landwirtschaftlichen Wasserbau der Universität Hannover, Abschlußbericht zum BMFT Forschungsvorhaben 1470452

Bosch G, Hartmann R, Kister B (1994) Ausbreitung von Schadstoffen aus Deponien im Untergrund aus klüftigem Fels unter Berücksichtigung der Verformbarkeit des Felses bei Belastung. Abschlußbericht des Teilprojekts im Verbundvorhaben des BMFT: „Methoden zur Erkundung und Beschreibung des Untergrundes von Deponien und Altlasten", Förderkennzeichen 146060 5 A0

Bosma WJP, van der Zee SEATM (1993) Transport of reacting solute in a one-dimensional, chemically heterogeneous porous medium.- Water Resour Res 29 (1): 117-131

Bourgine B, Chiles JP, Fillion E, et al (1994) Modelling of flow and transport in fractured rock with a permeable matrix. Principal scientific and technical results – Scientific report 1992/1993, BRGM - Bureau de recherches géologiques et minières, Orléans

Bräuer V, Kilger B, Pahl A (1989) Ingenieurgeologische Untersuchungen zur Interpretation von Gebirgsspannungsmessungen und Durchströmungsversuchen. Nagra Technischer Bericht, NTB 88-37, Baden/Schweiz

Brechtel HM (1984) Beeinflussung des Wasserhaushaltes von Mülldeponien. Müll- und Abfallbeseitigung 5: 4623

Bruch JC, Street RL (1967) Two-dimensional dispersion. J Sanit Eng Div, ASCE, 93: 17-39

Brusseau ML (1992) Transport of rate-limited sorbing solutes in heterogeneous porous media: Application of a one-dimensional multi-factor non ideality model to field data. Water Resour Res 28 (9): 2485-2497

Brusseau ML (1994) Transport of reactive contaminants in porous media: Review of field experiments. In: Dracos Th, Stauffer F (eds) Transport and reactive processes in aquifer, Proceedings of the 5 th IHAR Symposium, Zürich, pp 227-281

Brusseau ML, Jessup RE, Rao PSC (1991a) Nonequilibrium sorption of organic chemicals: Elucidation of rate-limiting processes. Environ Sci Technol 25: 134-142

Brusseau ML, Larsen T, Christensen TH (1991b) Rate-limited sorption and nonequilibrium transport of organic chemicals in low organic carbon aquifer materials. Water Resour Res 27 (6): 1137-1145

Brusseau ML, Rao PSC (1989) Nonequilibrium and dispersion during transport of contaminants in groundwater: Field-scale processes. In: Kobus W, Kinzelbach W (eds), Contaminat transport in groundwater, Balkema, Rotterdam , pp 237-244

Burr DT, Sudicky EA, Naff RL (1994) Nonreactive and reactive solute transport in three-dimensional heterogeneous porous media: Mean displacement, plume spreading, and uncertainty. Water Resour Res 30 (3): 791-815

Busch KF, Luckner L (1972) Geohydraulik.- Deutscher Verlag für Grundstoffindustrie Leipzig, Lizenzauflage bei Enke, Stuttgart 1974, neue Ausgabe 1993

Busch KF, Luckner L, Tiemer K (1993) Geohydraulik, Lehrbuch der Hydrogeologie, 3, 3. neubearbeitete Auflage. Bornträger, Berlin Stuttgart

Carrera J (1988) State of the art of the inverse problem applied to the flow and solute transport equations. In: Custodio E et al. (eds), Groundwater flow and quality modelling, NATO ASI-Series C, Vol 224. Reidel, Dordrecht pp 549-583

Carrera J (1993) An overview of uncertainties in modelling groundwater solute transport. Contamin Hydrol 13: 23-48

Carslaw HS, Jaeger JC (1959) Conduction of heat in solids. Clarendon Press, Oxford (1st ed. 1946 Oxford University Press)

Cawlfield JD, Wu MC (1993) Probabilistic sensitivity analysis for one-dimensional reactive transport in porous media. Water Resour Res 29(3): 661-672

Chen CS (1986) Solutions for radionuclide transport from an injection well into a single fracture in a porous formation. Water Resour Res 22(4): 508-518

Cheremisinoff PN, Gigliello KA, O'Neill TK (1984) Groundwater-leachate: Modeling/ monitoring/ sampling.- Techn Publ Comp, Inc, Lancaster, Pennsylvania 17604

Christensen TH, Cossu R, Stegmann R (eds) (1992) Landfilling of waste: Leachate Elsevier, New York, London

Clauser C (1992) Permeability of crystalline rocks. EOS Trans Am Geophys Union 73(21): 233, 237

Cliffe KA, Gilling D, Jefferies NL, Lineham TR (1993) An experimental study of flow and transport in fractured slate. J Contam Hydrol 13: 73-90

Coats KH, Smith BD (1964) Dead-end pore volume and dispersion in porous media Soc Petr Eng 4(3):

Crank J (1975) The mathematics of diffusion. Clarendon Press, Oxford

Czurda KA (1992) Deponie und Altlasten; Sickerwasser und Grundwassersanierung. EF-Verlag, Berlin

Davis ND, De Wiest RJM (1966) Hydrogeology. Wiley, New York

Delaunay BN (1934) Sur la sphere vide Bull Acad Science USSR: Class Sci Math 7: 793-800

De Wiest R (ed) (1969) Flow through porous media, Academic Press, New York

DFG - Deutsche Forschungsgemeinschaft (1992) Regionalisierung in der Hydrologie, Mitteilung XI der Senatskommission für Wasserforschung, VCH, Weinheim

DFG - Deutsche Forschungsgemeinschaft (1992a) Schadstoffe im Grundwasser 1: Wärme - und Schadstofftransport im Grundwasser. Kobus H (Hrsg). VCH, Weinheim

DFG - Deutsche Forschungsgemeinschaft (1992b) Regionalisierung in der Hydrologie, Mitteilung XI der Senatskommission für Wasserforschung. VCH,Weinheim

DFG - Deutsche Forschungsgemeinschaft (1995) Schadstoffe im Grundwasser. In: Spillmann P, Collins HJ, Mattheß G, Schneider W (Hrsg) (2): VCH, Weinheim

DGEG-GDA-Deutsche Gesellschaft für Erd- und Grundbau e.V. (1993) Empfehlungen des Arbeitskreises Geotechnik der Deponien und Altlasten - GDA. Ernst & Sohn, Berlin

Diersch HJ (1985) Modellierung und numerische Simulation geohydrodynamischer Transportprozesse.- Habilitationsschrift, Berlin, Akademie der Wissenschaften der DDR

Diersch HJ, Kolditz O, Jesse J (1989) Finite element analysis of geothermal circulation processes in hot dry rock fractures. Z Angew Math Mech (ZAMM) 69 (3): 139-153

Dillo M (1991) Finite Element Berechnungen zur Wasserdurchlässigkeit von Trennflächen in Abhängigkeit vom Spannungszustand mit einem experimentell ermittelten Fließgesetz für teilweise geschlossene Trennflächen.- Dissertation, Veröffentlichung des Instituts für Grundbau, Bodenmechanik und Verkehrswasserbau der RWTH Aachen, Heft 22

Dirichlet GL (1850) über die Reduction der positiven quadratischen Formen mit drei unbestimmten ganzen Zahlen J Rein Angew Math 40: 209-227

Dörhöfer G (1994) Umfang und Bedeutung geowissenschaflicher Untersuchungen am Standort der Altlast Münchehagen. In: Dörhöfer G, Thein J, Wiggering H (Hrsg) Altlast Sonderabfalldeponie Münchehagen. Umweltgeologie heute 4: 7–16 Ernst & Sohn, Berlin

Dörhöfer G, Maier J (1993) Schadstofftransport und Schadstoffrückhaltung in klüftigen Tongesteinen am Beispiel der Sonderabfalldeponie Münchehagen, 1., 2., 3. Statusbericht. In: Verbundvorhaben Deponieuntergrund 1.-3. Statusseminar, (Hrsg) Projektleitung Verbundvorhaben "Deponieuntergrund" in der Bundesanstalt für Geowissenschaften und Rohstoffe Hannover, Archiv Nr. 109492

Dörhöfer G, Thein J, Wiggering H (Hrsg) (1993) Abfallbeseitigung und Deponien - Anforderungen an Abfall und Deponie. Umweltgeologie heute, Heft 1, Ernst & Sohn, Berlin

Dörhöfer G, Thein J, Wiggering H (1993b) Untertägige Entsorgung bergbaufremder Rückstände in Deutschland. Umweltgeologie heute, Heft 2, Ernst & Sohn, Berlin,

Dörhöfer G, Thein J, Wiggering H (Hrsg) (1994) Altlast Sonderabfalldeponie Münchehagen. Umweltgeologie heute, Heft 4, Ernst & Sohn, Berlin

Dracos TH, Stauffer F (eds) (1994) Transport and reactive processes in Aquifers. Balkema, Rotterdam

Dunker M (1993) Die Untersuchung der Nichtlinearität bei Mehrphasengleichungen mit Hilfe der Finite-Elemente-Methode.- Diplomarbeit, Institut für Angewandte Mathematik, Universität Hannover

Duynisfeld WHM Strebel O, Böttcher J (1993) Prognose der Grundwasserqualität in einem Wassereinzugsgebiet mit Stofftransportmodellen.- Umweltbundesamt, Forschungsbericht 10204371, Texte 5/93

DVWK - Deutscher Verband für Wasserwirtschaft und Kulturbau e.V. (1985) Voraussetzungen und Einschränkungen bei der Modellierung der Grundwasserströmung DVWK-Fachausschuß "Grundwasserhydraulik und -modelle". DVWK-Merkblätter, Heft 206

DVWK - Deutscher Verband für Wasserwirtschaft und Kulturbau e.V. (1988) Bedeutung biologischer Vorgänge für die Beschaffenheit des Grundwassers. Schriften, Heft 80, Parey, Hamburg

DVWK - Deutscher Verband für Wasserwirtschaft und Kulturbau e.V. (1990) Methodensammlung zur Auswertung und Darstellung von Grundwasserbeschaffenheitsdaten. Schriften, Heft 89, Parey, Hamburg

DVWK - Deutscher Verband für Wasserwirtschaft und Kulturbau e.V. (1993) Stoffeintrag und Grundwasserbewirtschaftung. Schriften, Heft 104, Parey, Hamburg

Dyck S, Peschke G (1989) Grundlagen der Hydrologie. VEB Verlag für Bauwesen, Berlin

Earlougher RC (1977) Advances in well test analysis.- Society of Petroleum Engineers of AIME, Monograph Series, Vol 5

Ehrig HJ (1982) Sickerwasser aus Hausmülldeponien. Menge und Zusammensetzung. Müll- und Abfallbeseitigung, 64. Lfg., IV, 4587, Schmidt, Berlin, 12 S.

Fabig U (1992) Numerische Experimente zur Untersuchung von Zwei-Phasen-Strömungen in Kluftsystemen. Diplomarbeit, Inst f Strömungsmechanik und Elektronisches Rechnen im Bauwesen, Univ Hannover

Fabriol R, Sauty JP, Ouzounian G (1993) Coupling geochemistry with a particle tracking transport model. Contamin Hydrol, 13: 117-129

Farquhar GJ, Parker W (1989) Interactions of leachates with natural and synthetic envelopes, In: Baccini P (ed) The landfill – reactor and final storage. Lecture Notes in Earth Sciences, 20: Springer, Berlin Heidelberg New York

Fein E (1991) Statusreport: Grundwasserprogramme mit variabler Dichte, Projektleitung Rahmenplan Endlagersicherheit in der Nachbetriebsphase. GSF-Bericht 31/91, GSF-Forschungszentrum für Umwelt und Gesundheit GmbH, Neuherberg

Fetter CW (1988) Applied Hydrology (2nd edn) Merril, Carmel (CA)

Fetter CW (1993) Contaminant Hydrology. Macmillan, New York

Fischer I (1994) Numerische Parameterstudien zur Matrixdiffusion beim Stofftransport in klüftigem Gestein. Studienarbeit, Inst f Strömungsmechanik und Elektronisches Rechnen im Bauwesen, Universität Hannover

Fresenius W, Knoll KM, Leonhardt G, Mattheß H, Tangermann M, Schneider W (1977) Qualitative und quantitative Untersuchung des Sickerwassers einer Hausmülldeponie mit Basisabdichtung. Müll und Abfall: 7: 190-206

Frick U (1994) The Grimsel radionuclide migration experiment – a contribution to raising confidence in the validity of solute transport models used in performance assessment. GEOVAL'94 Paper

Frick U, Alexander WR, Baeyens B, et al (1992) Grimsel Test Site, The radionuclide migration experiment – overview of investigations 1985–1990. PSI-Bericht 120, Würenlingen und NTB 94-17, Nagra, Wettingen

Frick U, Baertschi P, Hoehn E (1988) Migrationsuntersuchungen. Nagra informiert, Nr 1+2, 10. Jg., Wettingen

Fritz J, Maier J, Röttgen, KP (1994) Hydrogeologie und Grundwasserbeschaffenheit im Bereich der Altlast Münchehagen.- in: Dörhöfer G, Thein J, Wiggering H (eds) Altlast Sonderabfalldeponie Münchehagen. Umweltgeologie heute, 4: 39-51 Ernst & Sohn, Berlin

Gärtner S (1987) Zur diskreten Approximation kontinuumsmechanischer Bilanzgleichungen. Habilitationsschrift, Inst f Strömungsmechanik und Elektronisches Rechnen im Bauwesen, Univ Hannover, Bericht Nr. 24

Gillham RW, Sudicky EA, Cherry TA, Frind EO (1984) An advective-diffusive concept for solute transport in heterogeneous unconsolidated geological deposits.- Water Resour Res 20(3): 369-378

Götz R (1984) Untersuchungen an Sickerwässern der Mülldeponie Georgswerder Hamburg (Auswertung der Analyseergebnisse bis einschließlich 1982). Müll und Abfall, 12: 342-356

Grahame JF, Parker W (1989) Interactions of leachates with natural and synthetic envelopes. In: Baccini P (ed), Lecture Notes in Earth Sciences, No 20, The Landfill, Springer, Berlin, Heidelberg, New York, pp 175-200

Gratwohl P, Reinhard, M (1993) Desorption of trichlorethylene in aquifer material: rate limitation at the grain scale. Environ Sci Technol 27: 2360-2366

Gringarten AC, Sauty JP (1975) A theoretical study of heat extraction from aquifers with uniform regional flow. J Geophys Res 80(35) : 4956-4962

Grisak GE, Pickens JF (1980) Solute transport through fractured media - 1. The effect of matrix diffusion. Water Resour Res 16(4): 719-730

Gronemeier U, Hamer H, Maier J (1990) Hydraulische und hydrogeochemische Felduntersuchungen in klüftigen Tonsteinen für die geplante Sicherung einer Sonderabfalldeponie. Z Dt Geol Ges 141: 281-293

Gschwend PM, Holmen BA, MacKay AA, Ryan JN, Backus DA, Chin YP (1994) Overview: processes limiting the occurrence of organic contaminants in moving groundwater, In: Dracos TH, Stauffer F, (eds), Proceedings No 5, Transport and reactive processes in aquifers, Balkema, Rotterdam, pp 11-18

Häfner F et al. (1985) Geohydrodynamische Erkundung von Erdöl-, Erdgas- und Grundwasserlagerstätten. Wissenschaftlich-Technischer Informationsdienst des Zentralen Geologischen Instituts, 26, Berlin

Häfner F, Sames D, Voigt HD (1992) Wärme- und Stofftransport, Mathematische Methoden. Springer, Berlin Heidelberg New York

Hartge KH, Horn R (1989) Die physikalische Untersuchung von Böden. (2. Aufl) Enke, Stuttgart

Hartge KH, Horn R (1991) Einführung in die Bodenphysik. (2. Aufl) Enke, Stuttgart

Hassett JJ, Banwart WL (1989) The sorption of nonpolar organics by soils and sediments. In: Reactions and movement of organic chemicals in soils, Soil Science Society of America, Special Publications No. 22 pp 31-44

Heer W, Hadermann J (1994) Grimsel test site: modelling radionuclide migration field experiments. NTB 94-18, Nagra, Wettingen und PSI-Report Nr. 94-13, Villingen

Helmig R (1993) Theorie und Numerik der Mehrphasenströmungen in geklüftet-porösen Medien. Dissertationsschrift, Bericht Nr. 34/1993, Inst f Strömungsmechanik, Univ Hannover

Helmig R, Moritz L, Zielke W (1993) Aufbereitung der empirischen Ansätze zur Beschreibung des Kapilardruck-Sättigungs- und des Relative-Permeabilität-Sättigungsverhaltens in geklüftet-porösen Medien. Technischer Bericht, Inst f Strömungsmechanik und Elektronisches Rechnen im Bauwesen, Univ Hannover

Helmig R, Zielke W (1991) Mehrphasenprozesse in geklüftet-porösen Medien – Stand der Forschung. Bericht an die Bundesanstalt für Geowissenschaften und

Rohstoffe, Referat B2.11, Inst f Strömungsmechanik und Elektronisches Rechnen im Bauwesen, Univ Hannover

Herrmann LR (1976) Laplacian-isoparametric grid generation scheme J Eng Mech Div Proc Am Soc Civil Eng Vol 20

Heuer N, Küpper T, Windelberg D (1991) Mathematical model of a hot dry rock system. Geophys J. Int 105: 659-664

Heynisch S, Pekdeger A, Richter B, Schafmeister MT, Skala W (1993) Probleme der Altstandortbewertung, System HYDRISK. Geowissenschaften, 11. Jahrgang 10/19: 365-374

Hirt CW (1968) Heuristic stability theorie for finite-difference-equations. J Comput Phys 2: 339-355

Hölting B (1989) Hydrogeologie - Einführung in die allgemeine und angewandte Hydrogeologie. Enke, Stuttgart

Holzbecher E, Nützmann G (Hrsg) (1991) Modellierung von Strömung und Transport im Grundwasser. Techn Univ Berlin, Mitteilung Nr. 120 des Inst f Wasserbau und Wasserwirtschaft

Hoopes JA (1965) Wastewater recharge and dispersion in prous media.- Ph.D. thesis, Massachusetts Institute of Technology

Hoopes JA, Harlemann DR (1967) Wastewater recharge and dispersion in porous media. ASCE, J Hydraul Div 93(HY5): 51-71

Ho-Le K (1988) Finite element mesh generation methods: a review and classification, computer aided design, Vol 20 1: 27-38

Hsieh PA (1986) A new formula for the analytical solution of the radial dispersion problem. Water Resour Res 22(11): 1597-1605

Huber B (1992) Der Einfluß des Trennflächengefüges auf die Grundwasserströmung in Kluftgrundwasserleitern. Dissertation, Forschungsergebnisse aus dem Bereich Hydrogeologie und Umwelt, Heft 5, Lehr-und Forschungsbereich Angewandte Geologie und Hydrogeologie, Universität Würzburg

Hütter M, Rehlinghaus B (1994) Beeinflussung des Wasserhaushaltes von Deponien - Sickerwasserreduzierung durch Rekultivierungsmaßnahmen. Geowissenschaften 1: 11-17

Huyakorn PS, Andersen PF, Güven O, Molz FJ (1986) A curvelinear finite element model for simulating two-well tracer tests and transport in stratified aquifers. Water Resources Research, 22(5): 663-678

Huyakorn PS, Pinder GF (1983) Computational methods in subsurface flow. Academic Press, New York

Huyakorn PS, Lester BH, Mercer JW (1983) An efficient finite element technique for modelling transport in fractured porous media: 1. Single species transport. Water Resour Res 19: 1286-1296

Istok J, (1989) Groundwater modeling by the finite element method. American Geophysical Union, Water Resources Monograph, No. 13

Javandel I, Doughty C, Tsang CF (1984) Groundwater transport: handbook of mathematical models.- American Geophysical Union, Water Resources Monograph No.10, 228 S

Johnson RL, Cherry JA, Pankow JF (1989) diffusive contaminant transport in natural clay: a field example and implications for clay-lined waste disposal sites. Environ Sci Technol. 23: 340-349

Josselin de Jong G (1958) Longitudinal and transverse diffusion in granular deposits. Trans Am Geophys Un 39: 67-74

Kalatzis A, Garcia-Delgado RA, Pang TK, Koussis AD, Bowers AR, (1993) two-dimensional groundwater transport of reactive solutes with competitive adsorption. Water Resour Res (29) 7: 2241-2248

Kasper H, Kosakowski G, Taniguchi T, Zielke W (1995) Coupled geometric modeling for the analysis of groundwater flow and transport in fractured rock, Notes on Numerical Fluid Mechanics, Vol 51 Vieweg Braunschweig

Kavouras M, (1987) A Spatial Informations System for the Geosciences, doctor thesis, Dept. of Surveying Engineering, University of New Brunswick, Fredericton, N.B., Canada

Kavouras M et al (1992). „A Spatial Informations System with Advanced Modeling Capabilities, Proceedings, Nato ASI Series, Series C: Mathematical and Physical Sciences, Vol. 354, Boston: Chapter 7, 1992

Kavouras M, Smart JR (1989) Solid modeling in geology and mining. Int J Surf Min 3: 43-47

Keller R et al. (1979) Hydrologischer Atlas der Bundesrepublik Deutschland. Harald Boldt, Boppard

Kent DB, Davis JA, Anderson LCD, Rea BA, Waite TD (1994) Transport of chromium and selenium in the suboxic zone of a shallow aquifer. Influence of redox and adsorption reactions. Water Resour Res (30) 4:1099-1114

Kinzelbach W (1986) Groundwater modelling - an introduction with sample programs in BASIC. Developments in Water Science, 25, Elsevier, Amsterdam

Kinzelbach W (1987) Numerische Methoden zur Modellierung des Transports von Schadstoffen im Grundwasser. Oldenbourg, München

Kinzelbach W, Schäfer W, Herzer J (1992) Modellierung des großräumigen Schadstofftransports unter Berücksichtigung von Adsorption und chemischen Reaktionen. In: Kobus W (Hrsg) Schadstoffe im Grundwasser (1) Wärme- und Schadstofftransport im Grundwasser. VCH, Weinheim, ss 135-184

Kobus W, Schäfer G, Spitz K, Herr M (1992) Dispersive Transportprozesse und ihre Modellierung. In: W.Kobus (Hrsg) Schadstoffe im Grundwasser (1) Wärme- und Schadstofftransport im Grundwasser. VCH, Weinheim, ss 17-80

Kolditz O (1990) Zur Modellierung und Simulation geothermischer Transportprozesse in untertägigen Zirkulationssystemen. Akademie der Wissenschaften der DDR, Berlin, Dissertation

Kolditz O (1993) Analytische Lösungen für den Wärmetransport im geklüfteten Medium.- NLfB-Bericht, Archiv-Nr. 110783, Hannover

Kolditz O (1994a) Numerical simulation of flow and heat transfer at the Soultz and the Rosemanowes HDR sites using a 3-D deterministic fracture network model. Transactions of the Geothermal Resources Council, vol. 18: 457-464

Kolditz O (1994b) Benchmarks and examples for numerical groundwater simulations. In: Diersch HJ, Interactive grafics-based finite element simulation system FEFLOW for modelling groundwater flow and contaminant processes, WASY Gesellschaft für wasserwirtschaftliche Planung und Systemforschung GmbH, Berlin

Kolditz O (1994c) Analytische Modelle für den Stofftransport in heterogenen Medien. Technischer Bericht, Inst f Strömungsmechanik und elektronisches Rechnen im Bauwesen, Universität Hannover

Kolditz O (1995a) Modelling flow and heat transfer in fractured rocks: conceptual model of a 3-D-deterministic fracture network. Geothermics 24(3): 451-470

Kolditz O (1995b) Modelling flow and heat transfer in fractured rocks: dimensional effect of matrix-heat-diffusion. Geothermics 24(3): 421-438

Kolditz O (1995c): Stoff- und Wärmetransport im Kluftgestein. Habilitationsschrift, Inst f Strömungsmechanik und Elektronisches Rechnen im Bauwesen, Univ Hannover

Kolditz O, Clauser C, Schellschmidt R, Schulz R (1995): Modelling flow and heat transfer in fractured geothermal reservoirs: application on heat extraction from hot dry rocks. In: Proc. Worlds Geothermal Congress: 2575-2580, Florenz

Kolditz O, Diersch HJ (1993): Quasi-steady-state strategy for numerical simulation of geothermal circulation in hot dry rock fractures. Int J Non-Linear Mechanics 28(4): 467-481

Kolditz O, Lege T (1992) Verifizierung des Programmsystems ROCKFLOW hinsichtlich des Wärmetransports in Kluft-Matrix-Systemen. NLfB-Bericht Nr. 109603, Hannover

König C (1991) Numerische Berechnung des dreidimensionalen Stofftransports im Grundwasser. Technisch-wissenschaftliche Mitteilungen, Institut für konstruktiven Ingenieurbau, Ruhr-Universität Bochum, Nr. 91-13

Koß V (1993) Zur Modellierung der Metalladsorption im natürlichen Sediment-Grundwasser-System. Köster, Berlin

Krauß I (1974) Die Bestimmung der Transmissivität von Grundwasserleitern aus dem Einschwingverhalten des Brunnen-Grundwasserleitersystems. J. Geophys 40: 381-400

Kretzer H, Niederleithinger E (1995) Kombinierter Einsatz von geoelektrischer Tiefensektion und tiefenorientierte Wasserprobenahme zur Erkundung einer Altlastverdachtsfläche. Wasser & Boden, 47 (8):51-55

Kröhn KP (1990) ROCKFLOW Teil 2: TM – Transportmodul für inkompressible Fluide, Theorie und Benutzeranleitung. Bericht des Inst f Strömungsmechanik und Elektronisches Rechnen im Bauwesen, Univ Hannover

Kröhn KP (1991) Simulation von Strömungs- und Transportvorgängen im klüftigen Gestein mit der Methode der Finiten Elemente. Dissertation, Institut für Strömungsmechanik und Elektronisches Rechnen im Bauwesen, Univ Hannover, Bericht Nr. 29

Kröhn KP, Lege T (1994) ROCKFLOW Teil 2: TM2 – Transportmodul für inkompressible Fluide, Theorie und Benutzeranleitung. Bericht des Inst f Strömungsmechanik und Elektronisches Rechnen im Bauwesen, Universität Hannover

Kröhn KP, Zielke W (1991) FE-Simulation von Transportvorgängen im klüftigen Gestein. DGM 35, H. 3/4, 82-88

Krusemann GP, de Ridder NE (1990) Analysis and evaluation of pumping test data. 2 nd ed. ILRI (Int. Institute for Land Reclamation and Improvement) Publ. Nr 47, The Netherlands, Wageningen

Kühn F, Hörig B (1995): Handbuch zur Erkundung des Untergrundes von Deponien und Altlasten, (1) Geofernerkundung; Springer, Berlin, Heidelberg, New York, Tokyo

Kümpel HJ (1988) Verformungen in der Umgebung von Brunnen. Habilitationsschrift, Institut für Geophysik der Universität Kiel

Kunstmann H (1994) Inverse zweidimensionale Modellierung des Transports von Tracern in Dipolfeldern eines Kluftnetzwerks.- Diplomarbeit an der Fakultät für Physik und Astronomie der Ruprecht-Karls-Universität Heidelberg

Langguth HR, Voigt R (1980) Hydrogeologische Methoden.- Springer Verlag, Berlin Heidelberg, New York

Lau LK, Kaufmann WJ, Todd DK (1959) Dispersion of water tracer in radial laminar flow through homogeneous porous media. Hydraulic Lab., Univ. of California, Berkley

Lauwerier HA (1955) The transport of heat in an oil layer caused by the injection of hot fluid. Appl Sci Res A5: 145-150

Lege T (1990) Finite-Elemente-Modellierung der Ausbreitung von Porendruckstörungen in sensitiven Zonen. Diplomarbeit am Institut für Geophysik der Universität Kiel

Lege T (1995) Modellierung des Kluftgesteins als geologische Barriere für Deponien. Dissertation, Institut für Strömungsmechanik und Elektronisches Rechnen im Bauwesen, Universität Hannover, Bericht Nr. 45

Lege T, Fillion E (1993) The Particle Tracking (PT) and the Transport Module (TM) of ROCKFLOW - Test Cases and Recommendations for Applictions.- Bericht des Inst f Strömungsmechanik und Elektronisches Rechnen im Bauwesen, Univ Hannover

Lege T, Kolditz O, Zielke W (1995) Schadstoffausbreitung unter Deponien Anpassung des Programmsystems ROCKFLOW an die besondere Problematik. Abschlußbericht des Teilprojekts im Verbundvorhaben des BMFT: „Methoden zur Erkundung und Beschreibung des Untergrundes von Deponien und Altlasten", Förderkennzeichen 146060 5 A0

Lege T, Taniguchi T (1994a) ROCKFLOW Teil 10a: NG2D-Version 2.04, Netzgenerator für 1D- und 2D-Elemente in willkürlich umrandeten Gebieten als Preprocessor für SM2. Bericht des Inst f Strömungsmechanik und Elektronisches Rechnen im Bauwesen, Univ Hannover

Lege T, Taniguchi T (1994b) ROCKFLOW Teil 10b: NG3D-Version 2.02, Netzgenerator für 3D-Schichtenmodelle in willkürlich umrandeten Gebieten als Preprocessor für SM2.- Bericht des Inst f Strömungsmechanik und Elektronisches Rechnen im Bauwesen, Univ Hannover

Lege T, Zielke W (1993) Simulation von Tracerversuchen im Felslabor Grimsel mit dem Programmsystem ROCKFLOW. Bericht des Inst f Strömungsmechanik und Elektronisches Rechnen im Bauwesen, Universität Hannover

Lege T, Zielke W, (1992, 1993a, 1994) Schadstoffausbreitung unter Deponien – Anpassung des Programmsystems ROCKFLOW an die besondere Problematik. 1., 2. u. 3. Statusbericht. In: Verbundvorhaben Deponieuntergrund 1., 2. und 3. Statusseminar, (Hrsg) Projektleitung Verbundvorhaben „Deponieuntergrund" in der Bundesanstalt für Geowissenschaften und Rohstoffe Hannover, Archiv Nr. 109492

Lege T, Zielke W, Maier J, (1994) Interpretation of field and laboratory data to evaluate contaminant transport at the landfill münchehagen using the groundwater modell ROCKFLOW. Ann Geophys (Suppl II), Vol 12

Liebisch N (1993) Erarbeitung eines Konzeptes zur Dialoggestaltung für den Einsatz von graphischen Präprozessoren der Hydrodynamik in einem modernen Dialogsystem, Studienarbeit, Univ Hannover, Inst f Strömungsmechanik

Liebisch N (1994) Entwicklung einer graphischen Benutzeroberfläche für einen Präprozessor in der Hydrodynamik (DALI), Diplomarbeit am Inst f Strömungsmechanik, Univ Hannover

Liedtke L, Götschenberg G, Jobmann M, Siemering W. (1994) Bohrlochkranzversuch – Experimentelle und numerische Untersuchungen zum Stofftransport in geklüftetem Fels. Nagra Technischer Bericht 94-02, Wettingen

Liedtke L, Zuidema (1988) Der Bohrlochkranzversuch. Nagra informiert, Nr 1+2, Wettingen, S 41-45

Linderfelt WR, Wilson JC (1994) Field study of capture zones in a shallow sand aquifer. In: Dracos und Stauffer (eds) Transport and reactive processes in Aquifer, Proceedings of the 5 th IHAR Symposium, Zürich, pp 289-294

Lo SH (1989) Generating quadrilateral elements on plane and over curved surfaces. Comput Struct, Vol 31, 3: 421-426

Lo SH (1991a) Volume discretization into tetrahedra-I. Verification and orientation of boundary surfaces. Comp Struct, Vol 39 5: 493-500

Lo SH (1991b) Volume discretization into tetrahedra-II. 3D triangulation by advancing front approach. Comp Struct. Vol 39 5: 501-511

Louis C (1967) Strömungsvorgänge in klüftigen Medien und ihre Wirkung auf die Standsicherheit von Bauwerken und Böschungen im Fels.- Veröffentlichungen des Inst f Bodenmechanik und Felsmechanik der TH Karlsruhe, Heft 30

Löw S, Guyonnet D (1994) Critical parameters controlling pollutant migration from waste disposal sites: field investigations and influence on aquifer pollution.Eclogae Geol Helv Vol 87/2: 451-467

Mackay, D.M., Bianchi-Mosquera, G., Kopania, A.A., Kianjah, H., Thorbjarnarson, K. W., (1994): A forced-gradient experiment on solute transport in the Borden aquifer, 1. Experimental methods and moment analyses of results. Water Resour Res 30 (2): 369-383

Maier J (1992) Teststandort: Ehemalige Sonderabfalldeponie Münchehagen - Vorstudie. In: Verbundvorhaben "Methoden zur Erkundung und Beschreibung des Untergrundes von Deponien und Altlasten", Informationen der Projektleitung Nr. 4, Bundesanstalt für Geowissenschaften und Rohstoffe Hannover (Hrsg) Archivnr. 109492, 23-60

Maier J, Dörhöfer G (1994) Schadstofftransport in klüftigen Tongesteinen - Feld und Laboruntersuchungen unter besonderer Berücksichtigung organischer Schadstoffe. In: Dörhöfer G, Thein J, Wiggering H (Hrsg) Altlast Sonderabfalldeponie Münchehagen. Umweltgeologie heute, Ernst & Sohn, Berlin 4: 119-127

Mallet JL (1992) Gocad: A Computer Aided Design Program for Geological Applications. Proceedings, Nato ASI Series, Series C: Math Phys Sci, Vol 354

Maloszewski P, Zuber A (1993) Tracer experiments in fractured rocks: Matrix diffusion and the validity of models. Water Resour Res, Vol. 29, No. 8, 2723-2735

Marsily G de (1986) Quantitative Hydrogeology. Academic Press, London

Mattheß G (1990) Lehrbuch der Hydrogeologie (2) Die Beschaffenheit des Grundwassers. Bornträger, Berlin

Mattheß G, Ubell K (1983) Lehrbuch der Hydrogeologie (1) Allgemeine Hydrogeologie - Grundwasserhaushalt. Bornträger, Berlin

Matthews CS, Russel DG (1967) Pressure build up and flow tests in well. Society of Petroleum Engineers of AIME, Monograph Series Vol. 1, Dallas

McKay LD, Cherry JA, Gillham RW (1993a) Field experiments in a fractured clay till, 1. Hydraulic conductivity and fracture aperture. Water Resour Res (29) 4: 1149-1162

McKay LD, Gillham RW, Cherry JA (1993b) Field experiments in a fractured clay till, 2. Solute and colloid transport. Water Resour Res 29 (12): 3879-3890

McKay LD, Cherry JA, Bales RC, Yahya MT, Gerba CP (1993c) A field example of bacteriophage as tracers of fracture flow. Environ Sci Technol. 27: 1075-1079

McNab WW, Narasimhan J TN (1993) A multiple species transport model with sequential decay chain, interactions in heterogenous subsurface environments. Water Resour Res 29 (8): 2737-2746

Mercer JW, Faust CR (1981) Ground-Water Modeling. National Water Well Association, (auch: Ground Water, 1980, Vol. 18)

Miller CT, Pedit JA (1992) Use of a reactive surface-diffusion model to describe apparent sorption-desorption hysteresis and abiotic degradation of lindane in a subsurface material. Environ Sci Technol. 26: 1417-1427

Miller CT, Rabideau AJ (1993) Development of split-operator, Petrov-Galerkin methods to simulate transport and diffusion problems. Water Resour Res (29) 7: 2227-2240

Moench AF (1989) Convergent radial dispersion: A Laplace transform solution for aquifer tracer testing. Water Resour Res 25(3): 439-447

Moench AF (1995) Convergent dispersion in a double-porosity aquifer with fracture skin: analytical solution and application to a field experiment in fractured chalk. Water Resour Res 31(8): 1823-1835

Moritz L (1992) Analytische und quasianalytische Lösungen zur Berechnung von Mehrphasenprozessen in geklüftet-porösen Medien, Studienarbeit, Inst f Strömungsmechanik und Elektronisches Rechnen im Bauwesen, Univ Hannover

Moritz L (1993) Die Wechselwirkung zwischen Kluft und Matrix bei Zwei-Phasenströmungsprozessen, Diplomarbeit, Inst f Strömungsmechanik und Elektronisches Rechnen im Bauwesen, Univ Hannover

Mull R, Nordmeyer H (Hrsg) (1995) Pflanzenschutzmittel im Grundwasser – eine interdisziplinäre Studie. Springer, Berlin Heidelberg New York Tokyo

Mull R, Pfingsten W (1990) Transport and storage phenomena in a fracture matrix system: Experimental investigations and numerical modelling. In: Kovar K (ed), Calibration and Reliability in groundwater modelling, IAHS Publication, Wallingford, pp 261-269

Müller U (1994) Bodenuntersuchungsprogramm Altlast Münchehagen. In: Dörhöfer G, Thein J, Wiggering H (eds) Altlast Sonderabfalldeponie Münchehagen. Umweltgeologie heute. 4: 81–88 Ernst & Sohn, Berlin

Murawski H (1992) Geologisches Wörterbuch. Enke Verlag, Stuttgart

Muskat M (1937) The flow of homogeneous fluids through poros media. McGraw-Hill, New York

NAGRA (1985) Felslabor Grimsel - Übersicht und Untersuchungsprogramme. NTB 94-18, Nagra, Wettingen

Neuzil CE (1994) How permeable are clays and shales? Water Resour Res 30 (2): 145-150

Noorishad J, Mehran M (1982) An upstream finite element method for solution of transient transport equation in fractured porous media. Water Resour Res 18: 588-596

Novakowski K (1992): The analysis of tracer experiments conducted in divergent radial flow fields. Water Resour Res 28(12): 3215-3225

Ogata A (1958) Dispersion in porous media. Ph.D. dissertation, Northwestern Univ.

Ogata A, Banks RB (1961) A solution of the differential equation of longitudinal dispersion in porous media. Prof. paper No. 411-A, US Geological Survey, Washington

Paradis AR, Belcher RC (1990) Interactive volume modeling - a new product for 3-D mapping. Geobyte 5: 42-44

Paradis AR, Belcher RC (1992) A mapping approach to three-dimensional modeling. Nato ASI Series, Series C: Math Phys Sci, Vol 354

Persoff P, Pruess K (1995) Two-phase flow visualization and relative permeability measurement in natural rough-walled rock fractures. Water Resour Res 31 (5): 1175-1186

Pfannkuch HO (1990) Elsevier's Dictionary of Environmental Hydrogeology. Elsevier, Amsterdam

Pfingsten W (1990) Stofftransport in Klüften mit porösem Gestein. Dissertationsschrift, Bericht Nr. 74, Inst f Wasserwirtschaft, Hydrologie und Landwirtschaftlichen Wasserbau, Univ Hannover

Pfingsten W, Mull R (1990) Transportprozesse in Kluftgrundwasserleitern. DGM 34, (4): 116-123

Pinder GF, Gray WG (1977) Finite element simulation in surface and subsurface hydrology. Academic Press, London

Poier V, Rosenfeld M (1995) Handbuch zur Erkundung des Untergrundes von Deponien und Altlasten, (Band Geotechnik) Springer Berlin Heidelberg New York Tokyo

Polubarinova-Kochina PY (1952) Theory of ground water movement (in Russisch). Gostekhizdat, Moskva

Press WA, Flanery BP, Teukolsky SA, Vetterling WT (1989) Numerical recipies, the art of scientific computing (FORTRAN Version). Cambridge University Press, Cambridge

Price M (1985) Introducing Groundwater. Chapman and Hall, London.

Pruess K, Tsang YW (1990) On two-phase relative permeability and capillary pressure of rough-walled rock fractures. Water Resour Res 26 (9): 1915-1926

Ptak T, Teutsch G (1994) Forced and natural gradient tracer tests in a highly heterogenous porous aquifer: instrumentation and measurement. J Hydrol 159: 79-104

Pusch R (1994) Waste Disposal in Rock.- Developments in Geotechnical Engineering (Vol 76) Elsevier, Amsterdam

Rabideau AJ, Miller CT (1994) Two-dimensional modeling of aquifer remediation influenced by sorption nonequilibrium and hydraulic conductivity heterogeneity. Water Resour Res 30 (5): 1457-1470

Raimondi PG, Gradner HG, Petrick CB (1959) Effect of pore structure and molekular diffusion on the mixing os miscible liquids flowing in porous media. American Institution of Chemical Engineers. SPE Conference, preprint 43

Raper J (1989) Three dimensional applications in geographical information systems London, Kongr.: Conference ; 1989 Taylor & Francis

Rasmuson A, Neretniks I (1981) Exact solution of a model for diffusion in particles and longitudinal dispersion in packed beds. AIChE J., 26

Repa E, Kufs C (1985) Leachate Plume Management. National Technical Information Service, U.S. Department of Commerce

Richtmeyer RD, Morton KW (1967) Difference methods for initial-value problems. Wiley, New York

Richter D (1989) Ingenieur- und Hydrogeologie. de Gruyter, Berlin

Roache PJ (1976) Computational fluid mechanics. Hermosa Press, Alberquerque

Robinson HD, Maris PJ (1979) Leachate from domestic waste: generation, composition, and treatment. A review. Technical Report, Tr 108, Water Research Centre

Rodemann H (1979) Modellrechnungen zum Wärmeaustausch in einem Frac. NLfB-Bericht, Archiv-Nr. 81990, Hannover

Rohde P (1992) Geologische Karte von Niedersachsen, 1:25000, mit Erläuterungen, Bl. 3520 Loccum. Hannover

Romm ES (1972) On one case of heat transfer in fractured rock (in Russian). In: Problemy Razrabotki Mestorozdenii Poleznykh Iskopaemykh, Leningrad Mining Institute, pp 92-96

Rommel M (1993) Verwendung von Kluftdaten zur realitätsnahen Generierung von Kluftnetzen mit anschließender laminar-turbulenter Strömungsberechnung-Eigenverlag des Instituts für Wasserbau der Universität Stuttgart, Mitteilungen, Heft 78

Rowe RK Booker JR (1988) Modelling of contaminat movement through fractured or jointed media with parallel fractures. Numerical methods in geomechanics, Innsbruck pp 855-862

Rumbaugh J (1993) Objektorientiertes Modellieren und Entwerfen. (Uebers.: Maertin D; Maertin C) Hanser, München 1993

Sahimi M (1995) Flow and transport in porous media and fractured rock - From classical methods to modern approaches. VCH, Weinheim New York Basel Cambridge Tokyo

Sauty JP (1980) An analysis of hydrodispersive transfer in aquifers. Water Resour Res 16: 145-155

Schäfer W (1992) Numerische Modellierung mikrobiell beeinflußter Stofftransportvorgänge im Grundwasser. Oldenbourg München

Scheffer F, Schachtschabel P (1989) Lehrbuch der Bodenkunde.(12.Aufl) Enke, Stuttgart

Scheidegger AE (1954) Statistical hydrodynamics in porous media. J Appl Phys 25(8): 994-1001

Scheidegger AE (1961) General theory of dispersion in porous media. J Geophy Res Vol. 66, No. 10

Schneider H (1988) Die Wassererschließung (3. Aufl). Vulkan, Essen

Schulz R (1985) Analytische Modelle für die Hydrogeothermik in einem gespannten Aquifer. NLfB-Bericht, Archiv-Nr. 98556, Hannover

Schulz R (1987) Analytical model calculations for heat exchange in a confined aquifer. J Geophys Int 61: 12-20

Schulz-Terfloth G (1991) Der Einsatz von Grundwassermodellen bei der Standortuntersuchung von Deponien am Beispiel der geplanten Deponie Weeze-Wemb. In: Holzbecher und Nützmann, Technische Universität Berlin, Mitteilung Nr. 120 des Instituts für Wasserbau und Wasserwirtschaft

Schwarz HR (1984) Methode der finiten Elemente. Teubner, Stuttgart

Schweich D, Sardin M, Jauzein M (1993a) Properties of concentration waves in presence of nonlinear sorption, precipitation/dissolution, and homogeneous reactions, 1. Fundamentals. Water Resour Res 29 (3): 723-733

Schweich D, Sardin M, Jauzein M (1993b) Properties of concentration waves in presence of nonlinear sorption, precipitation/dissolution, and homogeneous reactions, 2. Illustrative Examples. Water Resour Res 29 (3): 735-741

Schwetlick H, Kretzschmar H (1994) Numerische Verfahren für Naturwissenschaftler und Ingenieure. Fachbuch-Verlag, Leipzig

Schwille F (1966) Die Kontamination des Untergrundes durch Mineralöl – ein hydrologisches Problem. DGM 10: 194-207

Sebulke J (1995): Messung der Grundwasserbewegung. In: Handbuch zur Erkundung des Untergrundes von Deponien und Altlasten,(3):Geophysik. Springer, Berlin, Heidelberg, New York, Tokyo

Segol G (1994) Classic groundwater simulations - Proving and improving numerical models. PTR Prentice Hall, 531p, Englewood Cliffs, NJ

Seguin (1990) Analytical solution for a contaminant source in a uniform flow in the form of a parallelepiped. Bureau des Recherches Géologiques et Minières (BRGM), Int Rep

Seidel K, Niederleithinger E (1993) Ergebnisbericht: Geoelektrische Widerstands- und IP-Messungen im Umfeld der Deponien Schöneiche und Schöneicher Plan (Land Brandenburg). Geophysik GGD m.b.H., Leipzig und Büro für Geophysik B. Lorenz, Berlin; im Auftrag von Grebner Ingenieure GmbH, Potsdam und BGR, Hannover (unveröffentlicht)

Selroos JO, Cvetkovic V (1994) Mass flux statistics of kinetically sorbing solute in heterogeneous aquifers: analytical solution and comparison with simulations.- Water Resour Res 30 (1): 63-69

Shao H (1994) Simulation von Strömungs- und Transportvorgängen in geklüftet porösen Medien mit gekoppelten Finite-Elemente- und Rand-Element-Methoden. Dissertationsschrift, Bericht Nr. 37/1994, Inst f Strömungsmechanik, Univ Hannover

Siebert J, Eiben, T (1994) Modellierung alternativer Transportprozesse im Rahmen der Risikobeurteilung – Altlast Münchehagen. In: Dörhöfer G, Thein J, Wiggering H (eds) Altlast Sonderabfalldeponie Münchehagen, Umweltgeologie heute, 4: 69–80. Ernst & Sohn, Berlin

Sloan SW (1987) A fast algorithm for constructing Delaunay triangulations in the plane. Adv Eng Software, Vol 9 1: 34-55

Snow DT (1969) Anisotropic permeability of fractured media.Water Resour Res 5 (6): 1273-1289

Sommer-von Jarmersted C, Pekdeger A., Kabelitz T (1995) Modellierung der hydraulischen Grundwasserströmungsverhältnisse am Teststandort Schöneiche und Schöneicher Plan. Abschlußbericht zum Verbundvorhaben Deponieuntergrund, Teilprojekt 9b: Einsatz geostatistischer Verfahren; Freie Univ Berlin (unveröffentlicht)

Stahr K, Jahn R, Zammer G (1992) Geogene Schwermetalle in Gesteinen und Böden der südwestdeutschen Schichtstufenlandschaft. Abschlußbericht zum PWAB-Forschungsprojekt PW 86103, Institut für Bodenkunde und Standortslehre, Hohenheim

Stanislav JF, Kabir, CS (1990) Pressure transient analysis. Prentice Hall, Englewood Cliffs

Stehfest H (1979) Numerical inversion of Laplace transforms. Commun ACM 13: 44-49

Stief K (1992) Auswirkungen der TA Siedlungsabfall auf die Ablagerungen von Abfällen. Entsorgungspraxis 11: 773-779

Stief K, Dörhöfer G (1992) Geologische und hydrogeologische Anforderrungen an die geologische Barriere und das Deponieumfeld. Fachtagung Abdichtung 24./27.3., ICC Berlin

Stober I (1986) Strömungsverhalten in Festgesteinsaquiferen mit Hilfe von Pump- und Injektionsversuchen. Geol Jahrb, Reihe C, Heft 42, Hannover

Streltsova TD (1988) Well testing in heterogeneous formations. Wiley, New York Chichester Brisbane Toronto Songapore

Sudicky EA, Frind EO (1982) Contaminant transport in fractured porous media: Analytical solutions for a system of parallel fractures. Water Resour Res 18(6): 1634-1642

Sudicky EA, Frind EO (1984) Contaminant transport in fractured porous media: analytical solution for a two-member decay chain in a single fracture.- Water Resour Res 20(7): 1021-1029

Tang DH, Frind EO, Sudicky EA (1981) Contaminant transport in fractured porous media: analytical solution for a single fracture. Water Resour Res 17(3): 555-564

Taniguchi T and Ohta C (1991a) Application of Delaunay-triangulation to arbitrary 2D domain with straight boundaries. Proc Jp Soc Civil Eng 432 (auf japanisch)

Taniguchi T and Ohta C (1991b) Automatic Mesh Generation of 3 dimensional Convex Domain. Proc Jp Soc Civil Eng Vol 432/I,16: 137-144 (auf japanisch)

Taniguchi T, Holz KP and Ohta C (1991) Grid generation for 2D flow problems. Proc 4th Int Conf Comp Civil & Building Eng 168

Taniguchi T, Holz KP and Ohta C (1992) Grid generation for 2D flow problems. Int J Num Methods Fluid Vol 15

Taniguchi T and Fukuoka Y (1992) Quadrilateral mesh generation for arbitrary 2D domain. J Struc EngVol 38A (auf japanisch)

Taniguchi T, Fillion E, Sauty JP, Zielke W (1994) Fast mesh generation for groundwater flow analysis in 3D fracture system Proc 4th Conf Num Grid Gen Comp Fluid Dyn Rel Fields, pp 665-676

Taylor GI (1953) The dispersion of matter in a solvent flowing slowly through a tube. Proc Roy Soc Lond, Ser. A 219: 189-203

Tecplot™ (1994) User's Manual. Amtec Engineering, Bellevue, WA

Teutsch G, Ptak T, Schad H Decker HM (1990) Vergleich und Bewertung direkter und indirekter Methoden zur hydrogeologischen Erkundung kleinräumiger heterogener Strukturen. Z Dt Geol Ges 141: 376-384

Theis CV (1935) The relation between the lowering of the piezometric surface and the rate and duration of discharge of a well using groundwater storage. EOS Trans AGU 16: 519-524

Thiele M, Diersch HJ (1986) 'Overshooting' effects due to hydrodispersive mixing of saltwater layers in aquifers. Adv. Water Resour 9: 24-33

Thiessen AH (1911) Precipitation average for large area. Month Weather Rev 39: 1082-1084

Thorbjarnarson KW, Mackay DM (1994a) A forced-gradient experiment on solute transport in the Borden aquifer, 2. Transport and dispersion of the conservative tracer. Water Resour Res 30 (2): 385-399

Thorbjarnarson KW, Mackay DM (1994b) A forced-gradient experiment on solute transport in the Borden aquifer, 3. Nonequilibrium transport of the sorbing organic compounds. Water Resour Res 30 (2): 401-419

Thorenz C (1995) Problemangepaßte Netzgenerierung zur numerischen Simulation von Migrationsproblemen im Grundwasser. Diplomarbeit, Institut für Strömungs mechanik und Elektronisches Rechnen im Bauwesen, Universität Hannover.

Thurner A (1967) Hydrogeologie. Springer, Berlin Heidelberg Wien New York

Toride N, Leij FJ, van Genuchten MT (1993) A comprehensive set of analytical solutions for non-equilibrium solute transport with first-order decay and zero-order production. Water Resour Res 29(7): 2167-2182

Travis CC, Doty CD (1990) Can contaminated aquifers at superfund sites be remediated. Environ Sci Technol 24 (10): 1464-1466

Turcotte DL, Schubert G (1982) Geodynamics - Applications of continuum physics to geological problems. John Wiley & Sons, New York

Turner AK (1992) Three-dimensional modeling with geoscientific information systems : proceedings In: Turner AK (ed) North Atlantic Treaty Organization / Scientific Affairs Division. Kluwer, Dordrecht Kongr.: NATO advanced research workshop on three-dimensional modeling with geoscientific information systems, Santa Barbara (Calif) 1989

Valocchi AJ (1985) Validity of the local eqilibrium assumption for modeling sorbing solute transport through homogeneous soils. Water Resour Res 21 (6): 808-820

van der Tuin, JD (1991) Elsevier's dictionary of hydrology and water quality management. Elsevier, Amsterdam

Veulliet EJ (1994) Simulation von Schadstoffmigration im geklüfteten Grundgebirge. Dissertation, Schriftenreihe Angewandte Geologie Karlsruhe, (28)

Voigt HD, Häfner F (1983) Grundlagen des Stoff- und Wärmetransportes in porösen Schichten. Z Angew Geol 29(9): 419-433

Voigt HJ (1989) Hydrogeochemie. Springer, Berlin Heidelberg New York

Vreugdenhil B, Koren B (Hrsg.) (1993) Numerical methodes for advection diffusion problems. Notes on numerical fluid mechanics, Vol 45. Vieweg, Wiesbaden

Walton WC (1989) Analytical groundwater modeling, flow and contaminant migration. Lewis Publishers, Inc., Chelsea, MI 48118, 173 S

Walton WC (1991) Principles of Groundwater Engineering. Lewis Publishers, Chelsea,MI

Waterfeld W, Schek HJ (1992) The DASDBS Geokernel—an extensible database system for GIS, Nato ASI Series, Series C: Math Phys Sci. Vol 354

Walton WC (1992) Groundwater modeling utilities. Lewis Publishers, Chelsea, MI

Wang JSY (1991) Flow and transport in fractured rocks. Review of Geophysics, Supplement, U.S. National Report to International Union of Geodesy and Geophysics 1987-1990. 254-262

Weatherhill NP (1990) The integrity of geometrical boundaries in the two-dimensional Delaunay triangulation. Comm Appl Num Methods Vol 6, pp 101-109

Wienberg, Förstner (1994) Transport von Schadstoffen durch mineralische Dichtwände. In: Festschrift zum 60. Geburtstag von Professor Müller-Kirchenbauer, Inst f Grundbau und Bodenmechanik, Univ Hannover.

Wippermann T, Zinner H-J (1994): Untersuchungen zur Schadstoffbelastung von Bodenproben und Grundwässern im Umgebungsbereich der Deponie Schöneiche / Berlin. Bundesanstalt für Geowissenschaften und Rohstoffe, Hannover, Archiv-Nr. 112680 (unveröffentlicht)

Wittke W (1984) Felsmechanik - Grundlagen für wirtschaftliches Bauen im Fels. Springer, Berlin Heidelberg New York.

Wittke W, Bosch G, Hartmann RM, Kister B, Lüke J (1992,1993,1994) Ausbreitung von Schadstoffen aus Deponien im Untergrund aus klüftigem Fels unter Berücksichtigung der Verformbarkeit des Felses bei Belastung – 1–3. Statusbericht. In: Verbundvorhaben Deponieuntergrund 1–3. Statusseminar, (Hrsg) Projektleitung Verbundvorhaben „Deponieuntergrund“ in der Bundesanstalt für Geowissenschaften und Rohstoffe Hannover, Archiv Nr. 109492

Wollrath J (1990a) Ein Strömungs- und Transportmodell für klüftiges Gestein und Untersuchungen zu homogenen Ersatzsystemen. Dissertation, Inst f Strömungsmechanik und Elektronisches Rechnen im Bauwesen, Univ Hannover, Bericht Nr. 28

Wollrath J (1990b) SM - Strömungsmodell für kompressible Fluide, Theorie und Benutzeranleitung. Bericht des Inst f Strömungsmechanik und Elektronisches Rechnen im Bauwesen, Univ Hannover

Wollrath J, Helmig R (1992) SM2 - Strömungsmodell für kompressible Fluide, Theorie und Benutzeranleitung. Bericht des Instituts für Strömungsmechanik und Elektronisches Rechnen im Bauwesen, Universität Hannover

Wollrath J, Zielke W (1990) FE-Simulation von Strömungen im klüftigen Gestein.- DGM 34 1/2: 2-7

Wood WW, Kraemer TF, Hearn PP Jr. (1990) Intergranular diffusion: An important mechanism influencing solute transport in clastic aquifers?.- Science, 247:1569-1572

Wu SC, Gschwend PM (1988) Numerical modeling of sorption kinetics of organic compounds to soil and sediment particles. Water Resour Res 24 (8): 1373-1383

Yates SR (1988) Three-dimensional radial dispersion in a variable velocity flow field. Water Resour Res 24(7): 1083-1090

Yerry MA, Shephard MS (1984) Automatic three-dimensional mesh generation by the modified-octree technique. Int J Num Methods Eng, Vol 20, pp 1965-1990

Yong RN, Mohamed AMO, Warkentin BP (1992) Principles of contaminant transport in soils. Elsevier, Amsterdam

Zielke W et al. (1986-1994) Rockflow Theorie und Benutzung zum Programmsystem Rockflow. Techn. Bericht, Univ Hannover, Inst. f. Strömungsmechanik

Zielke W, Helmig R, Kröhn KP, Shao H, Wollrath J (1991) Discrete modeling trans port processes in fractured porous rock. In: Proc. Int. Congress on Rock Mechanics, Aachen

Zienkiewicz OC (1984) Methode der Finiten Elemente. Übersetzung nach der 3.Auflage 1977 durch J. Beyreuther, Carl Hanser; VEB Fachbuchverlag, Leipzig

Sachverzeichnis

Springer-Verlag und Umwelt

Als internationaler wissenschaftlicher Verlag sind wir uns unserer besonderen Verpflichtung der Umwelt gegenüber bewußt und beziehen umweltorientierte Grundsätze in Unternehmensentscheidungen mit ein.

Von unseren Geschäftspartnern (Druckereien, Papierfabriken, Verpackungsherstellern usw.) verlangen wir, daß sie sowohl beim Herstellungsprozeß selbst als auch beim Einsatz der zur Verwendung kommenden Materialien ökologische Gesichtspunkte berücksichtigen.

Das für dieses Buch verwendete Papier ist aus chlorfrei bzw. chlorarm hergestelltem Zellstoff gefertigt und im pH-Wert neutral.

Druck: Mercedesdruck, Berlin
Verarbeitung: Buchbinderei Lüderitz & Bauer, Berlin